2020年
贵州省
科技创新评价报告

贵州省科学技术情报研究所
贵州省科技发展战略研究院　编
贵州省科技情报学会

科学技术文献出版社
SCIENTIFIC AND TECHNICAL DOCUMENTATION PRESS
·北京·

图书在版编目（CIP）数据

2020年贵州省科技创新评价报告 / 贵州省科学技术情报研究所，贵州省科技发展战略研究院，贵州省科技情报学会编. —北京：科学技术文献出版社，2023.11
ISBN 978-7-5235-1099-5

Ⅰ.①2… Ⅱ.①贵… ②贵… ③贵… Ⅲ.①技术进步—研究报告—贵州—2020 Ⅳ.①G322.773

中国国家版本馆CIP数据核字（2023）第228703号

2020年贵州省科技创新评价报告

策划编辑：郝迎聪　　责任编辑：孙江莉　　责任校对：张永霞　　责任出版：张志平

出 版 者	科学技术文献出版社
地　　址	北京市复兴路15号　邮编 100038
出 版 部	（010）58882941，58882087（传真）
发 行 部	（010）58882868，58882870（传真）
官方网址	www.stdp.com.cn
发 行 者	科学技术文献出版社发行　全国各地新华书店经销
印 刷 者	北京厚诚则铭印刷科技有限公司
版　　次	2023年11月第1版　2023年11月第1次印刷
开　　本	889×1194　1/16
字　　数	420千
印　　张	19.25
书　　号	ISBN 978-7-5235-1099-5
定　　价	98.00元

版权所有　违法必究

购买本社图书，凡字迹不清、缺页、倒页、脱页者，本社发行部负责调换

《2020年贵州省科技创新评价报告》编委会

主　　　　　　　编　　范　勇　田晓琴
市（州）分　篇　主　编　　许大英
县（市、区、特区）分篇主编　　王　淼
高 等 院 校 分 篇 主 编　　石庆义
科 研 院 所 分 篇 主 编　　何昀昆
产 业 园 区 分 篇 主 编　　陈金良
重 点 企 业 分 篇 主 编　　陈金良　周　黎

编 撰 人（排名不分先后）
　　范　勇　田晓琴　王　淼　许大英
　　石庆义　何昀昆　陈金良　张卓婧
　　郝　芳　张　璐　周　黎

Preface 序

党的十八大以来，党中央明确了坚持创新在我国现代化建设全局中的核心地位，把科技自立自强作为国家发展的战略支撑。国发〔2022〕2号文件出台，为贵州科技创新发展带来了新的重大机遇。省委、省政府高度重视科技创新，省十三次党代会提出"全力推进科技创新"，《贵州省科技创新实施纲要（2021—2035年）》《关于进一步加强科技创新推动高质量发展的意见》等政策文件高位推进，贵州省将奋力推进特色科技强省建设，使科技创新这个"关键变量"转化为高质量发展的"最大增量"。

科技创新评价是提升科技创新综合实力和核心竞争力的一项重要基础工作，也是在推进新时代高质量发展中科技管理制度创新的一项重要实践。《贵州省科技创新评价报告》自2011年以来，持续至今，旨在全面持续反映贵州省市（州）、县（市、区、特区）、高等院校、科研院所、产业园区和重点企业科技创新发展动态，为各级政府及科技管理部门摸清科技创新家底，全面推进区域创新体系建设提供决策参考和政策依据。

《2020年贵州省科技创新评价报告》（以下简称《评价报告》）选取全省9个市（州）、88个县（市、区、特区）以及部分高校、科研院所、产业园区、重点企业作为评价对象，以2020年统计调查数据为基础，并与上期报告结果进行对比。各监测指标数据均来自法定统计数据，标准规范、质量可靠、持续稳定，结果可信。

在《评价报告》编制过程中，课题组在数据采集、监测结果评估等环节得到了各级各部门领导、专家的大力支持。在此，课题组向各位参与报告研究和编制的领导、专家及工作人员致以衷心的感谢。同时，也希望广大读者对《评价报告》的不当之处提出宝贵意见。

《2020年贵州省科技创新评价报告》编委会

2023年10月

Contents 目 录

第一部分 市（州）科技创新评价报告 ... 001

一、市（州）科技创新一级指标评价 ... 002
 （一）科技进步环境和基础 ... 002
 （二）科技投入 ... 003
 （三）科技产出 ... 004
 （四）科技促进经济社会发展 ... 005

二、市（州）科技创新水平评价 ... 006
 （一）贵阳市 ... 006
 （二）六盘水市 ... 008
 （三）遵义市 ... 009
 （四）安顺市 ... 011
 （五）铜仁市 ... 013
 （六）黔西南州 ... 015
 （七）毕节市 ... 016
 （八）黔东南州 ... 018
 （九）黔南州 ... 020

第二部分 县（市、区、特区）科技创新评价报告 ... 022

一、县（市、区、特区）科技创新一级指标评价 ... 024
 （一）科技投入 ... 024
 （二）科技环境和基础 ... 025
 （三）科技产出 ... 025

二、县（市、区、特区）科技创新水平评价　　026
（一）贵阳市　　026
（二）六盘水市　　036
（三）遵义市　　040
（四）安顺市　　054
（五）铜仁市　　060
（六）黔西南州　　070
（七）毕节市　　078
（八）黔东南州　　086
（九）黔南州　　102

三、分类评价　　114
（一）Ⅰ类地区　　114
（二）Ⅱ类地区　　116
（三）Ⅲ类地区　　117

第三部分　高等院校科技创新评价报告　　119

一、高等院校综合科技创新水平评价　　119
二、高等院校科技创新一级指标评价　　120
（一）科技创新环境和基础　　120
（二）科技投入　　121
（三）科技产出　　122
（四）创新绩效　　123

三、高等院校科技创新水平评价　　124
（一）贵州大学　　124
（二）贵州医科大学　　126
（三）贵州中医药大学　　127
（四）贵州师范大学　　129
（五）遵义医科大学　　131
（六）铜仁学院　　132
（七）贵州民族大学　　134
（八）遵义师范学院　　136
（九）贵州师范学院　　137

（十）贵阳学院　139
　　（十一）贵州财经大学　141
　　（十二）贵州理工学院　142
　　（十三）黔南民族师范学院　144
　　（十四）贵州工程应用技术学院　145
　　（十五）六盘水师范学院　147
　　（十六）凯里学院　149
　　（十七）安顺学院　150
　　（十八）兴义民族师范学院　152
　　（十九）贵州警察学院　153
　　（二十）茅台学院　155
　　（二十一）贵州商学院　156

第四部分　科研院所科技创新评价报告　158

一、公益类科研院所综合科技创新水平评价　158
二、公益类科研院所科技创新一级指标评价　160
　　（一）科技创新环境和基础　160
　　（二）科技投入　161
　　（三）科技产出　163
　　（四）创新绩效　164
三、公益类科研院所科技创新水平评价　166
　　（一）贵州省天然产物研究中心　166
　　（二）贵州省林业科学研究院　167
　　（三）贵州省园艺研究所　169
　　（四）贵州省草业研究所　170
　　（五）贵州省旱粮研究所　172
　　（六）贵州省畜牧兽医研究所　173
　　（七）贵州省生物技术研究所　175
　　（八）贵州省材料产业技术研究院　176
　　（九）贵州省山地资源研究所　178
　　（十）贵州省蚕业（辣椒）研究所　179
　　（十一）贵州省亚热带作物研究所　181

（十二）贵州省生物研究所	182
（十三）贵州省油料研究所	184
（十四）贵州省环境科学研究设计院	185
（十五）贵州省植物保护研究所	187
（十六）贵州省土壤肥料研究所	188
（十七）贵州省水产研究所	190
（十八）贵州省果树科学研究所	191
（十九）贵州省茶叶研究所	193
（二十）贵州省油菜研究所	194
（二十一）贵州省水稻研究所	196
（二十二）贵州省分析测试研究院	197
（二十三）贵州省科学技术情报研究所	199
（二十四）贵州省农作物品种资源研究所	200
（二十五）贵州省现代农业发展研究所	202
（二十六）贵州省山地农业机械研究所	203
（二十七）贵州省植物园	205
（二十八）贵州省农业科技信息研究所	206
（二十九）贵州省水利科学研究院	208
（三十）贵州省劳动保护科学技术研究院	209
（三十一）贵州省冶金科学研究室	211
（三十二）贵州省科技信息中心	212
四、开发类科研院所综合科技创新水平评价	213
五、开发类科研院所科技创新一级指标评价	215
（一）科技创新环境和基础	215
（二）科技投入	216
（三）科技产出	217
（四）创新绩效	218
六、开发类科研院所科技创新水平评价	220
（一）贵州省矿山安全科学研究院	220
（二）贵州省化工研究院	221
（三）贵州省冶金化工研究所	223
（四）贵州省轻工业科学研究所	224
（五）贵州省冶金设计研究院	226

（六）贵州省新技术研究所　　　　　　　　　　　　　　　227
（七）贵州省新材料研究开发基地　　　　　　　　　　　229
（八）贵州省生物技术研究开发基地　　　　　　　　　　230
（九）贵州省建筑材料科学研究设计院　　　　　　　　　232
（十）贵州省交通科学研究院　　　　　　　　　　　　　233
（十一）贵州省机电研究设计院　　　　　　　　　　　　235
（十二）贵州省电子工业研究所　　　　　　　　　　　　236
（十三）贵州省工艺美术研究所　　　　　　　　　　　　237
（十四）贵州省商业科学研究所　　　　　　　　　　　　239

第五部分　产业园区科技创新状况评价报告　　　　　　　241

一、产业园区综合科技创新水平　　　　　　　　　　　　　241
二、产业园区科技创新一级指标评价　　　　　　　　　　　242
　　（一）科技创新环境　　　　　　　　　　　　　　　　242
　　（二）科技投入　　　　　　　　　　　　　　　　　　243
　　（三）创新产出　　　　　　　　　　　　　　　　　　243
　　（四）创新绩效　　　　　　　　　　　　　　　　　　244
三、产业园区科技创新统计监测指数排位　　　　　　　　　245
　　（一）产业园区综合科技创新水平指数排位　　　　　　245
　　（二）产业园区科技创新统计监测一级指数排位　　　　250

第六部分　重点企业科技创新状况评价报告　　　　　　　276

一、重点企业综合科技创新水平评价　　　　　　　　　　　276
二、重点企业科技创新一级指标评价　　　　　　　　　　　277
　　（一）科技创新条件及基础　　　　　　　　　　　　　277
　　（二）创新产出　　　　　　　　　　　　　　　　　　277
　　（三）创新效益　　　　　　　　　　　　　　　　　　278
　　（四）科技投入　　　　　　　　　　　　　　　　　　279
三、重点企业科技创新统计监测指数排位　　　　　　　　　280
　　（一）重点企业综合科技创新水平指数排位　　　　　　280
　　（二）重点企业科技创新统计监测一级指数排位　　　　283

第一部分 市（州）科技创新评价报告

根据综合科技创新水平指数，可将全省九个市（州）划分为三类（图1-1）。

第一类：综合科技创新水平指数高于80.00%的地区，为贵阳市、遵义市；

第二类：综合科技创新水平指数低于80.00%，但高于64.67%的地区为黔西南州、安顺市、黔南州；

第三类：综合科技创新水平指数低于64.67%的地区为六盘水市、铜仁市、黔东南州、毕节市。

2020年贵阳市仍居第1位；遵义市仍居第2位；黔西南州较上年上升1位，由上年的第4位上升至第3位；安顺市较上年上升1位，由上年的第5位上升至第4位；黔南州较上年下降2位，由上年的第3位下降至第5位；六盘水市较上年上升1位，由上年的第7位上升至第6位；铜仁市较上年下降1位，由上年的第6位下降至第7位；黔东南州仍居第8位；毕节市仍居第9位。

2020年与2019年监测结果比较，9个市（州）综合科技创新水平指数平均水平较上年下降5.14个百分点（图1-2）。其中，科技进步环境和基础较上年下降6.93个百分点，科技投入较上年下降9.51个百分点，科技产出较上年下降2.89个百分点，科技促进经济社会发展较上年提高0.45个百分点。

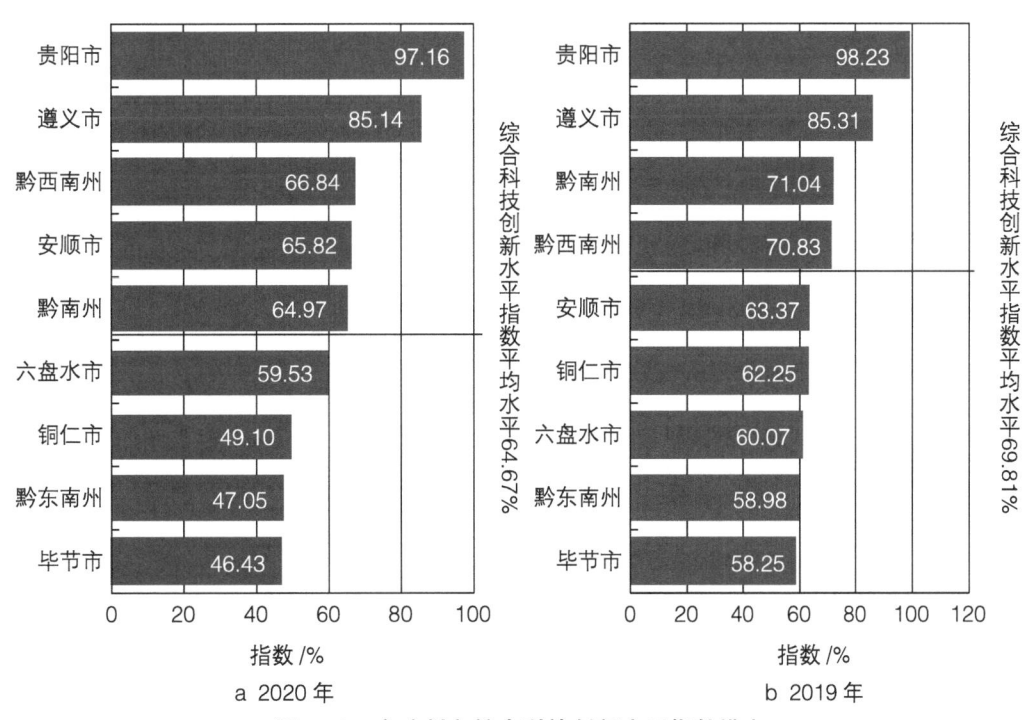

图1-1 市（州）综合科技创新水平指数排序

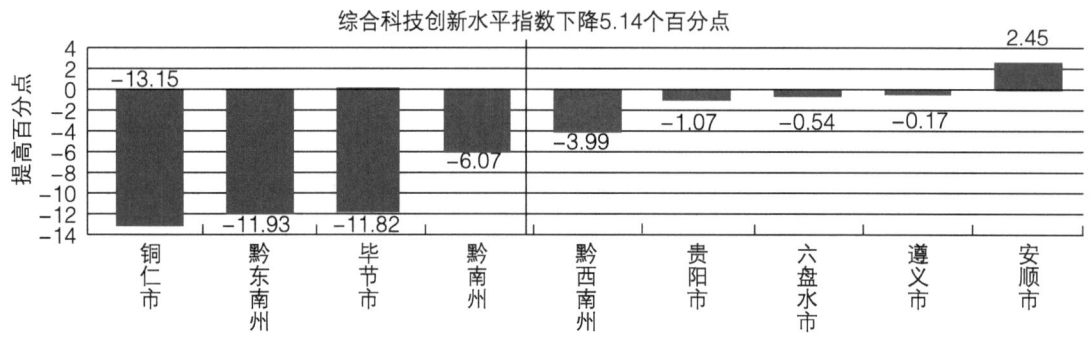

图1-2 市(州)综合科技创新水平指数提高百分点排序

一、市(州)科技创新一级指标评价

(一)科技进步环境和基础

科技进步环境和基础指数高于80.00%的市(州)有1个,即贵阳市,占全部市(州)的11.11%,低于80.00%但高于全省平均水平(40.41%)的市(州)有1个,即遵义市,占全部市(州)的11.11%,其余7个市(州)均低于全省平均水平,占全部市(州)的77.78%(图1-3)。

2020年与2019年监测结果相比,科技进步环境和基础指数平均水平较上年下降6.93个百分点,9个市(州)中黔西南州、铜仁市、遵义市、黔南州、六盘水市、毕节市、贵阳市低于上年水平,其中黔西南州的降幅最大。其余市(州)均高于上年水平,其中黔东南州增幅最大(图1-4)。

参照2019年科技进步环境和基础指数排序,安顺市、黔东南州位次较上年有所上升,其中安顺市位次上升最快(上升3位);黔南州、铜仁市、黔西南州位次下降,其中黔西南州位次下降较快(下降3位);贵阳市、遵义市、六盘水市、毕节市位次不变。

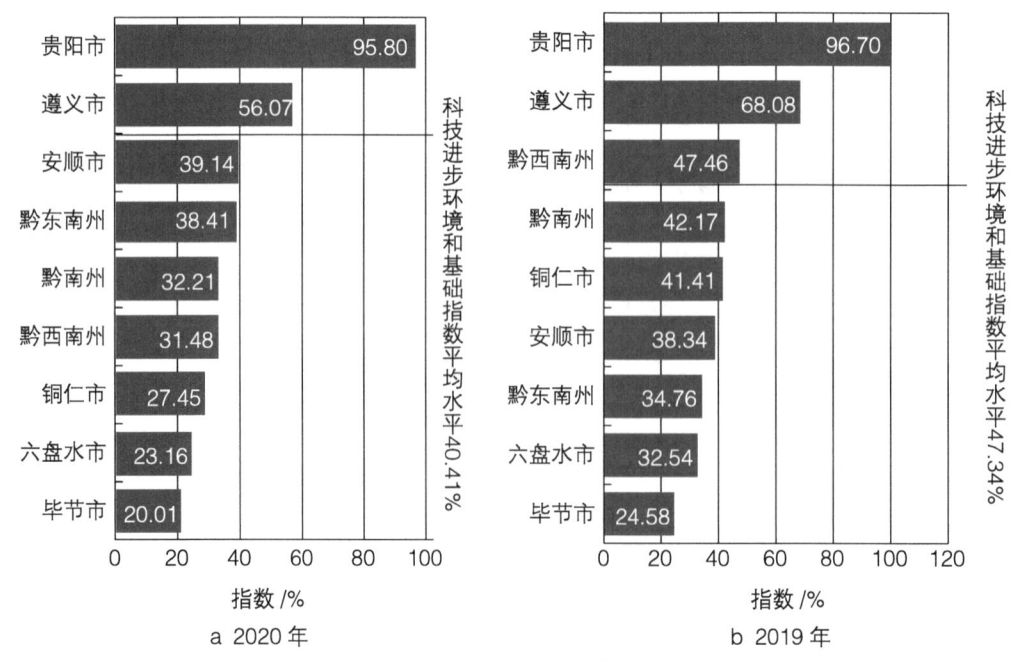

图1-3 市(州)科技进步环境和基础指数排序

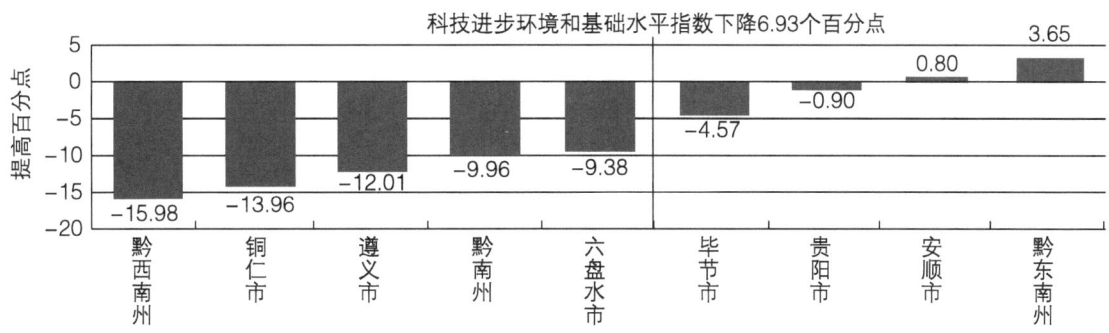

图1-4 市（州）科技进步环境和基础指数提高百分点排序

（二）科技投入

科技投入指数高于80.00%的市（州）有4个，即贵阳市、遵义市、黔西南州、六盘水市，占全部市（州）的44.44%，低于80%但高于全省平均水平（69.23%）的市（州）有2个，即黔南州、安顺市，占全部市（州）的22.22%，其余3个市（州）均低于全省平均水平，占全部市（州）的33.34%（图1-5）。

2020年与2019年监测结果相比，科技投入指数平均水平较上年下降9.51个百分点，9个市（州）中毕节市、铜仁市、黔东南州、黔南州、黔西南州低于上年水平，其中毕节市的降幅最大。其余市（州）均高于上年水平，其中安顺市增幅最大（图1-6）。

参照2019年科技投入指数排序，安顺市、遵义市、六盘水市位次较上年有所上升，其中安顺市位次上升最快（上升2位）；黔西南州、黔南州、毕节市、铜仁市位次下降，其中铜仁市位次下降较快（下降1位）；贵阳市、黔东南州位次不变。

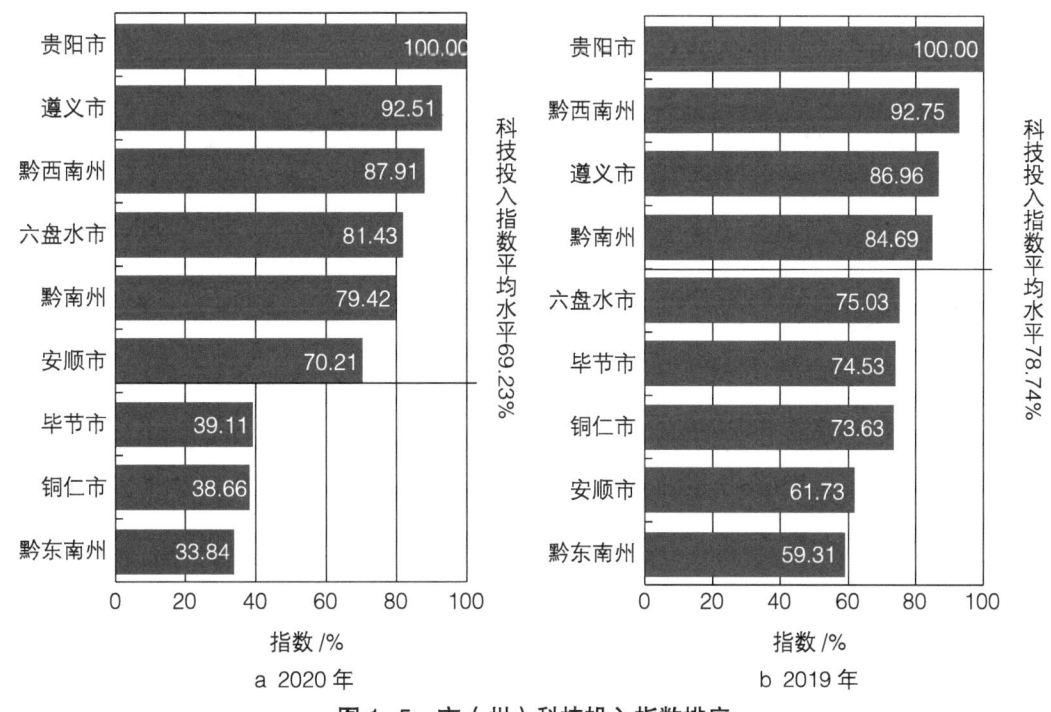

图1-5 市（州）科技投入指数排序

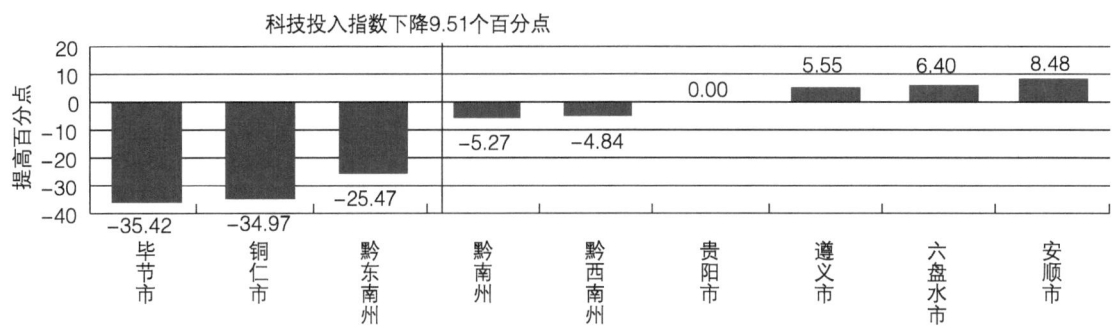

图 1-6 市（州）科技投入指数提高百分点排序

（三）科技产出

科技产出指数高于 80.00% 的市（州）有 2 个，即贵阳市、遵义市，占全部市（州）的 22.22%，低于 80.00% 但高于全省平均水平（57.85%）的市（州）有 1 个，即安顺市，占全部市（州）的 11.11%，其余 6 个市（州）均低于全省平均水平，占全部市（州）的 66.67%（图 1-7）。

2020 年与 2019 年监测结果相比，科技产出指数平均水平较上年下降 2.89 个百分点，9 个市（州）中黔东南州、黔南州、六盘水市、安顺市、黔西南州、贵阳市、遵义市低于上年水平，其中黔东南州的降幅最大。其余市（州）均高于上年水平，其中铜仁市增幅最大（图 1-8）。

参照 2019 年科技产出指数排序，毕节市、铜仁市位次较上年有所上升，其中毕节市位次上升最快（上升 3 位）；黔南州、黔西南州、黔东南州位次下降，其中黔东南州位次下降较快（下降 3 位）；贵阳市、遵义市、安顺市、六盘水市位次不变。

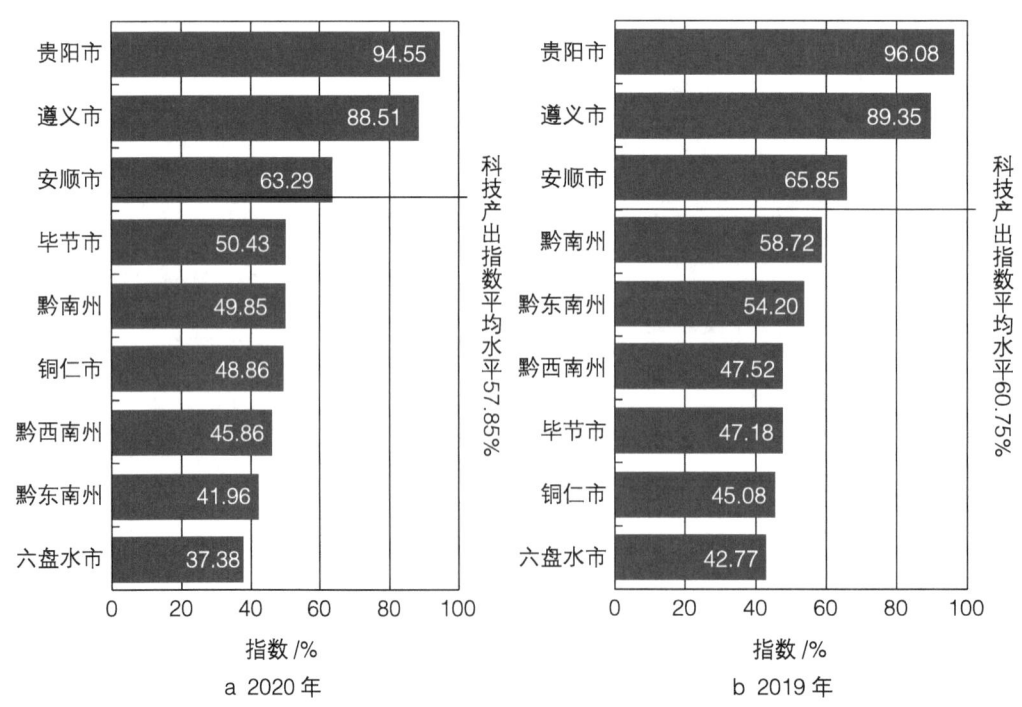

图 1-7 市（州）科技产出指数排序

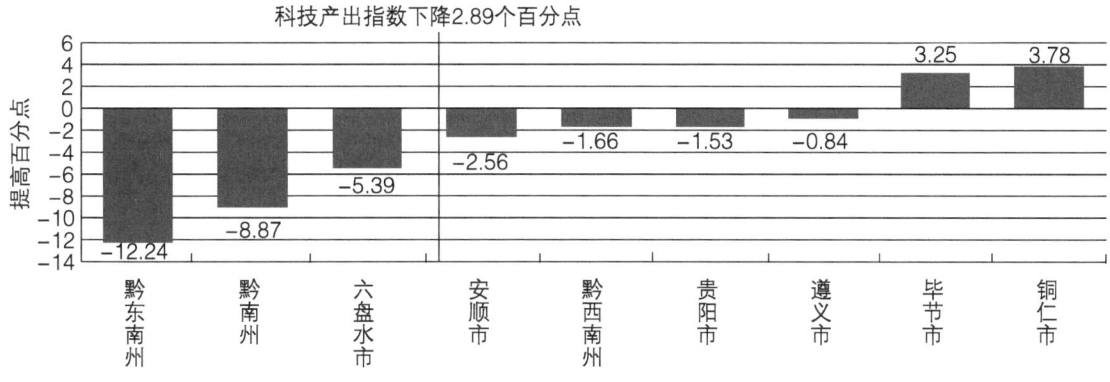

图 1-8 市（州）科技产出指数提高百分点排序

（四）科技促进经济社会发展

科技促进经济社会发展指数高于 80.00% 的市（州）有 8 个，即贵阳市、遵义市、黔西南州、黔南州、黔东南州、铜仁市、安顺市、六盘水市，占全部市（州）的 88.89%，低于 80% 的市（州）有 1 个，即毕节市，占全部市（州）的 11.11%（图 1-9）。

2020 年与 2019 年监测结果相比，科技促进经济社会发展指数平均水平较上年上升 0.45 个百分点，9 个市（州）中贵阳市、黔南州、遵义市、铜仁市低于上年水平，其中贵阳市的降幅最大。其余市（州）均高于上年水平，其中黔西南州增幅最大（图 1-10）。

参照 2019 年科技促进经济社会发展指数排序，黔西南州位次较上年有所上升，其中黔西南州位次上升最快（上升 1 位）；黔南州位次下降，其中黔南州位次下降较快（下降 1 位）；贵阳市、遵义市、黔东南州、铜仁市、安顺市、六盘水市、毕节市位次不变。

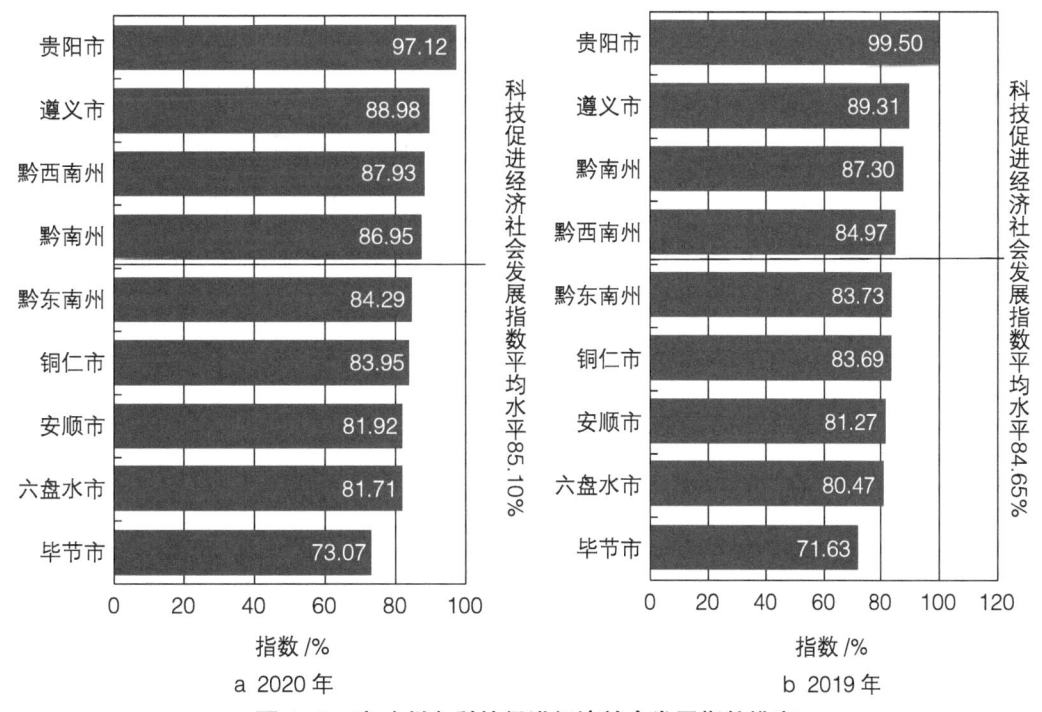

图 1-9 市（州）科技促进经济社会发展指数排序

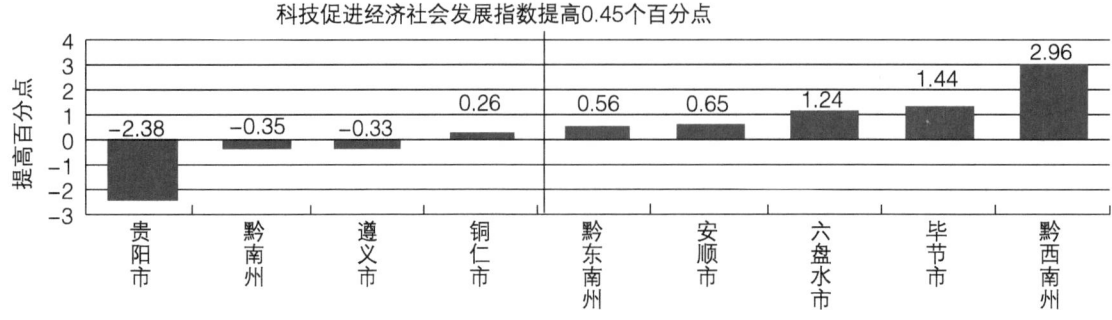

图1-10 市（州）科技促进经济社会发展指数提高百分点排序

二、市（州）科技创新水平评价

（一）贵阳市

年末常住人口598.98万人；地区生产总值4311.65亿元，居全省第1位；人均GDP 7.20万元，居全省第1位。全社会劳动生产率13.88万元/人，居全省第1位；综合能耗产出率1.91万元/吨标准煤，居全省第3位。

R&D人员数32 749人，万人R&D人员数54.67人/万人，居全省第1位。

全社会R&D经费支出占地区生产总值比重为1.72%，居全省第1位；财政支出中科学技术支出占公共财政预算支出比重为3.79%，居全省第1位；规模以上工业企业R&D经费支出为503 775.10万元，居全省第1位。

万人发明专利授权量2.15件/万人，居全省第1位；万人发明专利拥有量12.34件/万人，居全省第1位；高新技术企业数占规模以上工业企业数比重为161.65%，居全省第1位；万人互联网宽带接入用户数14 096.68户/万人，居全省第1位；百人固定电话和移动电话用户数147.96户/百人，居全省第1位。

贵阳市综合科技创新水平指数为97.16%，居全省第1位，位次不变；高于全省平均水平32.49个百分点，较上年下降1.07个百分点，增幅排第4位。一级指数中，科技进步环境和基础指数为95.80%，高于全省平均水平55.39个百分点，居全省第1位，较上年下降0.90个百分点，位次不变；科技投入指数为100.00%，高于全省平均水平30.77个百分点，居全省第1位，指数不变，位次不变；科技产出指数为94.55%，高于全省平均水平36.69个百分点，居全省第1位，较上年下降1.53个百分点，位次不变；科技促进经济社会发展指数为97.12%，高于全省平均水平12.02个百分点，居全省第1位，较上年下降2.38个百分点，位次不变（表1-1）。

表1-1 贵阳市各级监测指标和位次与上年比较

指标名称	三级指标值		位次	
	2020年	2019年	2020年	2019年
综合科技创新水平指数/%	97.16	98.23	1	1
科技进步环境和基础/%	95.80	96.70	1	1

续表

指标名称	三级指标值		位次	
	2020年	2019年	2020年	2019年
科技意识/%	100.00	100.00	1	1
万人发明专利申请量/(件/万人)	9.32	13.10	1	1
科技创新条件及载体/%	91.59	93.41	1	1
万名就业人员拥有的创新机构数(个/万人)	0.12	0.27	1	1
规模以上工业企业办科研机构数占规模以上工业企业数的比重/%	15.05	16.67	4	2
创新园区系数	4.32	4.68	3	3
科技投入/%	100.00	100.00	1	1
人力投入/%	100.00	100.00	1	1
万人R&D人员数/(人/万人)	54.67	64.68	1	1
财力投入/%	100.00	100.00	1	1
全社会R&D经费支出占地区生产总值比重/%	1.72	1.76	1	1
财政支出中科学技术支出占公共财政预算支出比重/%	3.79	3.96	1	1
规模以上工业企业R&D经费支出/万元	503 775.10		1	
科技产出/%	94.55	96.08	1	1
创新成果/%	100.00	100.00	1	1
获上级部门科技奖励系数	10.20	9.92	1	1
万人发明专利授权量/(件/万人)	2.15	1.96	1	1
万人发明专利拥有量/(件/万人)	12.34	13.64	1	1
品牌建设/%	100.00	100.00	1	1
品牌建设系数	1043.26	1101.95	1	1
高新技术产业化/%	86.38	90.20	2	2
高新技术产业产值占工业总产值比重/%	36.38	40.20	4	2
高新技术企业数占规模以上工业企业数比重/%	161.65	107.28	1	1
规模以上工业企业新产品销售收入/万元	3 314 743.00		1	
科技促进经济社会发展/%	97.12	99.50	1	1
经济发展方式转变/%	100.00	100.00	1	1
全社会劳动生产率/(万元/人)	13.88	14.52	1	1
综合能耗产出率/(万元/吨标准煤)	1.91	1.81	3	3
环境改善/%	95.13	95.05	6	3
环境质量指数/%	90.36	91.55	8	7
环境污染治理指数/%	98.31	97.38	3	2
社会生活信息化/%	96.58	100.00	1	1
人均电信业务总量/(元/人)	14 577.17	13 926.06	1	1
百人固定电话和移动电话用户数/(户/百人)	147.96	180.03	1	1
万人互联网宽带接入用户数/(户/万人)	14 096.68	17 504.12	1	1

（二）六盘水市

年末常住人口 303.30 万人；地区生产总值 1339.62 亿元，居全省第 6 位；人均 GDP 4.42 万元，居全省第 5 位。全社会劳动生产率 9.36 万元/人，居全省第 3 位；综合能耗产出率 0.84 万元/吨标准煤，居全省第 9 位。

R&D 人员数 6006 人，万人 R&D 人员数 19.80 人/万人，居全省第 3 位。

全社会 R&D 经费支出占地区生产总值比重为 0.89%，居全省第 4 位；财政支出中科学技术支出占公共财政预算支出比重为 1.94%，居全省第 4 位；规模以上工业企业 R&D 经费支出为 116 653.30 万元，居全省第 5 位。

万人发明专利授权量 0.14 件/万人，居全省第 5 位；万人发明专利拥有量 0.87 件/万人，居全省第 8 位；高新技术企业数占规模以上工业企业数比重为 40.31%，居全省第 2 位；万人互联网宽带接入用户数 11 578.94 户/万人，居全省第 7 位；百人固定电话和移动电话用户数 119.73 户/百人，居全省第 5 位。

六盘水市综合科技创新水平指数为 59.53%，居全省第 6 位，位次上升 1 位；低于全省平均水平 5.14 个百分点，较上年下降 0.54 个百分点，增幅排第 3 位。一级指数中，科技进步环境和基础指数为 23.16%，低于全省平均水平 17.25 个百分点，居全省第 8 位，较上年下降 9.38 个百分点，位次不变；科技投入指数为 81.43%，高于全省平均水平 12.20 个百分点，居全省第 4 位，较上年上升 6.40 个百分点，位次上升 1 位；科技产出指数为 37.38%，低于全省平均水平 20.48 个百分点，居全省第 9 位，较上年下降 5.39 个百分点，位次不变；科技促进经济社会发展指数为 81.71%，低于全省平均水平 3.39 个百分点，居全省第 8 位，较上年上升 1.24 个百分点，位次不变（表 1-2）。

表 1-2 六盘水市各级监测指标和位次与上年比较

指标名称	三级指标值 2020 年	三级指标值 2019 年	位次 2020 年	位次 2019 年
综合科技创新水平指数 /%	59.53	60.07	6	7
科技进步环境和基础 /%	23.16	32.54	8	8
科技意识 /%	12.74	16.67	8	7
万人发明专利申请量 /（件/万人）	0.90	1.20	7	7
科技创新条件及载体 /%	33.58	48.41	8	8
万名就业人员拥有的创新机构数 /（个/万人）	0.00	0.04	8	7
规模以上工业企业办科研机构数占规模以上工业企业数的比重 /%	14.06	12.28	5	4
创新园区系数	1.27	1.34	9	9
科技投入 /%	81.43	75.03	4	5
人力投入 /%	79.86	67.47	4	8
万人 R&D 人员数 /（人/万人）	19.80	17.36	3	3
财力投入 /%	83.00	82.60	5	3

续表

指标名称	三级指标值		位次	
	2020年	2019年	2020年	2019年
全社会R&D经费支出占地区生产总值比重 /%	0.89	0.88	4	3
财政支出中科学技术支出占公共财政预算支出比重 /%	1.94	1.72	4	6
规模以上工业企业R&D经费支出 /万元	116 653.30		5	
科技产出 /%	37.38	42.77	9	9
创新成果 /%	21.57	24.69	8	8
获上级部门科技奖励系数	0.00	0.08	6	5
万人发明专利授权量 /（件/万人）	0.14	0.17	5	7
万人发明专利拥有量 /（件/万人）	0.87	0.89	8	8
品牌建设 /%	30.87	36.00	8	7
品牌建设系数	123.47	144.00	8	7
高新技术产业化 /%	54.12	61.42	9	8
高新技术产业产值占工业总产值比重 /%	16.32	23.39	9	8
高新技术企业数占规模以上工业企业数比重 /%	40.31	9.21	2	7
规模以上工业企业新产品销售收入 /万元	390 376.50		7	
科技促进经济社会发展 /%	81.71	80.47	8	8
经济发展方式转变 /%	74.82	63.13	8	9
全社会劳动生产率 /（万元/人）	9.36	7.57	3	4
综合能耗产出率 /（万元/吨标准煤）	0.84	0.80	9	9
环境改善 /%	89.65	87.07	8	9
环境质量指数 /%	98.51	92.24	2	6
环境污染治理指数 /%	83.74	83.63	8	9
社会生活信息化 /%	82.54	84.49	6	6
人均电信业务总量 /（元/人）	13 196.80	10 543.30	6	4
百人固定电话和移动电话用户数 /（户/百人）	119.73	125.89	5	5
万人互联网宽带接入用户数 /（户/万人）	11 578.94	11 791.90	7	6

（三）遵义市

年末常住人口660.98万人；地区生产总值3720.05亿元，居全省第2位；人均GDP 5.63万元，居全省第2位。全社会劳动生产率11.62万元/人，居全省第2位；综合能耗产出率2.03万元/吨标准煤，居全省第1位。

R&D人员数9057人，万人R&D人员数13.70人/万人，居全省第6位。

全社会R&D经费支出占地区生产总值比重为0.51%，居全省第6位；财政支出中科学技术支出占公共财政预算支出比重为 1.44%，居全省第 8 位；规模以上工业企业 R&D 经费支出为 166 111.80 万元，居全省第 2 位。

万人发明专利授权量 0.91 件/万人，居全省第 2 位；万人发明专利拥有量 3.48 件/万人，居全省第 2 位；高新技术企业数占规模以上工业企业数比重为 31.26%，居全省第 3 位；万人互联网宽带接入用户数 12 184.55 户/万人，居全省第 4 位；百人固定电话和移动电话用户数 120.20 户/百人，居全省第 4 位。

遵义市综合科技创新水平指数为 85.14%，居全省第 2 位，位次不变；高于全省平均水平 20.47 个百分点，较上年下降 0.17 个百分点，增幅排第 2 位。一级指数中，科技进步环境和基础指数为 56.07%，高于全省平均水平 15.66 个百分点，居全省第 2 位，较上年下降 12.01 个百分点，位次不变；科技投入指数为 92.51%，高于全省平均水平 23.28 个百分点，居全省第 2 位，较上年上升 5.55 个百分点，位次上升 1 位；科技产出指数为 88.51%，高于全省平均水平 30.65 个百分点，居全省第 2 位，较上年下降 0.84 个百分点，位次不变；科技促进经济社会发展指数为 88.98%，高于全省平均水平 3.88 个百分点，居全省第 2 位，较上年下降 0.33 个百分点，位次不变（表 1-3）。

表 1-3　遵义市各级监测指标和位次与上年比较

指标名称	三级指标值		位次	
	2020 年	2019 年	2020 年	2019 年
综合科技创新水平指数 /%	85.14	85.31	2	2
科技进步环境和基础 /%	56.07	68.08	2	2
科技意识 /%	49.25	61.60	2	2
万人发明专利申请量 /（件/万人）	1.98	2.58	3	2
科技创新条件及载体 /%	62.88	74.55	2	3
万名就业人员拥有的创新机构数 /（个/万人）	0.03	0.05	2	4
规模以上工业企业办科研机构数占规模以上工业企业数的比重 /%	17.48	10.33	3	6
创新园区系数	5.11	5.30	1	1
科技投入 /%	92.51	86.96	2	3
人力投入 /%	93.70	93.33	2	2
万人 R&D 人员数 /（人/万人）	13.70	10.22	6	5
财力投入 /%	91.31	80.59	3	4
全社会 R&D 经费支出占地区生产总值比重 /%	0.51	0.37	6	7
财政支出中科学技术支出占公共财政预算支出比重 /%	1.44	1.47	8	7
规模以上工业企业 R&D 经费支出 /万元	166 111.80		2	
科技产出 /%	88.51	89.35	2	2
创新成果 /%	100.00	100.00	1	1
获上级部门科技奖励系数	1.05	1.18	2	2
万人发明专利授权量 /（件/万人）	0.91	0.82	2	2

续表

指标名称	三级指标值		位次	
	2020年	2019年	2020年	2019年
万人发明专利拥有量/(件/万人)	3.48	2.98	2	2
品牌建设/%	100.00	100.00	1	1
品牌建设系数	982.68	932.11	2	2
高新技术产业化/%	71.29	73.37	4	5
高新技术产业产值占工业总产值比重/%	21.29	23.37	8	9
高新技术企业数占规模以上工业企业数比重/%	31.26	24.58	3	2
规模以上工业企业新产品销售收入/万元	2 289 510.30		2	
科技促进经济社会发展/%	88.98	89.31	2	2
经济发展方式转变/%	100.00	96.88	1	2
全社会劳动生产率/(万元/人)	11.62	9.48	2	2
综合能耗产出率/(万元/吨标准煤)	2.03	1.97	1	1
环境改善/%	97.21	98.89	3	1
环境质量指数/%	98.97	97.79	1	1
环境污染治理指数/%	96.04	99.62	5	1
社会生活信息化/%	84.66	85.79	3	4
人均电信业务总量/(元/人)	12 240.52	9852.90	8	8
百人固定电话和移动电话用户数/(户/百人)	120.20	125.58	4	6
万人互联网宽带接入用户数/(户/万人)	12 184.54	12 201.05	4	4

（四）安顺市

年末常住人口247.18万人；地区生产总值966.74亿元，居全省第9位；人均GDP 3.91万元，居全省第7位。全社会劳动生产率7.74万元/人，居全省第7位；综合能耗产出率1.71万元/吨标准煤，居全省第7位。

R&D人员数4545人，万人R&D人员数18.39人/万人，居全省第4位。

全社会R&D经费支出占地区生产总值比重为0.98%，居全省第2位；财政支出中科学技术支出占公共财政预算支出比重为1.88%，居全省第6位；规模以上工业企业R&D经费支出为88 629.90万元，居全省第6位。

万人发明专利授权量0.43件/万人，居全省第3位；万人发明专利拥有量2.86件/万人，居全省第3位；高新技术企业数占规模以上工业企业数比重为30.79%，居全省第4位；万人互联网宽带接入用户数11 246.65户/万人，居全省第8位；百人固定电话和移动电话用户数111.26户/百人，居全省第8位。

安顺市综合科技创新水平指数为 65.82%，居全省第 4 位，位次上升 1 位；高于全省平均水平 1.15 个百分点，较上年上升 2.45 个百分点，增幅排第 1 位。一级指数中，科技进步环境和基础指数为 39.14%，低于全省平均水平 1.27 个百分点，居全省第 3 位，较上年上升 0.80 个百分点，位次上升 3 位；科技投入指数为 70.21%，高于全省平均水平 0.98 个百分点，居全省第 6 位，较上年上升 8.48 个百分点，位次上升 2 位；科技产出指数为 63.29%，高于全省平均水平 5.43 个百分点，居全省第 3 位，较上年下降 2.56 个百分点，位次不变；科技促进经济社会发展指数为 81.92%，低于全省平均水平 3.18 个百分点，居全省第 7 位，较上年上升 0.65 个百分点，位次不变（表 1-4）。

表 1-4　安顺市各级监测指标和位次与上年比较

指标名称	三级指标值		位次	
	2020 年	2019 年	2020 年	2019 年
综合科技创新水平指数 /%	65.82	63.37	4	5
科技进步环境和基础 /%	39.14	38.34	3	6
科技意识 /%	32.05	19.75	3	4
万人发明专利申请量 /（件 / 万人）	2.58	1.63	2	3
科技创新条件及载体 /%	46.24	56.94	5	7
万名就业人员拥有的创新机构数（个 / 万人）	0.02	0.05	3	4
规模以上工业企业办科研机构数占规模以上工业企业数的比重 /%	24.58	10.48	2	5
创新园区系数	2.05	1.84	7	8
科技投入 /%	70.21	61.73	6	8
人力投入 /%	63.84	57.10	6	9
万人 R&D 人员数 /（人 / 万人）	18.39	12.20	4	4
财力投入 /%	76.58	66.36	6	8
全社会 R&D 经费支出占地区生产总值比重 /%	0.98	0.80	2	4
财政支出中科学技术支出占公共财政预算支出比重 /%	1.88	1.46	6	8
规模以上工业企业 R&D 经费支出 / 万元	88 629.90		6	
科技产出 /%	63.29	65.85	3	3
创新成果 /%	58.96	56.05	3	3
获上级部门科技奖励系数	0.08	0.00	4	7
万人发明专利授权量 /（件 / 万人）	0.43	0.44	3	3
万人发明专利拥有量 /（件 / 万人）	2.86	2.74	3	3
品牌建设 /%	25.37	30.12	9	9
品牌建设系数	101.47	120.47	9	9
高新技术产业化 /%	94.98	100.00	1	1
高新技术产业产值占工业总产值比重 /%	53.68	76.00	1	1
高新技术企业数占规模以上工业企业数比重 /%	30.79	19.35	4	3
规模以上工业企业新产品销售收入 / 万元	749 039.50		4	

续表

指标名称	三级指标值		位次	
	2020年	2019年	2020年	2019年
科技促进经济社会发展 /%	81.92	81.27	7	7
经济发展方式转变 /%	84.42	76.43	6	6
全社会劳动生产率 /（万元/人）	7.74	6.62	7	7
综合能耗产出率 /（万元/吨标准煤）	1.71	1.65	7	6
环境改善 /%	92.16	91.93	7	8
环境质量指数 /%	95.89	92.35	6	5
环境污染治理指数 /%	89.68	91.65	7	8
社会生活信息化 /%	79.74	81.13	8	8
人均电信业务总量 /（元/人）	12 898.45	10 227.62	7	6
百人固定电话和移动电话用户数 /（户/百人）	111.26	116.98	8	7
万人互联网宽带接入用户数 /（户/万人）	11 246.65	11 319.17	8	8

（五）铜仁市

年末常住人口330.00万人；地区生产总值1327.79亿元，居全省第7位；人均GDP 4.02万元，居全省第6位。全社会劳动生产率8.33万元/人，居全省第6位；综合能耗产出率1.91万元/吨标准煤，居全省第2位。

R&D人员数1963人，万人R&D人员数5.95人/万人，居全省第8位。

全社会R&D经费支出占地区生产总值比重为0.38%，居全省第7位；财政支出中科学技术支出占公共财政预算支出比重为1.56%，居全省第7位；规模以上工业企业R&D经费支出为38 447.20万元，居全省第7位。

万人发明专利授权量0.25件/万人，居全省第4位；万人发明专利拥有量1.29件/万人，居全省第5位；高新技术企业数占规模以上工业企业数比重为11.98%，居全省第6位；万人互联网宽带接入用户数11 925.34户/万人，居全省第6位；百人固定电话和移动电话用户数113.21户/百人，居全省第7位。

铜仁市综合科技创新水平指数为49.10%，居全省第7位，位次下降1位；低于全省平均水平15.57个百分点，较上年下降13.15个百分点，增幅排第9位。一级指数中，科技进步环境和基础指数为27.45%，低于全省平均水平12.96个百分点，居全省第7位，较上年下降13.96个百分点，位次下降2位；科技投入指数为38.66%，低于全省平均水平30.57个百分点，居全省第8位，较上年下降34.97个百分点，位次下降1位；科技产出指数为48.86%，低于全省平均水平9.00个百分点，居全省第6位，较上年上升3.78个百分点，位次上升2位；科技促进经济社会发展指数为83.95%，低于全省平均水平1.15个百分点，居全省第6位，较上年上升0.26个百分点，位次不变（表1-5）。

表 1-5　铜仁市各级监测指标和位次与上年比较

指标名称	三级指标值 2020 年	三级指标值 2019 年	位次 2020 年	位次 2019 年
综合科技创新水平指数 /%	49.10	62.25	7	6
科技进步环境和基础 /%	27.45	41.41	7	5
科技意识 /%	12.73	17.86	9	6
万人发明专利申请量 /（件 / 万人）	0.85	1.23	8	6
科技创新条件及载体 /%	42.17	64.95	6	4
万名就业人员拥有的创新机构数 /（个 / 万人）	0.01	0.05	4	4
规模以上工业企业办科研机构数占规模以上工业企业数的比重 /%	8.31	13.65	8	3
创新园区系数	3.18	3.32	5	5
科技投入 /%	38.66	73.63	8	7
人力投入 /%	25.58	78.72	8	6
万人 R&D 人员数 /（人 / 万人）	5.95	6.67	8	7
财力投入 /%	51.74	68.55	8	7
全社会 R&D 经费支出占地区生产总值比重 /%	0.38	0.56	7	5
财政支出中科学技术支出占公共财政预算支出比重 /%	1.56	1.77	7	5
规模以上工业企业 R&D 经费支出 / 万元	38 447.20		7	
科技产出 /%	48.86	45.08	6	8
创新成果 /%	41.96	34.27	4	4
获上级部门科技奖励系数	0.42	0.08	3	5
万人发明专利授权量 /（件 / 万人）	0.25	0.23	4	4
万人发明专利拥有量 /（件 / 万人）	1.29	1.19	5	5
品牌建设 /%	33.12	35.01	7	8
品牌建设系数	132.47	140.05	7	8
高新技术产业化 /%	65.84	60.74	7	9
高新技术产业产值占工业总产值比重 /%	27.49	24.29	5	6
高新技术企业数占规模以上工业企业数比重 /%	11.98	8.71	6	8
规模以上工业企业新产品销售收入 / 万元	417 544.10		6	
科技促进经济社会发展 /%	83.95	83.69	6	6
经济发展方式转变 /%	90.00	84.53	5	4
全社会劳动生产率 /（万元 / 人）	8.33	7.42	6	5
综合能耗产出率 /（万元 / 吨标准煤）	1.91	1.83	2	2
环境改善 /%	82.77	93.12	9	6
环境质量指数 /%	85.39	91.32	9	8
环境污染治理指数 /%	81.02	94.32	9	5
社会生活信息化 /%	82.39	82.11	7	7
人均电信业务总量 /（元 / 人）	13 440.18	10 451.94	4	5
百人固定电话和移动电话用户数 /（户 / 百人）	113.21	115.88	7	8
万人互联网宽带接入用户数 /（户 / 万人）	11 925.34	11 678.85	6	7

(六)黔西南州

年末常住人口 301.65 万人;地区生产总值 1353.40 亿元,居全省第 5 位;人均 GDP 4.49 万元,居全省第 4 位。全社会劳动生产率 9.15 万元 / 人,居全省第 4 位;综合能耗产出率 1.75 万元 / 吨标准煤,居全省第 5 位。

R&D 人员数 6087 人,万人 R&D 人员数 20.18 人 / 万人,居全省第 2 位。

全社会 R&D 经费支出占地区生产总值比重为 0.92%,居全省第 3 位;财政支出中科学技术支出占公共财政预算支出比重为 2.42%,居全省第 3 位;规模以上工业企业 R&D 经费支出为 120 235.80 万元,居全省第 4 位。

万人发明专利授权量 0.12 件 / 万人,居全省第 7 位;万人发明专利拥有量 0.99 件 / 万人,居全省第 6 位;高新技术企业数占规模以上工业企业数比重为 10.27%,居全省第 8 位;万人互联网宽带接入用户数 12 044.09 户 / 万人,居全省第 5 位;百人固定电话和移动电话用户数 122.33 户 / 百人,居全省第 2 位。

黔西南州综合科技创新水平指数为 66.84%,居全省第 3 位,位次上升 1 位;高于全省平均水平 2.17 个百分点,较上年下降 3.99 个百分点,增幅排第 5 位。一级指数中,科技进步环境和基础指数为 31.48%,低于全省平均水平 8.93 个百分点,居全省第 6 位,较上年下降 15.98 个百分点,位次下降 3 位;科技投入指数为 87.91%,高于全省平均水平 18.68 个百分点,居全省第 3 位,较上年下降 4.84 个百分点,位次下降 1 位;科技产出指数为 45.86%,低于全省平均水平 12.00 个百分点,居全省第 7 位,较上年下降 1.66 个百分点,位次下降 1 位;科技促进经济社会发展指数为 87.93%,高于全省平均水平 2.83 个百分点,居全省第 3 位,较上年上升 2.96 个百分点,位次上升 1 位(表 1-6)。

表 1-6 黔西南州各级监测指标和位次与上年比较

指标名称	三级指标值		位次	
	2020 年	2019 年	2020 年	2019 年
综合科技创新水平指数 /%	66.84	70.83	3	4
科技进步环境和基础 /%	31.48	47.46	6	3
科技意识 /%	21.47	18.31	5	5
万人发明专利申请量 /(件 / 万人)	1.53	1.34	4	5
科技创新条件及载体 /%	41.48	76.60	7	2
万名就业人员拥有的创新机构数 /(个 / 万人)	0.01	0.09	7	2
规模以上工业企业办科研机构数占规模以上工业企业数的比重 /%	26.94	26.20	1	1
创新园区系数	2.80	2.64	6	6
科技投入 /%	87.91	92.75	3	2
人力投入 /%	80.87	88.27	3	4
万人 R&D 人员数 /(人 / 万人)	20.18	27.65	2	2

续表

指标名称	三级指标值		位次	
	2020年	2019年	2020年	2019年
财力投入 /%	94.95	97.23	2	2
全社会R&D经费支出占地区生产总值比重 /%	0.92	0.91	3	2
财政支出中科学技术支出占公共财政预算支出比重 /%	2.42	2.59	3	3
规模以上工业企业R&D经费支出 / 万元	120 235.80		4	
科技产出 /%	45.86	47.52	7	6
创新成果 /%	21.89	29.02	7	7
获上级部门科技奖励系数	0.00	0.20	6	4
万人发明专利授权量 /（件/万人）	0.12	0.20	7	5
万人发明专利拥有量 /（件/万人）	0.99	1.03	6	6
品牌建设 /%	41.18	40.08	4	6
品牌建设系数 /%	164.74	160.32	4	6
高新技术产业化 /%	67.35	66.97	6	6
高新技术产业产值占工业总产值比重 /%	26.26	29.78	6	5
高新技术企业数占规模以上工业企业数比重 /%	10.27	4.59	8	9
规模以上工业企业新产品销售收入 / 万元	554 568.20		5	
科技促进经济社会发展 /%	87.93	84.97	3	4
经济发展方式转变 /%	93.91	81.49	3	5
全社会劳动生产率 /（万元/人）	9.15	7.37	4	6
综合能耗产出率 /（万元/吨标准煤）	1.75	1.68	5	5
环境改善 /%	99.25	93.12	1	6
环境质量指数 /%	98.12	91.14	3	9
环境污染治理指数 /%	100.03	94.44	1	4
社会生活信息化 /%	84.61	84.79	4	5
人均电信业务总量 /（元/人）	13 219.63	10 157.31	5	7
百人固定电话和移动电话用户数 /（户/百人）	122.33	125.95	2	4
万人互联网宽带接入用户数 /（户/万人）	12 044.09	11 880.46	5	5

（七）毕节市

年末常住人口690.28万人；地区生产总值2020.39亿元，居全省第3位；人均GDP 2.93万元，居全省第9位。全社会劳动生产率6.13万元/人，居全省第9位；综合能耗产出率1.71万元/吨标准煤，居全省第6位。

R&D人员数2021人，万人R&D人员数2.93人/万人，居全省第9位。

全社会R&D经费支出占地区生产总值比重为0.19%，居全省第9位；财政支出中科学技术支出占公共财政预算支出比重为2.44%，居全省第2位；规模以上工业企业R&D经费支出为28 210.30万元，居全省第9位。

万人发明专利授权量0.05件/万人，居全省第9位；万人发明专利拥有量0.27件/万人，居全省第9位；高新技术企业数占规模以上工业企业数比重为12.50%，居全省第5位；万人互联网宽带接入用户数9154.40户/万人，居全省第9位；百人固定电话和移动电话用户数93.90户/百人，居全省第9位。

毕节市综合科技创新水平指数为46.43%，居全省第9位，位次不变；低于全省平均水平18.24个百分点，较上年下降11.82个百分点，增幅排第7位。一级指数中，科技进步环境和基础指数为20.01%，低于全省平均水平20.40个百分点，居全省第9位，较上年下降4.57个百分点，位次不变；科技投入指数为39.11%，低于全省平均水平30.12个百分点，居全省第7位，较上年下降35.42个百分点，位次下降1位；科技产出指数为50.43%，低于全省平均水平7.43个百分点，居全省第4位，较上年上升3.25个百分点，位次上升3位；科技促进经济社会发展指数为73.07%，低于全省平均水平12.03个百分点，居全省第9位，较上年上升1.44个百分点，位次不变（表1-7）。

表1-7 毕节市各级监测指标和位次与上年比较

指标名称	三级指标值		位次	
	2020年	2019年	2020年	2019年
综合科技创新水平指数/%	46.43	58.25	9	9
科技进步环境和基础/%	20.01	24.58	9	9
科技意识/%	13.71	14.27	7	8
万人发明专利申请量/(件/万人)	0.53	0.57	9	9
科技创新条件及载体/%	26.32	34.89	9	9
万名就业人员拥有的创新机构数/(个/万人)	0.00	0.02	9	8
规模以上工业企业办科研机构数占规模以上工业企业数的比重/%	5.73	6.58	9	9
创新园区系数	2.05	2.18	7	7
科技投入/%	39.11	74.53	7	6
人力投入/%	23.14	79.29	9	5
万人R&D人员数/(人/万人)	2.93	4.65	9	9
财力投入/%	55.07	69.76	7	6
全社会R&D经费支出占地区生产总值比重/%	0.19	0.34	9	8
财政支出中科学技术支出占公共财政预算支出比重/%	2.44	2.74	2	2
规模以上工业企业R&D经费支出/万元	28 210.30		9	
科技产出/%	50.43	47.18	4	7
创新成果/%	14.96	10.16	9	9
获上级部门科技奖励系数	0.08	0.00	4	7

续表

指标名称	三级指标值		位次	
	2020 年	2019 年	2020 年	2019 年
万人发明专利授权量 /（件 / 万人）	0.05	0.03	9	9
万人发明专利拥有量 /（件 / 万人）	0.27	0.26	9	9
品牌建设 /%	53.30	60.24	3	3
品牌建设系数	213.21	240.95	3	3
高新技术产业化 /%	74.89	65.16	3	7
高新技术产业产值占工业总产值比重 /%	43.71	31.86	2	4
高新技术企业数占规模以上工业企业数比重 /%	12.50	9.87	5	6
规模以上工业企业新产品销售收入 / 万元	58 995.30		9	
科技促进经济社会发展 /%	73.07	71.63	9	9
经济发展方式转变 /%	74.90	68.95	7	7
全社会劳动生产率 /（万元 / 人）	6.13	5.40	9	9
综合能耗产出率 /（万元 / 吨标准煤）	1.71	1.65	6	6
环境改善 /%	95.85	93.55	5	4
环境质量指数 /%	96.68	93.09	4	3
环境污染治理指数 /%	95.30	93.85	6	6
社会生活信息化 /%	69.29	69.26	9	9
人均电信业务总量 /（元 / 人）	11 570.95	8926.47	9	9
百人固定电话和移动电话用户数 /（户 / 百人）	93.90	95.04	9	9
万人互联网宽带接入用户数 /（户 / 万人）	9154.40	9076.30	9	9

（八）黔东南州

年末常住人口 376.03 万人；地区生产总值 1191.52 亿元，居全省第 8 位；人均 GDP 3.17 万元，居全省第 8 位。全社会劳动生产率 6.97 万元 / 人，居全省第 8 位；综合能耗产出率 1.43 万元 / 吨标准煤，居全省第 8 位。

R&D 人员数 2347 人，万人 R&D 人员数 6.24 人 / 万人，居全省第 7 位。

全社会 R&D 经费支出占地区生产总值比重为 0.30%，居全省第 8 位；财政支出中科学技术支出占公共财政预算支出比重为 1.14%，居全省第 9 位；规模以上工业企业 R&D 经费支出为 29 431.00 万元，居全省第 8 位。

万人发明专利授权量 0.10 件 / 万人，居全省第 8 位；万人发明专利拥有量 0.99 件 / 万人，居全省第 7 位；高新技术企业数占规模以上工业企业数比重为 10.94%，居全省第 7 位；万人互联网宽带接入用户数 12 389.02 户 / 万人，居全省第 2 位；百人固定电话和移动电话用户数 120.50 户 / 百人，居全省第 3 位。

黔东南州综合科技创新水平指数为47.05%，居全省第8位，位次不变；低于全省平均水平17.62个百分点，较上年下降11.93个百分点，增幅排第8位。一级指数中，科技进步环境和基础指数为38.41%，低于全省平均水平2.00个百分点，居全省第4位，较上年上升3.65个百分点，位次上升3位；科技投入指数为33.84%，低于全省平均水平35.39个百分点，居全省第9位，较上年下降25.47个百分点，位次不变；科技产出指数为41.96%，低于全省平均水平15.90个百分点，居全省第8位，较上年下降12.24个百分点，位次下降3位；科技促进经济社会发展指数为84.29%，低于全省平均水平0.81个百分点，居全省第5位，较上年上升0.56个百分点，位次不变（表1-8）。

表1-8 黔东南州各级监测指标和位次与上年比较

指标名称	三级指标值		位次	
	2020年	2019年	2020年	2019年
综合科技创新水平指数/%	47.05	58.98	8	8
科技进步环境和基础/%	38.41	34.76	4	7
科技意识/%	23.25	12.08	4	9
万人发明专利申请量/(件/万人)	1.43	0.77	5	8
科技创新条件及载体/%	53.57	57.44	3	6
万名就业人员拥有的创新机构数/(个/万人)	0.01	0.02	6	8
规模以上工业企业办科研机构数占规模以上工业企业数的比重/%	11.72	9.32	7	7
创新园区系数	4.91	4.82	2	2
科技投入/%	33.84	59.31	9	9
人力投入/%	29.71	70.19	7	7
万人R&D人员数/(人/万人)	6.24	6.13	7	8
财力投入/%	37.98	48.44	9	9
全社会R&D经费支出占地区生产总值比重/%	0.30	0.31	8	9
财政支出中科学技术支出占公共财政预算支出比重/%	1.14	1.12	9	9
规模以上工业企业R&D经费支出/万元	29 431.00		8	
科技产出/%	41.96	54.20	8	5
创新成果/%	24.07	30.42	6	6
获上级部门科技奖励系数	0.00	0.00	6	7
万人发明专利授权量/(件/万人)	0.10	0.18	8	6
万人发明专利拥有量/(件/万人)	0.99	1.02	7	7
品牌建设/%	40.91	51.29	5	4
品牌建设系数	163.63	205.16	5	4
高新技术产业化/%	56.16	74.21	8	4
高新技术产业产值占工业总产值比重/%	21.90	24.21	7	7
高新技术企业数占规模以上工业企业数比重/%	10.94	18.64	7	4

续表

指标名称	三级指标值		位次	
	2020年	2019年	2020年	2019年
规模以上工业企业新产品销售收入/万元	213 165.20		8	
科技促进经济社会发展/%	84.29	83.73	5	5
经济发展方式转变/%	73.52	63.29	9	8
全社会劳动生产率/(万元/人)	6.97	5.41	8	8
综合能耗产出率/(万元/吨标准煤)	1.43	1.39	8	8
环境改善/%	98.12	95.43	2	2
环境质量指数/%	96.24	94.46	5	2
环境污染治理指数/%	99.37	96.08	2	3
社会生活信息化/%	85.40	87.90	2	2
人均电信业务总量/(元/人)	13 681.99	11 018.58	2	2
百人固定电话和移动电话用户数/(户/百人)	120.50	128.96	3	2
万人互联网宽带接入用户数/(户/万人)	12 389.02	12 631.19	2	2

(九)黔南州

年末常住人口349.60万人；地区生产总值1595.40亿元，居全省第4位；人均GDP 4.56万元，居全省第3位。全社会劳动生产率8.61万元/人，居全省第5位；综合能耗产出率1.77万元/吨标准煤，居全省第4位。

R&D人员数5330人，万人R&D人员数15.25人/万人，居全省第5位。

全社会R&D经费支出占地区生产总值比重为0.86%，居全省第5位；财政支出中科学技术支出占公共财政预算支出比重为1.93%，居全省第5位；规模以上工业企业R&D经费支出为129 264.70万元，居全省第3位。

万人发明专利授权量0.12件/万人，居全省第6位；万人发明专利拥有量1.75件/万人，居全省第4位；高新技术企业数占规模以上工业企业数比重为4.88%，居全省第9位；万人互联网宽带接入用户数12 237.34户/万人，居全省第3位；百人固定电话和移动电话用户数118.41户/百人，居全省第6位。

黔南州综合科技创新水平指数为64.97%，居全省第5位，位次下降2位；高于全省平均水平0.30个百分点，较上年下降6.07个百分点，增幅排第6位。一级指数中，科技进步环境和基础指数为32.21%，低于全省平均水平8.20个百分点，居全省第5位，较上年下降9.96个百分点，位次下降1位；科技投入指数为79.42%，高于全省平均水平10.19个百分点，居全省第5位，较上年下降5.27个百分点，位次下降1位；科技产出指数为49.85%，低于全省平均水平8.01个百分点，居全省第5位，较上年下降8.87个百分点，位次下降1位；科技促进经济社会发展指数为86.95%，高于全省平均水平1.85个百分点，居全省第4位，较上年下降0.35个百分点，位次下降1位（表1-9）。

表 1-9 黔南州各级监测指标和位次与上年比较

指标名称	三级指标值		位次	
	2020 年	2019 年	2020 年	2019 年
综合科技创新水平指数 /%	64.97	71.04	5	3
科技进步环境和基础 /%	32.21	42.17	5	4
科技意识 /%	15.51	20.68	6	3
万人发明专利申请量 /（件 / 万人）	1.00	1.39	6	4
科技创新条件及载体 /%	48.92	63.67	4	5
万名就业人员拥有的创新机构数 /（个 / 万人）	0.01	0.06	5	3
规模以上工业企业办科研机构数占规模以上工业企业数的比重 /%	12.47	8.11	6	8
创新园区系数	3.73	3.68	4	4
科技投入 /%	79.42	84.69	5	4
人力投入 /%	68.55	91.65	5	3
万人 R&D 人员数 /（人 / 万人）	15.25	9.65	5	6
财力投入 /%	90.29	77.74	4	5
全社会 R&D 经费支出占地区生产总值比重 /%	0.86	0.54	5	6
财政支出中科学技术支出占公共财政预算支出比重 /%	1.93	2.07	5	4
规模以上工业企业 R&D 经费支出 / 万元	129 264.70		3	
科技产出 /%	49.85	58.72	5	4
创新成果 /%	35.58	33.41	5	5
获上级部门科技奖励系数	0.00	0.38	6	3
万人发明专利授权量 /（件 / 万人）	0.12	0.14	6	8
万人发明专利拥有量 /（件 / 万人）	1.75	1.34	4	4
品牌建设 /%	35.84	50.59	6	5
品牌建设系数	143.37	202.37	6	5
高新技术产业化 /%	71.05	83.79	5	3
高新技术产业产值占工业总产值比重 /%	37.31	36.21	3	3
高新技术企业数占规模以上工业企业数比重 /%	4.88	10.92	9	5
规模以上工业企业新产品销售收入 / 万元	772 990.30		3	
科技促进经济社会发展 /%	86.95	87.30	4	3
经济发展方式转变 /%	90.97	85.66	4	3
全社会劳动生产率 /（万元 / 人）	8.61	7.74	5	3
综合能耗产出率 /（万元 / 吨标准煤）	1.77	1.77	4	4
环境改善 /%	96.28	93.13	4	5
环境质量指数 /%	95.15	93.01	7	4
环境污染治理指数 /%	97.04	93.21	4	7
社会生活信息化 /%	84.47	86.93	5	3
人均电信业务总量 /（元 / 人）	13 486.47	10 776.08	3	3
百人固定电话和移动电话用户数 /（户 / 百人）	118.41	126.77	6	3
万人互联网宽带接入用户数 /（户 / 万人）	12 237.34	12 473.65	3	3

第二部分　县（市、区、特区）科技创新评价报告

根据综合科技创新水平指数，可将全省 88 个县（市、区、特区）划分为三类（图 2-1）。

第一类：综合科技创新水平指数高于全省平均水平（46.59%）的县（市、区、特区）有 38 个，占全部县（市、区、特区）的 43.18%；

第二类：综合科技创新水平指数高于 45%，但低于全省平均水平的县（市、区、特区）有 3 个，占全部县（市、区、特区）的 3.41%；

第三类：综合科技创新水平指数低于 45% 的有 47 个县（市、区、特区），占全部县（市、区、特区）的 53.41%。

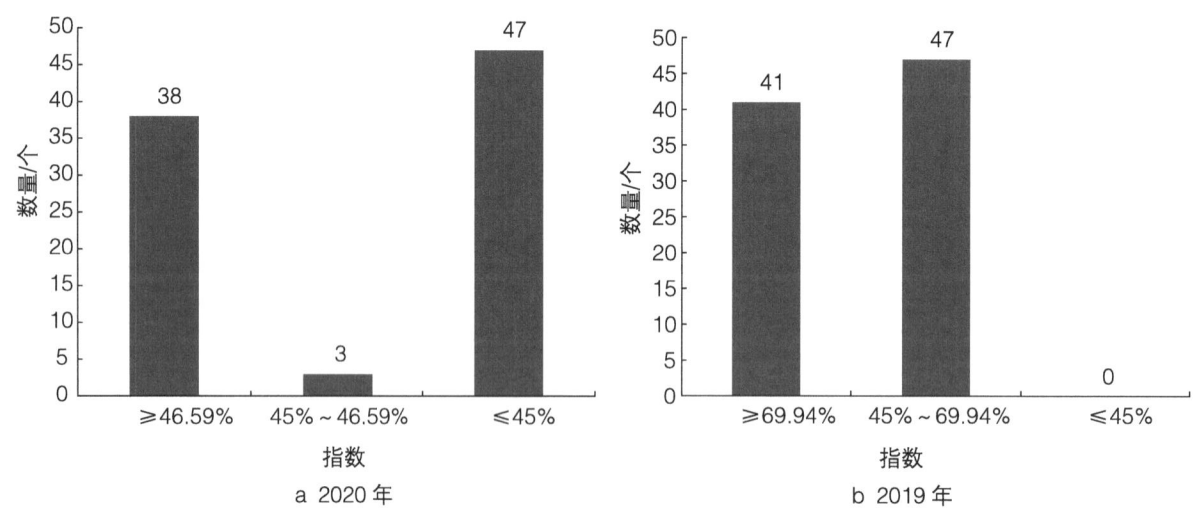

图 2-1　县（市、区、特区）综合科技创新水平指数分布

2020 年与 2019 年监测结果相比，有 7 个县（市、区、特区）科技创新水平指数实现正增长。41 个县（市、区、特区）科技创新水平指数在 45% 及以上，其中有 29 个县（市、区、特区）高于 60%。

参照 2019 年科技创新水平指数排序，白云区居首位；位次上升 10 位及以上的县（市、区、特区）有 21 个，其中普安县上升最快，较上年上升 47 位；位次下降 10 位及以上的县（市、区、特区）有 25 个，其中松桃县下降最多，较上年下降 35 位（表 2-1）。

表 2-1 县（市、区、特区）综合科技创新水平指数排位

地区	指数/%	位次	增幅		地区	指数/%	位次	增幅	
			指数/%	位次				指数/%	位次
白云区	92.27	1	3.50	4	黔西县	42.86	45	-30.92	18
汇川区	92.09	2	14.23	25	桐梓县	41.92	46	-30.90	20
花溪区	91.57	3	-4.97	0	大方县	40.92	47	-31.80	20
红花岗区	89.11	4	5.05	9	镇远县	40.72	48	-27.78	36
观山湖区	87.23	5	-9.22	-1	道真县	40.02	49	-8.31	74
西秀区	86.73	6	-0.46	2	平塘县	39.68	50	-22.07	59
南明区	86.50	7	-12.22	-5	罗甸县	39.07	51	-24.12	54
平坝区	84.52	8	5.42	17	威宁县	38.75	52	-26.80	49
兴义市	84.51	9	2.02	8	万山区	38.05	53	-30.97	25
云岩区	83.94	10	-14.86	-9	关岭县	36.96	54	-13.52	79
乌当区	83.63	11	-2.66	-1	贵定县	36.36	55	-32.62	32
福泉市	83.35	12	-0.61	13	绥阳县	36.07	56	-41.67	9
钟山区	81.59	13	-0.08	7	赫章县	35.92	57	-34.27	38
盘州市	78.19	14	-1.06	22	三都县	35.39	58	-25.35	60
龙里县	77.22	15	-5.99	12	金沙县	35.26	59	-38.22	15
播州区	75.69	16	-11.61	-6	凤冈县	34.41	60	-18.63	64
仁怀市	73.76	17	0.59	32	镇宁县	32.71	61	-25.19	63
凯里市	71.22	18	-16.26	-8	三穗县	32.24	62	-30.66	45
玉屏县	70.33	19	-8.00	21	册亨县	29.21	63	-34.41	52
水城县	67.64	20	-8.88	24	纳雍县	27.86	64	-41.52	27
都匀市	67.13	21	-13.84	6	织金县	27.50	65	-39.03	31
修文县	66.98	22	-10.39	22	松桃县	24.42	66	-51.29	15
清镇市	63.42	23	-22.37	3	麻江县	23.17	67	-34.30	53
安龙县	63.39	24	-5.23	44	岑巩县	23.04	68	-49.58	21
碧江区	62.98	25	-22.58	-4	紫云县	22.15	69	-28.10	76
普安县	61.91	26	6.85	71	榕江县	22.00	70	-23.06	81
瓮安县	61.42	27	-20.20	11	锦屏县	20.44	71	-33.46	68
兴仁市	61.08	28	-7.41	37	施秉县	20.29	72	-38.73	57
普定县	60.81	29	-4.37	52	台江县	19.86	73	-35.05	65
七星关区	58.90	30	-27.67	-8	习水县	19.36	74	-47.35	29
贞丰县	57.55	31	-17.64	28	天柱县	18.04	75	-32.72	61
息烽县	57.26	32	-9.93	39	思南县	17.79	76	-50.25	29
赤水市	53.52	33	-46.48	28	德江县	17.25	77	-43.01	44
湄潭县	52.56	34	-13.95	40	印江县	16.08	78	-48.40	45
六枝特区	52.00	35	-22.07	19	从江县	14.87	79	-40.06	62

续表

地区	指数/%	位次	增幅		地区	指数/%	位次	增幅	
			指数/%	位次				指数/%	位次
惠水县	50.19	36	-32.32	11	丹寨县	13.71	80	-48.53	38
长顺县	48.77	37	-33.06	17	沿河县	13.62	81	-35.41	70
开阳县	47.84	38	-31.60	8	黄平县	13.46	82	-38.61	65
正安县	45.59	39	-22.84	42	石阡县	12.47	83	-49.61	46
务川县	45.05	40	-16.61	56	黎平县	12.44	84	-36.39	61
独山县	45.02	41	-34.81	14	剑河县	11.99	85	-46.16	61
余庆县	44.66	42	-10.80	63	江口县	10.41	86	-42.56	70
望谟县	43.56	43	-13.81	70	荔波县	8.87	87	-37.82	78
晴隆县	42.90	44	-15.60	65	雷山县	6.68	88	-40.93	76

一、县（市、区、特区）科技创新一级指标评价

（一）科技投入

科技投入指数高于全省平均水平（50.01%）的县（市、区、特区）有43个，占全部县（市、区、特区）的48.86%；低于全省平均水平但高于45%的县（市、区、特区）有6个，占全部县（市、区、特区）的6.82%；低于45%的有39个县（市、区、特区），占全部县（市、区、特区）的44.32%（图2-2）。

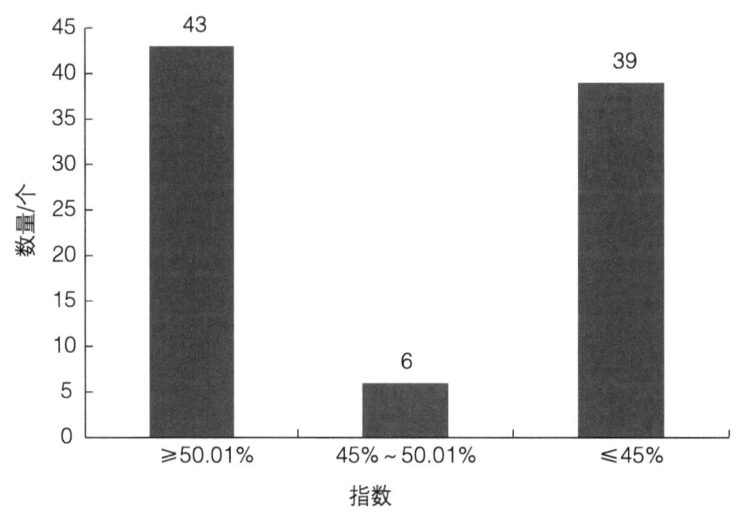

图2-2 2020年县（市、区、特区）科技投入指数分布

2020年与2019年监测结果相比，科技投入指数平均水平比上年下降了36.60个百分点，有41个县（市、区、特区）低于这一降幅，其中石阡县降幅最大，达到81.82个百分点；有4个县（市、区、特区）呈现正增长，分别为龙里县、仁怀市、汇川区、道真县。

参照2019年科技投入指数排序，位次上升10位及以上的县（市、区、特区）共计32个，其中上升较快的为汇川区，由上年的第83位上升至第9位，上升了74位；位次下降10位及以上的县（市、区、特区）共计34个，其中下降较多为赫章县，由上年的第1位下降至第63位，下降了62位。

（二）科技环境和基础

科技环境和基础指数高于全省平均水平（47.36%）的县（市、区、特区）有39个，占全部县（市、区、特区）的44.32%；低于全省平均水平但高于45%的县（市、区、特区）有2个，占全部县（市、区、特区）的2.27%；低于45%的有47个县（市、区、特区），占全部县（市、区、特区）的53.41%（图2-3）。

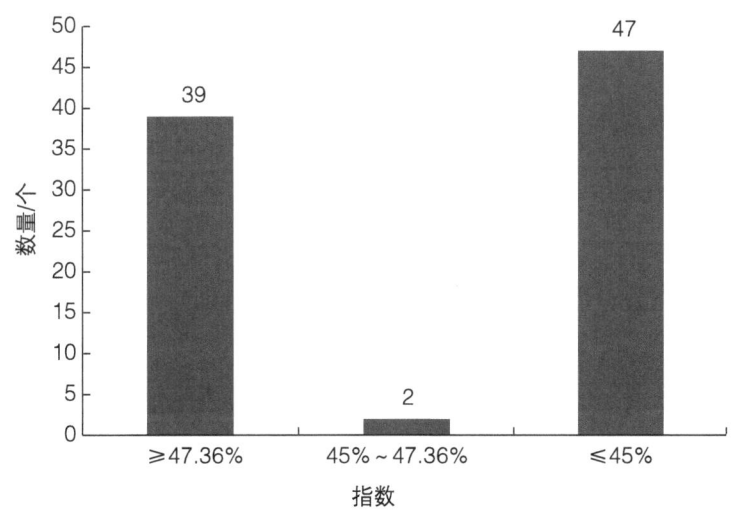

图2-3　2020年县（市、区、特区）科技环境和基础指数分布

2020年与2019年监测结果相比，科技环境和基础指数平均水平比上年下降了10.14个百分点，有45个县（市、区、特区）低于这一降幅，其中赤水市降幅最大，达到66.4个百分点；有27个县（市、区、特区）呈现正增长，分别为西秀区、红花岗区、汇川区、仁怀市、平坝区、乌当区、白云区、观山湖区、兴义市、盘州市、福泉市、钟山区、凯里市、普安县、播州区、安龙县、普定县、清镇市、兴仁市、修文县、贞丰县、龙里县、息烽县、玉屏县、三穗县、水城县、望谟县。

参照2019年科技环境和基础指数排序，位次上升10位及以上的县（市、区、特区）共计26个，其中上升较快的为息烽县，由上年的第74位上升至第28位，上升了46位；位次下降10位及以上的县（市、区、特区）共计26个，其中下降较多为赤水市，由上年的第1位下降至第53位，下降了52位。

（三）科技产出

科技产出指数高于45%的县（市、区、特区）有36个，占全部县（市、区、特区）的40.9%；低于45%但高于全省平均水平（42.49%）的县（市、区、特区）有1个；低于全省平均水平但高于45%的县（市、区、特区）有0个，占全部县（市、区、特区）的0%；低于45%的有

51个县（市、区、特区），占全部县（市、区、特区）的57.95%（图2-4）。

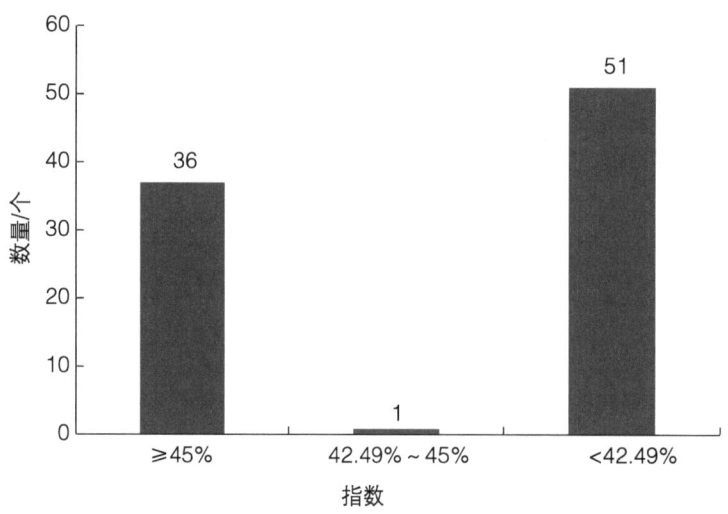

图2-4　2020年县（市、区、特区）科技产出指数分布

2020年与2019年监测结果相比，科技产出指数平均水平比上年下降了19.69个百分点，有42个县（市、区、特区）低于这一降幅，其中赤水市降幅最大，达到69.23个百分点；有10个县（市、区、特区）呈现正增长，分别为乌当区、平坝区、汇川区、兴义市、碧江区、修文县、盘州市、威宁县、务川县、普安县。

参照2019年科技产出指数排序，位次上升10位及以上的县（市、区、特区）共计22个，其中上升较快的为务川县，由上年的第67位上升至第30位，上升了37位；位次下降10位及以上的县（市、区、特区）共计18个，其中下降较多为赤水市，由上年的第1位下降至第49位，下降了48位。

二、县（市、区、特区）科技创新水平评价

（一）贵阳市

1. 南明区

财政支出中科学技术支出占一般公共预算支出比重为2.25%，居全省第37位。万人规上企业研究与发展（R&D）人员数为20.10人/万人，居全省第15位。有R&D活动的企业100个，居全省第1位。发明专利申请量1585件，居全省第1位。万人发明专利申请量为15.12件/万人，居全省第2位。有效发明专利拥有量1172件，居全省第3位。万人有效发明专利量为11.18件/万人，居全省第6位。高新技术企业数250个，居全省第2位。万人技术合同交易额2313.24万元/万人，居全省第3位。高新技术产业产值86.06亿元，居全省第13位。

南明区综合指数为86.50%，居全省第7位，与上年相比监测值降低12.22个百分点，位次下降5位。在三个一级指标中，科技投入指数为68.80%，居全省第26位，与上年相比监测值降低

27.55个百分点,位次不变。科技环境和基础指数为96.37%,居全省第9位,与上年相比监测值降低3.63个百分点,位次下降8位。科技产出指数为95.73%,居全省第5位,与上年相比监测值降低4.27个百分点,位次下降4位(表2-2)。

表2-2 南明区各级监测指标和位次与上年比较

指标名称	二级指标值		位次	
	2020年	2019年	2020年	2019年
综合指数/%	86.50	98.72	7	2
科技投入/%	68.80	96.35	26	26
规模以上工业企业R&D经费支出增长率/%	-7.90	36.08	52	44
财政支出中科学技术支出占一般公共预算支出比重/%	2.25	2.18	37	33
财政支出中科学技术支出占一般公共预算支出比重增长率/%	3.28	-23.54	50	77
科技环境和基础/%	96.37	100.00	9	1
万人规上企业研究与发展(R&D)人员数/(人/万人)	20.10	23.55	15	13
万人规上企业研究与发展(R&D)人员数增长率/%	-4.34	185.15	48	16
万人发明专利申请量/(件/万人)	15.12	57.63	2	3
万人发明专利申请量增长率/%	16.37	26.86	35	14
科技产出/%	95.73	100.00	5	1
万人有效发明专利量/(件/万人)	11.18	12.50	6	5
万人有效发明专利量增长率/%	0.22	14.48	66	37
高新技术企业增长率/%	21.36	45.89	18	34
万人技术合同交易额/(万元/万人)	2313.24	4187.11	3	3
万人技术合同交易额增长率/%	-47.75	33.67	68	36
高新技术产业产值/亿元	86.06	53.42	13	22
高新技术产业产值增长率/%	55.30	35.00	16	20

2. 云岩区

财政支出中科学技术支出占一般公共预算支出比重为3.43%,居全省第6位。万人规上企业研究与发展(R&D)人员数为7.08人/万人,居全省第37位。发明专利申请量744件,居全省第4位。万人发明专利申请量为7.04件/万人,居全省第5位。有效发明专利拥有量975件,居全省第4位。万人有效发明专利量为9.22件/万人,居全省第7位。高新技术企业数148个,居全省第4位。技术合同交易额145 559.20万元,居全省第4位。万人技术合同交易额1376.84万元/万人,居全省第9位。高新技术产业产值30.77亿元,居全省第32位。

云岩区综合指数为83.94%,居全省第10位,与上年相比监测值降低14.86个百分点,位次下降9位。在三个一级指标中,科技投入指数为69.32%,居全省第23位,与上年相比监测值降低30.68个百分点,位次下降22位。科技环境和基础指数为93.57%,居全省第12位,与上年相比监测值降低4.10个百分点,位次下降10位。科技产出指数为90.30%,居全省第9位,与上年相比监测值降低8.27个百分点,位次下降7位(表2-3)。

表 2-3　云岩区各级监测指标和位次与上年比较

指标名称	二级指标值		位次	
	2020 年	2019 年	2020 年	2019 年
综合指数 /%	83.94	98.80	10	1
科技投入 /%	69.32	100.00	23	1
规模以上工业企业 R&D 经费支出增长率 /%	-3.70	53.60	49	36
财政支出中科学技术支出占一般公共预算支出比重 /%	3.43	3.10	6	12
财政支出中科学技术支出占一般公共预算支出比重增长率 /%	10.77	7.56	38	41
科技环境和基础 /%	93.57	97.67	12	2
万人规上企业研究与发展（R&D）人员数 /（人 / 万人）	7.08	8.46	37	29
万人规上企业研究与发展（R&D）人员数增长率 /%	-8.40	-17.39	50	61
万人发明专利申请量 /（件 / 万人）	7.04	40.64	5	4
万人发明专利申请量增长率 /%	-1.90	13.36	42	25
科技产出 /%	90.30	98.57	9	2
万人有效发明专利量 /（件 / 万人）	9.22	10.25	7	7
万人有效发明专利量增长率 /%	-1.46	-6.60	71	78
高新技术企业增长率 /%	13.85	23.68	30	46
万人技术合同交易额 /（万元 / 万人）	1376.84	2406.38	9	6
万人技术合同交易额增长率 /%	-68.83	36.72	75	34
高新技术产业产值 / 亿元	30.77	31.35	32	32
高新技术产业产值增长率 /%	-3.30	1.42	57	54

3. 花溪区

财政支出中科学技术支出占一般公共预算支出比重为 3.65%，居全省第 4 位。万人规上企业研究与发展（R&D）人员数为 32.69 人 / 万人，居全省第 6 位。发明专利申请量 1293 件，居全省第 2 位。万人发明专利申请量为 13.38 件 / 万人，居全省第 3 位。有效发明专利拥有量 1894 件，居全省第 1 位。万人有效发明专利量为 19.59 件 / 万人，居全省第 2 位。高新技术企业数 169 个，居全省第 3 位。技术合同交易额 144 488.30 万元，居全省第 5 位。万人技术合同交易额 1494.66 万元 / 万人，居全省第 8 位。高新技术产业产值 308.21 亿元，居全省第 1 位。

花溪区综合指数为 91.57%，居全省第 3 位，与上年相比监测值降低 4.97 个百分点，位次不变。在三个一级指标中，科技投入指数为 82.82%，居全省第 10 位，与上年相比监测值降低 12.45 个百分点，上升 19 位。科技环境和基础指数为 97.01%，居全省第 5 位，与上年相比监测值降低 0.32 个百分点，位次上升 2 位。科技产出指数为 95.67%，居全省第 6 位，与上年相比监测值降低 1.47 个百分点，位次不变（表 2-4）。

表 2-4　花溪区各级监测指标和位次与上年比较

指标名称	二级指标值		位次	
	2020 年	2019 年	2020 年	2019 年
综合指数 /%	91.57	96.54	3	3
科技投入 /%	82.82	95.27	10	29
规模以上工业企业 R&D 经费支出增长率 /%	24.05	17.27	35	52
财政支出中科学技术支出占一般公共预算支出比重 /%	3.65	1.98	4	37
财政支出中科学技术支出占一般公共预算支出比重增长率 /%	84.15	−32.45	9	78
科技环境和基础 /%	97.01	97.33	5	3
万人规上企业研究与发展（R&D）人员数 /（人 / 万人）	32.69	36.75	6	6
万人规上企业研究与发展（R&D）人员数增长率 /%	17.92	−22.49	39	63
万人发明专利申请量 /（件 / 万人）	13.38	68.60	3	2
万人发明专利申请量增长率 /%	−44.83	−12.19	70	44
科技产出 /%	95.67	97.14	6	6
万人有效发明专利量 /（件 / 万人）	19.59	25.34	2	2
万人有效发明专利量增长率 /%	2.53	9.18	63	48
高新技术企业增长率 /%	15.75	42.97	27	34
万人技术合同交易额 /（万元 / 万人）	1494.66	1248.12	8	13
万人技术合同交易额增长率 /%	79.54	−38.98	45	56
高新技术产业产值 / 亿元	308.21	309.83	1	2
高新技术产业产值增长率 /%	3.40	11.22	45	37

4. 乌当区

财政支出中科学技术支出占一般公共预算支出比重为 0.76%，居全省第 77 位。万人规上企业研究与发展（R&D）人员数为 30.07 人 / 万人，居全省第 8 位。发明专利申请量 228 件，居全省第 9 位。万人发明专利申请量 6.77 件 / 万人，居全省第 7 位。有效发明专利拥有量 586 件，居全省第 7 位。万人有效发明专利量为 17.41 件 / 万人，居全省第 3 位。高新技术企业数 68 个，居全省第 7 位。技术合同交易额 52 364.50 万元，居全省第 13 位。万人技术合同交易额 1555.69 万元 / 万人，居全省第 7 位。高新技术产业产值 152.99 亿元，居全省第 6 位。

乌当区综合指数为 83.63%，居全省第 11 位，与上年相比监测值降低 2.66 个百分点，位次下降 1 位。在三个一级指标中，科技投入指数为 58.47%，居全省第 37 位，与上年相比监测值降低 36.13 个百分点，位次下降 6 位。科技环境和基础指数为 96.69%，居全省第 7 位，与上年相比监测值提高 31.32 个百分点，上升 9 位。科技产出指数为 97.60%，居全省第 2 位，与上年相比监测值提高 1.70 个百分点，上升 5 位（表 2-5）。

表 2-5　乌当区各级监测指标和位次与上年比较

指标名称	二级指标值 2020 年	二级指标值 2019 年	位次 2020 年	位次 2019 年
综合指数 /%	83.63	86.29	11	10
科技投入 /%	58.47	94.60	37	31
规模以上工业企业 R&D 经费支出增长率 /%	19.54	5.47	38	54
财政支出中科学技术支出占一般公共预算支出比重 /%	0.76	2.85	77	17
财政支出中科学技术支出占一般公共预算支出比重增长率 /%	−73.22	−7.80	87	66
科技环境和基础 /%	96.69	65.37	7	16
万人规上企业研究与发展（R&D）人员数 /（人 / 万人）	30.07	37.22	8	5
万人规上企业研究与发展（R&D）人员数增长率 /%	7.74	−14.07	42	60
万人发明专利申请量 /（件 / 万人）	6.77	36.09	7	8
万人发明专利申请量增长率 /%	27.07	19.74	33	17
科技产出 /%	97.60	95.90	2	7
万人有效发明专利量 /（件 / 万人）	17.41	20.16	3	3
万人有效发明专利量增长率 /%	15.16	5.32	33	56
高新技术企业增长率 /%	15.25	11.32	28	51
万人技术合同交易额 /（万元 / 万人）	1555.69	1650.28	7	9
万人技术合同交易额增长率 /%	109.33	6.02	35	43
高新技术产业产值 / 亿元	152.99	156.68	6	6
高新技术产业产值增长率 /%	14.10	5.13	33	44

5. 白云区

财政支出中科学技术支出占一般公共预算支出比重为 11.14%，居全省第 1 位。万人规上企业研究与发展（R&D）人员数为 48.35 人 / 万人，居全省第 4 位。发明专利申请量 482 件，居全省第 5 位。万人发明专利申请量为 10.56 件 / 万人，居全省第 4 位。有效发明专利拥有量 719 件，居全省第 6 位。万人有效发明专利量为 15.75 件 / 万人，居全省第 4 位。高新技术企业数 118 个，居全省第 5 位。技术合同交易额 85 767.39 万元，居全省第 8 位。万人技术合同交易额 1878.80 万元 / 万人，居全省第 5 位。高新技术产业产值 188.68 亿元，居全省第 3 位。

白云区综合指数为 92.27%，居全省第 1 位，与上年相比监测值提高 3.50 个百分点，上升 4 位。在三个一级指标中，科技投入指数为 84.43%，居全省第 7 位，与上年相比监测值降低 12.22 个百分点，位次上升 18 位。科技环境和基础指数为 96.46%，居全省第 8 位，与上年相比监测值提高 28.18 个百分点，位次上升 5 位。科技产出指数为 96.53%，居全省第 3 位，与上年相比监测值降低 1.93 个百分点，位次上升 1 位（表 2-6）。

表 2-6　白云区各级监测指标和位次与上年比较

指标名称	二级指标值		位次	
	2020 年	2019 年	2020 年	2019 年
综合指数 /%	92.27	88.77	1	5
科技投入 /%	84.43	96.65	7	25
规模以上工业企业 R&D 经费支出增长率 /%	33.48	41.30	29	42
财政支出中科学技术支出占一般公共预算支出比重 /%	11.14	12.16	1	2
财政支出中科学技术支出占一般公共预算支出比重增长率 /%	-8.41	-15.18	73	74
科技环境和基础 /%	96.46	68.28	8	13
万人规上企业研究与发展（R&D）人员数 /（人/万人）	48.35	68.66	4	1
万人规上企业研究与发展（R&D）人员数增长率 /%	3.36	-1.94	45	48
万人发明专利申请量 /（件/万人）	10.56	39.74	4	5
万人发明专利申请量增长率 /%	-3.55	14.91	44	22
科技产出 /%	96.53	98.46	3	4
万人有效发明专利量 /（件/万人）	15.75	19.09	4	4
万人有效发明专利量增长率 /%	21.10	36.40	21	17
高新技术企业增长率 /%	28.26	41.82	15	35
万人技术合同交易额 /（万元/万人）	1878.80	3644.96	5	4
万人技术合同交易额增长率 /%	53.78	122.77	49	14
高新技术产业产值 /亿元	188.68	218.91	3	3
高新技术产业产值增长率 /%	3.20	15.12	46	33

6. 观山湖区

财政支出中科学技术支出占一般公共预算支出比重为 8.29%，居全省第 2 位。万人规上企业研究与发展（R&D）人员数为 11.70 人/万人，居全省第 24 位。发明专利申请量 1059 件，居全省第 3 位。万人发明专利申请量为 16.47 件/万人，居全省第 1 位。有效发明专利拥有量 1801 件，居全省第 2 位。万人有效发明专利量为 28.01 件/万人，居全省第 1 位。高新技术企业数 422 个，居全省第 1 位。技术合同交易额 350 688.90 万元，居全省第 1 位。万人技术合同交易额 5454.80 万元/万人，居全省第 1 位。高新技术产业产值 136.43 亿元，居全省第 7 位。

观山湖区综合指数为 87.23%，居全省第 5 位，与上年相比监测值降低 9.22 个百分点，位次下降 1 位。在三个一级指标中，科技投入指数为 68.57%，居全省第 28 位，与上年相比监测值降低 28.57 个百分点，位次下降 13 位。科技环境和基础指数为 96.33%，居全省第 10 位，与上年相比监测值提高 3.16 个百分点，位次下降 6 位。科技产出指数为 98.09%，居全省第 1 位，与上年相比监测值降低 0.48 个百分点，上升 1 位（表 2-7）。

表 2-7 观山湖区各级监测指标和位次与上年比较

指标名称	二级指标值		位次	
	2020 年	2019 年	2020 年	2019 年
综合指数 /%	87.23	96.45	5	4
科技投入 /%	68.57	97.14	28	15
规模以上工业企业 R&D 经费支出增长率 /%	-33.08	-21.22	66	67
财政支出中科学技术支出占一般公共预算支出比重 /%	8.29	12.22	2	1
财政支出中科学技术支出占一般公共预算支出比重增长率 /%	-32.19	26.41	82	20
科技环境和基础 /%	96.33	93.17	10	4
万人规上企业研究与发展（R&D）人员数 /（人 / 万人）	11.70	22.50	24	14
万人规上企业研究与发展（R&D）人员数增长率 /%	-10.99	-8.08	52	55
万人发明专利申请量 /（件 / 万人）	16.47	94.14	1	1
万人发明专利申请量增长率 /%	-17.91	18.61	54	18
科技产出 /%	98.09	98.57	1	2
万人有效发明专利量 /（件 / 万人）	28.01	40.05	1	1
万人有效发明专利量增长率 /%	19.74	-4.34	24	73
高新技术企业增长率 /%	21.26	33.72	19	39
万人技术合同交易额 /（万元 / 万人）	5454.80	12 638.77	1	1
万人技术合同交易额增长率 /%	73.16	81.86	46	25
高新技术产业产值 / 亿元	136.43	86.26	7	16
高新技术产业产值增长率 /%	55.60	82.68	15	7

7. 开阳县

财政支出中科学技术支出占一般公共预算支出比重为 1.88%，居全省第 49 位。万人规上企业研究与发展（R&D）人员数为 5.43 人 / 万人，居全省第 46 位。发明专利申请量 24 件，居全省第 59 位。万人发明专利申请量为 0.70 件 / 万人，居全省第 59 位。有效发明专利拥有量 44 件，居全省第 40 位。万人有效发明专利量为 1.28 件 / 万人，居全省第 42 位。高新技术企业数 9 个，居全省第 27 位。技术合同交易额 21 740.52 万元，居全省第 25 位。万人技术合同交易额 631.81 万元 / 万人，居全省第 26 位。高新技术产业产值 33.15 亿元，居全省第 27 位。

开阳县综合指数为 47.84%，居全省第 38 位，与上年相比监测值降低 31.60 个百分点，位次下降 15 位。在三个一级指标中，科技投入指数为 46.81%，居全省第 48 位，与上年相比监测值降低 46.90 个百分点，位次下降 11 位。科技环境和基础指数为 31.20%，居全省第 57 位，与上年相比监测值降低 26.03 个百分点，位次下降 6 位。科技产出指数为 63.14%，居全省第 25 位，与上年相比监测值降低 21.06 个百分点，位次上升 58 位（表 2-8）。

表 2-8 开阳县各级监测指标和位次与上年比较

指标名称	二级指标值		位次	
	2020 年	2019 年	2020 年	2019 年
综合指数 /%	47.84	79.44	38	23
科技投入 /%	46.81	93.71	48	37
规模以上工业企业 R&D 经费支出增长率 /%	-50.06	50.90	75	38
财政支出中科学技术支出占一般公共预算支出比重 /%	1.88	1.10	49	61
财政支出中科学技术支出占一般公共预算支出比重增长率 /%	70.71	23.75	10	22
科技环境和基础 /%	31.20	57.23	57	51
万人规上企业研究与发展（R&D）人员数 /（人/万人）	5.43	7.27	46	30
万人规上企业研究与发展（R&D）人员数增长率 /%	-33.87	-2.48	64	49
万人发明专利申请量 /（件/万人）	0.70	4.97	59	47
万人发明专利申请量增长率 /%	4.80	-73.35	39	41
科技产出 /%	63.14	84.20	25	83
万人有效发明专利量 /（件/万人）	1.28	1.10	42	20
万人有效发明专利量增长率 /%	2.77	-6.16	62	43
高新技术企业增长率 /%	12.50	100.00	32	6
万人技术合同交易额 /（万元/万人）	631.81	847.44	26	12
万人技术合同交易额增长率 /%	-29.92	-78.13	66	19
高新技术产业产值 /亿元	33.15	114.09	27	76
高新技术产业产值增长率 /%	-70.80	-11.66	84	10

8. 息烽县

财政支出中科学技术支出占一般公共预算支出比重为 1.03%，居全省第 74 位。万人规上企业研究与发展（R&D）人员数为 10.50 人/万人，居全省第 27 位。发明专利申请量 62 件，居全省第 26 位。万人发明专利申请量为 2.82 件/万人，居全省第 14 位。有效发明专利拥有量 61 件，居全省第 30 位。万人有效发明专利量为 2.77 件/万人，居全省第 18 位。高新技术企业数 6 个，居全省第 32 位。技术合同交易额 25 162.00 万元，居全省第 23 位。万人技术合同交易额 1144.25 万元/万人，居全省第 13 位。高新技术产业产值 8.42 亿元，居全省第 48 位。

息烽县综合指数为 57.26%，居全省第 32 位，与上年相比监测值降低 9.93 个百分点，上升 18 位。在三个一级指标中，科技投入指数为 63.49%，居全省第 34 位，与上年相比监测值降低 20.15 个百分点，上升 24 位。科技环境和基础指数为 63.60%，居全省第 28 位，与上年相比监测值提高 14.53 个百分点，上升 46 位。科技产出指数为 45.59%，居全省第 34 位，与上年相比监测值降低 20.67 个百分点，上升 2 位（表 2-9）。

表 2-9 息烽县各级监测指标和位次与上年比较

指标名称	二级指标值		位次	
	2020年	2019年	2020年	2019年
综合指数 /%	57.26	67.19	32	50
科技投入 /%	63.49	83.64	34	58
规模以上工业企业 R&D 经费支出增长率 /%	253.32	154.69	7	15
财政支出中科学技术支出占一般公共预算支出比重 /%	1.03	1.02	74	68
财政支出中科学技术支出占一般公共预算支出比重增长率 /%	0.76	-2.53	60	56
科技环境和基础 /%	63.60	49.07	28	74
万人规上企业研究与发展（R&D）人员数 /（人/万人）	10.50	2.62	27	62
万人规上企业研究与发展（R&D）人员数增长率 /%	247.79	145.46	5	22
万人发明专利申请量 /（件/万人）	2.82	4.60	14	43
万人发明专利申请量增长率 /%	279.22	-21.73	14	48
科技产出 /%	45.59	66.26	34	36
万人有效发明专利量 /（件/万人）	2.77	2.10	18	25
万人有效发明专利量增长率 /%	14.80	21.56	35	27
高新技术企业增长率 /%	0.00	0.00	41	52
万人技术合同交易额 /（万元/万人）	1144.25	299.28	13	44
万人技术合同交易额增长率 /%	87 593.03	-26.30	1	49
高新技术产业产值 /亿元	8.42	44.23	48	26
高新技术产业产值增长率 /%	-77.40	-19.36	86	81

9. 修文县

财政支出中科学技术支出占一般公共预算支出比重为 0.47%，居全省第 84 位。万人规上企业研究与发展（R&D）人员数为 51.15 人/万人，居全省第 3 位。发明专利申请量 43 件，居全省第 38 位。万人发明专利申请量为 1.49 件/万人，居全省第 31 位。有效发明专利拥有量 87 件，居全省第 26 位。万人有效发明专利量为 3.02 件/万人，居全省第 17 位。高新技术企业数 19 个，居全省第 21 位。技术合同交易额 45 207.60 万元，居全省第 15 位。万人技术合同交易额 1568.62 万元/万人，居全省第 6 位。高新技术产业产值 153.15 亿元，居全省第 5 位。

修文县综合指数为 66.98%，居全省第 22 位，与上年相比监测值降低 10.39 个百分点，上升 7 位。在三个一级指标中，科技投入指数为 46.88%，居全省第 47 位，与上年相比监测值降低 39.21 个百分点，上升 6 位。科技环境和基础指数为 67.63%，居全省第 23 位，与上年相比监测值提高 9.93 个百分点，上升 23 位。科技产出指数为 86.51%，居全省第 11 位，与上年相比监测值提高 1.00 个百分点，上升 7 位（表 2-10）。

表 2-10 修文县各级监测指标和位次与上年比较

指标名称	二级指标值		位次	
	2020 年	2019 年	2020 年	2019 年
综合指数 /%	66.98	77.37	22	29
科技投入 /%	46.88	86.09	47	53
规模以上工业企业 R&D 经费支出增长率 /%	-1.20	17.99	46	51
财政支出中科学技术支出占一般公共预算支出比重 /%	0.47	0.70	84	77
财政支出中科学技术支出占一般公共预算支出比重增长率 /%	-32.08	-2.20	81	54
科技环境和基础 /%	67.63	57.70	23	46
万人规上企业研究与发展（R&D）人员数 /（人/万人）	51.15	54.65	3	2
万人规上企业研究与发展（R&D）人员数增长率 /%	-6.38	-2.96	49	50
万人发明专利申请量 /（件/万人）	1.49	8.18	31	27
万人发明专利申请量增长率 /%	9.45	-21.56	38	47
科技产出 /%	86.51	85.51	11	18
万人有效发明专利量 /（件/万人）	3.02	2.69	17	17
万人有效发明专利量增长率 /%	12.16	-0.49	42	69
高新技术企业增长率 /%	18.75	66.67	23	21
万人技术合同交易额 /（万元/万人）	1568.62	298.39	6	45
万人技术合同交易额增长率 /%	7.11	89.20	55	22
高新技术产业产值 /亿元	153.15	139.91	5	7
高新技术产业产值增长率 /%	13.60	11.94	34	36

10. 清镇市

财政支出中科学技术支出占一般公共预算支出比重为 1.26%，居全省第 63 位。万人规上企业研究与发展（R&D）人员数为 7.80 人/万人，居全省第 34 位。发明专利申请量 64 件，居全省第 25 位。万人发明专利申请量为 1.02 件/万人，居全省第 46 位。有效发明专利拥有量 51 件，居全省第 37 位。万人有效发明专利量为 0.81 件/万人，居全省第 47 位。高新技术企业数 26 个，居全省第 12 位。技术合同交易额 80 881.71 万元，居全省第 9 位。万人技术合同交易额 1285.06 万元/万人，居全省第 10 位。高新技术产业产值 54.60 亿元，居全省第 19 位。

清镇市综合指数为 63.42%，居全省第 23 位，与上年相比监测值降低 22.37 个百分点，位次下降 12 位。在三个一级指标中，科技投入指数为 37.37%，居全省第 59 位，与上年相比监测值降低 55.04 个百分点，位次下降 16 位。科技环境和基础指数为 70.96%，居全省第 21 位，与上年相比监测值提高 7.48 个百分点，位次下降 2 位。科技产出指数为 83.01%，居全省第 14 位，与上年相比监测值降低 15.27 个百分点，位次下降 9 位（表 2-11）。

表 2-11 清镇市各级监测指标和位次与上年比较

指标名称	二级指标值		位次	
	2020 年	2019 年	2020 年	2019 年
综合指数 /%	63.42	85.79	23	11
科技投入 /%	37.37	92.41	59	43
规模以上工业企业 R&D 经费支出增长率 /%	-49.58	60.19	74	33
财政支出中科学技术支出占一般公共预算支出比重 /%	1.26	1.32	63	55
财政支出中科学技术支出占一般公共预算支出比重增长率 /%	-4.37	-2.33	70	55
科技环境和基础 /%	70.96	63.48	21	19
万人规上企业研究与发展（R&D）人员数 /（人/万人）	7.80	10.96	34	27
万人规上企业研究与发展（R&D）人员数增长率 /%	-11.57	76.82	53	29
万人发明专利申请量 /（件/万人）	1.02	10.76	46	23
万人发明专利申请量增长率 /%	15.48	13.07	36	26
科技产出 /%	83.01	98.28	14	5
万人有效发明专利量 /（件/万人）	0.81	0.87	47	46
万人有效发明专利量增长率 /%	15.03	-0.52	34	70
高新技术企业增长率 /%	18.18	83.33	24	18
万人技术合同交易额 /（万元/万人）	1285.06	4885.37	10	2
万人技术合同交易额增长率 /%	77 827.07	307.03	2	10
高新技术产业产值 / 亿元	54.60	49.60	19	23
高新技术产业产值增长率 /%	9.30	3.29	36	49

（二）六盘水市

1. 钟山区

财政支出中科学技术支出占一般公共预算支出比重为 2.05%，居全省第 43 位。万人规上企业研究与发展（R&D）人员数为 24.81 人/万人，居全省第 10 位。发明专利申请量 101 件，居全省第 18 位。万人发明专利申请量为 1.27 件/万人，居全省第 36 位。有效发明专利拥有量 144 件，居全省第 16 位。万人有效发明专利量为 1.81 件/万人，居全省第 29 位。高新技术企业数 24 个，居全省第 14 位。技术合同交易额 19 302.18 万元，居全省第 28 位。万人技术合同交易额 242.67 万元/万人，居全省第 47 位。高新技术产业产值 31.93 亿元，居全省第 30 位。

钟山区综合指数为 81.59%，居全省第 13 位，与上年相比监测值降低 0.08 个百分点，上升 6 位。在三个一级指标中，科技投入指数为 78.28%，居全省第 15 位，与上年相比监测值降低 5.44 个百分点，上升 42 位。科技环境和基础指数为 88.50%，居全省第 15 位，与上年相比监测值提高 18.65 个百分点，位次下降 5 位。科技产出指数为 78.98%，居全省第 18 位，与上年相比监测值降低 10.78 个百分点，位次下降 4 位（表 2-12）。

表 2-12　钟山区各级监测指标和位次与上年比较

指标名称	二级指标值		位次	
	2020 年	2019 年	2020 年	2019 年
综合指数 /%	81.59	81.67	13	19
科技投入 /%	78.28	83.72	15	57
规模以上工业企业 R&D 经费支出增长率 /%	28.72	24.92	32	48
财政支出中科学技术支出占一般公共预算支出比重 /%	2.05	0.32	43	81
财政支出中科学技术支出占一般公共预算支出比重增长率 /%	547.16	-92.58	3	88
科技环境和基础 /%	88.50	69.85	15	10
万人规上企业研究与发展（R&D）人员数 /（人/万人）	24.81	31.00	10	8
万人规上企业研究与发展（R&D）人员数增长率 /%	-12.39	18.00	54	45
万人发明专利申请量 /（件/万人）	1.27	18.75	36	13
万人发明专利申请量增长率 /%	-45.72	9.71	72	30
科技产出 /%	78.98	89.76	18	14
万人有效发明专利量 /（件/万人）	1.81	2.24	29	22
万人有效发明专利量增长率 /%	-11.32	11.73	78	40
高新技术企业增长率 /%	4.35	27.78	39	42
万人技术合同交易额 /（万元/万人）	242.67	293.15	47	46
万人技术合同交易额增长率 /%	511.83	413.74	22	7
高新技术产业产值 /亿元	31.93	44.27	30	25
高新技术产业产值增长率 /%	-23.90	-16.94	74	78

2. 六枝特区

财政支出中科学技术支出占一般公共预算支出比重为 2.19%，居全省第 38 位。万人规上企业研究与发展（R&D）人员数为 4.28 人/万人，居全省第 53 位。发明专利申请量 31 件，居全省第 48 位。万人发明专利申请量为 0.58 件/万人，居全省第 65 位。有效发明专利拥有量 25 件，居全省第 51 位。万人有效发明专利量为 0.47 件/万人，居全省第 63 位。高新技术企业数 3 个，居全省第 48 位。技术合同交易额 20 630.00 万元，居全省第 26 位。万人技术合同交易额 384.10 万元/万人，居全省第 37 位。高新技术产业产值 2.15 亿元，居全省第 65 位。

六枝特区综合指数为 52.00%，居全省第 35 位，与上年相比监测值降低 22.07 个百分点，位次下降 2 位。在三个一级指标中，科技投入指数为 81.18%，居全省第 14 位，与上年相比监测值降低 18.82 个百分点，位次下降 13 位。科技环境和基础指数为 36.42%，居全省第 47 位，与上年相比监测值降低 17.64 个百分点，上升 13 位。科技产出指数为 36.17%，居全省第 42 位，与上年相比监测值降低 29.12 个百分点，位次下降 4 位（表 2-13）。

表 2-13 六枝特区各级监测指标和位次与上年比较

指标名称	二级指标值		位次	
	2020 年	2019 年	2020 年	2019 年
综合指数 /%	52.00	74.07	35	33
科技投入 /%	81.18	100.00	14	1
规模以上工业企业 R&D 经费支出增长率 /%	83.10	139.48	19	17
财政支出中科学技术支出占一般公共预算支出比重 /%	2.19	3.13	38	11
财政支出中科学技术支出占一般公共预算支出比重增长率 /%	-29.89	113.86	80	5
科技环境和基础 /%	36.42	54.06	47	60
万人规上企业研究与发展（R&D）人员数 /（人/万人）	4.28	3.61	53	50
万人规上企业研究与发展（R&D）人员数增长率 /%	25.26	82.60	32	27
万人发明专利申请量 /（件/万人）	0.58	4.54	65	44
万人发明专利申请量增长率 /%	14.43	47.12	37	9
科技产出 /%	36.17	65.29	42	38
万人有效发明专利量 /（件/万人）	0.47	0.43	63	63
万人有效发明专利量增长率 /%	13.26	4.53	38	57
高新技术企业增长率 /%	50.00	0.00	8	52
万人技术合同交易额 /（万元/万人）	384.10	77.16	37	65
万人技术合同交易额增长率 /%	3063.21	18.03	7	40
高新技术产业产值 /亿元	2.15	21.85	65	38
高新技术产业产值增长率 /%	-82.10	2.15	87	53

3. 水城县

财政支出中科学技术支出占一般公共预算支出比重为 1.14%，居全省第 70 位。万人规上企业研究与发展（R&D）人员数为 23.95 人/万人，居全省第 11 位。发明专利申请量 33 件，居全省第 46 位。万人发明专利申请量为 0.53 件/万人，居全省第 67 位。有效发明专利拥有量 34 件，居全省第 43 位。万人有效发明专利量为 0.54 件/万人，居全省第 57 位。高新技术企业数 8 个，居全省第 28 位。技术合同交易额 74 025.65 万元，居全省第 11 位。万人技术合同交易额 1182.71 万元/万人，居全省第 12 位。高新技术产业产值 66.35 亿元，居全省第 17 位。

水城县综合指数为 67.64%，居全省第 20 位，与上年相比监测值降低 8.88 个百分点，上升 10 位。在三个一级指标中，科技投入指数为 71.25%，居全省第 19 位，与上年相比监测值降低 14.46 个百分点，上升 35 位。科技环境和基础指数为 60.84%，居全省第 32 位，与上年相比监测值提高 2.18 个百分点，上升 3 位。科技产出指数为 69.85%，居全省第 22 位，与上年相比监测值降低 12.80 个百分点，上升 3 位（表 2-14）。

表 2-14　水城县各级监测指标和位次与上年比较

指标名称	二级指标值		位次	
	2020 年	2019 年	2020 年	2019 年
综合指数 /%	67.64	76.52	20	30
科技投入 /%	71.25	85.71	19	54
规模以上工业企业 R&D 经费支出增长率 /%	14.34	-19.68	39	66
财政支出中科学技术支出占一般公共预算支出比重 /%	1.14	0.79	70	76
财政支出中科学技术支出占一般公共预算支出比重增长率 /%	44.32	-54.05	15	83
科技环境和基础 /%	60.84	58.66	32	35
万人规上企业研究与发展（R&D）人员数 /（人/万人）	23.95	14.95	11	23
万人规上企业研究与发展（R&D）人员数增长率 /%	57.14	-24.51	27	66
万人发明专利申请量 /（件/万人）	0.53	4.10	67	50
万人发明专利申请量增长率 /%	-25.79	144.51	59	2
科技产出 /%	69.85	82.65	22	25
万人有效发明专利量 /（件/万人）	0.54	0.46	57	59
万人有效发明专利量增长率 /%	15.78	5.56	32	55
高新技术企业增长率 /%	60.00	0.00	7	52
万人技术合同交易额 /（万元/万人）	1182.71	846.12	12	20
万人技术合同交易额增长率 /%	1399.62	4723.09	13	1
高新技术产业产值 / 亿元	66.35	94.83	17	15
高新技术产业产值增长率 /%	-13.10	-8.05	66	66

4. 盘州市

财政支出中科学技术支出占一般公共预算支出比重为 3.50%，居全省第 5 位。万人规上企业研究与发展（R&D）人员数为 17.86 人/万人，居全省第 17 位。发明专利申请量 109 件，居全省第 17 位。万人发明专利申请量为 1.01 件/万人，居全省第 47 位。有效发明专利拥有量 60 件，居全省第 32 位。万人有效发明专利量为 0.56 件/万人，居全省第 56 位。高新技术企业数 13 个，居全省第 23 位。技术合同交易额 73 698.30 万元，居全省第 12 位。万人技术合同交易额 685.82 万元/万人，居全省第 22 位。高新技术产业产值 73.79 亿元，居全省第 14 位。

盘州市综合指数为 78.19%，居全省第 14 位，与上年相比监测值降低 1.06 个百分点，上升 10 位。在三个一级指标中，科技投入指数为 69.61%，居全省第 21 位，与上年相比监测值降低 27.65 个百分点，位次下降 7 位。科技环境和基础指数为 91.11%，居全省第 13 位，与上年相比监测值提高 26.16 个百分点，上升 4 位。科技产出指数为 75.70%，居全省第 19 位，与上年相比监测值提高 2.21 个百分点，上升 15 位（表 2-15）。

表 2-15 盘州市各级监测指标和位次与上年比较

指标名称	二级指标值		位次	
	2020 年	2019 年	2020 年	2019 年
综合指数 /%	78.19	79.25	14	24
科技投入 /%	69.61	97.26	21	14
规模以上工业企业 R&D 经费支出增长率 /%	-13.26	2.12	57	56
财政支出中科学技术支出占一般公共预算支出比重 /%	3.50	3.05	5	13
财政支出中科学技术支出占一般公共预算支出比重增长率 /%	14.94	57.48	33	10
科技环境和基础 /%	91.11	64.95	13	17
万人规上企业研究与发展（R&D）人员数 /（人/万人）	17.86	14.39	17	24
万人规上企业研究与发展（R&D）人员数增长率 /%	24.41	52.61	34	33
万人发明专利申请量 /（件/万人）	1.01	6.88	47	31
万人发明专利申请量增长率 /%	-7.77	36.81	48	11
科技产出 /%	75.70	73.49	19	34
万人有效发明专利量 /（件/万人）	0.56	0.64	56	51
万人有效发明专利量增长率 /%	-13.18	18.37	80	33
高新技术企业增长率 /%	44.44	80.00	11	19
万人技术合同交易额 /（万元/万人）	685.82	50.63	22	69
万人技术合同交易额增长率 /%	1312.86	-40.76	16	58
高新技术产业产值 /亿元	73.79	111.58	14	12
高新技术产业产值增长率 /%	-13.90	47.91	68	16

（三）遵义市

1. 红花岗区

财政支出中科学技术支出占一般公共预算支出比重为0.90%，居全省第75位。万人规上企业研究与发展（R&D）人员数为12.49人/万人，居全省第22位。发明专利申请量270件，居全省第8位。万人发明专利申请量为2.78件/万人，居全省第15位。有效发明专利拥有量403件，居全省第9位。万人有效发明专利量为4.14件/万人，居全省第14位。高新技术企业数63个，居全省第9位。技术合同交易额16 737.46万元，居全省第30位。万人技术合同交易额172.09万元/万人，居全省第51位。高新技术产业产值116.42亿元，居全省第10位。

红花岗区综合指数为89.11%，居全省第4位，与上年相比监测值提高5.05个百分点，上升9位。在三个一级指标中，科技投入指数为86.94%，居全省第5位，与上年相比监测值降低1.75个百分点，上升44位。科技环境和基础指数为99.67%，居全省第2位，与上年相比监测值提高25.64个百分点，上升4位。科技产出指数为82.24%，居全省第15位，与上年相比监测值降低5.78个百分点，位次不变（表2-16）。

表 2-16 红花岗区各级监测指标和位次与上年比较

指标名称	二级指标值		位次	
	2020 年	2019 年	2020 年	2019 年
综合指数 /%	89.11	84.06	4	13
科技投入 /%	86.94	88.69	5	49
规模以上工业企业 R&D 经费支出增长率 /%	133.26	-25.99	12	68
财政支出中科学技术支出占一般公共预算支出比重 /%	0.90	0.80	75	73
财政支出中科学技术支出占一般公共预算支出比重增长率 /%	11.70	17.85	37	28
科技环境和基础 /%	99.67	74.03	2	6
万人规上企业研究与发展（R&D）人员数 /（人/万人）	12.49	5.64	22	39
万人规上企业研究与发展（R&D）人员数增长率 /%	147.98	-51.50	12	78
万人发明专利申请量 /（件/万人）	2.78	19.91	15	11
万人发明专利申请量增长率 /%	-4.10	18.29	45	20
科技产出 /%	82.24	88.02	15	15
万人有效发明专利量 /（件/万人）	4.14	4.16	14	12
万人有效发明专利量增长率 /%	11.42	20.79	43	30
高新技术企业增长率 /%	6.78	52.38	36	28
万人技术合同交易额 /（万元/万人）	172.09	313.08	51	42
万人技术合同交易额增长率 /%	-83.45	-74.00	79	72
高新技术产业产值 /亿元	116.42	130.14	10	9
高新技术产业产值增长率 /%	7.40	0.08	41	57

2. 汇川区

财政支出中科学技术支出占一般公共预算支出比重为 0.70%，居全省第 78 位。万人规上企业研究与发展（R&D）人员数为 37.39 人/万人，居全省第 5 位。发明专利申请量 434 件，居全省第 6 位。万人发明专利申请量为 6.91 件/万人，居全省第 6 位。有效发明专利拥有量 757 件，居全省第 5 位。万人有效发明专利量为 12.05 件/万人，居全省第 5 位。高新技术企业数 65 个，居全省第 8 位。技术合同交易额 129 484.80 万元，居全省第 6 位。万人技术合同交易额 2061.20 万元/万人，居全省第 4 位。高新技术产业产值 114.73 亿元，居全省第 11 位。

汇川区综合指数为 92.09%，居全省第 2 位，与上年相比监测值提高 14.23 个百分点，上升 25 位。在三个一级指标中，科技投入指数为 83.05%，居全省第 9 位，与上年相比监测值提高 15.19 个百分点，上升 74 位。科技环境和基础指数为 99.67%，居全省第 2 位，与上年相比监测值提高 21.13 个百分点，上升 3 位。科技产出指数为 94.64%，居全省第 7 位，与上年相比监测值提高 7.37 个百分点，上升 10 位（表 2-17）。

表 2-17 汇川区各级监测指标和位次与上年比较

指标名称	二级指标值		位次	
	2020 年	2019 年	2020 年	2019 年
综合指数 /%	92.09	77.86	2	27
科技投入 /%	83.05	67.86	9	83
规模以上工业企业 R&D 经费支出增长率 /%	99.76	-16.11	16	63
财政支出中科学技术支出占一般公共预算支出比重 /%	0.70	0.14	78	86
财政支出中科学技术支出占一般公共预算支出比重增长率 /%	403.98	-61.09	5	84
科技环境和基础 /%	99.67	78.54	2	5
万人规上企业研究与发展（R&D）人员数 /（人 / 万人）	37.39	16.12	5	21
万人规上企业研究与发展（R&D）人员数增长率 /%	149.91	-26.73	11	69
万人发明专利申请量 /（件 / 万人）	6.91	36.37	6	7
万人发明专利申请量增长率 /%	-17.92	-5.11	55	38
科技产出 /%	94.64	87.27	7	17
万人有效发明专利量 /（件 / 万人）	12.05	11.13	5	6
万人有效发明专利量增长率 /%	16.57	8.99	30	49
高新技术企业增长率 /%	6.56	22.45	37	47
万人技术合同交易额 /（万元 / 万人）	2061.20	263.89	4	51
万人技术合同交易额增长率 /%	1753.35	-52.10	12	61
高新技术产业产值 / 亿元	114.73	104.97	11	13
高新技术产业产值增长率 /%	8.90	14.88	37	34

3. 播州区

财政支出中科学技术支出占一般公共预算支出比重为 1.83%，居全省第 50 位。万人规上企业研究与发展（R&D）人员数为 9.75 人 / 万人，居全省第 30 位。发明专利申请量 69 件，居全省第 23 位。万人发明专利申请量为 0.91 件 / 万人，居全省第 50 位。有效发明专利拥有量 198 件，居全省第 11 位。万人有效发明专利量为 2.60 件 / 万人，居全省第 20 位。高新技术企业数 31 个，居全省第 11 位。技术合同交易额 79 831.66 万元，居全省第 10 位。万人技术合同交易额 1047.52 万元 / 万人，居全省第 14 位。高新技术产业产值 132.08 亿元，居全省第 8 位。

播州区综合指数为 75.69%，居全省第 16 位，与上年相比监测值降低 11.61 个百分点，位次下降 9 位。在三个一级指标中，科技投入指数为 67.03%，居全省第 30 位，与上年相比监测值降低 31.80 个百分点，位次下降 18 位。科技环境和基础指数为 73.86%，居全省第 18 位，与上年相比监测值提高 7.69 个百分点，位次下降 3 位。科技产出指数为 85.92%，居全省第 12 位，与上年相比监测值降低 7.96 个百分点，位次下降 4 位（表 2-18）。

表 2-18 播州区各级监测指标和位次与上年比较

指标名称	二级指标值		位次	
	2020 年	2019 年	2020 年	2019 年
综合指数 /%	75.69	87.30	16	7
科技投入 /%	67.03	98.83	30	12
规模以上工业企业 R&D 经费支出增长率 /%	-38.27	70.36	69	32
财政支出中科学技术支出占一般公共预算支出比重 /%	1.83	1.81	50	43
财政支出中科学技术支出占一般公共预算支出比重增长率 /%	1.18	17.30	56	29
科技环境和基础 /%	73.86	66.17	18	15
万人规上企业研究与发展（R&D）人员数 /（人/万人）	9.75	16.58	30	20
万人规上企业研究与发展（R&D）人员数增长率 /%	-35.51	41.30	66	36
万人发明专利申请量 /（件/万人）	0.91	11.39	50	20
万人发明专利申请量增长率 /%	-25.33	11.10	58	28
科技产出 /%	85.92	93.88	12	8
万人有效发明专利量 /（件/万人）	2.60	2.28	20	21
万人有效发明专利量增长率 /%	24.76	9.21	18	47
高新技术企业增长率 /%	-11.43	39.13	78	21
万人技术合同交易额 /（万元/万人）	1047.52	460.32	14	35
万人技术合同交易额增长率 /%	-39.43	-9.76	67	47
高新技术产业产值 /亿元	132.08	189.26	8	5
高新技术产业产值增长率 /%	-11.50	7.88	65	39

4. 桐梓县

财政支出中科学技术支出占一般公共预算支出比重为 2.01%，居全省第 45 位。万人规上企业研究与发展（R&D）人员数为 2.83 人/万人，居全省第 62 位。发明专利申请量 42 件，居全省第 39 位。万人发明专利申请量为 0.79 件/万人，居全省第 55 位。有效发明专利拥有量 93 件，居全省第 22 位。万人有效发明专利量为 1.76 件/万人，居全省第 31 位。高新技术企业数 4 个，居全省第 38 位。技术合同交易额 6557.14 万元，居全省第 51 位。万人技术合同交易额 123.86 万元/万人，居全省第 57 位。高新技术产业产值 25.58 亿元，居全省第 33 位。

桐梓县综合指数为 41.92%，居全省第 46 位，与上年相比监测值降低 30.90 个百分点，位次下降 9 位。在三个一级指标中，科技投入指数为 44.13%，居全省第 51 位，与上年相比监测值降低 55.07 个百分点，位次下降 40 位。科技环境和基础指数为 35.58%，居全省第 48 位，与上年相比监测值降低 16.84 个百分点，上升 15 位。科技产出指数为 45.14%，居全省第 37 位，与上年相比监测值降低 18.80 个百分点，上升 3 位（表 2-19）。

表 2-19 桐梓县各级监测指标和位次与上年比较

指标名称	二级指标值		位次	
	2020年	2019年	2020年	2019年
综合指数 /%	41.92	72.82	46	37
科技投入 /%	44.13	99.20	51	11
规模以上工业企业 R&D 经费支出增长率 /%	−21.89	47.08	61	40
财政支出中科学技术支出占一般公共预算支出比重 /%	2.01	1.88	45	40
财政支出中科学技术支出占一般公共预算支出比重增长率 /%	6.86	5.02	44	44
科技环境和基础 /%	35.58	52.42	48	63
万人规上企业研究与发展（R&D）人员数 /（人/万人）	2.83	1.86	62	69
万人规上企业研究与发展（R&D）人员数增长率 /%	51.31	−54.01	28	80
万人发明专利申请量 /（件/万人）	0.79	5.26	55	37
万人发明专利申请量增长率 /%	−73.78	−7.82	81	39
科技产出 /%	45.14	63.94	37	40
万人有效发明专利量 /（件/万人）	1.76	1.28	31	35
万人有效发明专利量增长率 /%	36.58	37.97	13	15
高新技术企业增长率 /%	−20.00	0.00	80	52
万人技术合同交易额 /（万元/万人）	123.86	45.56	57	70
万人技术合同交易额增长率 /%	229.07	−68.46	27	68
高新技术产业产值 /亿元	25.58	21.75	33	39
高新技术产业产值增长率 /%	13.20	2.16	35	52

5. 绥阳县

财政支出中科学技术支出占一般公共预算支出比重为 1.15%，居全省第 68 位。万人规上企业研究与发展（R&D）人员数为 3.64 人/万人，居全省第 57 位。发明专利申请量 41 件，居全省第 40 位。万人发明专利申请量为 1.08 件/万人，居全省第 44 位。有效发明专利拥有量 179 件，居全省第 13 位。万人有效发明专利量为 4.72 件/万人，居全省第 13 位。高新技术企业数 19 个，居全省第 21 位。技术合同交易额 890.00 万元，居全省第 74 位。万人技术合同交易额 23.45 万元/万人，居全省第 75 位。高新技术产业产值 7.07 亿元，居全省第 51 位。

绥阳县综合指数为 36.07%，居全省第 56 位，与上年相比监测值降低 41.67 个百分点，位次下降 28 位。在三个一级指标中，科技投入指数为 15.97%，居全省第 79 位，与上年相比监测值降低 77.47 个百分点，位次下降 39 位。科技环境和基础指数为 34.73%，居全省第 51 位，与上年相比监测值降低 24.65 个百分点，位次下降 24 位。科技产出指数为 57.31%，居全省第 27 位，与上年相比监测值降低 20.46 个百分点，上升 2 位（表 2-20）。

表 2-20　绥阳县各级监测指标和位次与上年比较

指标名称	二级指标值		位次	
	2020 年	2019 年	2020 年	2019 年
综合指数 /%	36.07	77.74	56	28
科技投入 /%	15.97	93.44	79	40
规模以上工业企业 R&D 经费支出增长率 /%	-57.11	339.13	78	11
财政支出中科学技术支出占一般公共预算支出比重 /%	1.15	1.07	68	65
财政支出中科学技术支出占一般公共预算支出比重增长率 /%	7.78	31.80	42	19
科技环境和基础 /%	34.73	59.38	51	27
万人规上企业研究与发展（R&D）人员数 /（人 / 万人）	3.64	4.76	57	44
万人规上企业研究与发展（R&D）人员数增长率 /%	-24.98	177.42	58	18
万人发明专利申请量 /（件 / 万人）	1.08	5.02	44	40
万人发明专利申请量增长率 /%	64.04	-40.23	29	59
科技产出 /%	57.31	77.77	27	29
万人有效发明专利量 /（件 / 万人）	4.72	4.16	13	13
万人有效发明专利量增长率 /%	11.21	8.99	44	50
高新技术企业增长率 /%	11.76	13.33	33	50
万人技术合同交易额 /（万元 / 万人）	23.45	45.34	75	71
万人技术合同交易额增长率 /%	376.06	945.60	25	3
高新技术产业产值 / 亿元	7.07	12.85	51	46
高新技术产业产值增长率 /%	-13.40	0.71	67	55

6. 正安县

财政支出中科学技术支出占一般公共预算支出比重为 1.95%，居全省第 46 位。万人规上企业研究与发展（R&D）人员数为 3.83 人 / 万人，居全省第 56 位。发明专利申请量 73 件，居全省第 21 位。万人发明专利申请量为 1.84 件 / 万人，居全省第 26 位。有效发明专利拥有量 59 件，居全省第 34 位。万人有效发明专利量为 1.49 件 / 万人，居全省第 38 位。高新技术企业数 3 个，居全省第 48 位。技术合同交易额 0.00 万元，居全省第 84 位。万人技术合同交易额 0.00 万元 / 万人，居全省第 84 位。高新技术产业产值 0.88 亿元，居全省第 73 位。

正安县综合指数为 45.59%，居全省第 39 位，与上年相比监测值降低 22.84 个百分点，上升 9 位。在三个一级指标中，科技投入指数为 69.27%，居全省第 24 位，与上年相比监测值降低 24.37 个百分点，上升 15 位。科技环境和基础指数为 51.97%，居全省第 38 位，与上年相比监测值降低 9.28 个百分点，位次下降 17 位。科技产出指数为 16.43%，居全省第 67 位，与上年相比监测值降低 32.95 个百分点，位次下降 7 位（表 2-21）。

表 2-21 正安县各级监测指标和位次与上年比较

指标名称	二级指标值		位次	
	2020 年	2019 年	2020 年	2019 年
综合指数 /%	45.59	68.43	39	48
科技投入 /%	69.27	93.64	24	39
规模以上工业企业 R&D 经费支出增长率 /%	70.08	20.31	21	50
财政支出中科学技术支出占一般公共预算支出比重 /%	1.95	1.70	46	46
财政支出中科学技术支出占一般公共预算支出比重增长率 /%	14.98	8.54	32	38
科技环境和基础 /%	51.97	61.25	38	21
万人规上企业研究与发展（R&D）人员数 /（人/万人）	3.83	6.89	56	33
万人规上企业研究与发展（R&D）人员数增长率 /%	-43.59	48.91	69	35
万人发明专利申请量 /（件/万人）	1.84	9.37	26	25
万人发明专利申请量增长率 /%	-49.04	-26.62	74	51
科技产出 /%	16.43	49.38	67	60
万人有效发明专利量 /（件/万人）	1.49	1.13	38	42
万人有效发明专利量增长率 /%	33.85	68.62	16	5
高新技术企业增长率 /%	0.00	100.00	41	6
万人技术合同交易额 /（万元/万人）	0.00	135.03	84	59
万人技术合同交易额增长率 /%	-100.00	618.47	84	5
高新技术产业产值 / 亿元	0.88	0.70	73	75
高新技术产业产值增长率 /%	98.10	2.94	10	50

7. 道真县

财政支出中科学技术支出占一般公共预算支出比重为 0.08%，居全省第 88 位。万人规上企业研究与发展（R&D）人员数为 7.47 人/万人，居全省第 35 位。发明专利申请量 62 件，居全省第 26 位。万人发明专利申请量为 2.55 件/万人，居全省第 19 位。有效发明专利拥有量 60 件，居全省第 32 位。万人有效发明专利量为 2.46 件/万人，居全省第 22 位。高新技术企业数 4 个，居全省第 38 位。技术合同交易额 0.00 万元，居全省第 84 位。万人技术合同交易额 0.00 万元/万人，居全省第 84 位。高新技术产业产值 1.60 亿元，居全省第 70 位。

道真县综合指数为 40.02%，居全省第 49 位，与上年相比监测值降低 8.31 个百分点，上升 36 位。在三个一级指标中，科技投入指数为 46.21%，居全省第 49 位，与上年相比监测值提高 10.21 个百分点，上升 39 位。科技环境和基础指数为 57.22%，居全省第 35 位，与上年相比监测值降低 2.11 个百分点，位次下降 7 位。科技产出指数为 19.09%，居全省第 64 位，与上年相比监测值降低 32.13 个百分点，位次下降 8 位（表 2-22）。

表 2-22　道真县各级监测指标和位次与上年比较

指标名称	二级指标值		位次	
	2020 年	2019 年	2020 年	2019 年
综合指数 /%	40.02	48.33	49	85
科技投入 /%	46.21	36.00	49	88
规模以上工业企业 R&D 经费支出增长率 /%	187.70	28.02	9	46
财政支出中科学技术支出占一般公共预算支出比重 /%	0.08	0.10	88	87
财政支出中科学技术支出占一般公共预算支出比重增长率 /%	−14.51	−21.91	75	76
科技环境和基础 /%	57.22	59.33	35	28
万人规上企业研究与发展（R&D）人员数 /（人 / 万人）	7.47	3.62	35	49
万人规上企业研究与发展（R&D）人员数增长率 /%	102.31	22.84	18	41
万人发明专利申请量 /（件 / 万人）	2.55	7.63	19	30
万人发明专利申请增长率 /%	−3.09	−38.93	43	57
科技产出 /%	19.09	51.22	64	56
万人有效发明专利量 /（件 / 万人）	2.46	1.25	22	39
万人有效发明专利量增长率 /%	93.63	54.44	3	7
高新技术企业增长率 /%	−20.00	66.67	80	6
万人技术合同交易额 /（万元 / 万人）	0.00	20.45	84	82
万人技术合同交易额增长率 /%	−100.00	−40.41	84	57
高新技术产业产值 / 亿元	1.60	5.75	70	53
高新技术产业产值增长率 /%	24.60	−13.66	25	76

8. 务川县

财政支出中科学技术支出占一般公共预算支出比重为 2.38%，居全省第 32 位。万人规上企业研究与发展（R&D）人员数为 2.24 人 / 万人，居全省第 67 位。发明专利申请量 18 件，居全省第 65 位。万人发明专利申请量为 0.58 件 / 万人，居全省第 64 位。有效发明专利拥有量 95 件，居全省第 21 位。万人有效发明专利量为 3.08 件 / 万人，居全省第 15 位。高新技术企业数 2 个，居全省第 54 位。技术合同交易额 12 600.00 万元，居全省第 37 位。万人技术合同交易额 408.56 万元 / 万人，居全省第 36 位。高新技术产业产值 7.11 亿元，居全省第 50 位。

务川县综合指数为 45.05%，居全省第 40 位，与上年相比监测值降低 16.61 个百分点，上升 23 位。在三个一级指标中，科技投入指数为 64.69%，居全省第 32 位，与上年相比监测值降低 18.66 个百分点，上升 28 位。科技环境和基础指数为 16.91%，居全省第 72 位，与上年相比监测值降低 41.59 个百分点，位次下降 34 位。科技产出指数为 49.53%，居全省第 30 位，与上年相比监测值提高 6.84 个百分点，上升 37 位（表 2-23）。

表 2-23 务川县各级监测指标和位次与上年比较

指标名称	二级指标值		位次	
	2020 年	2019 年	2020 年	2019 年
综合指数 /%	45.05	61.66	40	63
科技投入 /%	64.69	83.35	32	60
规模以上工业企业 R&D 经费支出增长率 /%	176.66	88.15	11	27
财政支出中科学技术支出占一般公共预算支出比重 /%	2.38	1.98	32	38
财政支出中科学技术支出占一般公共预算支出比重增长率 /%	20.54	-5.25	26	62
科技环境和基础 /%	16.91	58.50	72	38
万人规上企业研究与发展（R&D）人员数 /（人/万人）	2.24	3.04	67	58
万人规上企业研究与发展（R&D）人员数增长率 /%	-30.01	252.27	60	13
万人发明专利申请量 /（件/万人）	0.58	3.47	64	56
万人发明专利申请量增长率 /%	-35.44	-57.99	66	77
科技产出 /%	49.53	42.69	30	67
万人有效发明专利量 /（件/万人）	3.08	1.54	15	33
万人有效发明专利量增长率 /%	90.80	126.43	4	2
高新技术企业增长率 /%	100.00	0.00	1	52
万人技术合同交易额 /（万元/万人）	408.56	38.72	36	73
万人技术合同交易额增长率 /%	100.00	26.10	38	38
高新技术产业产值 / 亿元	7.11	1.70	50	70
高新技术产业产值增长率 /%	679.00	32.81	2	23

9. 凤冈县

财政支出中科学技术支出占一般公共预算支出比重为 1.08%，居全省第 71 位。万人规上企业研究与发展（R&D）人员数为 3.59 人/万人，居全省第 59 位。发明专利申请量 37 件，居全省第 44 位。万人发明专利申请量为 1.22 件/万人，居全省第 41 位。有效发明专利拥有量 93 件，居全省第 22 位。万人有效发明专利量为 3.06 件/万人，居全省第 16 位。高新技术企业数 1 个，居全省第 61 位。技术合同交易额 1729.00 万元，居全省第 66 位。万人技术合同交易额 56.88 万元/万人，居全省第 67 位。高新技术产业产值 0.00 亿元，居全省第 86 位。

凤冈县综合指数为 34.41%，居全省第 60 位，与上年相比监测值降低 18.63 个百分点，上升 17 位。在三个一级指标中，科技投入指数为 47.29%，居全省第 46 位，与上年相比监测值降低 27.64 个百分点，上升 27 位。科技环境和基础指数为 34.91%，居全省第 50 位，与上年相比监测值降低 16.18 个百分点，上升 16 位。科技产出指数为 21.09%，居全省第 62 位，与上年相比监测值降低 11.74 个百分点，上升 18 位（表 2-24）。

表2-24 凤冈县各级监测指标和位次与上年比较

指标名称	二级指标值		位次	
	2020年	2019年	2020年	2019年
综合指数/%	34.41	53.04	60	77
科技投入/%	47.29	74.93	46	73
规模以上工业企业R&D经费支出增长率/%	319.92	386.38	6	9
财政支出中科学技术支出占一般公共预算支出比重/%	1.08	1.06	71	66
财政支出中科学技术支出占一般公共预算支出比重增长率/%	1.89	40.44	55	17
科技环境和基础/%	34.91	51.09	50	66
万人规上企业研究与发展（R&D）人员数/（人/万人）	3.59	1.24	59	76
万人规上企业研究与发展（R&D）人员数增长率/%	180.31	76.60	9	30
万人发明专利申请量/（件/万人）	1.22	8.43	41	26
万人发明专利申请量增长率/%	−7.23	−11.67	47	43
科技产出/%	21.09	32.83	62	80
万人有效发明专利量/（件/万人）	3.06	1.71	16	28
万人有效发明专利量增长率/%	72.73	45.39	7	10
高新技术企业增长率/%	0.00	−50.00	41	86
万人技术合同交易额/（万元/万人）	56.88	16.61	67	86
万人技术合同交易额增长率/%	−48.20	−44.50	70	60
高新技术产业产值/亿元	0.00	1.37	86	71
高新技术产业产值增长率/%	−99.90	1270.00	88	1

10. 湄潭县

财政支出中科学技术支出占一般公共预算支出比重为1.65%，居全省第55位。万人规上企业研究与发展（R&D）人员数为8.91人/万人，居全省第32位。发明专利申请量49件，居全省第34位。万人发明专利申请量为1.31件/万人，居全省第35位。有效发明专利拥有量90件，居全省第25位。万人有效发明专利量为2.41件/万人，居全省第23位。高新技术企业数4个，居全省第38位。技术合同交易额9869.50万元，居全省第41位。万人技术合同交易额264.74万元/万人，居全省第45位。高新技术产业产值4.28亿元，居全省第56位。

湄潭县综合指数为52.56%，居全省第34位，与上年相比监测值降低13.95个百分点，上升19位。在三个一级指标中，科技投入指数为64.23%，居全省第33位，与上年相比监测值降低31.73个百分点，位次下降4位。科技环境和基础指数为59.47%，居全省第33位，与上年相比监测值降低0.62个百分点，位次下降5位。科技产出指数为34.96%，居全省第45位，与上年相比监测值降低7.61个百分点，上升23位（表2-25）。

表 2-25 湄潭县各级监测指标和位次与上年比较

指标名称	二级指标值		位次	
	2020 年	2019 年	2020 年	2019 年
综合指数 /%	52.56	66.51	34	53
科技投入 /%	64.23	95.96	33	28
规模以上工业企业 R&D 经费支出增长率 /%	55.97	77.74	24	29
财政支出中科学技术支出占一般公共预算支出比重 /%	1.65	1.41	55	52
财政支出中科学技术支出占一般公共预算支出比重增长率 /%	16.73	4.94	28	45
科技环境和基础 /%	59.47	60.09	33	25
万人规上企业研究与发展（R&D）人员数 /（人 / 万人）	8.91	5.88	32	38
万人规上企业研究与发展（R&D）人员数增长率 /%	47.10	449.07	29	5
万人发明专利申请量 /（件 / 万人）	1.31	5.96	35	35
万人发明专利申请量增长率 /%	40.19	34.97	31	12
科技产出 /%	34.96	42.57	45	68
万人有效发明专利量 /（件 / 万人）	2.41	2.19	23	23
万人有效发明专利量增长率 /%	7.29	26.78	50	20
高新技术企业增长率 /%	0.00	−20.00	41	85
万人技术合同交易额 /（万元 / 万人）	264.74	33.67	45	77
万人技术合同交易额增长率 /%	1921.01	−78.34	10	77
高新技术产业产值 / 亿元	4.28	2.40	56	67
高新技术产业产值增长率 /%	174.30	52.87	5	15

11. 余庆县

财政支出中科学技术支出占一般公共预算支出比重为 1.82%，居全省第 51 位。万人规上企业研究与发展（R&D）人员数为 6.92 人 / 万人，居全省第 38 位。发明专利申请量 60 件，居全省第 28 位。万人发明专利申请量为 2.68 件 / 万人，居全省第 17 位。有效发明专利拥有量 50 件，居全省第 38 位。万人有效发明专利量为 2.23 件 / 万人，居全省第 25 位。高新技术企业数 1 个，居全省第 61 位。技术合同交易额 0.00 万元，居全省第 84 位。万人技术合同交易额 0.00 万元 / 万人，居全省第 84 位。高新技术产业产值 1.05 亿元，居全省第 71 位。

余庆县综合指数为 44.66%，居全省第 42 位，与上年相比监测值降低 10.80 个百分点，上升 30 位。在三个一级指标中，科技投入指数为 56.40%，居全省第 40 位，与上年相比监测值降低 21.52 个百分点，上升 29 位。科技环境和基础指数为 54.00%，居全省第 36 位，与上年相比监测值降低 5.31 个百分点，位次下降 7 位。科技产出指数为 24.92%，居全省第 57 位，与上年相比监测值降低 4.77 个百分点，上升 25 位（表 2-26）。

表 2-26 余庆县各级监测指标和位次与上年比较

指标名称	二级指标值		位次	
	2020 年	2019 年	2020 年	2019 年
综合指数 /%	44.66	55.46	42	72
科技投入 /%	56.40	77.92	40	69
规模以上工业企业 R&D 经费支出增长率 /%	374.83	-27.79	4	69
财政支出中科学技术支出占一般公共预算支出比重 /%	1.82	1.61	51	49
财政支出中科学技术支出占一般公共预算支出比重增长率 /%	13.10	1.28	35	48
科技环境和基础 /%	54.00	59.31	36	29
万人规上企业研究与发展（R&D）人员数 /（人 / 万人）	6.92	1.99	38	67
万人规上企业研究与发展（R&D）人员数增长率 /%	224.36	99.25	7	25
万人发明专利申请量 /（件 / 万人）	2.68	7.80	17	28
万人发明专利申请量增长率 /%	-8.68	-26.26	49	50
科技产出 /%	24.92	29.69	57	82
万人有效发明专利量 /（件 / 万人）	2.23	1.62	25	30
万人有效发明专利量增长率 /%	28.78	17.74	17	35
高新技术企业增长率 /%	100.00	0.00	1	52
万人技术合同交易额 /（万元 / 万人）	0.00	50.75	84	68
万人技术合同交易额增长率 /%	-100.00	-30.70	84	50
高新技术产业产值 / 亿元	1.05	0.60	71	79
高新技术产业产值增长率 /%	73.60	3.45	12	48

12. 习水县

财政支出中科学技术支出占一般公共预算支出比重为 2.61%，居全省第 24 位。万人规上企业研究与发展（R&D）人员数为 0.50 人 / 万人，居全省第 82 位。发明专利申请量 11 件，居全省第 75 位。万人发明专利申请量为 0.19 件 / 万人，居全省第 81 位。有效发明专利拥有量 61 件，居全省第 30 位。万人有效发明专利量为 1.04 件 / 万人，居全省第 44 位。高新技术企业数 2 个，居全省第 54 位。技术合同交易额 0.00 万元，居全省第 84 位。万人技术合同交易额 0.00 万元 / 万人，居全省第 84 位。高新技术产业产值 12.13 亿元，居全省第 44 位。

习水县综合指数为 19.36%，居全省第 74 位，与上年相比监测值降低 47.35 个百分点，位次下降 23 位。在三个一级指标中，科技投入指数为 27.55%，居全省第 67 位，与上年相比监测值降低 53.69 个百分点，位次下降 4 位。科技环境和基础指数为 7.74%，居全省第 84 位，与上年相比监测值降低 47.90 个百分点，位次下降 26 位。科技产出指数为 21.14%，居全省第 61 位，与上年相比监测值降低 40.53 个百分点，位次下降 19 位（表 2-27）。

表 2-27 习水县各级监测指标和位次与上年比较

指标名称	二级指标值		位次	
	2020 年	2019 年	2020 年	2019 年
综合指数 /%	19.36	66.71	74	51
科技投入 /%	27.55	81.24	67	63
规模以上工业企业 R&D 经费支出增长率 /%	-17.91	72.92	58	30
财政支出中科学技术支出占一般公共预算支出比重 /%	2.61	2.52	24	27
财政支出中科学技术支出占一般公共预算支出比重增长率 /%	3.64	15.15	49	31
科技环境和基础 /%	7.74	55.64	84	58
万人规上企业研究与发展（R&D）人员数 /（人/万人）	0.50	1.48	82	74
万人规上企业研究与发展（R&D）人员数增长率 /%	-63.01	38.76	80	38
万人发明专利申请量 /（件/万人）	0.19	2.43	81	71
万人发明专利申请量增长率 /%	-45.28	-53.46	71	72
科技产出 /%	21.14	61.67	61	42
万人有效发明专利量 /（件/万人）	1.04	0.85	44	47
万人有效发明专利量增长率 /%	34.86	24.53	15	23
高新技术企业增长率 /%	0.00	0.00	41	52
万人技术合同交易额 /（万元/万人）	0.00	16.72	84	85
万人技术合同交易额增长率 /%	-100.00	-76.54	84	73
高新技术产业产值 /亿元	12.13	29.78	44	34
高新技术产业产值增长率 /%	-44.00	15.88	81	31

13. 赤水市

财政支出中科学技术支出占一般公共预算支出比重为 2.09%，居全省第 41 位。万人规上企业研究与发展（R&D）人员数为 5.33 人/万人，居全省第 48 位。发明专利申请量 27 件，居全省第 55 位。万人发明专利申请量为 1.09 件/万人，居全省第 43 位。有效发明专利拥有量 41 件，居全省第 42 位。万人有效发明专利量为 1.66 件/万人，居全省第 33 位。高新技术企业数 7 个，居全省第 30 位。技术合同交易额 3180.32 万元，居全省第 60 位。万人技术合同交易额 128.45 万元/万人，居全省第 56 位。高新技术产业产值 16.56 亿元，居全省第 39 位。

赤水市综合指数为 53.52%，居全省第 33 位，与上年相比监测值降低 46.48 个百分点，位次上升 7 位。在三个一级指标中，科技投入指数为 93.34%，居全省第 3 位，与上年相比监测值提高 125.00 个百分点，位次上升 61 位。科技环境和基础指数为 33.60%，居全省第 53 位，与上年相比监测值降低 26.73 个百分点，位次下降 30 位。科技产出指数为 30.77%，居全省第 49 位，与上年相比监测值降低 43.01 个百分点，位次下降 16 位（表 2-28）。

表 2-28 赤水市各级监测指标和位次与上年比较

指标名称	二级指标值		位次	
	2020 年	2019 年	2020 年	2019 年
综合指数 /%	53.52	72.22	33	40
科技投入 /%	93.34	80.84	3	64
规模以上工业企业 R&D 经费支出增长率 /%	1612.07	-19.57	1	65
财政支出中科学技术支出占一般公共预算支出比重 /%	2.09	1.84	41	42
财政支出中科学技术支出占一般公共预算支出比重增长率 /%	13.43	-1.82	34	53
科技环境和基础 /%	33.60	60.33	53	23
万人规上企业研究与发展（R&D）人员数 /（人/万人）	5.33	2.39	48	63
万人规上企业研究与发展（R&D）人员数增长率 /%	123.46	15.12	16	46
万人发明专利申请量 /（件/万人）	1.09	11.43	43	19
万人发明专利申请量增长率 /%	-71.31	-1.53	80	35
科技产出 /%	30.77	73.78	49	33
万人有效发明专利量 /（件/万人）	1.66	1.54	33	32
万人有效发明专利量增长率 /%	7.76	8.04	49	51
高新技术企业增长率 /%	0.00	16.67	41	48
万人技术合同交易额 /（万元/万人）	128.45	37.77	56	74
万人技术合同交易额增长率 /%	199.93	27.42	29	37
高新技术产业产值 /亿元	16.56	18.51	39	41
高新技术产业产值增长率 /%	-8.60	7.37	61	43

14. 仁怀市

财政支出中科学技术支出占一般公共预算支出比重为 2.12%，居全省第 40 位。万人规上企业研究与发展（R&D）人员数为 11.42 人/万人，居全省第 25 位。发明专利申请量 118 件，居全省第 16 位。万人发明专利申请量为 1.80 件/万人，居全省第 27 位。有效发明专利拥有量 121 件，居全省第 17 位。万人有效发明专利量为 1.85 件/万人，居全省第 28 位。高新技术企业数 5 个，居全省第 36 位。技术合同交易额 580.00 万元，居全省第 77 位。万人技术合同交易额 8.84 万元/万人，居全省第 81 位。高新技术产业产值 0.77 亿元，居全省第 74 位。

仁怀市综合指数为 73.76%，居全省第 17 位，与上年相比监测值提高 0.59 个百分点，上升 19 位。在三个一级指标中，科技投入指数为 97.17%，居全省第 2 位，与上年相比监测值提高 0.03 个百分点，上升 13 位。科技环境和基础指数为 98.94%，居全省第 4 位，与上年相比监测值提高 34.99 个百分点，上升 14 位。科技产出指数为 28.77%，居全省第 51 位，与上年相比监测值降低 28.33 个百分点，位次下降 4 位（表 2-29）。

表 2-29 仁怀市各级监测指标和位次与上年比较

指标名称	二级指标值		位次	
	2020年	2019年	2020年	2019年
综合指数 /%	73.76	73.17	17	36
科技投入 /%	97.17	97.14	2	15
规模以上工业企业 R&D 经费支出增长率 /%	64.74	-81.46	22	87
财政支出中科学技术支出占一般公共预算支出比重 /%	2.12	2.11	40	35
财政支出中科学技术支出占一般公共预算支出比重增长率 /%	0.34	0.73	62	50
科技环境和基础 /%	98.94	63.95	4	18
万人规上企业研究与发展（R&D）人员数 /（人/万人）	11.42	5.44	25	40
万人规上企业研究与发展（R&D）人员数增长率 /%	142.07	-88.01	14	88
万人发明专利申请量 /（件/万人）	1.80	13.03	27	17
万人发明专利申请量增长率 /%	134.92	9.95	16	29
科技产出 /%	28.77	57.10	51	47
万人有效发明专利量 /（件/万人）	1.85	1.71	28	27
万人有效发明专利量增长率 /%	24.17	23.74	20	25
高新技术企业增长率 /%	0.00	66.67	41	21
万人技术合同交易额 /（万元/万人）	8.84	266.11	81	49
万人技术合同交易额增长率 /%	1343.37	479.16	14	6
高新技术产业产值 /亿元	0.77	3.01	74	63
高新技术产业产值增长率 /%	-74.50	100.00	85	4

（四）安顺市

1. 西秀区

财政支出中科学技术支出占一般公共预算支出比重为 3.08%，居全省第 12 位。万人规上企业研究与发展（R&D）人员数为 31.55 人/万人，居全省第 7 位。发明专利申请量 283 件，居全省第 7 位。万人发明专利申请量为 3.25 件/万人，居全省第 11 位。有效发明专利拥有量 412 件，居全省第 8 位。万人有效发明专利量为 4.73 件/万人，居全省第 12 位。高新技术企业数 44 个，居全省第 10 位。技术合同交易额 8190.00 万元，居全省第 46 位。万人技术合同交易额 94.05 万元/万人，居全省第 63 位。高新技术产业产值 201.18 亿元，居全省第 2 位。

西秀区综合指数为 86.73%，居全省第 6 位，与上年相比监测值降低 0.46 个百分点，上升 2 位。在三个一级指标中，科技投入指数为 82.66%，居全省第 11 位，与上年相比监测值降低 15.67 个百分点，上升 2 位。科技环境和基础指数为 99.70%，居全省第 1 位，与上年相比监测值提高 30.42 个百分点，上升 10 位。科技产出指数为 79.67%，居全省第 17 位，与上年相比监测值降低 11.72 个百分点，位次下降 6 位（表 2-30）。

表 2-30　西秀区各级监测指标和位次与上年比较

指标名称	二级指标值		位次	
	2020 年	2019 年	2020 年	2019 年
综合指数 /%	86.73	87.19	6	8
科技投入 /%	82.66	98.33	11	13
规模以上工业企业 R&D 经费支出增长率 /%	23.71	36.68	36	43
财政支出中科学技术支出占一般公共预算支出比重 /%	3.08	1.84	12	41
财政支出中科学技术支出占一般公共预算支出比重增长率 /%	66.83	11.65	11	33
科技环境和基础 /%	99.70	69.28	1	11
万人规上企业研究与发展（R&D）人员数 /（人 / 万人）	31.55	18.36	7	17
万人规上企业研究与发展（R&D）人员数增长率 /%	83.98	22.38	21	42
万人发明专利申请量 /（件 / 万人）	3.25	13.78	11	16
万人发明专利申请量增长率 /%	76.58	-17.05	27	45
科技产出 /%	79.67	91.39	17	11
万人有效发明专利量 /（件 / 万人）	4.73	5.20	12	10
万人有效发明专利量增长率 /%	-2.59	11.59	72	41
高新技术企业增长率 /%	18.92	32.14	22	41
万人技术合同交易额 /（万元 / 万人）	94.05	378.03	63	38
万人技术合同交易额增长率 /%	-48.04	-34.33	69	52
高新技术产业产值 / 亿元	201.18	198.13	2	4
高新技术产业产值增长率 /%	1.70	-8.23	49	67

2. 平坝区

财政支出中科学技术支出占一般公共预算支出比重为 1.56%，居全省第 58 位。万人规上企业研究与发展（R&D）人员数为 22.29 人 / 万人，居全省第 13 位。发明专利申请量 129 件，居全省第 15 位。万人发明专利申请量为 3.71 件 / 万人，居全省第 9 位。有效发明专利拥有量 176 件，居全省第 14 位。万人有效发明专利量为 5.07 件 / 万人，居全省第 11 位。高新技术企业数 76 个，居全省第 6 位。技术合同交易额 31 488.51 万元，居全省第 20 位。万人技术合同交易额 906.67 万元 / 万人，居全省第 18 位。高新技术产业产值 169.94 亿元，居全省第 4 位。

平坝区综合指数为 84.52%，居全省第 8 位，与上年相比监测值提高 5.42 个百分点，上升 17 位。在三个一级指标中，科技投入指数为 62.72%，居全省第 35 位，与上年相比监测值降低 27.02 个百分点，上升 11 位。科技环境和基础指数为 96.82%，居全省第 6 位，与上年相比监测值提高 35.15 个百分点，上升 14 位。科技产出指数为 95.78%，居全省第 4 位，与上年相比监测值提高 12.38 个百分点，上升 19 位（表 2-31）。

表 2-31　平坝区各级监测指标和位次与上年比较

指标名称	二级指标值		位次	
	2020 年	2019 年	2020 年	2019 年
综合指数 /%	84.52	79.10	8	25
科技投入 /%	62.72	89.74	35	46
规模以上工业企业 R&D 经费支出增长率 /%	-3.60	110.39	48	22
财政支出中科学技术支出占一般公共预算支出比重 /%	1.56	0.95	58	70
财政支出中科学技术支出占一般公共预算支出比重增长率 /%	64.08	-13.56	12	71
科技环境和基础 /%	96.82	61.67	6	20
万人规上企业研究与发展（R&D）人员数 /（人/万人）	22.29	21.88	13	15
万人规上企业研究与发展（R&D）人员数增长率 /%	6.70	82.50	43	28
万人发明专利申请量 /（件/万人）	3.71	12.31	9	18
万人发明专利申请量增长率 /%	93.99	-25.06	20	49
科技产出 /%	95.78	83.40	4	23
万人有效发明专利量 /（件/万人）	5.07	3.65	11	14
万人有效发明专利量增长率 /%	45.57	-19.44	11	85
高新技术企业增长率 /%	13.43	61.11	31	26
万人技术合同交易额 /（万元/万人）	906.67	139.34	18	58
万人技术合同交易额增长率 /%	5.36	17.83	58	41
高新技术产业产值 /亿元	169.94	320.13	4	1
高新技术产业产值增长率 /%	-42.80	7.52	80	42

3. 普定县

财政支出中科学技术支出占一般公共预算支出比重为 1.62%，居全省第 56 位。万人规上企业研究与发展（R&D）人员数为 3.96 人/万人，居全省第 55 位。发明专利申请量 134 件，居全省第 14 位。万人发明专利申请量为 3.56 件/万人，居全省第 10 位。有效发明专利拥有量 55 件，居全省第 35 位。万人有效发明专利量为 1.46 件/万人，居全省第 39 位。高新技术企业数 6 个，居全省第 32 位。技术合同交易额 33 340.00 万元，居全省第 19 位。万人技术合同交易额 885.52 万元/万人，居全省第 19 位。高新技术产业产值 2.25 亿元，居全省第 64 位。

普定县综合指数为 60.81%，居全省第 29 位，与上年相比监测值降低 4.37 个百分点，上升 26 位。在三个一级指标中，科技投入指数为 65.49%，居全省第 31 位，与上年相比监测值降低 17.44 个百分点，上升 30 位。科技环境和基础指数为 70.98%，居全省第 20 位，与上年相比监测值提高 13.35 个百分点，上升 29 位。科技产出指数为 47.41%，居全省第 32 位，与上年相比监测值降低 6.50 个百分点，上升 19 位（表 2-32）。

表 2-32　普定县各级监测指标和位次与上年比较

指标名称	二级指标值		位次	
	2020 年	2019 年	2020 年	2019 年
综合指数 /%	60.81	65.18	29	55
科技投入 /%	65.49	82.93	31	61
规模以上工业企业 R&D 经费支出增长率 /%	370.03	82.07	5	28
财政支出中科学技术支出占一般公共预算支出比重 /%	1.62	1.40	56	53
财政支出中科学技术支出占一般公共预算支出比重增长率 /%	16.02	10.68	31	34
科技环境和基础 /%	70.98	57.63	20	49
万人规上企业研究与发展（R&D）人员数 /（人 / 万人）	3.96	0.81	55	82
万人规上企业研究与发展（R&D）人员数增长率 /%	378.36	356.91	4	8
万人发明专利申请量 /（件 / 万人）	3.56	2.75	10	67
万人发明专利申请量增长率 /%	664.81	-56.12	8	75
科技产出 /%	47.41	53.91	32	51
万人有效发明专利量 /（件 / 万人）	1.46	1.22	39	40
万人有效发明专利量增长率 /%	17.72	-27.31	27	87
高新技术企业增长率 /%	20.00	400.00	20	1
万人技术合同交易额 /（万元 / 万人）	885.52	54.00	19	67
万人技术合同交易额增长率 /%	12.30	122.06	54	15
高新技术产业产值 / 亿元	2.25	5.34	64	54
高新技术产业产值增长率 /%	-34.30	-60.24	78	86

4. 镇宁县

财政支出中科学技术支出占一般公共预算支出比重为 2.30%，居全省第 35 位。万人规上企业研究与发展（R&D）人员数为 6.14 人 / 万人，居全省第 43 位。发明专利申请量 9 件，居全省第 77 位。万人发明专利申请量为 0.30 件 / 万人，居全省第 75 位。有效发明专利拥有量 46 件，居全省第 39 位。万人有效发明专利量为 1.53 件 / 万人，居全省第 36 位。高新技术企业数 1 个，居全省第 61 位。技术合同交易额 0.00 万元，居全省第 84 位。万人技术合同交易额 0.00 万元 / 万人，居全省第 84 位。高新技术产业产值 3.07 亿元，居全省第 62 位。

镇宁县综合指数为 32.71%，居全省第 61 位，与上年相比监测值降低 25.19 个百分点，上升 8 位。在三个一级指标中，科技投入指数为 58.41%，居全省第 38 位，与上年相比监测值降低 29.19 个百分点，上升 13 位。科技环境和基础指数为 27.07%，居全省第 64 位，与上年相比监测值降低 21.82 个百分点，上升 11 位。科技产出指数为 11.85%，居全省第 76 位，与上年相比监测值降低 24.07 个百分点，位次下降 1 位（表 2-33）。

表 2-33 镇宁县各级监测指标和位次与上年比较

指标名称	二级指标值		位次	
	2020 年	2019 年	2020 年	2019 年
综合指数 /%	32.71	57.90	61	69
科技投入 /%	58.41	87.60	38	51
规模以上工业企业 R&D 经费支出增长率 /%	55.62	-14.30	25	62
财政支出中科学技术支出占一般公共预算支出比重 /%	2.30	1.62	35	48
财政支出中科学技术支出占一般公共预算支出比重增长率 /%	41.87	50.75	17	13
科技环境和基础 /%	27.07	48.89	64	75
万人规上企业研究与发展（R&D）人员数 /（人 / 万人）	6.14	1.91	43	68
万人规上企业研究与发展（R&D）人员数增长率 /%	233.09	-50.91	6	77
万人发明专利申请量 /（件 / 万人）	0.30	6.47	75	33
万人发明专利申请量增长率 /%	-89.93	12.69	87	27
科技产出 /%	11.85	35.92	76	75
万人有效发明专利量 /（件 / 万人）	1.53	1.67	36	29
万人有效发明专利量增长率 /%	-4.58	-0.03	74	60
高新技术企业增长率 /%	0.00	0.00	41	52
万人技术合同交易额 /（万元 / 万人）	0.00	17.19	84	84
万人技术合同交易额增长率 /%	-100.00	-81.83	84	80
高新技术产业产值 / 亿元	3.07	4.09	62	58
高新技术产业产值增长率 /%	-23.80	-27.74	73	83

5. 关岭县

财政支出中科学技术支出占一般公共预算支出比重为 1.89%，居全省第 48 位。万人规上企业研究与发展（R&D）人员数为 2.68 人 / 万人，居全省第 63 位。发明专利申请量 28 件，居全省第 53 位。万人发明专利申请量为 0.99 件 / 万人，居全省第 49 位。有效发明专利拥有量 12 件，居全省第 63 位。万人有效发明专利量为 0.42 件 / 万人，居全省第 65 位。高新技术企业数 1 个，居全省第 61 位。技术合同交易额 28 728.09 万元，居全省第 22 位。万人技术合同交易额 1012.98 万元 / 万人，居全省第 15 位。高新技术产业产值 3.33 亿元，居全省第 59 位。

关岭县综合指数为 36.96%，居全省第 54 位，与上年相比监测值降低 13.52 个百分点，上升 27 位。在三个一级指标中，科技投入指数为 54.09%，居全省第 41 位，与上年相比监测值降低 16.99 个百分点，上升 38 位。科技环境和基础指数为 27.08%，居全省第 63 位，与上年相比监测值降低 12.53 个百分点，上升 24 位。科技产出指数为 28.29%，居全省第 52 位，与上年相比监测值降低 10.91 个百分点，上升 22 位（表 2-34）。

表 2-34 关岭县各级监测指标和位次与上年比较

指标名称	二级指标值		位次	
	2020 年	2019 年	2020 年	2019 年
综合指数 /%	36.96	50.48	54	81
科技投入 /%	54.09	71.08	41	79
规模以上工业企业 R&D 经费支出增长率 /%	879.36	-78.32	2	85
财政支出中科学技术支出占一般公共预算支出比重 /%	1.89	1.34	48	54
财政支出中科学技术支出占一般公共预算支出比重增长率 /%	41.40	12.58	18	32
科技环境和基础 /%	27.08	39.61	63	87
万人规上企业研究与发展（R&D）人员数 /（人/万人）	2.68	0.57	63	86
万人规上企业研究与发展（R&D）人员数增长率 /%	382.37	-73.78	3	84
万人发明专利申请量 /（件/万人）	0.99	3.20	49	60
万人发明专利申请量增长率 /%	-40.76	-52.17	68	68
科技产出 /%	28.29	39.20	52	74
万人有效发明专利量 /（件/万人）	0.42	0.32	65	69
万人有效发明专利量增长率 /%	35.40	49.95	14	8
高新技术企业增长率 /%	0.00	0.00	41	52
万人技术合同交易额 /（万元/万人）	1012.98	16.09	15	87
万人技术合同交易额增长率 /%	6.50	39.85	56	32
高新技术产业产值 /亿元	3.33	1.99	59	68
高新技术产业产值增长率 /%	67.50	15.70	13	32

6. 紫云县

财政支出中科学技术支出占一般公共预算支出比重为 1.65%，居全省第 54 位。万人规上企业研究与发展（R&D）人员数为 0.44 人/万人，居全省第 84 位。发明专利申请量 55 件，居全省第 32 位。万人发明专利申请量为 1.87 件/万人，居全省第 24 位。有效发明专利拥有量 6 件，居全省第 79 位。万人有效发明专利量为 0.20 件/万人，居全省第 79 位。高新技术企业数 1 个，居全省第 61 位。技术合同交易额 13 630.50 万元，居全省第 34 位。万人技术合同交易额 463.94 万元/万人，居全省第 32 位。高新技术产业产值 0.00 亿元，居全省第 87 位。

紫云县综合指数为 22.15%，居全省第 69 位，与上年相比监测值降低 28.10 个百分点，上升 13 位。在三个一级指标中，科技投入指数为 18.06%，居全省第 75 位，与上年相比监测值降低 61.69 个百分点，位次下降 10 位。科技环境和基础指数为 32.52%，居全省第 55 位，与上年相比监测值降低 16.22 个百分点，上升 22 位。科技产出指数为 17.34%，居全省第 65 位，与上年相比监测值降低 4.71 个百分点，上升 21 位（表 2-35）。

表 2-35 紫云县各级监测指标和位次与上年比较

指标名称	二级指标值		位次	
	2020 年	2019 年	2020 年	2019 年
综合指数 /%	22.15	50.25	69	82
科技投入 /%	18.06	79.75	75	65
规模以上工业企业 R&D 经费支出增长率 /%	−80.07	0.00	85	58
财政支出中科学技术支出占一般公共预算支出比重 /%	1.65	1.72	54	45
财政支出中科学技术支出占一般公共预算支出比重增长率 /%	−4.11	91.22	69	6
科技环境和基础 /%	32.52	48.74	55	77
万人规上企业研究与发展（R&D）人员数 /（人/万人）	0.44	2.27	84	66
万人规上企业研究与发展（R&D）人员数增长率 /%	−79.37	100.00	85	24
万人发明专利申请量 /（件/万人）	1.87	1.83	24	81
万人发明专利申请量增长率 /%	672.88	−71.27	7	82
科技产出 /%	17.34	22.05	65	86
万人有效发明专利量 /（件/万人）	0.20	0.18	79	81
万人有效发明专利量增长率 /%	18.04	24.95	25	22
高新技术企业增长率 /%	0.00	0.00	41	52
万人技术合同交易额 /（万元/万人）	463.94	35.75	32	76
万人技术合同交易额增长率 /%	100.00	−58.47	38	63
高新技术产业产值 /亿元	0.00	0.16	87	86
高新技术产业产值增长率 /%	0.00	60.00	52	12

（五）铜仁市

1. 碧江区

财政支出中科学技术支出占一般公共预算支出比重为 2.56%，居全省第 25 位。万人规上企业研究与发展（R&D）人员数为 3.12 人/万人，居全省第 61 位。发明专利申请量 136 件，居全省第 13 位。万人发明专利申请量为 3.08 件/万人，居全省第 12 位。有效发明专利拥有量 114 件，居全省第 18 位。万人有效发明专利量为 2.58 件/万人，居全省第 21 位。高新技术企业数 20 个，居全省第 18 位。技术合同交易额 163 324.50 万元，居全省第 3 位。万人技术合同交易额 3694.29 万元/万人，居全省第 2 位。高新技术产业产值 32.62 亿元，居全省第 29 位。

碧江区综合指数为 62.98%，居全省第 25 位，与上年相比监测值降低 22.58 个百分点，位次下降 13 位。在三个一级指标中，科技投入指数为 34.46%，居全省第 60 位，与上年相比监测值降低 65.54 个百分点，位次下降 59 位。科技环境和基础指数为 65.81%，居全省第 24 位，与上年相比监测值降低 4.54 个百分点，位次下降 15 位。科技产出指数为 89.07%，居全省第 10 位，与上年相比监测值提高 4.92 个百分点，上升 11 位（表 2-36）。

表 2-36 碧江区各级监测指标和位次与上年比较

指标名称	二级指标值		位次	
	2020 年	2019 年	2020 年	2019 年
综合指数 /%	62.98	85.56	25	12
科技投入 /%	34.46	100.00	60	1
规模以上工业企业 R&D 经费支出增长率 /%	-68.18	118.90	81	20
财政支出中科学技术支出占一般公共预算支出比重 /%	2.56	3.84	25	6
财政支出中科学技术支出占一般公共预算支出比重增长率 /%	-33.32	25.65	83	21
科技环境和基础 /%	65.81	70.35	24	9
万人规上企业研究与发展（R&D）人员数 /（人/万人）	3.12	4.12	61	46
万人规上企业研究与发展（R&D）人员数增长率 /%	-8.92	-33.48	51	71
万人发明专利申请量 /（件/万人）	3.08	37.49	12	6
万人发明专利申请量增长率 /%	-26.34	15.17	60	21
科技产出 /%	89.07	84.15	10	21
万人有效发明专利量 /（件/万人）	2.58	2.89	21	16
万人有效发明专利量增长率 /%	7.18	4.44	51	58
高新技术企业增长率 /%	33.33	150.00	12	5
万人技术合同交易额 /（万元/万人）	3694.29	341.54	2	39
万人技术合同交易额增长率 /%	138.86	-72.19	33	71
高新技术产业产值 /亿元	32.62	30.02	29	33
高新技术产业产值增长率 /%	7.70	-9.93	39	69

2. 江口县

财政支出中科学技术支出占一般公共预算支出比重为 1.18%，居全省第 66 位。万人规上企业研究与发展（R&D）人员数为 0.43 人/万人，居全省第 85 位。发明专利申请量 16 件，居全省第 67 位。万人发明专利申请量为 0.87 件/万人，居全省第 52 位。有效发明专利拥有量 10 件，居全省第 71 位。万人有效发明专利量为 0.54 件/万人，居全省第 58 位。高新技术企业数 1 个，居全省第 61 位。技术合同交易额 790.00 万元，居全省第 75 位。万人技术合同交易额 42.75 万元/万人，居全省第 69 位。高新技术产业产值 0.00 亿元，居全省第 87 位。

江口县综合指数为 10.41%，居全省第 86 位，与上年相比监测值降低 42.56 个百分点，位次下降 8 位。在三个一级指标中，科技投入指数为 13.05%，居全省第 82 位，与上年相比监测值降低 59.95 个百分点，位次下降 6 位。科技环境和基础指数为 11.63%，居全省第 79 位，与上年相比监测值降低 30.86 个百分点，上升 4 位。科技产出指数为 6.72%，居全省第 84 位，与上年相比监测值降低 35.20 个百分点，位次下降 14 位（表 2-37）。

表 2-37 江口县各级监测指标和位次与上年比较

指标名称	二级指标值		位次	
	2020 年	2019 年	2020 年	2019 年
综合指数 /%	10.41	52.97	86	78
科技投入 /%	13.05	73.00	82	76
规模以上工业企业 R&D 经费支出增长率 /%	6.44	203.74	43	13
财政支出中科学技术支出占一般公共预算支出比重 /%	1.18	1.18	66	60
财政支出中科学技术支出占一般公共预算支出比重增长率 /%	0.35	54.50	61	11
科技环境和基础 /%	11.63	42.49	79	83
万人规上企业研究与发展（R&D）人员数 /（人/万人）	0.43	0.62	85	85
万人规上企业研究与发展（R&D）人员数增长率 /%	-27.59	-47.94	59	75
万人发明专利申请量 /（件/万人）	0.87	3.22	52	59
万人发明专利申请量增长率 /%	-6.29	-53.19	46	71
科技产出 /%	6.72	41.92	84	70
万人有效发明专利量 /（件/万人）	0.54	0.56	58	54
万人有效发明专利量增长率 /%	-0.43	10.42	70	43
高新技术企业增长率 /%	0.00	0.00	41	52
万人技术合同交易额 /（万元/万人）	42.75	316.22	69	40
万人技术合同交易额增长率 /%	100.00	-87.55	38	82
高新技术产业产值 /亿元	0.00	0.14	87	87
高新技术产业产值增长率 /%	0.00	-88.89	52	88

3. 玉屏县

财政支出中科学技术支出占一般公共预算支出比重为 2.32%，居全省第 34 位。万人规上企业研究与发展（R&D）人员数为 27.97 人/万人，居全省第 9 位。发明专利申请量 28 件，居全省第 53 位。万人发明专利申请量为 1.86 件/万人，居全省第 25 位。有效发明专利拥有量 113 件，居全省第 19 位。万人有效发明专利量为 7.51 件/万人，居全省第 9 位。高新技术企业数 10 个，居全省第 25 位。技术合同交易额 7809.00 万元，居全省第 48 位。万人技术合同交易额 518.87 万元/万人，居全省第 28 位。高新技术产业产值 68.55 亿元，居全省第 16 位。

玉屏县综合指数为 70.33%，居全省第 19 位，与上年相比监测值降低 8.00 个百分点，上升 7 位。在三个一级指标中，科技投入指数为 85.75%，居全省第 6 位，与上年相比监测值降低 11.39 个百分点，上升 9 位。科技环境和基础指数为 62.50%，居全省第 29 位，与上年相比监测值提高 5.05 个百分点，上升 21 位。科技产出指数为 61.61%，居全省第 26 位，与上年相比监测值降低 15.82 个百分点，上升 4 位（表 2-38）。

表 2-38 玉屏县各级监测指标和位次与上年比较

指标名称	二级指标值		位次	
	2020 年	2019 年	2020 年	2019 年
综合指数 /%	70.33	78.33	19	26
科技投入 /%	85.75	97.14	6	15
规模以上工业企业 R&D 经费支出增长率 /%	48.07	55.27	26	35
财政支出中科学技术支出占一般公共预算支出比重 /%	2.32	2.39	34	28
财政支出中科学技术支出占一般公共预算支出比重增长率 /%	-2.83	-3.28	68	57
科技环境和基础 /%	62.50	57.45	29	50
万人规上企业研究与发展（R&D）人员数 /（人/万人）	27.97	17.01	9	18
万人规上企业研究与发展（R&D）人员数增长率 /%	58.23	-23.24	25	64
万人发明专利申请量 /（件/万人）	1.86	10.91	25	22
万人发明专利申请量增长率 /%	-43.08	-48.73	69	63
科技产出 /%	61.61	77.43	26	30
万人有效发明专利量 /（件/万人）	7.51	5.97	9	9
万人有效发明专利量增长率 /%	21.02	6.36	22	53
高新技术企业增长率 /%	-9.09	25.00	77	43
万人技术合同交易额 /（万元/万人）	518.87	95.97	28	62
万人技术合同交易额增长率 /%	-11.00	-95.92	61	87
高新技术产业产值 / 亿元	68.55	111.98	16	11
高新技术产业产值增长率 /%	-4.10	80.09	58	9

4. 石阡县

财政支出中科学技术支出占一般公共预算支出比重为 1.15%，居全省第 69 位。万人规上企业研究与发展（R&D）人员数为 0.61 人/万人，居全省第 79 位。发明专利申请量 25 件，居全省第 58 位。万人发明专利申请量为 0.84 件/万人，居全省第 53 位。有效发明专利拥有量 18 件，居全省第 57 位。万人有效发明专利量为 0.61 件/万人，居全省第 54 位。高新技术企业数 0 个，居全省第 75 位。技术合同交易额 3498.00 万元，居全省第 59 位。万人技术合同交易额 117.70 万元/万人，居全省第 59 位。高新技术产业产值 1.92 亿元，居全省第 68 位。

石阡县综合指数为 12.47%，居全省第 83 位，与上年相比监测值降低 49.61 个百分点，位次下降 22 位。在三个一级指标中，科技投入指数为 11.84%，居全省第 83 位，与上年相比监测值降低 81.82 个百分点，位次下降 45 位。科技环境和基础指数为 15.81%，居全省第 75 位，与上年相比监测值降低 41.17 个百分点，位次下降 23 位。科技产出指数为 10.24%，居全省第 77 位，与上年相比监测值降低 24.64 个百分点，位次不变（表 2-39）。

表2-39 石阡县各级监测指标和位次与上年比较

指标名称	二级指标值		位次	
	2020年	2019年	2020年	2019年
综合指数/%	12.47	62.08	83	61
科技投入/%	11.84	93.66	83	38
规模以上工业企业R&D经费支出增长率/%	-91.83	155.46	86	14
财政支出中科学技术支出占一般公共预算支出比重/%	1.15	1.10	69	63
财政支出中科学技术支出占一般公共预算支出比重增长率/%	4.87	1721.07	48	2
科技环境和基础/%	15.81	56.98	75	52
万人规上企业研究与发展（R&D）人员数/（人/万人）	0.61	1.18	79	77
万人规上企业研究与发展（R&D）人员数增长率/%	-48.61	-52.64	75	79
万人发明专利申请量/（件/万人）	0.84	4.28	53	48
万人发明专利申请量增长率/%	-64.81	-7.94	79	40
科技产出/%	10.24	34.88	77	77
万人有效发明专利量/（件/万人）	0.61	0.34	54	68
万人有效发明专利量增长率/%	79.88	44.97	6	11
高新技术企业增长率/%	0.00	0.00	41	52
万人技术合同交易额/（万元/万人）	117.70	214.83	59	54
万人技术合同交易额增长率/%	88.08	-91.36	44	83
高新技术产业产值/亿元	1.92	2.47	68	65
高新技术产业产值增长率/%	-15.20	194.05	70	2

5. 思南县

财政支出中科学技术支出占一般公共预算支出比重为1.07%，居全省第72位。万人规上企业研究与发展（R&D）人员数为1.29人/万人，居全省第74位。发明专利申请量21件，居全省第62位。万人发明专利申请量为0.46件/万人，居全省第71位。有效发明专利拥有量11件，居全省第67位。万人有效发明专利量为0.24件/万人，居全省第76位。高新技术企业数2个，居全省第54位。技术合同交易额1940.00万元，居全省第64位。万人技术合同交易额42.31万元/万人，居全省第71位。高新技术产业产值6.76亿元，居全省第52位。

思南县综合指数为17.79%，居全省第76位，与上年相比监测值降低50.25个百分点，位次下降27位。在三个一级指标中，科技投入指数为23.78%，居全省第72位，与上年相比监测值降低69.24个百分点，位次下降31位。科技环境和基础指数为16.09%，居全省第74位，与上年相比监测值降低42.67个百分点，位次下降41位。科技产出指数为13.26%，居全省第71位，与上年相比监测值降低37.74个百分点，位次下降14位（表2-40）。

表 2-40　思南县各级监测指标和位次与上年比较

指标名称	二级指标值		位次	
	2020 年	2019 年	2020 年	2019 年
综合指数 /%	17.79	68.04	76	49
科技投入 /%	23.78	93.02	72	41
规模以上工业企业 R&D 经费支出增长率 /%	-78.44	109.48	84	24
财政支出中科学技术支出占一般公共预算支出比重 /%	1.07	1.01	72	69
财政支出中科学技术支出占一般公共预算支出比重增长率 /%	6.73	8.24	45	39
科技环境和基础 /%	16.09	58.76	74	33
万人规上企业研究与发展（R&D）人员数 /（人 / 万人）	1.29	3.70	74	48
万人规上企业研究与发展（R&D）人员数增长率 /%	-66.90	109.58	82	23
万人发明专利申请量 /（件 / 万人）	0.46	2.83	71	65
万人发明专利申请量增长率 /%	91.74	-50.64	22	66
科技产出 /%	13.26	51.00	71	57
万人有效发明专利量 /（件 / 万人）	0.24	0.21	76	78
万人有效发明专利量增长率 /%	10.48	-35.60	45	88
高新技术企业增长率 /%	0.00	0.00	41	52
万人技术合同交易额 /（万元 / 万人）	42.31	270.26	71	48
万人技术合同交易额增长率 /%	378.74	-70.38	24	69
高新技术产业产值 / 亿元	6.76	7.26	52	51
高新技术产业产值增长率 /%	4.20	-0.68	44	59

6. 印江县

财政支出中科学技术支出占一般公共预算支出比重为 0.54%，居全省第 82 位。万人规上企业研究与发展（R&D）人员数为 3.29 人 / 万人，居全省第 60 位。发明专利申请量 1 件，居全省第 87 位。万人发明专利申请量为 0.03 件 / 万人，居全省第 88 位。有效发明专利拥有量 14 件，居全省第 61 位。万人有效发明专利量为 0.48 件 / 万人，居全省第 62 位。高新技术企业数 0 个，居全省第 75 位。技术合同交易额 4512.00 万元，居全省第 57 位。万人技术合同交易额 153.21 万元 / 万人，居全省第 52 位。高新技术产业产值 0.60 亿元，居全省第 77 位。

印江县综合指数为 16.08%，居全省第 78 位，与上年相比监测值降低 48.40 个百分点，位次下降 22 位。在三个一级指标中，科技投入指数为 26.56%，居全省第 71 位，与上年相比监测值降低 65.84 个百分点，位次下降 27 位。科技环境和基础指数为 11.04%，居全省第 81 位，与上年相比监测值降低 47.49 个百分点，位次下降 44 位。科技产出指数为 9.91%，居全省第 78 位，与上年相比监测值降低 31.74 个百分点，位次下降 7 位（表 2-41）。

表 2-41 印江县各级监测指标和位次与上年比较

指标名称	二级指标值		位次	
	2020 年	2019 年	2020 年	2019 年
综合指数 /%	16.08	64.48	78	56
科技投入 /%	26.56	92.40	71	44
规模以上工业企业 R&D 经费支出增长率 /%	-11.92	364.43	56	10
财政支出中科学技术支出占一般公共预算支出比重 /%	0.54	0.92	82	71
财政支出中科学技术支出占一般公共预算支出比重增长率 /%	-41.73	6.92	84	42
科技环境和基础 /%	11.04	58.53	81	37
万人规上企业研究与发展（R&D）人员数 /（人 / 万人）	3.29	3.05	60	57
万人规上企业研究与发展（R&D）人员数增长率 /%	14.77	398.24	41	6
万人发明专利申请量 /（件 / 万人）	0.03	3.12	88	61
万人发明专利申请量增长率 /%	-90.06	73.44	88	6
科技产出 /%	9.91	41.65	78	71
万人有效发明专利量 /（件 / 万人）	0.48	0.44	62	62
万人有效发明专利量增长率 /%	15.95	72.86	31	4
高新技术企业增长率 /%	0.00	0.00	41	52
万人技术合同交易额 /（万元 / 万人）	153.21	533.53	52	31
万人技术合同交易额增长率 /%	125.80	127.04	34	13
高新技术产业产值 / 亿元	0.60	3.34	77	59
高新技术产业产值增长率 /%	-33.50	-29.39	77	84

7. 德江县

财政支出中科学技术支出占一般公共预算支出比重为 2.05%，居全省第 42 位。万人规上企业研究与发展（R&D）人员数为 0.58 人 / 万人，居全省第 80 位。发明专利申请量 5 件，居全省第 82 位。万人发明专利申请量为 0.13 件 / 万人，居全省第 86 位。有效发明专利拥有量 16 件，居全省第 60 位。万人有效发明专利量为 0.41 件 / 万人，居全省第 66 位。高新技术企业数 0 个，居全省第 75 位。技术合同交易额 9311.36 万元，居全省第 42 位。万人技术合同交易额 236.51 万元 / 万人，居全省第 48 位。高新技术产业产值 2.88 亿元，居全省第 63 位。

德江县综合指数为 17.25%，居全省第 77 位，与上年相比监测值降低 43.01 个百分点，位次下降 12 位。在三个一级指标中，科技投入指数为 27.53%，居全省第 68 位，与上年相比监测值降低 43.33 个百分点，上升 12 位。科技环境和基础指数为 5.54%，居全省第 86 位，与上年相比监测值降低 43.80 个百分点，位次下降 15 位。科技产出指数为 17.00%，居全省第 66 位，与上年相比监测值降低 42.02 个百分点，位次下降 22 位（表 2-42）。

表 2-42 德江县各级监测指标和位次与上年比较

指标名称	二级指标值		位次	
	2020年	2019年	2020年	2019年
综合指数 /%	17.25	60.26	77	65
科技投入 /%	27.53	70.86	68	80
规模以上工业企业 R&D 经费支出增长率 /%	-63.02	-50.46	80	76
财政支出中科学技术支出占一般公共预算支出比重 /%	2.05	0.31	42	83
财政支出中科学技术支出占一般公共预算支出比重增长率 /%	569.95	33.03	2	18
科技环境和基础 /%	5.54	49.34	86	71
万人规上企业研究与发展（R&D）人员数 /（人/万人）	0.58	0.53	80	87
万人规上企业研究与发展（R&D）人员数增长率 /%	20.59	-56.66	37	81
万人发明专利申请量 /（件/万人）	0.13	5.53	86	36
万人发明专利申请量增长率 /%	-0.38	50.56	41	8
科技产出 /%	17.00	59.02	66	44
万人有效发明专利量 /（件/万人）	0.41	0.39	66	64
万人有效发明专利量增长率 /%	13.85	139.53	37	1
高新技术企业增长率 /%	-100.00	0.00	88	52
万人技术合同交易额 /（万元/万人）	236.51	1290.31	48	12
万人技术合同交易额增长率 /%	193.19	207.00	30	11
高新技术产业产值 / 亿元	2.88	3.25	63	60
高新技术产业产值增长率 /%	37.50	-7.41	19	65

8. 沿河县

财政支出中科学技术支出占一般公共预算支出比重为 1.66%，居全省第 53 位。万人规上企业研究与发展（R&D）人员数为 0.00 人/万人，居全省第 87 位。发明专利申请量 12 件，居全省第 74 位。万人发明专利申请量为 0.28 件/万人，居全省第 76 位。有效发明专利拥有量 10 件，居全省第 71 位。万人有效发明专利量为 0.23 件/万人，居全省第 78 位。高新技术企业数 0 个，居全省第 75 位。技术合同交易额 1050.00 万元，居全省第 72 位。万人技术合同交易额 24.41 万元/万人，居全省第 74 位。高新技术产业产值 0.25 亿元，居全省第 85 位。

沿河县综合指数为 13.62%，居全省第 81 位，与上年相比监测值降低 35.41 个百分点，上升 2 位。在三个一级指标中，科技投入指数为 26.72%，居全省第 70 位，与上年相比监测值降低 44.98 个百分点，上升 8 位。科技环境和基础指数为 6.05%，居全省第 85 位，与上年相比监测值降低 34.77 个百分点，位次不变。科技产出指数为 7.01%，居全省第 83 位，与上年相比监测值降低 26.38 个百分点，位次下降 4 位（表 2-43）。

表 2-43　沿河县各级监测指标和位次与上年比较

指标名称	二级指标值 2020 年	二级指标值 2019 年	位次 2020 年	位次 2019 年
综合指数 /%	13.62	49.03	81	83
科技投入 /%	26.72	71.70	70	78
规模以上工业企业 R&D 经费支出增长率 /%	−100.00	−87.83	87	88
财政支出中科学技术支出占一般公共预算支出比重 /%	1.66	1.26	53	56
财政支出中科学技术支出占一般公共预算支出比重增长率 /%	31.75	22.27	21	23
科技环境和基础 /%	6.05	40.82	85	85
万人规上企业研究与发展（R&D）人员数 /（人/万人）	0.00	0.28	87	88
万人规上企业研究与发展（R&D）人员数增长率 /%	−100.00	−86.65	87	87
万人发明专利申请量 /（件/万人）	0.28	2.35	76	74
万人发明专利申请量增长率 /%	−64.79	−0.48	78	34
科技产出 /%	7.01	33.39	83	79
万人有效发明专利量 /（件/万人）	0.23	0.09	78	86
万人有效发明专利量增长率 /%	149.42	37.90	2	16
高新技术企业增长率 /%	0.00	0.00	41	52
万人技术合同交易额 /（万元/万人）	24.41	756.37	74	21
万人技术合同交易额增长率 /%	1090.41	1850.15	18	2
高新技术产业产值 / 亿元	0.25	0.18	85	85
高新技术产业产值增长率 /%	−28.90	−14.29	76	77

9. 松桃县

财政支出中科学技术支出占一般公共预算支出比重为 1.47%，居全省第 61 位。万人规上企业研究与发展（R&D）人员数为 1.00 人/万人，居全省第 76 位。发明专利申请量 29 件，居全省第 52 位。万人发明专利申请量为 0.59 件/万人，居全省第 63 位。有效发明专利拥有量 18 件，居全省第 57 位。万人有效发明专利量为 0.37 件/万人，居全省第 67 位。高新技术企业数 8 个，居全省第 28 位。技术合同交易额 310.00 万元，居全省第 82 位。万人技术合同交易额 6.35 万元/万人，居全省第 82 位。高新技术产业产值 7.12 亿元，居全省第 49 位。

松桃县综合指数为 24.42%，居全省第 66 位，与上年相比监测值降低 51.29 个百分点，位次下降 35 位。在三个一级指标中，科技投入指数为 26.93%，居全省第 69 位，与上年相比监测值降低 62.70 个百分点，位次下降 22 位。科技环境和基础指数为 19.28%，居全省第 70 位，与上年相比监测值降低 33.74 个百分点，位次下降 9 位。科技产出指数为 26.33%，居全省第 53 位，与上年相比监测值降低 54.90 个百分点，位次下降 25 位（表 2-44）。

表 2-44　松桃县各级监测指标和位次与上年比较

指标名称	二级指标值		位次	
	2020 年	2019 年	2020 年	2019 年
综合指数 /%	24.42	75.71	66	31
科技投入 /%	26.93	89.63	69	47
规模以上工业企业 R&D 经费支出增长率 /%	-7.71	51.31	51	37
财政支出中科学技术支出占一般公共预算支出比重 /%	1.47	1.59	61	50
财政支出中科学技术支出占一般公共预算支出比重增长率 /%	-7.61	4820.26	72	1
科技环境和基础 /%	19.28	53.02	70	61
万人规上企业研究与发展（R&D）人员数 /（人/万人）	1.00	0.87	76	80
万人规上企业研究与发展（R&D）人员数增长率 /%	16.69	-20.64	40	62
万人发明专利申请量 /（件/万人）	0.59	1.91	63	78
万人发明专利申请量增长率 /%	-85.20	-48.14	85	62
科技产出 /%	26.33	81.23	53	28
万人有效发明专利量 /（件/万人）	0.37	0.35	67	66
万人有效发明专利量增长率 /%	5.90	-3.63	54	72
高新技术企业增长率 /%	14.29	300.00	29	2
万人技术合同交易额 /（万元/万人）	6.35	1843.96	82	7
万人技术合同交易额增长率 /%	162.77	111.75	32	18
高新技术产业产值 /亿元	7.12	9.82	49	49
高新技术产业产值增长率 /%	-0.20	-19.04	54	80

10. 万山区

财政支出中科学技术支出占一般公共预算支出比重为 4.00%，居全省第 3 位。万人规上企业研究与发展（R&D）人员数为 5.04 人/万人，居全省第 50 位。发明专利申请量 9 件，居全省第 77 位。万人发明专利申请量为 0.56 件/万人，居全省第 66 位。有效发明专利拥有量 102 件，居全省第 20 位。万人有效发明专利量为 6.35 件/万人，居全省第 10 位。高新技术企业数 4 个，居全省第 38 位。技术合同交易额 8760.49 万元，居全省第 43 位。万人技术合同交易额 545.49 万元/万人，居全省第 27 位。高新技术产业产值 13.43 亿元，居全省第 42 位。

万山区综合指数为 38.05%，居全省第 53 位，与上年相比监测值降低 30.97 个百分点，位次下降 10 位。在三个一级指标中，科技投入指数为 41.65%，居全省第 54 位，与上年相比监测值降低 52.64 个百分点，位次下降 21 位。科技环境和基础指数为 16.59%，居全省第 73 位，与上年相比监测值降低 41.08 个百分点，位次下降 25 位。科技产出指数为 52.85%，居全省第 28 位，与上年相比监测值降低 0.64 个百分点，上升 24 位（表 2-45）。

表 2-45 万山区各级监测指标和位次与上年比较

指标名称	二级指标值		位次	
	2020 年	2019 年	2020 年	2019 年
综合指数 /%	38.05	69.02	53	43
科技投入 /%	41.65	94.29	54	33
规模以上工业企业 R&D 经费支出增长率 /%	-31.71	-45.75	65	73
财政支出中科学技术支出占一般公共预算支出比重 /%	4.00	4.08	3	5
财政支出中科学技术支出占一般公共预算支出比重增长率 /%	-1.99	-5.36	66	63
科技环境和基础 /%	16.59	57.67	73	48
万人规上企业研究与发展（R&D）人员数 /（人 / 万人）	5.04	14.97	50	22
万人规上企业研究与发展（R&D）人员数增长率 /%	-65.70	-41.73	81	74
万人发明专利申请量 /（件 / 万人）	0.56	14.02	66	15
万人发明专利申请量增长率 /%	-82.01	60.42	84	7
科技产出 /%	52.85	53.49	28	52
万人有效发明专利量 /（件 / 万人）	6.35	6.47	10	8
万人有效发明专利量增长率 /%	-0.06	-11.46	69	80
高新技术企业增长率 /%	33.33	50.00	12	29
万人技术合同交易额 /（万元 / 万人）	545.48	659.37	27	24
万人技术合同交易额增长率 /%	169.48	321.06	31	8
高新技术产业产值 / 亿元	13.43	4.56	42	56
高新技术产业产值增长率 /%	214.30	8.31	4	38

（六）黔西南州

1. 兴义市

财政支出中科学技术支出占一般公共预算支出比重为 3.33%，居全省第 8 位。万人规上企业研究与发展（R&D）人员数为 11.22 人 / 万人，居全省第 26 位。发明专利申请量 159 件，居全省第 12 位。万人发明专利申请量为 1.58 件 / 万人，居全省第 29 位。有效发明专利拥有量 192 件，居全省第 12 位。万人有效发明专利量为 1.91 件 / 万人，居全省第 27 位。高新技术企业数 20 个，居全省第 18 位。技术合同交易额 48 270.74 万元，居全省第 14 位。万人技术合同交易额 480.64 万元 / 万人，居全省第 30 位。高新技术产业产值 71.78 亿元，居全省第 15 位。

兴义市综合指数为 84.51%，居全省第 9 位，与上年相比监测值提高 2.02 个百分点，上升 8 位。在三个一级指标中，科技投入指数为 68.93%，居全省第 25 位，与上年相比监测值降低 31.07 个百分点，位次下降 24 位。科技环境和基础指数为 94.46%，居全省第 11 位，与上年相比监测值提高 23.97 个百分点，位次下降 3 位。科技产出指数为 91.56%，居全省第 8 位，与上年相比监测值提高 16.29 个百分点，上升 24 位（表 2-46）。

表 2-46 兴义市各级监测指标和位次与上年比较

指标名称	二级指标值		位次	
	2020 年	2019 年	2020 年	2019 年
综合指数 /%	84.51	82.49	9	17
科技投入 /%	68.93	100.00	25	1
规模以上工业企业 R&D 经费支出增长率 /%	-1.24	113.28	47	21
财政支出中科学技术支出占一般公共预算支出比重 /%	3.33	3.17	8	10
财政支出中科学技术支出占一般公共预算支出比重增长率 /%	5.08	2.78	47	47
科技环境和基础 /%	94.46	70.49	11	8
万人规上企业研究与发展（R&D）人员数 /（人/万人）	11.22	25.56	26	9
万人规上企业研究与发展（R&D）人员数增长率 /%	-48.21	49.43	74	34
万人发明专利申请量 /（件/万人）	1.58	14.13	29	14
万人发明专利申请量增长率 /%	2138.86	1.59	1	33
科技产出 /%	91.56	75.27	8	32
万人有效发明专利量 /（件/万人）	1.91	2.34	27	20
万人有效发明专利量增长率 /%	-3.45	9.31	73	46
高新技术企业增长率 /%	11.11	50.00	34	29
万人技术合同交易额 /（万元/万人）	480.64	4.62	30	88
万人技术合同交易额增长率 /%	-55.60	-93.51	72	85
高新技术产业产值 /亿元	71.78	73.81	15	17
高新技术产业产值增长率 /%	19.20	19.26	29	29

2. 兴仁市

财政支出中科学技术支出占一般公共预算支出比重为 2.40%，居全省第 31 位。万人规上企业研究与发展（R&D）人员数为 13.43 人/万人，居全省第 21 位。发明专利申请量 52 件，居全省第 33 位。万人发明专利申请量为 1.22 件/万人，居全省第 40 位。有效发明专利拥有量 52 件，居全省第 36 位。万人有效发明专利量为 1.22 件/万人，居全省第 43 位。高新技术企业数 4 个，居全省第 38 位。技术合同交易额 28 993.00 万元，居全省第 21 位。万人技术合同交易额 680.75 万元/万人，居全省第 23 位。高新技术产业产值 3.10 亿元，居全省第 61 位。

兴仁市综合指数为 61.08%，居全省第 28 位，与上年相比监测值降低 7.41 个百分点，上升 19 位。在三个一级指标中，科技投入指数为 69.52%，居全省第 22 位，与上年相比监测值降低 19.00 个百分点，上升 28 位。科技环境和基础指数为 69.59%，居全省第 22 位，与上年相比监测值提高 11.17 个百分点，上升 18 位。科技产出指数为 45.34%，居全省第 36 位，与上年相比监测值降低 11.74 个百分点，上升 12 位（表 2-47）。

表 2-47 兴仁市各级监测指标和位次与上年比较

指标名称	二级指标值		位次	
	2020 年	2019 年	2020 年	2019 年
综合指数 /%	61.08	68.49	28	47
科技投入 /%	69.52	88.52	22	50
规模以上工业企业 R&D 经费支出增长率 /%	-11.91	47.13	55	39
财政支出中科学技术支出占一般公共预算支出比重 /%	2.40	0.80	31	74
财政支出中科学技术支出占一般公共预算支出比重增长率 /%	198.82	-67.37	7	85
科技环境和基础 /%	69.59	58.42	22	40
万人规上企业研究与发展（R&D）人员数 /（人 / 万人）	13.43	24.41	21	10
万人规上企业研究与发展（R&D）人员数增长率 /%	-45.03	21.16	70	43
万人发明专利申请量 /（件 / 万人）	1.22	3.91	40	51
万人发明专利申请量增长率 /%	-30.57	-51.99	63	67
科技产出 /%	45.34	57.08	36	48
万人有效发明专利量 /（件 / 万人）	1.22	1.17	43	41
万人有效发明专利量增长率 /%	4.15	34.03	59	18
高新技术企业增长率 /%	33.33	50.00	12	59
万人技术合同交易额 /（万元 / 万人）	680.75	398.24	23	37
万人技术合同交易额增长率 /%	70.78	-55.00	47	62
高新技术产业产值 / 亿元	3.10	6.02	61	52
高新技术产业产值增长率 /%	-48.40	-17.98	82	79

3. 普安县

财政支出中科学技术支出占一般公共预算支出比重为 2.90%，居全省第 15 位。万人规上企业研究与发展（R&D）人员数为 58.78 人 / 万人，居全省第 1 位。发明专利申请量 58 件，居全省第 30 位。万人发明专利申请量为 2.39 件 / 万人，居全省第 21 位。有效发明专利拥有量 3 件，居全省第 85 位。万人有效发明专利量为 0.12 件 / 万人，居全省第 85 位。高新技术企业数 0 个，居全省第 75 位。技术合同交易额 24 106.26 万元，居全省第 24 位。万人技术合同交易额 991.62 万元 / 万人，居全省第 16 位。高新技术产业产值 11.21 亿元，居全省第 45 位。

普安县综合指数为 61.91%，居全省第 26 位，与上年相比监测值提高 6.85 个百分点，上升 47 位。在三个一级指标中，科技投入指数为 81.36%，居全省第 13 位，与上年相比监测值降低 2.62 个百分点，上升 43 位。科技环境和基础指数为 76.53%，居全省第 17 位，与上年相比监测值提高 19.86 个百分点，上升 36 位。科技产出指数为 29.94%，居全省第 50 位，与上年相比监测值提高 5.18 个百分点，上升 35 位（表 2-48）。

表 2-48　普安县各级监测指标和位次与上年比较

指标名称	二级指标值		位次	
	2020 年	2019 年	2020 年	2019 年
综合指数 /%	61.91	55.06	26	73
科技投入 /%	81.36	83.98	13	56
规模以上工业企业 R&D 经费支出增长率 /%	28.51	-6.31	33	60
财政支出中科学技术支出占一般公共预算支出比重 /%	2.90	0.55	15	80
财政支出中科学技术支出占一般公共预算支出比重增长率 /%	427.69	-78.71	4	87
科技环境和基础 /%	76.53	56.67	17	53
万人规上企业研究与发展（R&D）人员数 /（人 / 万人）	58.78	53.11	1	3
万人规上企业研究与发展（R&D）人员数增长率 /%	5.07	-4.45	44	52
万人发明专利申请量 /（件 / 万人）	2.39	3.74	21	53
万人发明专利申请量增长率 /%	493.60	-52.49	10	70
科技产出 /%	29.94	24.76	50	85
万人有效发明专利量 /（件 / 万人）	0.12	0.15	85	82
万人有效发明专利量增长率 /%	-23.24	-0.61	83	71
高新技术企业增长率 /%	0.00	0.00	41	52
万人技术合同交易额 /（万元 / 万人）	991.62	144.28	16	57
万人技术合同交易额增长率 /%	2022.95	43.64	8	30
高新技术产业产值 / 亿元	11.21	3.25	45	60
高新技术产业产值增长率 /%	245.50	-13.10	3	75

4. 晴隆县

财政支出中科学技术支出占一般公共预算支出比重为 2.03%，居全省第 44 位。万人规上企业研究与发展（R&D）人员数为 7.47 人 / 万人，居全省第 36 位。发明专利申请量 45 件，居全省第 37 位。万人发明专利申请量为 1.92 件 / 万人，居全省第 23 位。有效发明专利拥有量 7 件，居全省第 76 位。万人有效发明专利量为 0.30 件 / 万人，居全省第 72 位。高新技术企业数 0 个，居全省第 75 位。技术合同交易额 7143.00 万元，居全省第 50 位。万人技术合同交易额 304.87 万元 / 万人，居全省第 43 位。高新技术产业产值 0.52 亿元，居全省第 79 位。

晴隆县综合指数为 42.90%，居全省第 44 位，与上年相比监测值降低 15.60 个百分点，上升 23 位。在三个一级指标中，科技投入指数为 73.53%，居全省第 16 位，与上年相比监测值降低 20.20 个百分点，上升 20 位。科技环境和基础指数为 46.81%，居全省第 41 位，与上年相比监测值降低 8.60 个百分点，上升 18 位。科技产出指数为 8.93%，居全省第 80 位，与上年相比监测值降低 17.00 个百分点，上升 4 位（表 2-49）。

表 2-49 晴隆县各级监测指标和位次与上年比较

指标名称	二级指标值		位次	
	2020 年	2019 年	2020 年	2019 年
综合指数 /%	42.90	58.50	44	67
科技投入 /%	73.53	93.73	16	36
规模以上工业企业 R&D 经费支出增长率 /%	103.35	-62.43	15	80
财政支出中科学技术支出占一般公共预算支出比重 /%	2.03	1.96	44	39
财政支出中科学技术支出占一般公共预算支出比重增长率 /%	3.26	-4.79	51	61
科技环境和基础 /%	46.81	55.41	41	59
万人规上企业研究与发展（R&D）人员数 /（人 / 万人）	7.47	24.33	36	11
万人规上企业研究与发展（R&D）人员数增长率 /%	-69.43	-63.13	83	82
万人发明专利申请量 /（件 / 万人）	1.92	1.84	23	79
万人发明专利申请量增长率 /%	281.24	-63.43	13	81
科技产出 /%	8.93	25.93	80	84
万人有效发明专利量 /（件 / 万人）	0.30	0.29	72	72
万人有效发明专利量增长率 /%	1.66	21.20	64	28
高新技术企业增长率 /%	0.00	0.00	41	52
万人技术合同交易额 /（万元 / 万人）	304.87	83.29	43	63
万人技术合同交易额增长率 /%	-53.65	-35.85	71	53
高新技术产业产值 / 亿元	0.52	0.44	79	81
高新技术产业产值增长率 /%	17.10	-12.00	31	72

5. 贞丰县

财政支出中科学技术支出占一般公共预算支出比重为 2.48%，居全省第 28 位。万人规上企业研究与发展（R&D）人员数为 20.49 人 / 万人，居全省第 14 位。发明专利申请量 39 件，居全省第 42 位。万人发明专利申请量为 1.27 件 / 万人，居全省第 37 位。有效发明专利拥有量 28 件，居全省第 48 位。万人有效发明专利量为 0.91 件 / 万人，居全省第 45 位。高新技术企业数 3 个，居全省第 48 位。技术合同交易额 1310.52 万元，居全省第 69 位。万人技术合同交易额 42.62 万元 / 万人，居全省第 70 位。高新技术产业产值 60.98 亿元，居全省第 18 位。

贞丰县综合指数为 57.55%，居全省第 31 位，与上年相比监测值降低 17.64 个百分点，上升 1 位。在三个一级指标中，科技投入指数为 72.92%，居全省第 17 位，与上年相比监测值降低 24.22 个百分点，位次下降 2 位。科技环境和基础指数为 65.23%，居全省第 26 位，与上年相比监测值提高 8.61 个百分点，上升 28 位。科技产出指数为 35.60%，居全省第 43 位，与上年相比监测值降低 33.57 个百分点，位次下降 8 位（表 2-50）。

表2-50 贞丰县各级监测指标和位次与上年比较

指标名称	二级指标值		位次	
	2020年	2019年	2020年	2019年
综合指数/%	57.55	75.19	31	32
科技投入/%	72.92	97.14	17	15
规模以上工业企业R&D经费支出增长率/%	10.11	-0.01	41	59
财政支出中科学技术支出占一般公共预算支出比重/%	2.48	2.54	28	24
财政支出中科学技术支出占一般公共预算支出比重增长率/%	-2.42	5.80	67	43
科技环境和基础/%	65.23	56.62	26	54
万人规上企业研究与发展（R&D）人员数/（人/万人）	20.49	24.28	14	12
万人规上企业研究与发展（R&D）人员数增长率/%	-18.47	-23.50	56	65
万人发明专利申请量/（件/万人）	1.27	2.94	37	64
万人发明专利申请量增长率/%	683.30	-3.95	6	37
科技产出/%	35.60	69.17	43	35
万人有效发明专利量/（件/万人）	0.91	0.59	45	53
万人有效发明专利量增长率/%	47.99	16.48	10	36
高新技术企业增长率/%	-25.00	33.33	85	40
万人技术合同交易额/（万元/万人）	42.62	128.00	70	60
万人技术合同交易额增长率/%	-95.48	105.58	82	19
高新技术产业产值/亿元	60.98	66.08	18	19
高新技术产业产值增长率/%	29.20	33.12	21	22

6. 望谟县

财政支出中科学技术支出占一般公共预算支出比重为3.15%，居全省第11位。万人规上企业研究与发展（R&D）人员数为15.51人/万人，居全省第19位。发明专利申请量32件，居全省第47位。万人发明专利申请量为1.36件/万人，居全省第34位。有效发明专利拥有量2件，居全省第88位。万人有效发明专利量为0.08件/万人，居全省第87位。高新技术企业数0个，居全省第75位。技术合同交易额1836.15万元，居全省第65位。万人技术合同交易额78.00万元/万人，居全省第64位。高新技术产业产值3.24亿元，居全省第60位。

望谟县综合指数为43.56%，居全省第43位，与上年相比监测值降低13.81个百分点，上升28位。在三个一级指标中，科技投入指数为69.80%，居全省第20位，与上年相比监测值降低27.34个百分点，位次下降5位。科技环境和基础指数为58.69%，居全省第34位，与上年相比监测值提高6.10个百分点，上升28位。科技产出指数为4.34%，居全省第86位，与上年相比监测值降低17.35个百分点，上升1位（表2-51）。

表 2-51　望谟县各级监测指标和位次与上年比较

指标名称	二级指标值		位次	
	2020 年	2019 年	2020 年	2019 年
综合指数 /%	43.56	57.37	43	71
科技投入 /%	69.80	97.14	20	15
规模以上工业企业 R&D 经费支出增长率 /%	32.84	-30.90	30	72
财政支出中科学技术支出占一般公共预算支出比重 /%	3.15	2.70	11	21
财政支出中科学技术支出占一般公共预算支出比重增长率 /%	16.66	10.00	29	35
科技环境和基础 /%	58.69	52.59	34	62
万人规上企业研究与发展（R&D）人员数 /（人 / 万人）	15.51	7.27	19	31
万人规上企业研究与发展（R&D）人员数增长率 /%	109.50	-65.79	17	83
万人发明专利申请量 /（件 / 万人）	1.36	0.98	34	86
万人发明专利申请量增长率 /%	367.05	-77.51	12	84
科技产出 /%	4.34	21.69	86	87
万人有效发明专利量 /（件 / 万人）	0.08	0.12	87	85
万人有效发明专利量增长率 /%	-31.89	47.61	86	9
高新技术企业增长率 /%	0.00	0.00	41	52
万人技术合同交易额 /（万元 / 万人）	78.00	59.77	64	66
万人技术合同交易额增长率 /%	-76.71	308.04	77	9
高新技术产业产值 / 亿元	3.24	3.11	60	62
高新技术产业产值增长率 /%	4.30	25.40	43	25

7. 册亨县

财政支出中科学技术支出占一般公共预算支出比重为 2.74%，居全省第 23 位。万人规上企业研究与发展（R&D）人员数为 18.01 人 / 万人，居全省第 16 位。发明专利申请量 20 件，居全省第 64 位。万人发明专利申请量为 1.05 件 / 万人，居全省第 45 位。有效发明专利拥有量 3 件，居全省第 85 位。万人有效发明专利量为 0.16 件 / 万人，居全省第 82 位。高新技术企业数 0 个，居全省第 75 位。技术合同交易额 395.40 万元，居全省第 81 位。万人技术合同交易额 20.82 万元 / 万人，居全省第 77 位。高新技术产业产值 4.89 亿元，居全省第 55 位。

册亨县综合指数为 29.21%，居全省第 63 位，与上年相比监测值降低 34.41 个百分点，位次下降 6 位。在三个一级指标中，科技投入指数为 38.76%，居全省第 58 位，与上年相比监测值降低 61.24 个百分点，位次下降 57 位。科技环境和基础指数为 47.14%，居全省第 40 位，与上年相比监测值降低 9.08 个百分点，上升 15 位。科技产出指数为 4.30%，居全省第 87 位，与上年相比监测值降低 29.29 个百分点，位次下降 9 位（表 2-52）。

表 2-52 册亨县各级监测指标和位次与上年比较

指标名称	二级指标值		位次	
	2020年	2019年	2020年	2019年
综合指数 /%	29.21	63.62	63	57
科技投入 /%	38.76	100.00	58	1
规模以上工业企业 R&D 经费支出增长率 /%	-46.56	59.28	72	34
财政支出中科学技术支出占一般公共预算支出比重 /%	2.74	2.60	23	22
财政支出中科学技术支出占一般公共预算支出比重增长率 /%	5.31	4.09	46	46
科技环境和基础 /%	47.14	56.22	40	55
万人规上企业研究与发展（R&D）人员数 /（人/万人）	18.01	47.15	16	4
万人规上企业研究与发展（R&D）人员数增长率 /%	-61.02	-9.06	79	56
万人发明专利申请量 /（件/万人）	1.05	3.12	45	62
万人发明专利申请量增长率 /%	-13.09	-34.52	52	56
科技产出 /%	4.30	33.59	87	78
万人有效发明专利量 /（件/万人）	0.16	0.38	82	65
万人有效发明专利量增长率 /%	-57.17	75.85	88	3
高新技术企业增长率 /%	0.00	0.00	41	52
万人技术合同交易额 /（万元/万人）	20.82	31.84	77	79
万人技术合同交易额增长率 /%	-20.96	-60.69	63	64
高新技术产业产值 /亿元	4.89	5.00	55	55
高新技术产业产值增长率 /%	-2.20	3.95	56	46

8. 安龙县

财政支出中科学技术支出占一般公共预算支出比重为 2.79%，居全省第 19 位。万人规上企业研究与发展（R&D）人员数为 17.10 人/万人，居全省第 18 位。发明专利申请量 56 件，居全省第 31 位。万人发明专利申请量为 1.49 件/万人，居全省第 32 位。有效发明专利拥有量 12 件，居全省第 63 位。万人有效发明专利量为 0.32 件/万人，居全省第 71 位。高新技术企业数 1 个，居全省第 61 位。技术合同交易额 11 267.00 万元，居全省第 38 位。万人技术合同交易额 299.65 万元/万人，居全省第 44 位。高新技术产业产值 14.18 亿元，居全省第 41 位。

安龙县综合指数为 63.39%，居全省第 24 位，与上年相比监测值降低 5.23 个百分点，上升 21 位。在三个一级指标中，科技投入指数为 83.75%，居全省第 8 位，与上年相比监测值降低 16.06 个百分点，上升 2 位。科技环境和基础指数为 73.70%，居全省第 19 位，与上年相比监测值提高 17.58 个百分点，上升 37 位。科技产出指数为 34.18%，居全省第 47 位，与上年相比监测值降低 13.97 个百分点，上升 15 位（表 2-53）。

表 2-53 安龙县各级监测指标和位次与上年比较

指标名称	二级指标值 2020 年	二级指标值 2019 年	位次 2020 年	位次 2019 年
综合指数 /%	63.39	68.62	24	45
科技投入 /%	83.75	99.81	8	10
规模以上工业企业 R&D 经费支出增长率 /%	30.51	46.76	31	41
财政支出中科学技术支出占一般公共预算支出比重 /%	2.79	2.53	19	26
财政支出中科学技术支出占一般公共预算支出比重增长率 /%	10.43	9.81	39	36
科技环境和基础 /%	73.70	56.12	19	56
万人规上企业研究与发展（R&D）人员数 /（人 / 万人）	17.10	14.17	18	25
万人规上企业研究与发展（R&D）人员数增长率 /%	21.90	-14.07	36	59
万人发明专利申请量 /（件 / 万人）	1.49	2.96	32	63
万人发明专利申请量增长率 /%	823.65	-48.07	4	61
科技产出 /%	34.18	48.15	47	62
万人有效发明专利量 /（件 / 万人）	0.32	0.30	71	71
万人有效发明专利量增长率 /%	7.96	21.13	48	29
高新技术企业增长率 /%	100.00	0.00	1	52
万人技术合同交易额 /（万元 / 万人）	299.65	32.99	44	78
万人技术合同交易额增长率 /%	1093.19	-67.34	17	67
高新技术产业产值 / 亿元	14.18	22.68	41	37
高新技术产业产值增长率 /%	-37.30	-2.07	79	61

（七）毕节市

1. 七星关区

财政支出中科学技术支出占一般公共预算支出比重为 3.31%，居全省第 9 位。万人规上企业研究与发展（R&D）人员数为 1.58 人 / 万人，居全省第 71 位。发明专利申请量 163 件，居全省第 10 位。万人发明专利申请量为 1.25 件 / 万人，居全省第 39 位。有效发明专利拥有量 66 件，居全省第 27 位。万人有效发明专利量为 0.51 件 / 万人，居全省第 61 位。高新技术企业数 22 个，居全省第 15 位。技术合同交易额 19 704.76 万元，居全省第 27 位。万人技术合同交易额 150.91 万元 / 万人，居全省第 53 位。高新技术产业产值 47.27 亿元，居全省第 22 位。

七星关区综合指数为 58.90%，居全省第 30 位，与上年相比监测值降低 27.67 个百分点，位次下降 21 位。在三个一级指标中，科技投入指数为 44.60%，居全省第 50 位，与上年相比监测值降低 52.54 个百分点，位次下降 35 位。科技环境和基础指数为 65.56%，居全省第 25 位，与上年相比监测值降低 3.14 个百分点，位次下降 13 位。科技产出指数为 67.50%，居全省第 23 位，与上年相比监测值降低 23.81 个百分点，位次下降 11 位（表 2-54）。

表 2-54　七星关区各级监测指标和位次与上年比较

指标名称	二级指标值		位次	
	2020 年	2019 年	2020 年	2019 年
综合指数 /%	58.90	86.57	30	9
科技投入 /%	44.60	97.14	50	15
规模以上工业企业 R&D 经费支出增长率 /%	-18.71	-46.91	59	75
财政支出中科学技术支出占一般公共预算支出比重 /%	3.31	4.56	9	4
财政支出中科学技术支出占一般公共预算支出比重增长率 /%	-27.43	50.89	79	12
科技环境和基础 /%	65.56	68.70	25	12
万人规上企业研究与发展（R&D）人员数 /（人 / 万人）	1.58	3.20	71	55
万人规上企业研究与发展（R&D）人员数增长率 /%	-45.47	-26.25	72	68
万人发明专利申请量 /（件 / 万人）	1.25	10.05	39	24
万人发明专利申请量增长率 /%	-10.35	29.90	50	13
科技产出 /%	67.50	91.31	23	12
万人有效发明专利量 /（件 / 万人）	0.51	0.53	61	56
万人有效发明专利量增长率 /%	5.39	-5.02	56	74
高新技术企业增长率 /%	4.76	228.57	38	3
万人技术合同交易额 /（万元 / 万人）	150.91	313.68	53	41
万人技术合同交易额增长率 /%	47.43	-63.62	50	66
高新技术产业产值 / 亿元	47.27	60.22	22	21
高新技术产业产值增长率 /%	-8.10	-44.34	60	85

2. 大方县

财政支出中科学技术支出占一般公共预算支出比重为 2.77%，居全省第 20 位。万人规上企业研究与发展（R&D）人员数为 1.56 人 / 万人，居全省第 72 位。发明专利申请量 22 件，居全省第 60 位。万人发明专利申请量为 0.26 件 / 万人，居全省第 78 位。有效发明专利拥有量 21 件，居全省第 53 位。万人有效发明专利量为 0.24 件 / 万人，居全省第 75 位。高新技术企业数 6 个，居全省第 32 位。技术合同交易额 4005.00 万元，居全省第 58 位。万人技术合同交易额 46.68 万元 / 万人，居全省第 68 位。高新技术产业产值 32.89 亿元，居全省第 28 位。

大方县综合指数为 40.92%，居全省第 47 位，与上年相比监测值降低 31.80 个百分点，位次下降 9 位。在三个一级指标中，科技投入指数为 52.51%，居全省第 43 位，与上年相比监测值降低 44.63 个百分点，位次下降 28 位。科技环境和基础指数为 20.94%，居全省第 67 位，与上年相比监测值降低 36.75 个百分点，位次下降 20 位。科技产出指数为 46.46%，居全省第 33 位，与上年相比监测值降低 14.71 个百分点，上升 10 位（表 2-55）。

表 2-55 大方县各级监测指标和位次与上年比较

指标名称	二级指标值		位次	
	2020 年	2019 年	2020 年	2019 年
综合指数 /%	40.92	72.72	47	38
科技投入 /%	52.51	97.14	43	15
规模以上工业企业 R&D 经费支出增长率 /%	-24.49	139.75	62	16
财政支出中科学技术支出占一般公共预算支出比重 /%	2.77	2.54	20	25
财政支出中科学技术支出占一般公共预算支出比重增长率 /%	9.18	-16.69	40	75
科技环境和基础 /%	20.94	57.69	67	47
万人规上企业研究与发展（R&D）人员数 /（人/万人）	1.56	3.17	72	56
万人规上企业研究与发展（R&D）人员数增长率 /%	-47.36	-3.11	73	51
万人发明专利申请量 /（件/万人）	0.26	2.38	78	73
万人发明专利申请量增长率 /%	-62.30	22.06	76	15
科技产出 /%	46.46	61.17	33	43
万人有效发明专利量 /（件/万人）	0.24	0.25	75	75
万人有效发明专利量增长率 /%	4.35	-5.17	58	75
高新技术企业增长率 /%	20.00	100.00	20	6
万人技术合同交易额 /（万元/万人）	46.68	37.02	68	75
万人技术合同交易额增长率 /%	1326.10	-80.64	15	79
高新技术产业产值 /亿元	32.89	22.96	28	36
高新技术产业产值增长率 /%	75.80	-24.45	11	82

3. 黔西县

财政支出中科学技术支出占一般公共预算支出比重为 2.87%，居全省第 17 位。万人规上企业研究与发展（R&D）人员数为 4.15 人/万人，居全省第 54 位。发明专利申请量 30 件，居全省第 49 位。万人发明专利申请量为 0.41 件/万人，居全省第 73 位。有效发明专利拥有量 26 件，居全省第 50 位。万人有效发明专利量为 0.36 件/万人，居全省第 68 位。高新技术企业数 4 个，居全省第 38 位。技术合同交易额 14 501.40 万元，居全省第 33 位。万人技术合同交易额 198.03 万元/万人，居全省第 49 位。高新技术产业产值 40.53 亿元，居全省第 24 位。

黔西县综合指数为 42.86%，居全省第 45 位，与上年相比监测值降低 30.92 个百分点，位次下降 11 位。在三个一级指标中，科技投入指数为 43.20%，居全省第 52 位，与上年相比监测值降低 53.94 个百分点，位次下降 37 位。科技环境和基础指数为 39.52%，居全省第 43 位，与上年相比监测值降低 19.53 个百分点，位次下降 13 位。科技产出指数为 45.39%，居全省第 35 位，与上年相比监测值降低 17.67 个百分点，上升 6 位（表 2-56）。

表 2-56 黔西县各级监测指标和位次与上年比较

指标名称	二级指标值		位次	
	2020 年	2019 年	2020 年	2019 年
综合指数 /%	42.86	73.78	45	34
科技投入 /%	43.20	97.14	52	15
规模以上工业企业 R&D 经费支出增长率 /%	-27.14	71.86	63	31
财政支出中科学技术支出占一般公共预算支出比重 /%	2.87	3.19	17	8
财政支出中科学技术支出占一般公共预算支出比重增长率 /%	-9.99	-9.83	74	68
科技环境和基础 /%	39.52	59.05	43	30
万人规上企业研究与发展（R&D）人员 /（人/万人）	4.15	7.15	54	32
万人规上企业研究与发展（R&D）人员数增长率 /%	-40.59	169.24	68	20
万人发明专利申请量 /（件/万人）	0.41	2.29	73	75
万人发明专利申请量增长率 /%	-30.33	-3.37	62	36
科技产出 /%	45.39	63.06	35	41
万人有效发明专利量 /（件/万人）	0.36	0.31	68	70
万人有效发明专利量增长率 /%	18.02	9.54	26	45
高新技术企业增长率 /%	0.00	50.00	41	29
万人技术合同交易额 /（万元/万人）	198.03	25.38	49	81
万人技术合同交易额增长率 /%	2011.02	-36.02	9	54
高新技术产业产值 /亿元	40.53	64.94	24	21
高新技术产业产值增长率 /%	0.10	7.79	51	41

4. 金沙县

财政支出中科学技术支出占一般公共预算支出比重为 1.07%，居全省第 73 位。万人规上企业研究与发展（R&D）人员数为 2.26 人/万人，居全省第 66 位。发明专利申请量 38 件，居全省第 43 位。万人发明专利申请量为 0.70 件/万人，居全省第 58 位。有效发明专利拥有量 33 件，居全省第 45 位。万人有效发明专利量为 0.61 件/万人，居全省第 53 位。高新技术企业数 4 个，居全省第 38 位。技术合同交易额 1140.00 万元，居全省第 71 位。万人技术合同交易额 20.94 万元/万人，居全省第 76 位。高新技术产业产值 40.41 亿元，居全省第 26 位。

金沙县综合指数为 35.26%，居全省第 59 位，与上年相比监测值降低 38.22 个百分点，位次下降 24 位。在三个一级指标中，科技投入指数为 40.19%，居全省第 56 位，与上年相比监测值降低 41.95 个百分点，上升 6 位。科技环境和基础指数为 29.20%，居全省第 61 位，与上年相比监测值降低 22.77 个百分点，上升 4 位。科技产出指数为 35.51%，居全省第 44 位，与上年相比监测值降低 47.74 个百分点，位次下降 20 位（表 2-57）。

表 2-57　金沙县各级监测指标和位次与上年比较

指标名称	二级指标值		位次	
	2020 年	2019 年	2020 年	2019 年
综合指数 /%	35.26	73.48	59	35
科技投入 /%	40.19	82.14	56	62
规模以上工业企业 R&D 经费支出增长率 /%	35.82	-73.41	28	84
财政支出中科学技术支出占一般公共预算支出比重 /%	1.07	2.37	73	29
财政支出中科学技术支出占一般公共预算支出比重增长率 /%	-54.66	-37.94	85	80
科技环境和基础 /%	29.20	51.97	61	65
万人规上企业研究与发展（R&D）人员数 /（人/万人）	2.26	2.74	66	61
万人规上企业研究与发展（R&D）人员数增长率 /%	-21.62	-50.68	57	76
万人发明专利申请量 /（件/万人）	0.70	3.32	58	58
万人发明专利申请量增长率 /%	23.41	21.93	34	16
科技产出 /%	35.51	83.25	44	24
万人有效发明专利量 /（件/万人）	0.61	0.56	53	55
万人有效发明专利量增长率 /%	3.83	-0.42	60	67
高新技术企业增长率 /%	-20.00	25.00	80	43
万人技术合同交易额 /（万元/万人）	20.94	568.90	76	27
万人技术合同交易额增长率 /%	5.96	40.17	57	31
高新技术产业产值 / 亿元	40.41	36.96	26	30
高新技术产业产值增长率 /%	104.80	20.12	8	28

5. 织金县

财政支出中科学技术支出占一般公共预算支出比重为 2.76%，居全省第 21 位。万人规上企业研究与发展（R&D）人员数为 0.54 人/万人，居全省第 81 位。发明专利申请量 13 件，居全省第 71 位。万人发明专利申请量为 0.16 件/万人，居全省第 83 位。有效发明专利拥有量 11 件，居全省第 67 位。万人有效发明专利量为 0.13 件/万人，居全省第 84 位。高新技术企业数 1 个，居全省第 61 位。技术合同交易额 37 100.00 万元，居全省第 17 位。万人技术合同交易额 454.66 万元/万人，居全省第 33 位。高新技术产业产值 25.02 亿元，居全省第 34 位。

织金县综合指数为 27.50%，居全省第 65 位，与上年相比监测值降低 39.03 个百分点，位次下降 13 位。在三个一级指标中，科技投入指数为 29.24%，居全省第 64 位，与上年相比监测值降低 65.05 个百分点，位次下降 31 位。科技环境和基础指数为 9.49%，居全省第 82 位，与上年相比监测值降低 38.43 个百分点，位次下降 3 位。科技产出指数为 41.20%，居全省第 38 位，与上年相比监测值降低 13.52 个百分点，上升 12 位（表 2-58）。

表 2-58 织金县各级监测指标和位次与上年比较

指标名称	二级指标值		位次	
	2020年	2019年	2020年	2019年
综合指数 /%	27.50	66.53	65	52
科技投入 /%	29.24	94.29	64	33
规模以上工业企业 R&D 经费支出增长率 /%	-77.60	-19.50	83	64
财政支出中科学技术支出占一般公共预算支出比重 /%	2.76	2.74	21	20
财政支出中科学技术支出占一般公共预算支出比重增长率 /%	0.77	-8.78	59	67
科技环境和基础 /%	9.49	47.92	82	79
万人规上企业研究与发展（R&D）人员数 /（人/万人）	0.54	3.28	81	54
万人规上企业研究与发展（R&D）人员数增长率 /%	-83.34	20.59	86	44
万人发明专利申请量 /（件/万人）	0.16	1.14	83	85
万人发明专利申请量增长率 /%	-31.59	-39.73	64	58
科技产出 /%	41.20	54.72	38	50
万人有效发明专利量 /（件/万人）	0.13	0.15	84	84
万人有效发明专利量增长率 /%	-8.34	-8.08	77	79
高新技术企业增长率 /%	0.00	100.00	41	6
万人技术合同交易额 /（万元/万人）	454.66	44.49	33	72
万人技术合同交易额增长率 /%	64 979.74	-4.25	3	46
高新技术产业产值 /亿元	25.02	43.60	34	27
高新技术产业产值增长率 /%	-18.80	-2.68	71	62

6. 纳雍县

财政支出中科学技术支出占一般公共预算支出比重为 2.75%，居全省第 22 位。万人规上企业研究与发展（R&D）人员数为 0.96 人/万人，居全省第 77 位。发明专利申请量 11 件，居全省第 75 位。万人发明专利申请量为 0.15 件/万人，居全省第 84 位。有效发明专利拥有量 7 件，居全省第 76 位。万人有效发明专利量为 0.10 件/万人，居全省第 86 位。高新技术企业数 2 个，居全省第 54 位。技术合同交易额 87 307.00 万元，居全省第 7 位。万人技术合同交易额 1217.67 万元/万人，居全省第 11 位。高新技术产业产值 15.17 亿元，居全省第 40 位。

纳雍县综合指数为 27.86%，居全省第 64 位，与上年相比监测值降低 41.52 个百分点，位次下降 22 位。在三个一级指标中，科技投入指数为 33.05%，居全省第 61 位，与上年相比监测值降低 64.09 个百分点，位次下降 46 位。科技环境和基础指数为 11.24%，居全省第 80 位，与上年相比监测值降低 47.22 个百分点，位次下降 41 位。科技产出指数为 36.91%，居全省第 41 位，与上年相比监测值降低 14.07 个百分点，上升 17 位（表 2-59）。

表 2-59　纳雍县各级监测指标和位次与上年比较

指标名称	二级指标值		位次	
	2020 年	2019 年	2020 年	2019 年
综合指数 /%	27.86	69.38	64	42
科技投入 /%	33.05	97.14	61	15
规模以上工业企业 R&D 经费支出增长率 /%	-52.31	228.09	76	12
财政支出中科学技术支出占一般公共预算支出比重 /%	2.75	2.56	22	23
财政支出中科学技术支出占一般公共预算支出比重增长率 /%	7.36	-37.42	43	79
科技环境和基础 /%	11.24	58.46	80	39
万人规上企业研究与发展（R&D）人员数 /（人 / 万人）	0.96	2.31	77	64
万人规上企业研究与发展（R&D）人员数增长率 /%	-56.74	465.46	76	3
万人发明专利申请量 /（件 / 万人）	0.15	1.60	84	83
万人发明专利申请量增长率 /%	448.31	-31.11	11	53
科技产出 /%	36.91	50.98	41	58
万人有效发明专利量 /（件 / 万人）	0.10	0.07	86	87
万人有效发明专利量增长率 /%	39.57	-17.02	12	83
高新技术企业增长率 /%	0.00	100.00	41	6
万人技术合同交易额 /（万元 / 万人）	1217.67	31.71	11	80
万人技术合同交易额增长率 /%	4427.56	-94.59	5	86
高新技术产业产值 / 亿元	15.17	47.32	40	24
高新技术产业产值增长率 /%	-10.80	82.17	63	8

7. 威宁县

财政支出中科学技术支出占一般公共预算支出比重为 3.00%，居全省第 14 位。万人规上企业研究与发展（R&D）人员数为 0.87 人 / 万人，居全省第 78 位。发明专利申请量 26 件，居全省第 56 位。万人发明专利申请量为 0.20 件 / 万人，居全省第 80 位。有效发明专利拥有量 6 件，居全省第 79 位。万人有效发明专利量为 0.05 件 / 万人，居全省第 88 位。高新技术企业数 3 个，居全省第 48 位。技术合同交易额 15 701.20 万元，居全省第 31 位。万人技术合同交易额 122.60 万元 / 万人，居全省第 58 位。高新技术产业产值 54.42 亿元，居全省第 20 位。

威宁县综合指数为 38.75%，居全省第 52 位，与上年相比监测值降低 26.80 个百分点，上升 2 位。在三个一级指标中，科技投入指数为 40.89%，居全省第 55 位，与上年相比监测值降低 53.68 个百分点，位次下降 23 位。科技环境和基础指数为 20.06%，居全省第 68 位，与上年相比监测值降低 30.76 个百分点，位次不变。科技产出指数为 52.62%，居全省第 29 位，与上年相比监测值提高 3.46 个百分点，上升 32 位（表 2-60）。

表2-60 威宁县各级监测指标和位次与上年比较

指标名称	二级指标值		位次	
	2020年	2019年	2020年	2019年
综合指数/%	38.75	65.55	52	54
科技投入/%	40.89	94.57	55	32
规模以上工业企业R&D经费支出增长率/%	-4.55	5.06	50	55
财政支出中科学技术支出占一般公共预算支出比重/%	3.00	3.02	14	14
财政支出中科学技术支出占一般公共预算支出比重增长率/%	-0.76	-7.66	65	64
科技环境和基础/%	20.06	50.82	68	68
万人规上企业研究与发展（R&D）人员数/（人/万人）	0.87	1.32	78	75
万人规上企业研究与发展（R&D）人员数增长率/%	-34.93	-34.25	65	72
万人发明专利申请量/（件/万人）	0.20	0.61	80	88
万人发明专利申请量增长率/%	62.91	-49.89	30	64
科技产出/%	52.62	49.16	29	61
万人有效发明专利量/（件/万人）	0.05	0.03	88	88
万人有效发明专利量增长率/%	50.37	32.78	8	19
高新技术企业增长率/%	50.00	0.00	8	52
万人技术合同交易额/（万元/万人）	122.60	18.44	58	83
万人技术合同交易额增长率/%	12197.21	-92.06	4	84
高新技术产业产值/亿元	54.42	38.49	20	29
高新技术产业产值增长率/%	61.90	91.14	14	6

8. 赫章县

财政支出中科学技术支出占一般公共预算支出比重为2.82%，居全省第18位。万人规上企业研究与发展（R&D）人员数为1.36人/万人，居全省第73位。发明专利申请量65件，居全省第24位。万人发明专利申请量为1.00件/万人，居全省第48位。有效发明专利拥有量19件，居全省第55位。万人有效发明专利量为0.29件/万人，居全省第73位。高新技术企业数1个，居全省第61位。技术合同交易额8355.60万元，居全省第44位。万人技术合同交易额128.79万元/万人，居全省第55位。高新技术产业产值20.43亿元，居全省第37位。

赫章县综合指数为35.92%，居全省第57位，与上年相比监测值降低34.27个百分点，位次下降16位。在三个一级指标中，科技投入指数为32.05%，居全省第63位，与上年相比监测值降低67.95个百分点，位次下降62位。科技环境和基础指数为37.86%，居全省第44位，与上年相比监测值降低20.89个百分点，位次下降10位。科技产出指数为38.12%，居全省第40位，与上年相比监测值降低12.07个百分点，上升19位（表2-61）。

表 2-61　赫章县各级监测指标和位次与上年比较

指标名称	二级指标值		位次	
	2020 年	2019 年	2020 年	2019 年
综合指数 /%	35.92	70.19	57	41
科技投入 /%	32.05	100.00	63	1
规模以上工业企业 R&D 经费支出增长率 /%	-74.10	1471.79	82	3
财政支出中科学技术支出占一般公共预算支出比重 /%	2.82	2.75	18	19
财政支出中科学技术支出占一般公共预算支出比重增长率 /%	2.64	223.10	53	3
科技环境和基础 /%	37.86	58.75	44	34
万人规上企业研究与发展（R&D）人员数 /（人/万人）	1.36	5.32	73	42
万人规上企业研究与发展（R&D）人员数增长率 /%	-75.12	830.29	84	2
万人发明专利申请量 /（件/万人）	1.00	1.59	48	84
万人发明专利申请量增长率 /%	71.71	177.78	28	1
科技产出 /%	38.12	50.19	40	59
万人有效发明专利量 /（件/万人）	0.29	0.25	73	74
万人有效发明专利量增长率 /%	12.20	-19.39	41	84
高新技术企业增长率 /%	100.00	-100.00	1	87
万人技术合同交易额 /（万元/万人）	128.79	80.80	55	64
万人技术合同交易额增长率 /%	100.00	-81.88	38	81
高新技术产业产值 / 亿元	20.43	14.76	37	44
高新技术产业产值增长率 /%	41.50	141.95	17	3

（八）黔东南州

1. 凯里市

财政支出中科学技术支出占一般公共预算支出比重为 2.34%，居全省第 33 位。万人规上企业研究与发展（R&D）人员数为 5.15 人/万人，居全省第 49 位。发明专利申请量 160 件，居全省第 11 位。万人发明专利申请量为 2.26 件/万人，居全省第 22 位。有效发明专利拥有量 149 件，居全省第 15 位。万人有效发明专利量为 2.10 件/万人，居全省第 26 位。高新技术企业数 21 个，居全省第 17 位。技术合同交易额 35 320.29 万元，居全省第 18 位。万人技术合同交易额 497.96 万元/万人，居全省第 29 位。高新技术产业产值 20.62 亿元，居全省第 36 位。

凯里市综合指数为 71.22%，居全省第 18 位，与上年相比监测值降低 16.26 个百分点，位次下降 12 位。在三个一级指标中，科技投入指数为 47.88%，居全省第 45 位，与上年相比监测值降低 47.36 个百分点，位次下降 15 位。科技环境和基础指数为 84.37%，居全省第 16 位，与上年相比监测值提高 10.97 个百分点，位次下降 9 位。科技产出指数为 83.28%，居全省第 13 位，与上年相比监测值降低 8.50 个百分点，位次下降 3 位（表 2-62）。

表 2-62 凯里市各级监测指标和位次与上年比较

指标名称	二级指标值		位次	
	2020年	2019年	2020年	2019年
综合指数 /%	71.22	87.48	18	6
科技投入 /%	47.88	95.24	45	30
规模以上工业企业 R&D 经费支出增长率 /%	-8.61	16.75	54	53
财政支出中科学技术支出占一般公共预算支出比重 /%	2.34	2.08	33	36
财政支出中科学技术支出占一般公共预算支出比重增长率 /%	12.67	-4.49	36	60
科技环境和基础 /%	84.37	73.40	16	7
万人规上企业研究与发展（R&D）人员数 /（人/万人）	5.15	6.78	49	34
万人规上企业研究与发展（R&D）人员数增长率 /%	-2.99	38.87	46	37
万人发明专利申请量 /（件/万人）	2.26	26.47	22	9
万人发明专利申请量增长率 /%	35.21	37.80	32	10
科技产出 /%	83.28	91.78	13	10
万人有效发明专利量 /（件/万人）	2.10	2.51	26	18
万人有效发明专利量增长率 /%	6.75	20.66	53	31
高新技术企业增长率 /%	16.67	38.46	25	38
万人技术合同交易额 /（万元/万人）	497.96	549.64	29	30
万人技术合同交易额增长率 /%	37.60	-41.99	51	59
高新技术产业产值 /亿元	20.62	21.26	36	40
高新技术产业产值增长率 /%	8.50	24.69	38	27

2. 黄平县

财政支出中科学技术支出占一般公共预算支出比重为 1.56%，居全省第 59 位。万人规上企业研究与发展（R&D）人员数为 1.02 人/万人，居全省第 75 位。发明专利申请量 16 件，居全省第 67 位。万人发明专利申请量为 0.66 件/万人，居全省第 60 位。有效发明专利拥有量 19 件，居全省第 55 位。万人有效发明专利量为 0.78 件/万人，居全省第 48 位。高新技术企业数 2 个，居全省第 54 位。技术合同交易额 7654.00 万元，居全省第 49 位。万人技术合同交易额 313.43 万元/万人，居全省第 40 位。高新技术产业产值 0.32 亿元，居全省第 84 位。

黄平县综合指数为 13.46%，居全省第 82 位，与上年相比监测值降低 38.61 个百分点，位次下降 3 位。在三个一级指标中，科技投入指数为 15.41%，居全省第 81 位，与上年相比监测值降低 53.31 个百分点，上升 1 位。科技环境和基础指数为 12.47%，居全省第 78 位，与上年相比监测值降低 28.06 个百分点，上升 8 位。科技产出指数为 12.35%，居全省第 73 位，与上年相比监测值降低 32.96 个百分点，位次下降 8 位（表 2-63）。

表 2-63 黄平县各级监测指标和位次与上年比较

指标名称	二级指标值		位次	
	2020 年	2019 年	2020 年	2019 年
综合指数 /%	13.46	52.07	82	79
科技投入 /%	15.41	68.72	81	82
规模以上工业企业 R&D 经费支出增长率 /%	-56.79	-65.60	77	81
财政支出中科学技术支出占一般公共预算支出比重 /%	1.56	1.09	59	64
财政支出中科学技术支出占一般公共预算支出比重增长率 /%	42.50	-7.68	16	65
科技环境和基础 /%	12.47	40.53	78	86
万人规上企业研究与发展（R&D）人员数 /（人/万人）	1.02	1.08	75	79
万人规上企业研究与发展（R&D）人员数增长率 /%	-12.91	-25.92	55	67
万人发明专利申请量 /（件/万人）	0.66	2.43	60	72
万人发明专利申请量增长率 /%	79.60	-59.27	26	79
科技产出 /%	12.35	45.31	73	65
万人有效发明专利量 /（件/万人）	0.78	0.97	48	44
万人有效发明专利量增长率 /%	-26.17	-16.44	84	81
高新技术企业增长率 /%	0.00	0.00	41	52
万人技术合同交易额 /（万元/万人）	313.43	681.78	40	23
万人技术合同交易额增长率 /%	-25.96	85.56	65	23
高新技术产业产值 /亿元	0.32	0.87	84	73
高新技术产业产值增长率 /%	-62.50	-12.12	83	73

3. 施秉县

财政支出中科学技术支出占一般公共预算支出比重为 1.21%，居全省第 65 位。万人规上企业研究与发展（R&D）人员数为 5.41 人/万人，居全省第 47 位。发明专利申请量 9 件，居全省第 77 位。万人发明专利申请量为 0.72 件/万人，居全省第 57 位。有效发明专利拥有量 30 件，居全省第 46 位。万人有效发明专利量为 2.39 件/万人，居全省第 24 位。高新技术企业数 4 个，居全省第 38 位。技术合同交易额 1309.00 万元，居全省第 70 位。万人技术合同交易额 104.22 万元/万人，居全省第 62 位。高新技术产业产值 0.37 亿元，居全省第 81 位。

施秉县综合指数为 20.29%，居全省第 72 位，与上年相比监测值降低 38.73 个百分点，位次下降 6 位。在三个一级指标中，科技投入指数为 18.43%，居全省第 74 位，与上年相比监测值降低 57.03 个百分点，位次下降 2 位。科技环境和基础指数为 17.91%，居全省第 71 位，与上年相比监测值降低 29.28 个百分点，上升 9 位。科技产出指数为 24.20%，居全省第 58 位，与上年相比监测值降低 28.53 个百分点，位次下降 5 位（表 2-64）。

表 2-64　施秉县各级监测指标和位次与上年比较

指标名称	二级指标值		位次	
	2020 年	2019 年	2020 年	2019 年
综合指数 /%	20.29	59.02	72	66
科技投入 /%	18.43	75.46	74	72
规模以上工业企业 R&D 经费支出增长率 /%	11.71	33.84	40	45
财政支出中科学技术支出占一般公共预算支出比重 /%	1.21	1.04	65	67
财政支出中科学技术支出占一般公共预算支出比重增长率 /%	16.43	-10.14	30	69
科技环境和基础 /%	17.91	47.19	71	80
万人规上企业研究与发展（R&D）人员数 /（人 / 万人）	5.41	4.13	47	45
万人规上企业研究与发展（R&D）人员数增长率 /%	24.82	-5.53	33	53
万人发明专利申请量 /（件 / 万人）	0.72	4.50	57	45
万人发明专利申请量增长率 /%	81.72	-31.29	25	54
科技产出 /%	24.20	52.73	58	53
万人有效发明专利量 /（件 / 万人）	2.39	2.18	24	24
万人有效发明专利量增长率 /%	4.44	25.61	57	21
高新技术企业增长率 /%	100.00	100.00	1	6
万人技术合同交易额 /（万元 / 万人）	104.22	1227.57	62	14
万人技术合同交易额增长率 /%	-75.25	3.05	76	44
高新技术产业产值 / 亿元	0.37	0.60	81	79
高新技术产业产值增长率 /%	23.30	42.86	26	19

4. 三穗县

财政支出中科学技术支出占一般公共预算支出比重为 1.46%，居全省第 62 位。万人规上企业研究与发展（R&D）人员数为 11.72 人 / 万人，居全省第 23 位。发明专利申请量 72 件，居全省第 22 位。万人发明专利申请量为 4.42 件 / 万人，居全省第 8 位。有效发明专利拥有量 12 件，居全省第 63 位。万人有效发明专利量为 0.74 件 / 万人，居全省第 49 位。高新技术企业数 3 个，居全省第 48 位。技术合同交易额 4970.00 万元，居全省第 55 位。万人技术合同交易额 305.10 万元 / 万人，居全省第 42 位。高新技术产业产值 0.33 亿元，居全省第 83 位。

三穗县综合指数为 32.24%，居全省第 62 位，与上年相比监测值降低 30.66 个百分点，位次下降 3 位。在三个一级指标中，科技投入指数为 18.94%，居全省第 73 位，与上年相比监测值降低 67.61 个百分点，位次下降 21 位。科技环境和基础指数为 61.80%，居全省第 30 位，与上年相比监测值提高 13.02 个百分点，上升 46 位。科技产出指数为 20.20%，居全省第 63 位，与上年相比监测值降低 31.14 个百分点，位次下降 8 位（表 2-65）。

表 2-65　三穗县各级监测指标和位次与上年比较

指标名称	二级指标值		位次	
	2020 年	2019 年	2020 年	2019 年
综合指数 /%	32.24	62.90	62	59
科技投入 /%	18.94	86.55	73	52
规模以上工业企业 R&D 经费支出增长率 /%	-8.31	131.58	53	18
财政支出中科学技术支出占一般公共预算支出比重 /%	1.46	1.23	62	57
财政支出中科学技术支出占一般公共预算支出比重增长率 /%	19.04	-14.53	27	73
科技环境和基础 /%	61.80	48.78	30	76
万人规上企业研究与发展（R&D）人员数 /（人 / 万人）	11.72	10.23	23	28
万人规上企业研究与发展（R&D）人员数增长率 /%	17.97	1052.03	38	1
万人发明专利申请量 /（件 / 万人）	4.42	3.35	8	57
万人发明专利申请量增长率 /%	1100.74	-60.03	3	80
科技产出 /%	20.20	51.34	63	55
万人有效发明专利量 /（件 / 万人）	0.74	0.82	49	48
万人有效发明专利量增长率 /%	-7.64	43.81	75	12
高新技术企业增长率 /%	50.00	100.00	8	6
万人技术合同交易额 /（万元 / 万人）	305.10	567.40	42	28
万人技术合同交易额增长率 /%	-25.82	83.70	64	24
高新技术产业产值 / 亿元	0.33	0.69	83	76
高新技术产业产值增长率 /%	-20.90	7.81	72	40

5. 镇远县

财政支出中科学技术支出占一般公共预算支出比重为 2.41%，居全省第 30 位。万人规上企业研究与发展（R&D）人员数为 5.90 人 / 万人，居全省第 44 位。发明专利申请量 30 件，居全省第 49 位。万人发明专利申请量为 1.58 件 / 万人，居全省第 30 位。有效发明专利拥有量 29 件，居全省第 47 位。万人有效发明专利量为 1.53 件 / 万人，居全省第 37 位。高新技术企业数 3 个，居全省第 48 位。技术合同交易额 12 850.00 万元，居全省第 35 位。万人技术合同交易额 677.03 万元 / 万人，居全省第 24 位。高新技术产业产值 13.32 亿元，居全省第 43 位。

镇远县综合指数为 40.72%，居全省第 48 位，与上年相比监测值降低 27.78 个百分点，位次下降 2 位。在三个一级指标中，科技投入指数为 53.27%，居全省第 42 位，与上年相比监测值降低 26.07 个百分点，上升 24 位。科技环境和基础指数为 36.63%，居全省第 46 位，与上年相比监测值降低 10.33 个百分点，上升 35 位。科技产出指数为 31.68%，居全省第 48 位，与上年相比监测值降低 44.43 个百分点，位次下降 17 位（表 2-66）。

表 2-66 镇远县各级监测指标和位次与上年比较

指标名称	二级指标值		位次	
	2020 年	2019 年	2020 年	2019 年
综合指数 /%	40.72	68.50	48	46
科技投入 /%	53.27	79.34	42	66
规模以上工业企业 R&D 经费支出增长率 /%	62.29	-71.14	23	82
财政支出中科学技术支出占一般公共预算支出比重 /%	2.41	1.23	30	58
财政支出中科学技术支出占一般公共预算支出比重增长率 /%	96.95	78.22	8	7
科技环境和基础 /%	36.63	46.96	46	81
万人规上企业研究与发展（R&D）人员数 /（人/万人）	5.90	0.87	44	81
万人规上企业研究与发展（R&D）人员数增长率 /%	529.43	-78.39	1	85
万人发明专利申请量 /（件/万人）	1.58	4.43	30	47
万人发明专利申请量增长率 /%	116.77	-9.22	17	41
科技产出 /%	31.68	76.11	48	31
万人有效发明专利量 /（件/万人）	1.53	1.25	37	37
万人有效发明专利量增长率 /%	12.83	17.78	39	34
高新技术企业增长率 /%	0.00	200.00	41	4
万人技术合同交易额 /（万元/万人）	677.03	1091.53	24	15
万人技术合同交易额增长率 /%	4.28	35.65	59	35
高新技术产业产值 / 亿元	13.32	12.01	43	48
高新技术产业产值增长率 /%	40.30	0.67	18	56

6. 岑巩县

财政支出中科学技术支出占一般公共预算支出比重为 1.80%，居全省第 52 位。万人规上企业研究与发展（R&D）人员数为 6.77 人/万人，居全省第 39 位。发明专利申请量 15 件，居全省第 69 位。万人发明专利申请量为 0.89 件/万人，居全省第 51 位。有效发明专利拥有量 9 件，居全省第 73 位。万人有效发明专利量为 0.53 件/万人，居全省第 59 位。高新技术企业数 4 个，居全省第 38 位。技术合同交易额 5246.00 万元，居全省第 53 位。万人技术合同交易额 311.34 万元/万人，居全省第 41 位。高新技术产业产值 6.51 亿元，居全省第 53 位。

岑巩县综合指数为 23.04%，居全省第 68 位，与上年相比监测值降低 49.58 个百分点，位次下降 29 位。在三个一级指标中，科技投入指数为 28.68%，居全省第 66 位，与上年相比监测值降低 63.98 个百分点，位次下降 24 位。科技环境和基础指数为 24.83%，居全省第 66 位，与上年相比监测值降低 32.94 个百分点，位次下降 21 位。科技产出指数为 15.88%，居全省第 69 位，与上年相比监测值降低 49.44 个百分点，位次下降 32 位（表 2-67）。

表 2-67 岑巩县各级监测指标和位次与上年比较

指标名称	二级指标值		位次	
	2020 年	2019 年	2020 年	2019 年
综合指数 /%	23.04	72.62	68	39
科技投入 /%	28.68	92.66	66	42
规模以上工业企业 R&D 经费支出增长率 /%	9.69	27.04	42	47
财政支出中科学技术支出占一般公共预算支出比重 /%	1.80	1.79	52	44
财政支出中科学技术支出占一般公共预算支出比重增长率 /%	0.32	-13.85	63	72
科技环境和基础 /%	24.83	57.77	66	45
万人规上企业研究与发展（R&D）人员数 /（人 / 万人）	6.77	16.74	39	19
万人规上企业研究与发展（R&D）人员数增长率 /%	-58.32	84.46	77	26
万人发明专利申请量 /（件 / 万人）	0.89	2.81	51	66
万人发明专利申请量增长率 /%	100.00	-52.26	18	69
科技产出 /%	15.88	65.32	69	37
万人有效发明专利量 /（件 / 万人）	0.53	0.49	59	58
万人有效发明专利量增长率 /%	12.70	-0.37	40	65
高新技术企业增长率 /%	-20.00	66.67	80	21
万人技术合同交易额 /（万元 / 万人）	311.34	875.88	41	18
万人技术合同交易额增长率 /%	-19.31	61.42	62	28
高新技术产业产值 / 亿元	6.51	7.36	53	50
高新技术产业产值增长率 /%	-11.00	60.70	64	11

7. 天柱县

财政支出中科学技术支出占一般公共预算支出比重为 0.88%，居全省第 76 位。万人规上企业研究与发展（R&D）人员数为 1.90 人 / 万人，居全省第 69 位。发明专利申请量 46 件，居全省第 35 位。万人发明专利申请量为 1.68 件 / 万人，居全省第 28 位。有效发明专利拥有量 9 件，居全省第 73 位。万人有效发明专利量为 0.33 件 / 万人，居全省第 70 位。高新技术企业数 0 个，居全省第 75 位。技术合同交易额 4962.71 万元，居全省第 56 位。万人技术合同交易额 181.32 万元 / 万人，居全省第 50 位。高新技术产业产值 0.91 亿元，居全省第 72 位。

天柱县综合指数为 18.04%，居全省第 75 位，与上年相比监测值降低 32.72 个百分点，上升 5 位。在三个一级指标中，科技投入指数为 10.91%，居全省第 85 位，与上年相比监测值降低 63.90 个百分点，位次下降 11 位。科技环境和基础指数为 33.08%，居全省第 54 位，与上年相比监测值降低 17.20 个百分点，上升 15 位。科技产出指数为 12.29%，居全省第 74 位，与上年相比监测值降低 14.82 个百分点，上升 9 位（表 2-68）。

表 2-68 天柱县各级监测指标和位次与上年比较

指标名称	二级指标值		位次	
	2020 年	2019 年	2020 年	2019 年
综合指数 /%	18.04	50.76	75	80
科技投入 /%	10.91	74.81	85	74
规模以上工业企业 R&D 经费支出增长率 /%	-37.18	-52.89	68	77
财政支出中科学技术支出占一般公共预算支出比重 /%	0.88	0.86	76	72
财政支出中科学技术支出占一般公共预算支出比重增长率 /%	2.26	-1.41	54	51
科技环境和基础 /%	33.08	50.28	54	69
万人规上企业研究与发展（R&D）人员数 /（人/万人）	1.90	1.58	69	73
万人规上企业研究与发展（R&D）人员数增长率 /%	23.95	-9.07	35	57
万人发明专利申请量 /（件/万人）	1.68	2.52	28	70
万人发明专利申请量增长率 /%	821.01	-27.48	5	52
科技产出 /%	12.29	27.11	74	83
万人有效发明专利量 /（件/万人）	0.33	0.19	70	80
万人有效发明专利量增长率 /%	80.20	-17.01	5	82
高新技术企业增长率 /%	0.00	0.00	41	52
万人技术合同交易额 /（万元/万人）	181.32	302.93	50	43
万人技术合同交易额增长率 /%	345.87	37.85	26	33
高新技术产业产值 /亿元	0.91	0.36	72	82
高新技术产业产值增长率 /%	147.70	12.50	6	35

8. 锦屏县

财政支出中科学技术支出占一般公共预算支出比重为 1.95%，居全省第 47 位。万人规上企业研究与发展（R&D）人员数为 2.06 人/万人，居全省第 68 位。发明专利申请量 41 件，居全省第 40 位。万人发明专利申请量为 2.64 件/万人，居全省第 18 位。有效发明专利拥有量 8 件，居全省第 75 位。万人有效发明专利量为 0.52 件/万人，居全省第 60 位。高新技术企业数 1 个，居全省第 61 位。技术合同交易额 6387.12 万元，居全省第 52 位。万人技术合同交易额 411.28 万元/万人，居全省第 34 位。高新技术产业产值 0.37 亿元，居全省第 81 位。

锦屏县综合指数为 20.44%，居全省第 71 位，与上年相比监测值降低 33.46 个百分点，上升 5 位。在三个一级指标中，科技投入指数为 16.09%，居全省第 78 位，与上年相比监测值降低 61.93 个百分点，位次下降 10 位。科技环境和基础指数为 33.95%，居全省第 52 位，与上年相比监测值降低 8.25 个百分点，上升 32 位。科技产出指数为 13.22%，居全省第 72 位，与上年相比监测值降低 26.58 个百分点，位次不变（表 2-69）。

表 2-69 锦屏县各级监测指标和位次与上年比较

指标名称	二级指标值		位次	
	2020 年	2019 年	2020 年	2019 年
综合指数 /%	20.44	53.90	71	76
科技投入 /%	16.09	78.02	78	68
规模以上工业企业 R&D 经费支出增长率 /%	-34.07	3258.00	67	2
财政支出中科学技术支出占一般公共预算支出比重 /%	1.95	1.56	47	51
财政支出中科学技术支出占一般公共预算支出比重增长率 /%	25.01	68.74	23	9
科技环境和基础 /%	33.95	42.20	52	84
万人规上企业研究与发展（R&D）人员数 /（人 / 万人）	2.06	1.08	68	78
万人规上企业研究与发展（R&D）人员数增长率 /%	88.84	182.07	20	17
万人发明专利申请量 /（件 / 万人）	2.64	4.14	18	49
万人发明专利申请量增长率 /%	1956.60	-54.11	2	74
科技产出 /%	13.22	39.80	72	72
万人有效发明专利量 /（件 / 万人）	0.52	0.45	60	61
万人有效发明专利量增长率 /%	14.65	39.38	36	14
高新技术企业增长率 /%	0.00	100.00	41	6
万人技术合同交易额 /（万元 / 万人）	411.28	577.65	34	26
万人技术合同交易额增长率 /%	96.65	-37.42	43	55
高新技术产业产值 / 亿元	0.37	0.24	81	84
高新技术产业产值增长率 /%	25.80	0.00	24	58

9. 剑河县

财政支出中科学技术支出占一般公共预算支出比重为 1.58%，居全省第 57 位。万人规上企业研究与发展（R&D）人员数为 2.28 人 / 万人，居全省第 65 位。发明专利申请量 5 件，居全省第 82 位。万人发明专利申请量为 0.27 件 / 万人，居全省第 77 位。有效发明专利拥有量 12 件，居全省第 63 位。万人有效发明专利量为 0.64 件 / 万人，居全省第 52 位。高新技术企业数 1 个，居全省第 61 位。技术合同交易额 2134.50 万元，居全省第 63 位。万人技术合同交易额 113.18 万元 / 万人，居全省第 60 位。高新技术产业产值 2.11 亿元，居全省第 67 位。

剑河县综合指数为 11.99%，居全省第 85 位，与上年相比监测值降低 46.16 个百分点，位次下降 17 位。在三个一级指标中，科技投入指数为 17.22%，居全省第 76 位，与上年相比监测值降低 54.91 个百分点，上升 1 位。科技环境和基础指数为 8.39%，居全省第 83 位，与上年相比监测值降低 40.78 个百分点，位次下降 10 位。科技产出指数为 9.84%，居全省第 79 位，与上年相比监测值降低 42.03 个百分点，位次下降 25 位（表 2-70）。

表 2-70　剑河县各级监测指标和位次与上年比较

指标名称	二级指标值		位次	
	2020 年	2019 年	2020 年	2019 年
综合指数 /%	11.99	58.15	85	68
科技投入 /%	17.22	72.13	76	77
规模以上工业企业 R&D 经费支出增长率 /%	1.08	-61.81	44	79
财政支出中科学技术支出占一般公共预算支出比重 /%	1.58	1.22	57	59
财政支出中科学技术支出占一般公共预算支出比重增长率 /%	29.84	-12.59	22	70
科技环境和基础 /%	8.39	49.17	83	73
万人规上企业研究与发展（R&D）人员数 /（人 / 万人）	2.28	3.48	65	51
万人规上企业研究与发展（R&D）人员数增长率 /%	-32.92	30.12	62	40
万人发明专利申请量 /（件 / 万人）	0.27	4.83	77	42
万人发明专利申请量增长率 /%	-79.20	-50.47	83	65
科技产出 /%	9.84	51.87	79	54
万人有效发明专利量 /（件 / 万人）	0.64	0.71	52	50
万人有效发明专利量增长率 /%	-7.84	61.88	76	6
高新技术企业增长率 /%	0.00	0.00	41	52
万人技术合同交易额 /（万元 / 万人）	113.18	638.16	60	25
万人技术合同交易额增长率 /%	4335.18	16.19	6	42
高新技术产业产值 / 亿元	2.11	2.46	67	66
高新技术产业产值增长率 /%	-14.20	57.69	69	14

10. 台江县

财政支出中科学技术支出占一般公共预算支出比重为 1.16%，居全省第 67 位。万人规上企业研究与发展（R&D）人员数为 6.42 人 / 万人，居全省第 41 位。发明专利申请量 3 件，居全省第 85 位。万人发明专利申请量为 0.24 件 / 万人，居全省第 79 位。有效发明专利拥有量 22 件，居全省第 52 位。万人有效发明专利量为 1.79 件 / 万人，居全省第 30 位。高新技术企业数 4 个，居全省第 38 位。技术合同交易额 1689.00 万元，居全省第 67 位。万人技术合同交易额 137.32 万元 / 万人，居全省第 54 位。高新技术产业产值 5.51 亿元，居全省第 54 位。

台江县综合指数为 19.86%，居全省第 73 位，与上年相比监测值降低 35.05 个百分点，上升 2 位。在三个一级指标中，科技投入指数为 28.76%，居全省第 65 位，与上年相比监测值降低 20.49 个百分点，上升 21 位。科技环境和基础指数为 13.64%，居全省第 76 位，与上年相比监测值降低 44.25 个百分点，位次下降 33 位。科技产出指数为 16.28%，居全省第 68 位，与上年相比监测值降低 41.74 个百分点，位次下降 23 位（表 2-71）。

表 2-71　台江县各级监测指标和位次与上年比较

指标名称	二级指标值		位次	
	2020 年	2019 年	2020 年	2019 年
综合指数 /%	19.86	54.91	73	75
科技投入 /%	28.76	49.25	65	86
规模以上工业企业 R&D 经费支出增长率 /%	-1.15	-46.28	45	74
财政支出中科学技术支出占一般公共预算支出比重 /%	1.16	0.17	67	84
财政支出中科学技术支出占一般公共预算支出比重增长率 /%	570.90	-70.94	1	86
科技环境和基础 /%	13.64	57.89	76	43
万人规上企业研究与发展（R&D）人员数 /（人 / 万人）	6.42	11.03	41	26
万人规上企业研究与发展（R&D）人员数增长率 /%	-37.47	35.27	67	39
万人发明专利申请量 /（件 / 万人）	0.24	5.03	79	39
万人发明专利申请量增长率 /%	-40.63	-57.96	67	76
科技产出 /%	16.28	58.02	68	45
万人有效发明专利量 /（件 / 万人）	1.79	2.38	30	19
万人有效发明专利量增长率 /%	-19.38	22.19	82	26
高新技术企业增长率 /%	-20.00	25.00	80	43
万人技术合同交易额 /（万元 / 万人）	137.32	1498.59	54	11
万人技术合同交易额增长率 /%	-66.71	91.62	74	21
高新技术产业产值 / 亿元	5.51	1.03	54	72
高新技术产业产值增长率 /%	137.40	-12.98	7	74

11. 黎平县

财政支出中科学技术支出占一般公共预算支出比重为 0.24%，居全省第 86 位。万人规上企业研究与发展（R&D）人员数为 0.31 人 / 万人，居全省第 86 位。发明专利申请量 46 件，居全省第 35 位。万人发明专利申请量为 1.11 件 / 万人，居全省第 42 位。有效发明专利拥有量 18 件，居全省第 57 位。万人有效发明专利量为 0.44 件 / 万人，居全省第 64 位。高新技术企业数 1 个，居全省第 61 位。技术合同交易额 2400.00 万元，居全省第 62 位。万人技术合同交易额 58.13 万元 / 万人，居全省第 66 位。高新技术产业产值 3.93 亿元，居全省第 57 位。

黎平县综合指数为 12.44%，居全省第 84 位，与上年相比监测值降低 36.39 个百分点，位次不变。在三个一级指标中，科技投入指数为 5.86%，居全省第 86 位，与上年相比监测值降低 44.80 个百分点，位次下降 1 位。科技环境和基础指数为 24.87%，居全省第 65 位，与上年相比监测值降低 24.33 个百分点，上升 7 位。科技产出指数为 8.38%，居全省第 81 位，与上年相比监测值降低 38.31 个百分点，位次下降 17 位（表 2-72）。

表 2-72 黎平县各级监测指标和位次与上年比较

指标名称	二级指标值		位次	
	2020 年	2019 年	2020 年	2019 年
综合指数 /%	12.44	48.83	84	84
科技投入 /%	5.86	50.66	86	85
规模以上工业企业 R&D 经费支出增长率 /%	-44.38	-55.07	71	78
财政支出中科学技术支出占一般公共预算支出比重 /%	0.24	0.16	86	85
财政支出中科学技术支出占一般公共预算支出比重增长率 /%	51.28	-1.62	14	52
科技环境和基础 /%	24.87	49.20	65	72
万人规上企业研究与发展（R&D）人员数 /（人 / 万人）	0.31	0.81	86	83
万人规上企业研究与发展（R&D）人员数增长率 /%	-59.35	67.66	78	31
万人发明专利申请量 /（件 / 万人）	1.11	3.48	42	55
万人发明专利申请量增长率 /%	91.81	1.76	21	32
科技产出 /%	8.38	46.69	81	64
万人有效发明专利量 /（件 / 万人）	0.44	0.45	64	60
万人有效发明专利量增长率 /%	0.07	-0.45	67	68
高新技术企业增长率 /%	0.00	0.00	41	52
万人技术合同交易额 /（万元 / 万人）	58.13	282.90	66	47
万人技术合同交易额增长率 /%	-80.26	-3.77	78	45
高新技术产业产值 / 亿元	3.93	4.40	57	57
高新技术产业产值增长率 /%	-10.70	45.70	62	17

12. 榕江县

财政支出中科学技术支出占一般公共预算支出比重为 0.28%，居全省第 85 位。万人规上企业研究与发展（R&D）人员数为 4.80 人 / 万人，居全省第 51 位。发明专利申请量 22 件，居全省第 60 位。万人发明专利申请量为 0.74 件 / 万人，居全省第 56 位。有效发明专利拥有量 5 件，居全省第 83 位。万人有效发明专利量为 0.17 件 / 万人，居全省第 81 位。高新技术企业数 0 个，居全省第 75 位。技术合同交易额 970.00 万元，居全省第 73 位。万人技术合同交易额 32.58 万元 / 万人，居全省第 72 位。高新技术产业产值 0.72 亿元，居全省第 76 位。

榕江县综合指数为 22.00%，居全省第 70 位，与上年相比监测值降低 23.06 个百分点，上升 18 位。在三个一级指标中，科技投入指数为 32.75%，居全省第 62 位，与上年相比监测值降低 15.69 个百分点，上升 25 位。科技环境和基础指数为 28.89%，居全省第 62 位，与上年相比监测值降低 23.53 个百分点，上升 1 位。科技产出指数为 5.35%，居全省第 85 位，与上年相比监测值降低 30.02 个百分点，位次下降 9 位（表 2-73）。

表 2-73 榕江县各级监测指标和位次与上年比较

指标名称	二级指标值		位次	
	2020 年	2019 年	2020 年	2019 年
综合指数 /%	22.00	45.06	70	88
科技投入 /%	32.75	48.44	62	87
规模以上工业企业 R&D 经费支出增长率 /%	23.42	-30.34	37	71
财政支出中科学技术支出占一般公共预算支出比重 /%	0.28	0.07	85	88
财政支出中科学技术支出占一般公共预算支出比重增长率 /%	295.17	162.42	6	4
科技环境和基础 /%	28.89	52.42	62	63
万人规上企业研究与发展（R&D）人员数 /（人 / 万人）	4.80	3.40	51	52
万人规上企业研究与发展（R&D）人员数增长率 /%	44.59	-6.96	30	54
万人发明专利申请量 /（件 / 万人）	0.74	1.61	56	82
万人发明专利申请量增长率 /%	634.07	-54.10	9	73
科技产出 /%	5.35	35.37	85	76
万人有效发明专利量 /（件 / 万人）	0.17	0.24	81	77
万人有效发明专利量增长率 /%	-28.50	39.47	85	13
高新技术企业增长率 /%	0.00	0.00	41	52
万人技术合同交易额 /（万元 / 万人）	32.58	559.99	72	29
万人技术合同交易额增长率 /%	1841.96	-98.69	11	88
高新技术产业产值 / 亿元	0.72	0.68	76	77
高新技术产业产值增长率 /%	6.30	33.33	42	21

13. 从江县

财政支出中科学技术支出占一般公共预算支出比重为 0.51%，居全省第 83 位。万人规上企业研究与发展（R&D）人员数为 1.66 人 / 万人，居全省第 70 位。发明专利申请量 26 件，居全省第 56 位。万人发明专利申请量为 0.83 件 / 万人，居全省第 54 位。有效发明专利拥有量 11 件，居全省第 67 位。万人有效发明专利量为 0.35 件 / 万人，居全省第 69 位。高新技术企业数 2 个，居全省第 54 位。技术合同交易额 7852.00 万元，居全省第 47 位。万人技术合同交易额 250.06 万元 / 万人，居全省第 46 位。高新技术产业产值 0.57 亿元，居全省第 78 位。

从江县综合指数为 14.87%，居全省第 79 位，与上年相比监测值降低 40.06 个百分点，位次下降 5 位。在三个一级指标中，科技投入指数为 11.64%，居全省第 84 位，与上年相比监测值降低 58.69 个百分点，位次下降 3 位。科技环境和基础指数为 19.73%，居全省第 69 位，与上年相比监测值降低 30.22 个百分点，上升 1 位。科技产出指数为 13.93%，居全省第 70 位，与上年相比监测值降低 29.87 个百分点，位次下降 4 位（表 2-74）。

表 2-74 从江县各级监测指标和位次与上年比较

指标名称	二级指标值		位次	
	2020 年	2019 年	2020 年	2019 年
综合指数 /%	14.87	54.93	79	74
科技投入 /%	11.64	70.33	84	81
规模以上工业企业 R&D 经费支出增长率 /%	−19.61	94.60	60	26
财政支出中科学技术支出占一般公共预算支出比重 /%	0.51	0.32	83	82
财政支出中科学技术支出占一般公共预算支出比重增长率 /%	62.11	−39.97	13	82
科技环境和基础 /%	19.73	49.95	69	70
万人规上企业研究与发展（R&D）人员数 /（人 / 万人）	1.66	1.83	70	70
万人规上企业研究与发展（R&D）人员数增长率 /%	−3.98	198.78	47	15
万人发明专利申请量 /（件 / 万人）	0.83	0.74	54	87
万人发明专利申请量增长率 /%	85.18	−90.75	23	88
科技产出 /%	13.93	43.80	70	66
万人有效发明专利量 /（件 / 万人）	0.35	0.34	69	67
万人有效发明专利量增长率 /%	9.68	−0.41	47	66
高新技术企业增长率 /%	0.00	100.00	41	6
万人技术合同交易额 /（万元 / 万人）	250.06	265.97	46	50
万人技术合同交易额增长率 /%	104.17	120.73	36	16
高新技术产业产值 / 亿元	0.57	0.04	78	88
高新技术产业产值增长率 /%	1460.80	−10.00	1	70

14. 雷山县

财政支出中科学技术支出占一般公共预算支出比重为 0.68%，居全省第 79 位。万人规上企业研究与发展（R&D）人员数为 0.48 人 / 万人，居全省第 83 位。发明专利申请量 1 件，居全省第 87 位。万人发明专利申请量为 0.08 件 / 万人，居全省第 87 位。有效发明专利拥有量 7 件，居全省第 76 位。万人有效发明专利量为 0.56 件 / 万人，居全省第 55 位。高新技术企业数 0 个，居全省第 75 位。技术合同交易额 5121.69 万元，居全省第 54 位。万人技术合同交易额 410.06 万元 / 万人，居全省第 35 位。高新技术产业产值 0.75 亿元，居全省第 75 位。

雷山县综合指数为 6.68%，居全省第 88 位，与上年相比监测值降低 40.93 个百分点，位次下降 2 位。在三个一级指标中，科技投入指数为 5.78%，居全省第 87 位，与上年相比监测值降低 57.42 个百分点，位次下降 3 位。科技环境和基础指数为 1.65%，居全省第 87 位，与上年相比监测值降低 37.39 个百分点，上升 1 位。科技产出指数为 11.88%，居全省第 75 位，与上年相比监测值降低 27.49 个百分点，位次下降 2 位（表 2-75）。

表2-75 雷山县各级监测指标和位次与上年比较

指标名称	二级指标值		位次	
	2020年	2019年	2020年	2019年
综合指数 /%	6.68	47.61	88	86
科技投入 /%	5.78	63.20	87	84
规模以上工业企业R&D经费支出增长率 /%	-31.35	24.64	64	49
财政支出中科学技术支出占一般公共预算支出比重 /%	0.68	0.55	79	79
财政支出中科学技术支出占一般公共预算支出比重增长率 /%	23.14	-4.31	24	58
科技环境和基础 /%	1.65	39.04	87	88
万人规上企业研究与发展（R&D）人员数 /（人/万人）	0.48	0.76	83	84
万人规上企业研究与发展（R&D）人员数增长率 /%	-33.39	-35.93	63	73
万人发明专利申请量 /（件/万人）	0.08	2.10	87	77
万人发明专利申请量增长率 /%	-0.08	-90.03	40	87
科技产出 /%	11.88	39.37	75	73
万人有效发明专利量 /（件/万人）	0.56	0.50	55	57
万人有效发明专利量增长率 /%	16.57	-25.25	29	86
高新技术企业增长率 /%	0.00	100.00	41	6
万人技术合同交易额 /（万元/万人）	410.06	1028.24	35	16
万人技术合同交易额增长率 /%	103.32	22.48	37	39
高新技术产业产值 /亿元	0.75	0.63	75	78
高新技术产业产值增长率 /%	19.10	100.00	30	4

15. 麻江县

财政支出中科学技术支出占一般公共预算支出比重为2.51%，居全省第26位。万人规上企业研究与发展（R&D）人员数为2.67人/万人，居全省第64位。发明专利申请量36件，居全省第45位。万人发明专利申请量为2.74件/万人，居全省第16位。有效发明专利拥有量11件，居全省第67位。万人有效发明专利量为0.84件/万人，居全省第46位。高新技术企业数1个，居全省第61位。技术合同交易额10 063.68万元，居全省第40位。万人技术合同交易额767.05万元/万人，居全省第20位。高新技术产业产值0.39亿元，居全省第80位。

麻江县综合指数为23.17%，居全省第67位，与上年相比监测值降低34.30个百分点，上升3位。在三个一级指标中，科技投入指数为15.47%，居全省第80位，与上年相比监测值降低68.06个百分点，位次下降20位。科技环境和基础指数为29.45%，居全省第60位，与上年相比监测值降低15.37个百分点，上升21位。科技产出指数为25.50%，居全省第56位，与上年相比监测值降低16.74个百分点，上升13位（表2-76）。

表 2-76 麻江县各级监测指标和位次与上年比较

指标名称	二级指标值		位次	
	2020 年	2019 年	2020 年	2019 年
综合指数 /%	23.17	57.47	67	70
科技投入 /%	15.47	83.53	80	59
规模以上工业企业 R&D 经费支出增长率 /%	-38.39	110.02	70	23
财政支出中科学技术支出占一般公共预算支出比重 /%	2.51	6.75	26	3
财政支出中科学技术支出占一般公共预算支出比重增长率 /%	-62.77	45.09	86	16
科技环境和基础 /%	29.45	44.82	60	82
万人规上企业研究与发展（R&D）人员数 /（人 / 万人）	2.67	4.97	64	43
万人规上企业研究与发展（R&D）人员数增长率 /%	-45.18	285.95	71	10
万人发明专利申请量 /（件 / 万人）	2.74	2.25	16	76
万人发明专利申请量增长率 /%	249.57	-78.38	15	85
科技产出 /%	25.50	42.24	56	69
万人有效发明专利量 /（件 / 万人）	0.84	0.80	46	49
万人有效发明专利量增长率 /%	6.81	24.50	52	24
高新技术企业增长率 /%	100.00	0.00	1	52
万人技术合同交易额 /（万元 / 万人）	767.05	1841.74	20	8
万人技术合同交易额增长率 /%	21.01	102.03	52	20
高新技术产业产值 / 亿元	0.39	0.30	80	83
高新技术产业产值增长率 /%	30.70	-9.09	20	68

16. 丹寨县

财政支出中科学技术支出占一般公共预算支出比重为 0.58%，居全省第 81 位。万人规上企业研究与发展（R&D）人员数为 3.60 人 / 万人，居全省第 58 位。发明专利申请量 9 件，居全省第 77 位。万人发明专利申请量为 0.65 件 / 万人，居全省第 61 位。有效发明专利拥有量 20 件，居全省第 54 位。万人有效发明专利量为 1.44 件 / 万人，居全省第 40 位。高新技术企业数 2 个，居全省第 54 位。技术合同交易额 12 700.00 万元，居全省第 36 位。万人技术合同交易额 915.65 万元 / 万人，居全省第 17 位。高新技术产业产值 3.36 亿元，居全省第 58 位。

丹寨县综合指数为 13.71%，居全省第 80 位，与上年相比监测值降低 48.53 个百分点，位次下降 20 位。在三个一级指标中，科技投入指数为 5.06%，居全省第 88 位，与上年相比监测值降低 71.58 个百分点，位次下降 18 位。科技环境和基础指数为 13.57%，居全省第 77 位，与上年相比监测值降低 37.37 个百分点，位次下降 10 位。科技产出指数为 22.48%，居全省第 59 位，与上年相比监测值降低 35.06 个百分点，位次下降 13 位（表 2-77）。

表 2-77 丹寨县各级监测指标和位次与上年比较

指标名称	二级指标值		位次	
	2020 年	2019 年	2020 年	2019 年
综合指数 /%	13.71	62.24	80	60
科技投入 /%	5.06	76.64	88	70
规模以上工业企业 R&D 经费支出增长率 /%	-61.67	-29.21	79	70
财政支出中科学技术支出占一般公共预算支出比重 /%	0.58	0.79	81	75
财政支出中科学技术支出占一般公共预算支出比重增长率 /%	-26.93	20.60	78	25
科技环境和基础 /%	13.57	50.94	77	67
万人规上企业研究与发展（R&D）人员数 /（人 / 万人）	3.60	5.92	58	37
万人规上企业研究与发展（R&D）人员数增长率 /%	-32.87	-12.26	61	58
万人发明专利申请量 /（件 / 万人）	0.65	7.77	61	29
万人发明专利申请量增长率 /%	-74.45	85.79	82	4
科技产出 /%	22.48	57.54	59	46
万人有效发明专利量 /（件 / 万人）	1.44	1.44	40	34
万人有效发明专利量增长率 /%	10.39	12.05	46	39
高新技术企业增长率 /%	-33.33	0.00	87	52
万人技术合同交易额 /（万元 / 万人）	915.65	1616.75	17	10
万人技术合同交易额增长率 /%	15.83	-34.06	53	51
高新技术产业产值 / 亿元	3.36	2.62	58	64
高新技术产业产值增长率 /%	28.40	3.56	22	47

（九）黔南州

1. 都匀市

财政支出中科学技术支出占一般公共预算支出比重为 2.88%，居全省第 16 位。万人规上企业研究与发展（R&D）人员数为 4.65 人 / 万人，居全省第 52 位。发明专利申请量 76 件，居全省第 20 位。万人发明专利申请量为 1.42 件 / 万人，居全省第 33 位。有效发明专利拥有量 93 件，居全省第 22 位。万人有效发明专利量为 1.74 件 / 万人，居全省第 32 位。高新技术企业数 20 个，居全省第 18 位。技术合同交易额 38 777.95 万元，居全省第 16 位。万人技术合同交易额 726.86 万元 / 万人，居全省第 21 位。高新技术产业产值 11.10 亿元，居全省第 47 位。

都匀市综合指数为 67.13%，居全省第 21 位，与上年相比监测值降低 13.84 个百分点，位次不变。在三个一级指标中，科技投入指数为 67.69%，居全省第 29 位，与上年相比监测值降低 21.85 个百分点，上升 21 位。科技环境和基础指数为 61.48%，居全省第 31 位，与上年相比监测值降低 5.46 个百分点，位次下降 17 位。科技产出指数为 71.42%，居全省第 21 位，与上年相比监测值降低 13.00 个百分点，位次下降 2 位（表 2-78）。

表 2-78　都匀市各级监测指标和位次与上年比较

指标名称	二级指标值		位次	
	2020 年	2019 年	2020 年	2019 年
综合指数 /%	67.13	80.97	21	21
科技投入 /%	67.69	89.54	29	48
规模以上工业企业 R&D 经费支出增长率 /%	86.97	-73.37	18	83
财政支出中科学技术支出占一般公共预算支出比重 /%	2.88	2.89	16	16
财政支出中科学技术支出占一般公共预算支出比重增长率 /%	-0.32	48.90	64	14
科技环境和基础 /%	61.48	66.94	31	14
万人规上企业研究与发展（R&D）人员数 /（人 / 万人）	4.65	3.00	52	59
万人规上企业研究与发展（R&D）人员数增长率 /%	74.11	461.96	22	4
万人发明专利申请量 /（件 / 万人）	1.42	18.91	33	12
万人发明专利申请量增长率 /%	-29.69	-18.12	61	46
科技产出 /%	71.42	84.42	21	19
万人有效发明专利量 /（件 / 万人）	1.74	1.85	32	26
万人有效发明专利量增长率 /%	5.81	1.98	55	59
高新技术企业增长率 /%	25.00	100.00	16	6
万人技术合同交易额 /（万元 / 万人）	726.86	493.10	21	34
万人技术合同交易额增长率 /%	381.58	-22.67	23	48
高新技术产业产值 / 亿元	11.10	12.64	47	47
高新技术产业产值增长率 /%	7.70	-6.78	39	64

2. 福泉市

财政支出中科学技术支出占一般公共预算支出比重为 3.21%，居全省第 10 位。万人规上企业研究与发展（R&D）人员数为 23.47 人 / 万人，居全省第 12 位。发明专利申请量 90 件，居全省第 19 位。万人发明专利申请量为 3.00 件 / 万人，居全省第 13 位。有效发明专利拥有量 259 件，居全省第 10 位。万人有效发明专利量为 8.63 件 / 万人，居全省第 8 位。高新技术企业数 10 个，居全省第 25 位。技术合同交易额 10 664.99 万元，居全省第 39 位。万人技术合同交易额 355.50 万元 / 万人，居全省第 38 位。高新技术产业产值 118.66 亿元，居全省第 9 位。

福泉市综合指数为 83.35%，居全省第 12 位，与上年相比监测值降低 0.61 个百分点，上升 2 位。在三个一级指标中，科技投入指数为 81.95%，居全省第 12 位，与上年相比监测值降低 18.05 个百分点，位次下降 11 位。科技环境和基础指数为 89.24%，居全省第 14 位，与上年相比监测值提高 28.03 个百分点，上升 8 位。科技产出指数为 79.70%，居全省第 16 位，与上年相比监测值降低 7.71 个百分点，位次不变（表 2-79）。

表 2-79　福泉市各级监测指标和位次与上年比较

指标名称	二级指标值		位次	
	2020 年	2019 年	2020 年	2019 年
综合指数 /%	83.35	83.96	12	14
科技投入 /%	81.95	100.00	12	1
规模以上工业企业 R&D 经费支出增长率 /%	28.11	1263.66	34	4
财政支出中科学技术支出占一般公共预算支出比重 /%	3.21	3.18	10	9
财政支出中科学技术支出占一般公共预算支出比重增长率 /%	0.87	0.83	58	49
科技环境和基础 /%	89.24	61.21	14	22
万人规上企业研究与发展（R&D）人员数 /（人/万人）	23.47	18.54	12	16
万人规上企业研究与发展（R&D）人员数增长率 /%	27.88	298.93	31	9
万人发明专利申请量 /（件/万人）	3.00	11.15	13	21
万人发明专利申请量增长率 /%	−14.06	77.06	53	5
科技产出 /%	79.70	87.41	16	16
万人有效发明专利量 /（件/万人）	8.63	3.22	8	15
万人有效发明专利量增长率 /%	170.51	11.33	1	42
高新技术企业增长率 /%	25.00	14.29	16	49
万人技术合同交易额 /（万元/万人）	355.50	731.69	38	22
万人技术合同交易额增长率 /%	224.62	78.93	28	26
高新技术产业产值 / 亿元	118.66	95.11	9	14
高新技术产业产值增长率 /%	27.70	2.90	23	51

3. 荔波县

财政支出中科学技术支出占一般公共预算支出比重为 2.42%，居全省第 29 位。万人规上企业研究与发展（R&D）人员数为 0.00 人/万人，居全省第 87 位。发明专利申请量 2 件，居全省第 86 位。万人发明专利申请量为 0.13 件/万人，居全省第 85 位。有效发明专利拥有量 3 件，居全省第 85 位。万人有效发明专利量为 0.19 件/万人，居全省第 80 位。高新技术企业数 0 个，居全省第 75 位。技术合同交易额 38.21 万元，居全省第 83 位。万人技术合同交易额 2.45 万元/万人，居全省第 83 位。高新技术产业产值 1.61 亿元，居全省第 69 位。

荔波县综合指数为 8.87%，居全省第 87 位，与上年相比监测值降低 37.82 个百分点，位次不变。在三个一级指标中，科技投入指数为 16.53%，居全省第 77 位，与上年相比监测值降低 59.27 个百分点，位次下降 6 位。科技环境和基础指数为 1.44%，居全省第 88 位，与上年相比监测值降低 47.13 个百分点，位次下降 10 位。科技产出指数为 7.58%，居全省第 82 位，与上年相比监测值降低 8.38 个百分点，上升 6 位（表 2-80）。

表2-80 荔波县各级监测指标和位次与上年比较

指标名称	二级指标值		位次	
	2020年	2019年	2020年	2019年
综合指数/%	8.87	46.69	87	87
科技投入/%	16.53	75.80	77	71
规模以上工业企业R&D经费支出增长率/%	−100.00	0.80	87	57
财政支出中科学技术支出占一般公共预算支出比重/%	2.42	2.35	29	30
财政支出中科学技术支出占一般公共预算支出比重增长率/%	2.72	−4.39	52	59
科技环境和基础/%	1.44	48.57	88	78
万人规上企业研究与发展（R&D）人员数/（人/万人）	0.00	1.73	87	72
万人规上企业研究与发展（R&D）人员数增长率/%	−100.00	9.19	87	47
万人发明专利申请量/（件/万人）	0.13	2.56	85	69
万人发明专利申请量增长率/%	−33.29	−42.55	65	60
科技产出/%	7.58	15.96	82	88
万人有效发明专利量/（件/万人）	0.19	0.15	80	83
万人有效发明专利量增长率/%	50.10	−0.30	9	64
高新技术企业增长率/%	0.00	0.00	41	52
万人技术合同交易额/（万元/万人）	2.45	522.02	83	32
万人技术合同交易额增长率/%	100.00	−61.61	38	65
高新技术产业产值/亿元	1.61	0.80	69	74
高新技术产业产值增长率/%	100.00	66.67	9	10

4. 贵定县

财政支出中科学技术支出占一般公共预算支出比重为2.17%，居全省第39位。万人规上企业研究与发展（R&D）人员数为7.82人/万人，居全省第33位。发明专利申请量9件，居全省第77位。万人发明专利申请量为0.36件/万人，居全省第74位。有效发明专利拥有量6件，居全省第79位。万人有效发明专利量为0.24件/万人，居全省第77位。高新技术企业数5个，居全省第36位。技术合同交易额770.00万元，居全省第76位。万人技术合同交易额30.57万元/万人，居全省第73位。高新技术产业产值24.44亿元，居全省第35位。

贵定县综合指数为36.36%，居全省第55位，与上年相比监测值降低32.62个百分点，位次下降11位。在三个一级指标中，科技投入指数为56.53%，居全省第39位，与上年相比监测值降低28.04个百分点，上升16位。科技环境和基础指数为29.74%，居全省第59位，与上年相比监测值降低26.23个百分点，位次下降2位。科技产出指数为21.85%，居全省第60位，与上年相比监测值降低42.69个百分点，位次下降21位（表2-81）。

表 2-81 贵定县各级监测指标和位次与上年比较

指标名称	二级指标值		位次	
	2020 年	2019 年	2020 年	2019 年
综合指数 /%	36.36	68.98	55	44
科技投入 /%	56.53	84.57	39	55
规模以上工业企业 R&D 经费支出增长率 /%	122.70	-81.23	13	86
财政支出中科学技术支出占一般公共预算支出比重 /%	2.17	2.31	39	31
财政支出中科学技术支出占一般公共预算支出比重增长率 /%	-5.96	20.17	71	26
科技环境和基础 /%	29.74	55.97	59	57
万人规上企业研究与发展（R&D）人员数 /（人 / 万人）	7.82	2.87	33	60
万人规上企业研究与发展（R&D）人员数增长率 /%	181.32	-78.68	8	86
万人发明专利申请量 /（件 / 万人）	0.36	3.90	74	52
万人发明专利申请量增长率 /%	-62.51	-58.73	77	78
科技产出 /%	21.85	64.54	60	39
万人有效发明专利量 /（件 / 万人）	0.24	0.25	77	76
万人有效发明专利量增长率 /%	-0.04	-0.08	68	61
高新技术企业增长率 /%	0.00	66.67	41	21
万人技术合同交易额 /（万元 / 万人）	30.57	237.93	73	53
万人技术合同交易额增长率 /%	-93.02	-70.97	81	70
高新技术产业产值 / 亿元	24.44	27.91	35	35
高新技术产业产值增长率 /%	2.70	57.95	48	13

5. 瓮安县

财政支出中科学技术支出占一般公共预算支出比重为 3.36%，居全省第 7 位。万人规上企业研究与发展（R&D）人员数为 10.42 人 / 万人，居全省第 28 位。发明专利申请量 18 件，居全省第 65 位。万人发明专利申请量为 0.45 件 / 万人，居全省第 72 位。有效发明专利拥有量 63 件，居全省第 28 位。万人有效发明专利量为 1.58 件 / 万人，居全省第 34 位。高新技术企业数 6 个，居全省第 32 位。技术合同交易额 575.34 万元，居全省第 78 位。万人技术合同交易额 14.44 万元 / 万人，居全省第 80 位。高新技术产业产值 51.55 亿元，居全省第 21 位。

瓮安县综合指数为 61.42%，居全省第 27 位，与上年相比监测值降低 20.20 个百分点，位次下降 7 位。在三个一级指标中，科技投入指数为 91.30%，居全省第 4 位，与上年相比监测值降低 8.70 个百分点，位次下降 3 位。科技环境和基础指数为 50.75%，居全省第 39 位，与上年相比监测值降低 8.76 个百分点，位次下降 13 位。科技产出指数为 40.69%，居全省第 39 位，与上年相比监测值降低 41.51 个百分点，位次下降 13 位（表 2-82）。

表 2-82　瓮安县各级监测指标和位次与上年比较

指标名称	二级指标值		位次	
	2020 年	2019 年	2020 年	2019 年
综合指数 /%	61.42	81.62	27	20
科技投入 /%	91.30	100.00	4	1
规模以上工业企业 R&D 经费支出增长率 /%	44.90	468.09	27	7
财政支出中科学技术支出占一般公共预算支出比重 /%	3.36	2.77	7	18
财政支出中科学技术支出占一般公共预算支出比重增长率 /%	21.01	19.87	25	27
科技环境和基础 /%	50.75	59.51	39	26
万人规上企业研究与发展（R&D）人员数 /（人 / 万人）	10.42	6.70	28	35
万人规上企业研究与发展（R&D）人员数增长率 /%	57.19	238.88	26	14
万人发明专利申请量 /（件 / 万人）	0.45	4.45	72	46
万人发明专利申请量增长率 /%	-48.38	14.00	73	24
科技产出 /%	40.69	82.20	39	26
万人有效发明专利量 /（件 / 万人）	1.58	1.59	34	31
万人有效发明专利量增长率 /%	0.38	12.22	65	38
高新技术企业增长率 /%	-25.00	60.00	85	27
万人技术合同交易额 /（万元 / 万人）	14.44	400.29	80	36
万人技术合同交易额增长率 /%	-83.97	112.15	80	17
高新技术产业产值 / 亿元	51.55	66.94	21	18
高新技术产业产值增长率 /%	-28.60	17.87	75	30

6. 独山县

财政支出中科学技术支出占一般公共预算支出比重为 0.10%，居全省第 87 位。万人规上企业研究与发展（R&D）人员数为 9.47 人 / 万人，居全省第 31 位。发明专利申请量 13 件，居全省第 71 位。万人发明专利申请量为 0.49 件 / 万人，居全省第 70 位。有效发明专利拥有量 42 件，居全省第 41 位。万人有效发明专利量为 1.58 件 / 万人，居全省第 35 位。高新技术企业数 13 个，居全省第 23 位。技术合同交易额 458.94 万元，居全省第 80 位。万人技术合同交易额 17.24 万元 / 万人，居全省第 79 位。高新技术产业产值 31.93 亿元，居全省第 30 位。

独山县综合指数为 45.02%，居全省第 41 位，与上年相比监测值降低 34.81 个百分点，位次下降 19 位。在三个一级指标中，科技投入指数为 48.96%，居全省第 44 位，与上年相比监测值降低 47.32 个百分点，位次下降 17 位。科技环境和基础指数为 36.86%，居全省第 45 位，与上年相比监测值降低 21.47 个百分点，位次下降 4 位。科技产出指数为 48.06%，居全省第 31 位，与上年相比监测值降低 33.75 个百分点，位次下降 4 位（表 2-83）。

表 2-83 独山县各级监测指标和位次与上年比较

指标名称	二级指标值		位次	
	2020 年	2019 年	2020 年	2019 年
综合指数 /%	45.02	79.83	41	22
科技投入 /%	48.96	96.28	44	27
规模以上工业企业 R&D 经费支出增长率 /%	117.29	485.91	14	6
财政支出中科学技术支出占一般公共预算支出比重 /%	0.10	3.36	87	7
财政支出中科学技术支出占一般公共预算支出比重增长率 /%	−96.99	7.76	88	40
科技环境和基础 /%	36.86	58.33	45	41
万人规上企业研究与发展（R&D）人员数 /（人/万人）	9.47	5.35	31	41
万人规上企业研究与发展（R&D）人员数增长率 /%	73.90	151.17	23	21
万人发明专利申请量 /（件/万人）	0.49	3.59	70	54
万人发明专利申请量增长率 /%	−12.68	−81.79	51	86
科技产出 /%	48.06	81.81	31	27
万人有效发明专利量 /（件/万人）	1.58	1.25	35	38
万人有效发明专利量增长率 /%	24.46	6.02	19	54
高新技术企业增长率 /%	8.33	71.43	35	20
万人技术合同交易额 /（万元/万人）	17.24	186.37	79	56
万人技术合同交易额增长率 /%	−6.40	−77.95	60	75
高新技术产业产值 /亿元	31.93	35.00	30	31
高新技术产业产值增长率 /%	−5.40	3.98	59	45

7. 平塘县

财政支出中科学技术支出占一般公共预算支出比重为 1.25%，居全省第 64 位。万人规上企业研究与发展（R&D）人员数为 6.14 人/万人，居全省第 42 位。发明专利申请量 60 件，居全省第 28 位。万人发明专利申请量为 2.54 件/万人，居全省第 20 位。有效发明专利拥有量 6 件，居全省第 79 位。万人有效发明专利量为 0.25 件/万人，居全省第 74 位。高新技术企业数 0 个，居全省第 75 位。技术合同交易额 15 424.85 万元，居全省第 32 位。万人技术合同交易额 653.32 万元/万人，居全省第 25 位。高新技术产业产值 11.20 亿元，居全省第 46 位。

平塘县综合指数为 39.68%，居全省第 50 位，与上年相比监测值降低 22.07 个百分点，上升 12 位。在三个一级指标中，科技投入指数为 42.41%，居全省第 53 位，与上年相比监测值降低 35.92 个百分点，上升 14 位。科技环境和基础指数为 52.82%，居全省第 37 位，与上年相比监测值降低 5.46 个百分点，上升 5 位。科技产出指数为 25.68%，居全省第 55 位，与上年相比监测值降低 22.46 个百分点，上升 8 位（表 2-84）。

表 2-84　平塘县各级监测指标和位次与上年比较

指标名称	二级指标值		位次	
	2020年	2019年	2020年	2019年
综合指数 /%	39.68	61.75	50	62
科技投入 /%	42.41	78.33	53	67
规模以上工业企业 R&D 经费支出增长率 /%	73.47	107.79	20	25
财政支出中科学技术支出占一般公共预算支出比重 /%	1.25	1.64	64	47
财政支出中科学技术支出占一般公共预算支出比重增长率 /%	−23.87	48.54	77	15
科技环境和基础 /%	52.82	58.28	37	42
万人规上企业研究与发展（R&D）人员数 /（人/万人）	6.14	2.27	42	65
万人规上企业研究与发展（R&D）人员数增长率 /%	164.86	174.32	10	19
万人发明专利申请量 /（件/万人）	2.54	2.60	20	68
万人发明专利申请量增长率 /%	82.67	18.57	24	19
科技产出 /%	25.68	48.14	55	63
万人有效发明专利量 /（件/万人）	0.25	0.21	74	79
万人有效发明专利量增长率 /%	20.56	−0.25	23	62
高新技术企业增长率 /%	0.00	0.00	41	52
万人技术合同交易额 /（万元/万人）	653.32	506.26	25	33
万人技术合同交易额增长率 /%	568.21	134.11	21	12
高新技术产业产值 /亿元	11.20	13.12	46	45
高新技术产业产值增长率 /%	−0.60	−5.88	55	63

8. 罗甸县

财政支出中科学技术支出占一般公共预算支出比重为 0.66%，居全省第 80 位。万人规上企业研究与发展（R&D）人员数为 10.17 人/万人，居全省第 29 位。发明专利申请量 4 件，居全省第 84 位。万人发明专利申请量为 0.17 件/万人，居全省第 82 位。有效发明专利拥有量 34 件，居全省第 43 位。万人有效发明专利量为 1.44 件/万人，居全省第 41 位。高新技术企业数 1 个，居全省第 61 位。技术合同交易额 2590.00 万元，居全省第 61 位。万人技术合同交易额 109.70 万元/万人，居全省第 61 位。高新技术产业产值 17.63 亿元，居全省第 38 位。

罗甸县综合指数为 39.07%，居全省第 51 位，与上年相比监测值降低 24.12 个百分点，上升 7 位。在三个一级指标中，科技投入指数为 58.49%，居全省第 36 位，与上年相比监测值降低 14.94 个百分点，上升 39 位。科技环境和基础指数为 31.98%，居全省第 56 位，与上年相比监测值降低 27.07 个百分点，位次下降 26 位。科技产出指数为 25.73%，居全省第 54 位，与上年相比监测值降低 30.76 个百分点，位次下降 5 位（表 2-85）。

表 2-85 罗甸县各级监测指标和位次与上年比较

指标名称	二级指标值		位次	
	2020 年	2019 年	2020 年	2019 年
综合指数 /%	39.07	63.19	51	58
科技投入 /%	58.49	73.43	36	75
规模以上工业企业 R&D 经费支出增长率 /%	703.35	16 428.57	3	1
财政支出中科学技术支出占一般公共预算支出比重 /%	0.66	0.61	80	78
财政支出中科学技术支出占一般公共预算支出比重增长率 /%	8.90	20.78	41	24
科技环境和基础 /%	31.98	59.05	56	30
万人规上企业研究与发展（R&D）人员数 /（人/万人）	10.17	1.79	29	71
万人规上企业研究与发展（R&D）人员数增长率 /%	413.02	260.71	2	12
万人发明专利申请量 /（件/万人）	0.17	5.07	82	38
万人发明专利申请量增长率 /%	−88.84	86.90	86	3
科技产出 /%	25.73	56.49	54	49
万人有效发明专利量 /（件/万人）	1.44	1.26	41	36
万人有效发明专利量增长率 /%	3.51	9.75	61	44
高新技术企业增长率 /%	0.00	0.00	41	52
万人技术合同交易额 /（万元/万人）	109.70	101.36	61	61
万人技术合同交易额增长率 /%	826.76	−77.66	19	74
高新技术产业产值 / 亿元	17.63	14.88	38	43
高新技术产业产值增长率 /%	16.70	25.57	32	24

9. 长顺县

财政支出中科学技术支出占一般公共预算支出比重为 1.50%，居全省第 60 位。万人规上企业研究与发展（R&D）人员数为 14.43 人/万人，居全省第 20 位。发明专利申请量 13 件，居全省第 71 位。万人发明专利申请量为 0.64 件/万人，居全省第 62 位。有效发明专利拥有量 14 件，居全省第 61 位。万人有效发明专利量为 0.69 件/万人，居全省第 50 位。高新技术企业数 7 个，居全省第 30 位。技术合同交易额 1326.76 万元，居全省第 68 位。万人技术合同交易额 65.36 万元/万人，居全省第 65 位。高新技术产业产值 40.43 亿元，居全省第 25 位。

长顺县综合指数为 48.77%，居全省第 37 位，与上年相比监测值降低 33.06 个百分点，位次下降 19 位。在三个一级指标中，科技投入指数为 68.58%，居全省第 27 位，与上年相比监测值降低 22.23 个百分点，上升 18 位。科技环境和基础指数为 42.00%，居全省第 42 位，与上年相比监测值降低 16.56 个百分点，位次下降 6 位。科技产出指数为 34.77%，居全省第 46 位，与上年相比监测值降低 58.02 个百分点，位次下降 37 位（表 2-86）。

表 2-86　长顺县各级监测指标和位次与上年比较

指标名称	二级指标值		位次	
	2020 年	2019 年	2020 年	2019 年
综合指数 /%	48.77	81.83	37	18
科技投入 /%	68.58	90.81	27	45
规模以上工业企业 R&D 经费支出增长率 /%	97.10	393.32	17	8
财政支出中科学技术支出占一般公共预算支出比重 /%	1.50	1.10	60	62
财政支出中科学技术支出占一般公共预算支出比重增长率 /%	37.05	-39.24	20	81
科技环境和基础 /%	42.00	58.56	42	36
万人规上企业研究与发展（R&D）人员数 /（人/万人）	14.43	6.34	20	36
万人规上企业研究与发展（R&D）人员数增长率 /%	144.65	274.01	13	11
万人发明专利申请量 /（件/万人）	0.64	6.29	62	34
万人发明专利申请量增长率 /%	-59.29	-10.76	75	42
科技产出 /%	34.77	92.79	46	9
万人有效发明专利量 /（件/万人）	0.69	0.90	50	45
万人有效发明专利量增长率 /%	-17.48	-5.81	81	76
高新技术企业增长率 /%	-12.50	50.00	79	29
万人技术合同交易额 /（万元/万人）	65.36	2579.83	65	5
万人技术合同交易额增长率 /%	-98.59	679.26	83	4
高新技术产业产值 /亿元	40.43	18.05	25	42
高新技术产业产值增长率 /%	23.10	25.00	27	26

10. 龙里县

财政支出中科学技术支出占一般公共预算支出比重为 3.01%，居全省第 13 位。万人规上企业研究与发展（R&D）人员数为 54.73 人/万人，居全省第 2 位。发明专利申请量 30 件，居全省第 49 位。万人发明专利申请量为 1.26 件/万人，居全省第 38 位。有效发明专利拥有量 62 件，居全省第 29 位。万人有效发明专利量为 2.61 件/万人，居全省第 19 位。高新技术企业数 25 个，居全省第 13 位。技术合同交易额 8327.80 万元，居全省第 45 位。万人技术合同交易额 350.05 万元/万人，居全省第 39 位。高新技术产业产值 101.26 亿元，居全省第 12 位。

龙里县综合指数为 77.22%，居全省第 15 位，与上年相比监测值降低 5.99 个百分点，位次不变。在三个一级指标中，科技投入指数为 99.85%，居全省第 1 位，与上年相比监测值提高 2.71 个百分点，上升 14 位。科技环境和基础指数为 64.77%，居全省第 27 位，与上年相比监测值提高 5.76 个百分点，上升 5 位。科技产出指数为 65.27%，居全省第 24 位，与上年相比监测值降低 24.75 个百分点，位次下降 11 位（表 2-87）。

表2-87 龙里县各级监测指标和位次与上年比较

指标名称	二级指标值		位次	
	2020年	2019年	2020年	2019年
综合指数/%	77.22	83.21	15	15
科技投入/%	99.85	97.14	1	15
规模以上工业企业R&D经费支出增长率/%	230.43	-9.28	8	61
财政支出中科学技术支出占一般公共预算支出比重/%	3.01	2.17	13	34
财政支出中科学技术支出占一般公共预算支出比重增长率/%	38.84	8.68	19	37
科技环境和基础/%	64.77	59.01	27	32
万人规上企业研究与发展（R&D）人员数/（人/万人）	54.73	32.92	2	7
万人规上企业研究与发展（R&D）人员数增长率/%	138.32	-33.04	15	70
万人发明专利申请量/（件/万人）	1.26	21.13	38	10
万人发明专利申请量增长率/%	-24.53	14.17	57	23
科技产出/%	65.27	90.02	24	13
万人有效发明专利量/（件/万人）	2.61	4.30	19	11
万人有效发明专利量增长率/%	-13.10	7.23	79	52
高新技术企业增长率/%	4.17	41.18	40	36
万人技术合同交易额/（万元/万人）	350.05	1026.73	39	17
万人技术合同交易额增长率/%	69.98	61.94	48	27
高新技术产业产值/亿元	101.26	131.13	12	8
高新技术产业产值增长率/%	2.80	43.11	47	18

11. 惠水县

财政支出中科学技术支出占一般公共预算支出比重为2.50%，居全省第27位。万人规上企业研究与发展（R&D）人员数为5.79人/万人，居全省第45位。发明专利申请量21件，居全省第62位。万人发明专利申请量为0.53件/万人，居全省第68位。有效发明专利拥有量27件，居全省第49位。万人有效发明专利量为0.68件/万人，居全省第51位。高新技术企业数22个，居全省第15位。技术合同交易额18 746.99万元，居全省第29位。万人技术合同交易额470.20万元/万人，居全省第31位。高新技术产业产值41.50亿元，居全省第23位。

惠水县综合指数为50.19%，居全省第36位，与上年相比监测值降低32.32个百分点，位次下降20位。在三个一级指标中，科技投入指数为39.95%，居全省第57位，与上年相比监测值降低60.05个百分点，位次下降56位。科技环境和基础指数为35.15%，居全省第49位，与上年相比监测值降低25.06个百分点，位次下降25位。科技产出指数为73.32%，居全省第20位，与上年相比监测值降低10.82个百分点，上升2位（表2-88）。

表 2-88　惠水县各级监测指标和位次与上年比较

指标名称	二级指标值		位次	
	2020 年	2019 年	2020 年	2019 年
综合指数 /%	50.19	82.51	36	16
科技投入 /%	39.95	100.00	57	1
规模以上工业企业 R&D 经费支出增长率 /%	-47.58	587.71	73	5
财政支出中科学技术支出占一般公共预算支出比重 /%	2.50	2.92	27	15
财政支出中科学技术支出占一般公共预算支出比重增长率 /%	-14.53	16.56	76	30
科技环境和基础 /%	35.15	60.21	49	24
万人规上企业研究与发展（R&D）人员数 /（人/万人）	5.79	3.86	45	47
万人规上企业研究与发展（R&D）人员数增长率 /%	65.06	361.79	24	7
万人发明专利申请量 /（件/万人）	0.53	6.67	68	32
万人发明专利申请量增长率 /%	-19.78	1.79	56	31
科技产出 /%	73.32	84.14	20	22
万人有效发明专利量 /（件/万人）	0.68	0.64	51	52
万人有效发明专利量增长率 /%	16.60	20.65	28	32
高新技术企业增长率 /%	15.79	90.00	26	17
万人技术合同交易额 /（万元/万人）	470.20	254.46	31	52
万人技术合同交易额增长率 /%	609.30	58.52	20	29
高新技术产业产值 /亿元	41.50	43.32	23	28
高新技术产业产值增长率 /%	1.40	-0.96	50	60

12. 三都县

财政支出中科学技术支出占一般公共预算支出比重为 2.30%，居全省第 36 位。万人规上企业研究与发展（R&D）人员数为 6.47 人/万人，居全省第 40 位。发明专利申请量 14 件，居全省第 70 位。万人发明专利申请量为 0.50 件/万人，居全省第 69 位。有效发明专利拥有量 4 件，居全省第 84 位。万人有效发明专利量为 0.14 件/万人，居全省第 83 位。高新技术企业数 0 个，居全省第 75 位。技术合同交易额 525.37 万元，居全省第 79 位。万人技术合同交易额 18.88 万元/万人，居全省第 78 位。高新技术产业产值 2.14 亿元，居全省第 66 位。

三都县综合指数为 35.39%，居全省第 58 位，与上年相比监测值降低 25.35 个百分点，上升 6 位。在三个一级指标中，科技投入指数为 71.66%，居全省第 18 位，与上年相比监测值降低 22.35 个百分点，上升 17 位。科技环境和基础指数为 30.37%，居全省第 58 位，与上年相比监测值降低 27.44 个百分点，位次下降 14 位。科技产出指数为 3.43%，居全省第 88 位，与上年相比监测值降低 26.54 个百分点，位次下降 7 位（表 2-89）。

表 2-89　三都县各级监测指标和位次与上年比较

指标名称	二级指标值		位次	
	2020 年	2019 年	2020 年	2019 年
综合指数 /%	35.39	60.74	58	64
科技投入 /%	71.66	94.01	18	35
规模以上工业企业 R&D 经费支出增长率 /%	177.46	123.54	10	19
财政支出中科学技术支出占一般公共预算支出比重 /%	2.30	2.28	36	32
财政支出中科学技术支出占一般公共预算支出比重增长率 /%	0.91	75.12	57	8
科技环境和基础 /%	30.37	57.81	58	44
万人规上企业研究与发展（R&D）人员数 /（人/万人）	6.47	3.38	40	53
万人规上企业研究与发展（R&D）人员数增长率 /%	97.62	55.47	19	32
万人发明专利申请量 /（件/万人）	0.50	1.84	69	80
万人发明专利申请量增长率 /%	100.00	-34.40	18	55
科技产出 /%	3.43	29.97	88	81
万人有效发明专利量 /（件/万人）	0.14	0.26	83	73
万人有效发明专利量增长率 /%	-42.28	-0.29	87	63
高新技术企业增长率 /%	0.00	0.00	41	52
万人技术合同交易额 /（万元/万人）	18.88	190.81	78	55
万人技术合同交易额增长率 /%	-55.92	-78.65	73	78
高新技术产业产值 /亿元	2.14	1.79	66	69
高新技术产业产值增长率 /%	20.40	-64.83	28	87

三、分类评价

（一）Ⅰ类地区

30个Ⅰ类地区综合科技创新水平指数平均水平为71.90%，较上年平均水平（82.47%）减少了10.57个百分点，高于全省平均水平25.32个百分点。参照2019年综合科技创新水平指数排序，有13个县（市、区）位次较上年同期上升，汇川区位次上升较快，由上年的第22位上升至第2位；有15个县（市、区）位次较上年同期下降，七星关区位次下降较快，由上年的第9位下降至第24位。从部分核心指标来看，规模以上工业企业R&D经费支出，Ⅰ类地区整体同比增长14.05%，有14个县（市、区）高于该增速，有16个县（市、区）低于上年水平；财政支出中科学技术支出整体略有下降，仅有19个县（市、区）实现同比正增长，财政支出中科学技术支出占公共财政支出低于1%的县（市、区）较上年同期增长2个。有效高新技术企业总数超过100家的县（市、区）增加1个（表2-90）。

表 2-90　I 类地区综合科技创新水平指数排位

县（市、区）	2020 年		2019 年		增幅	
	指数 /%	位次	指数 /%	位次	指数 /%	位次
白云区	92.27	1	88.77	5	3.5	4
汇川区	92.09	2	77.86	22	14.23	20
花溪区	91.57	3	96.54	3	-4.97	0
红花岗区	89.11	4	84.06	13	5.05	9
观山湖区	87.23	5	96.45	4	-9.22	-1
西秀区	86.73	6	87.19	8	-0.46	2
南明区	86.5	7	98.72	2	-12.22	-5
平坝区	84.52	8	79.1	21	5.42	13
兴义市	84.51	9	82.49	16	2.02	7
云岩区	83.94	10	98.8	1	-14.86	-9
乌当区	83.63	11	86.29	10	-2.66	-1
福泉市	83.35	12	83.96	14	-0.61	2
钟山区	81.59	13	81.67	17	-0.08	4
盘州市	78.19	14	79.25	20	-1.06	6
龙里县	77.22	15	83.21	15	-5.99	0
播州区	75.69	16	87.3	7	-11.61	-9
仁怀市	73.76	17	73.17	27	0.59	10
凯里市	71.22	18	87.48	6	-16.26	-12
都匀市	67.13	19	80.97	18	-13.84	-1
修文县	66.98	20	77.37	23	-10.39	3
清镇市	63.42	21	85.79	11	-22.37	-10
碧江区	62.98	22	85.56	12	-22.58	-10
兴仁市	61.08	23	68.49	29	-7.41	6
七星关区	58.9	24	86.57	9	-27.67	-15
息烽县	57.26	25	67.19	30	-9.93	5
六枝特区	52	26	74.07	24	-22.07	-2
开阳县	47.84	27	79.44	19	-31.6	-8
黔西县	42.86	28	73.78	25	-30.92	-3
万山区	38.05	29	69.02	28	-30.97	-1
金沙县	35.26	30	73.48	26	-38.22	-4

（二）Ⅱ类地区

48个Ⅱ类地区综合科技创新水平指数平均值为36.13%，较上年平均水平（64.72%）降低28.59个百分点，低于全省平均水平10.45个百分点。参照2019年综合科技创新水平指数排序，有22个县位次较上年同期上升，普安县位次上升较快，由上年的第39位上升至第4位；有25个县位次较上年同期下降，松桃县位次下降较快，由上年的第8位下降至第33位。该类区域综合科技创新水平指数均较上年出现大幅下滑。从部分核心指标来看，规模以上工业企业R&D经费支出，Ⅱ类地区整体同比增长22.77%，有22个县高于该增速，有21个县低于上年水平；财政支出中科学技术支出整体上升，同比增长9.32%，有20个县高于该增速，财政支出中科学技术支出占公共财政支出低于1%的县较上年同期减少2个。惠水县有效高新技术企业总数超过20家的县增加1个县，有效高新技术企业总数超过5家的县较上年同期减少3个县（表2-91）。

表2-91　Ⅱ类地区综合科技创新水平指数排位

县	2020年		2019年		增幅	
	指数/%	位次	指数/%	位次	指数/%	位次
玉屏县	70.33	1	78.33	5	−8	4
水城县	67.64	2	76.52	7	−8.88	5
安龙县	63.39	3	68.62	17	−5.23	14
普安县	61.91	4	55.06	39	6.85	35
瓮安县	61.42	5	81.62	3	−20.2	−2
普定县	60.81	6	65.18	25	−4.37	19
贞丰县	57.55	7	75.19	9	−17.64	2
赤水市	53.52	8	72.22	13	−18.7	5
湄潭县	52.56	9	66.51	23	−13.95	14
惠水县	50.19	10	82.51	1	−32.32	−9
长顺县	48.77	11	81.83	2	−33.06	−9
正安县	45.59	12	68.43	19	−22.84	7
务川县	45.05	13	61.66	32	−16.61	19
独山县	45.02	14	79.83	4	−34.81	−10
余庆县	44.66	15	55.46	38	−10.8	23
晴隆县	42.9	16	58.5	35	−15.6	19
桐梓县	41.92	17	72.82	10	−30.9	−7
大方县	40.92	18	72.72	11	−31.8	−7
镇远县	40.72	19	68.5	18	−27.78	−1
道真县	40.02	20	48.33	47	−8.31	27
平塘县	39.68	21	61.75	31	−22.07	10
罗甸县	39.07	22	63.19	27	−24.12	5

续表

县	2020年		2019年		增幅	
	指数/%	位次	指数/%	位次	指数/%	位次
威宁县	38.75	23	65.55	24	-26.8	1
关岭县	36.96	24	50.48	44	-13.52	20
贵定县	36.36	25	68.98	16	-32.62	-9
绥阳县	36.07	26	77.74	6	-41.67	-20
赫章县	35.92	27	70.19	14	-34.27	-13
凤冈县	34.41	28	53.04	41	-18.63	13
镇宁县	32.71	29	57.9	36	-25.19	7
三穗县	32.24	30	62.9	28	-30.66	-2
纳雍县	27.86	31	69.38	15	-41.52	-16
织金县	27.5	32	66.53	22	-39.03	-10
松桃县	24.42	33	75.71	8	-51.29	-25
麻江县	23.17	34	57.47	37	-34.3	3
岑巩县	23.04	35	72.62	12	-49.58	-23
榕江县	22	36	45.06	48	-23.06	12
施秉县	20.29	37	59.02	34	-38.73	-3
习水县	19.36	38	66.71	21	-47.35	-17
天柱县	18.04	39	50.76	43	-32.72	4
思南县	17.79	40	68.04	20	-50.25	-20
德江县	17.25	41	60.26	33	-43.01	-8
印江县	16.08	42	64.48	26	-48.4	-16
从江县	14.87	43	54.93	40	-40.06	-3
丹寨县	13.71	44	62.24	29	-48.53	-15
沿河县	13.62	45	49.03	45	-35.41	0
黄平县	13.46	46	52.07	42	-38.61	-4
石阡县	12.47	47	62.08	30	-49.61	-17
黎平县	12.44	48	48.83	46	-36.39	-2

（三）Ⅲ类地区

10个Ⅲ类地区综合科技创新水平指数平均值为20.86%，较上年平均水平（64.30%）降低43.44个百分点，低于全省平均水平25.72个百分点。参照2019年综合科技创新水平指数排序，有4个县位次较上年同期上升，紫云县位次上升较快，由上年的第8位上升至第4位；有5个县位次较上年同期下降，剑河县位次下降较快，由上年的第3位下降至第7位。从部分核心指标来看，规模以上工业企业R&D经费支出，Ⅲ类地区整体同比增长0.43%，有4个县高于该增速，有5个县低于上年水平；财政支出中科学技术支出整体上升，同比增长 11.04%，有 2 个县高于该增速，仅雷山县财政支出中科学技术支出占公共财政支出低于 1%，县财政占比不足 1% 的个数较上年减少 1 个。有效高新技术企业整体培育力度缓慢（表 2-92）。

表 2-92 Ⅲ类地区综合科技创新水平指数排位

县（市、区）	2020 年		2019 年		增幅	
	指数 /%	位次	指数 /%	位次	指数 /%	位次
望谟县	43.56	1	57.37	4	−13.81	3
三都县	35.39	2	60.74	2	−25.35	0
册亨县	29.21	3	63.62	1	−34.41	−2
紫云县	22.15	4	50.25	8	−28.1	4
锦屏县	20.44	5	53.9	6	−33.46	1
台江县	19.86	6	54.91	5	−35.05	−1
剑河县	11.99	7	58.15	3	−46.16	−4
江口县	10.41	8	52.97	7	−42.56	−1
荔波县	8.87	9	46.69	10	−37.82	1
雷山县	6.68	10	47.61	9	−40.93	−1

第三部分　高等院校科技创新评价报告

一、高等院校综合科技创新水平评价

根据全省高等院校综合科技创新水平指数，全省21所高等院校分为三类。

第一类：综合科技创新水平指数高于45%的高等院校，有5所；

第二类：综合科技创新水平指数低于45%，但高于平均水平（30.36%）的高等院校，有0所；

第三类：综合科技创新水平指数低于平均水平的高等院校，有16所。

参照2019年高等院校综合科技创新水平指数排序，铜仁学院上升5位、遵义师范学院上升2位、贵阳学院上升4位、贵州工程应用技术学院上升1位、凯里学院上升2位、兴义民族师范学院上升2位、贵州警察学院上升2位；贵州民族大学下降1位、贵州师范学院下降2位、贵州财经大学下降3位、贵州理工学院下降3位、黔南民族师范学院下降1位、六盘水师范学院下降2位、安顺学院下降1位、茅台学院下降3位、贵州商学院下降2位；其余高等院校位次均不变（图3-1）。

2020年与2019年监测结果相比，高等院校综合科技创新水平指数平均水平提高3.01个百分点，贵阳学院、贵州大学、铜仁学院等9所高校高于这一增幅（图3-2）。

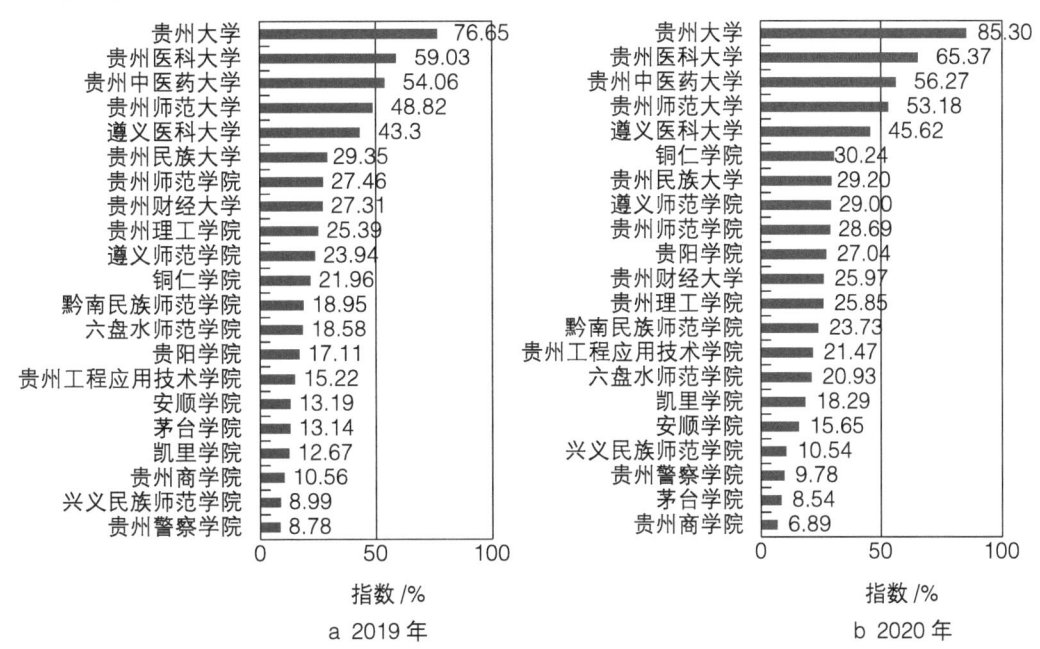

图 3-1　高等院校综合科技创新水平指数排序

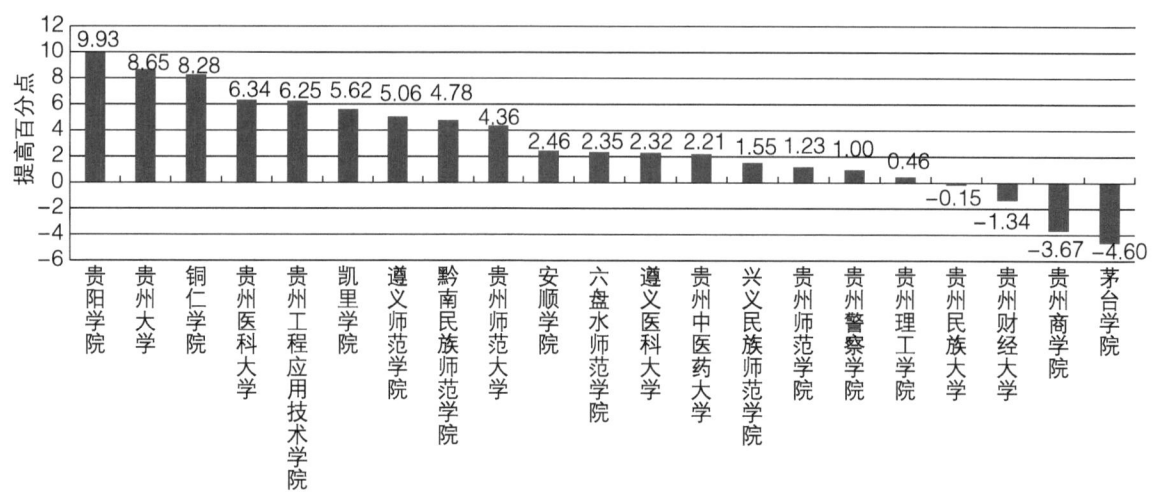

图 3-2 高等院校综合科技创新水平指数提高百分点排序

二、高等院校科技创新一级指标评价

（一）科技创新环境和基础

科技创新环境和基础指数高于 50% 的高等院校有 1 所，占全部高等院校的 4.76%；低于 50%，但高于平均水平（16.51%）的高等院校有 6 所，占全部高等院校的 28.57%；低于平均水平的高等院校有 14 所，占全部高等院校的 66.67%。

参照 2019 年高等院校科技创新环境和基础指数排序，位次上升较快的是遵义医科大学，位次上升 2 位；位次下降较快的是遵义师范学院，下降 4 位（图 3-3）。

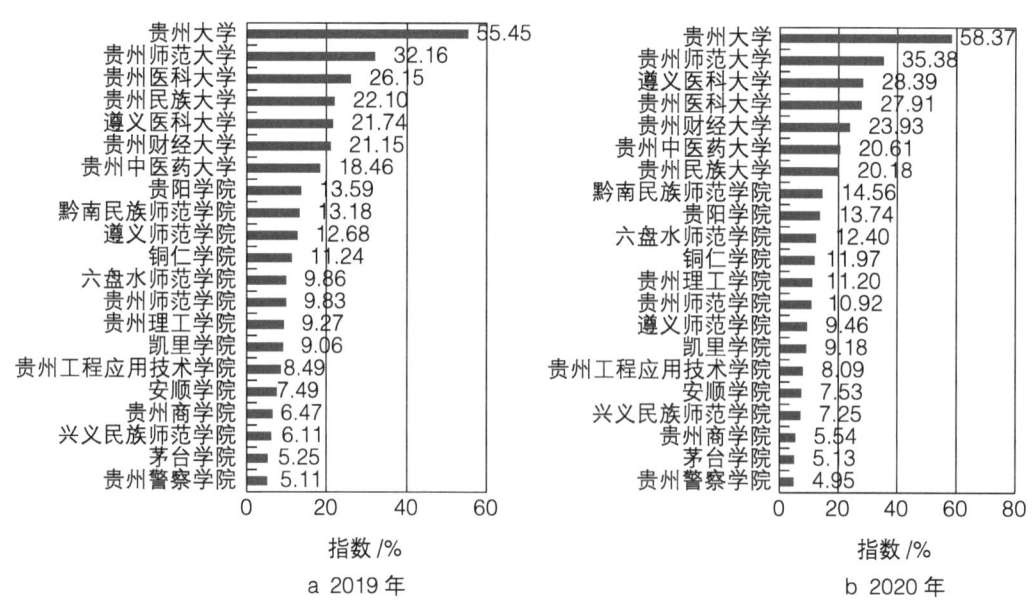

图 3-3 高等院校科技创新环境和基础指数排序

2020 年与 2019 年监测结果相比，科技创新环境和基础指数平均水平提高 1.04 个百分点，遵义医科大学、贵州师范大学、贵州大学等 11 所高等院校高于这一增幅（图 3-4）。

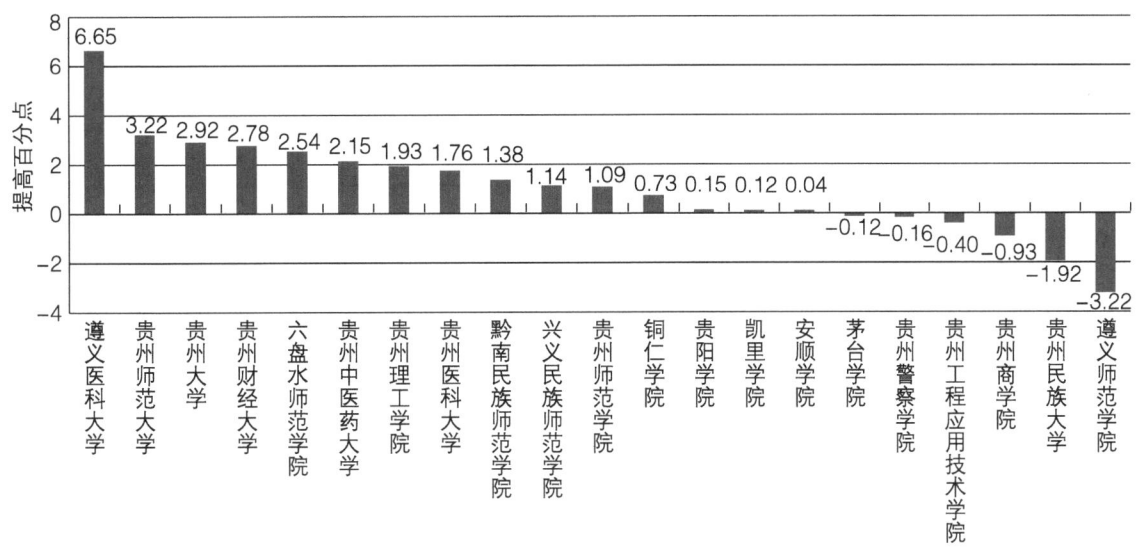

图 3-4 高等院校科技创新环境和基础指数提高百分点排序

（二）科技投入

科技投入指数高于 50% 的高等院校有 5 所，占全部高等院校的 23.81%；低于 50%，但高于平均水平（46.07%）的高等院校有 4 所，占全部高等院校的 19.05%；低于平均水平的高等院校有 12 所，占全部高等院校的 57.14%。

参照 2019 年高等院校科技投入指数排序，位次上升较快的是贵阳学院，位次上升 10 位；位次下降较快的是贵州财经大学，下降 5 位（图 3-5）。

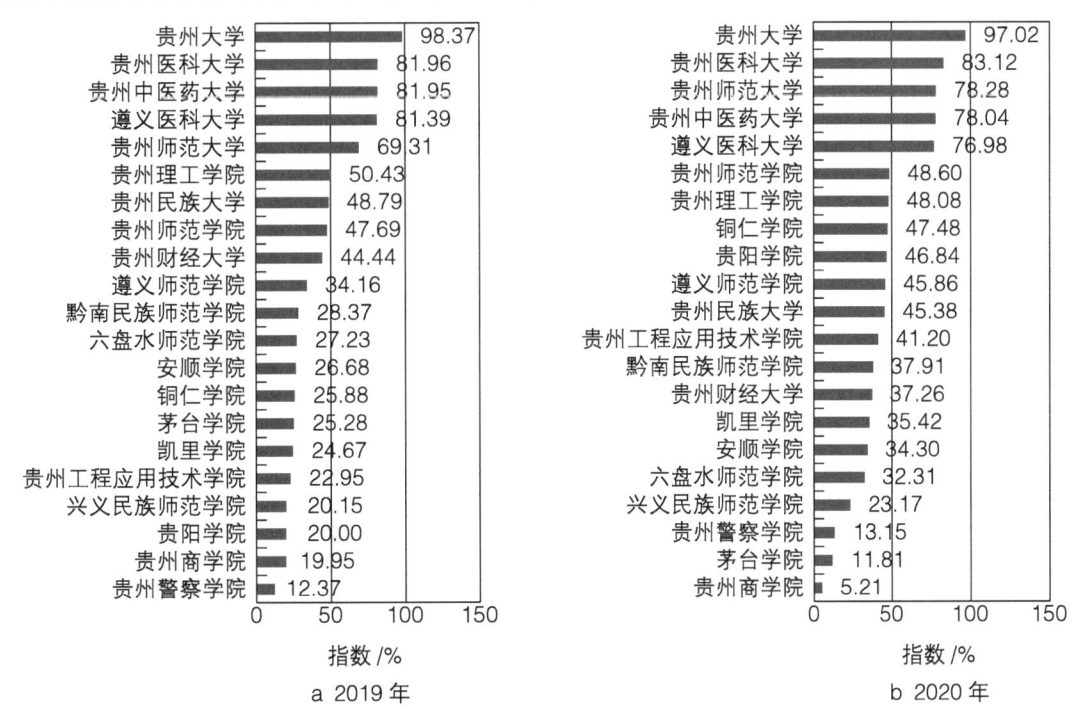

图 3-5 高等院校科技投入指数排序

2020年与2019年监测结果相比,科技投入指数平均水平提高3.59个百分点,贵阳学院、铜仁学院、贵州工程应用技术学院等9所高等院校高于这一增幅(图3-6)。

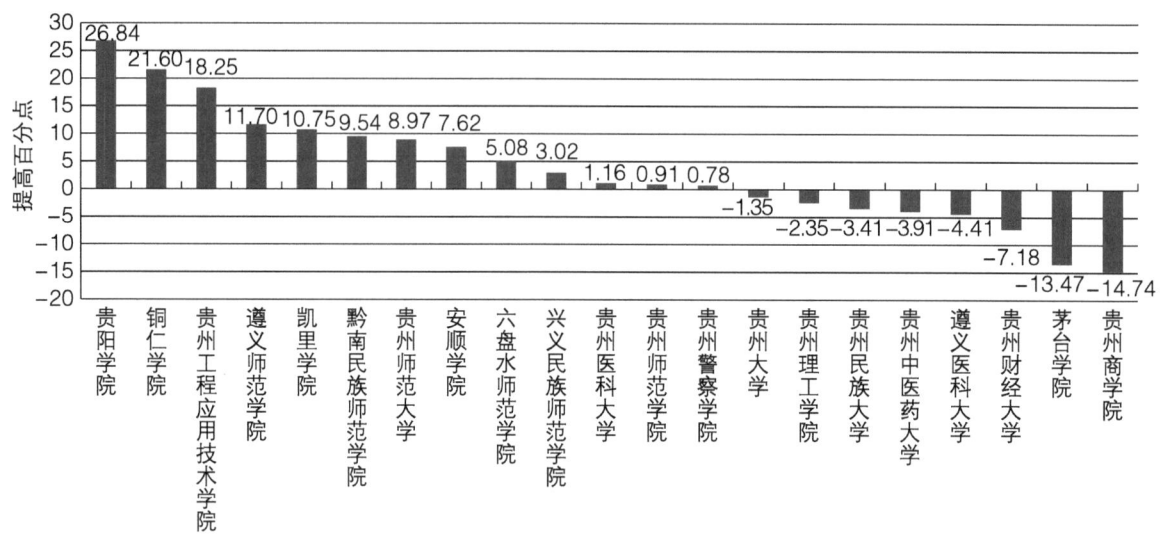

图3-6　高等院校科技投入指数提高百分点排序

(三)科技产出

科技产出指数高于50%的高等院校有3所,占全部高等院校的14.29%;低于50%,但高于平均水平(28.15%)的高等院校有3所,占全部高等院校的14.29%;低于平均水平的高等院校有15所,占全部高等院校的71.43%。

参照2019年高等院校科技产出指数排序,位次上升较快的是黔南民族师范学院,位次上升3位;位次下降较快的是安顺学院,下降2位(图3-7)。

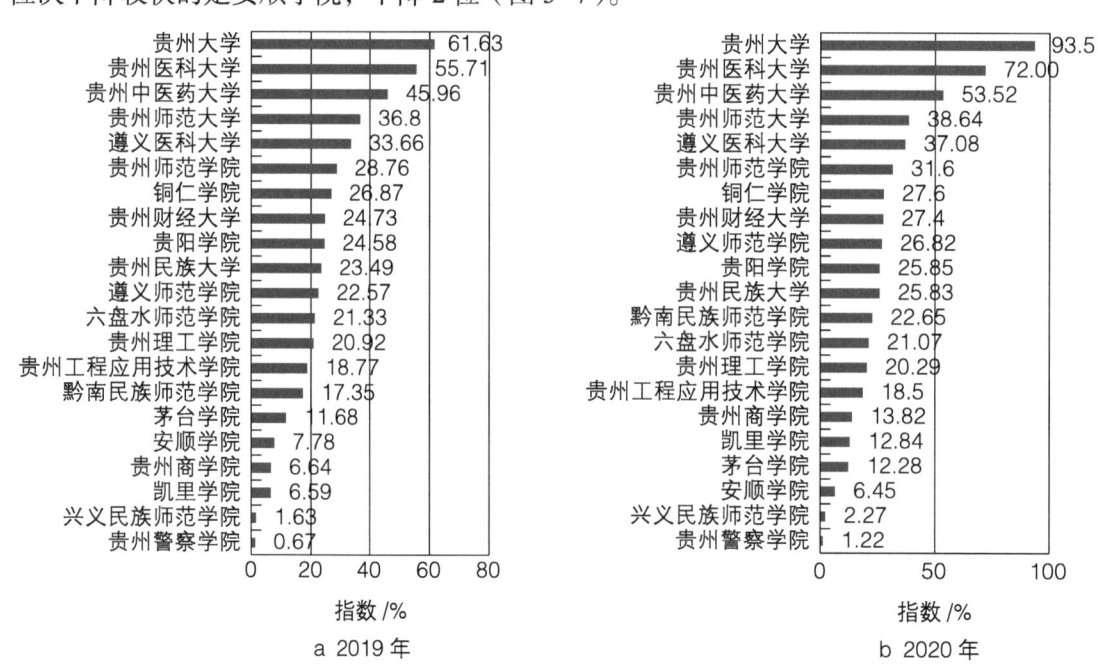

图3-7　高等院校科技产出指数排序

2020年与2019年监测结果相比，科技产出指数平均水平提高4.43个百分点，贵州大学、贵州医科大学、贵州中医药大学等6所高等院校高于这一增幅（图3-8）。

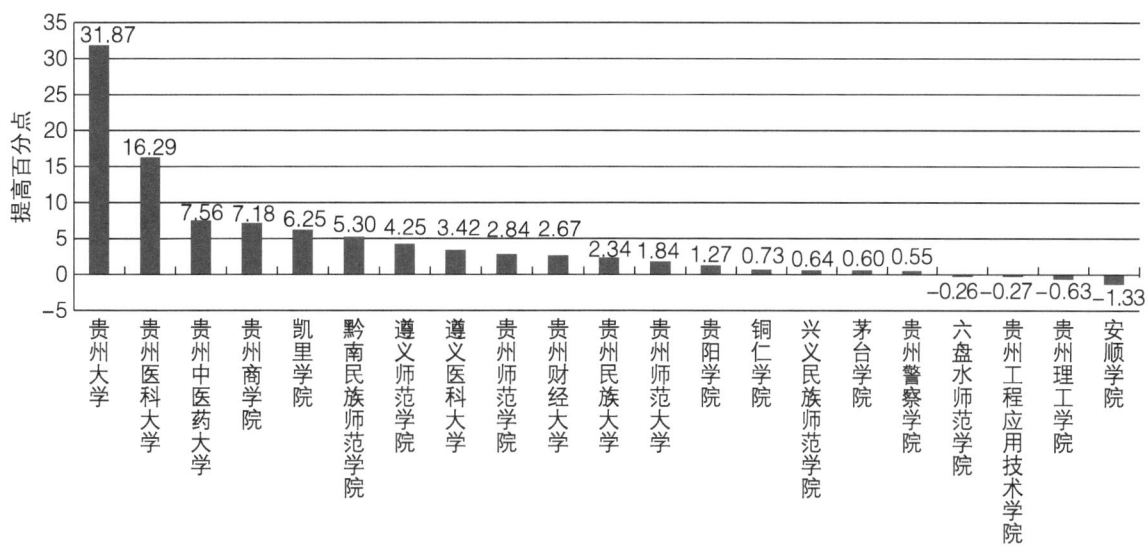

图3-8 高等院校科技产出指数提高百分点排序

（四）创新绩效

创新绩效指数高于50%的高等院校有3所，占全部高等院校的14.29%；低于50%，但高于平均水平（20.47%）的高等院校有4所，占全部高等院校的19.05%；低于平均水平的高等院校有14所，占全部高等院校的66.67%。

参照2019年高等院校创新绩效指数排序，位次上升较快的是贵州理工学院，位次上升5位；位次下降较快的是贵州财经大学，下降3位（图3-9）。

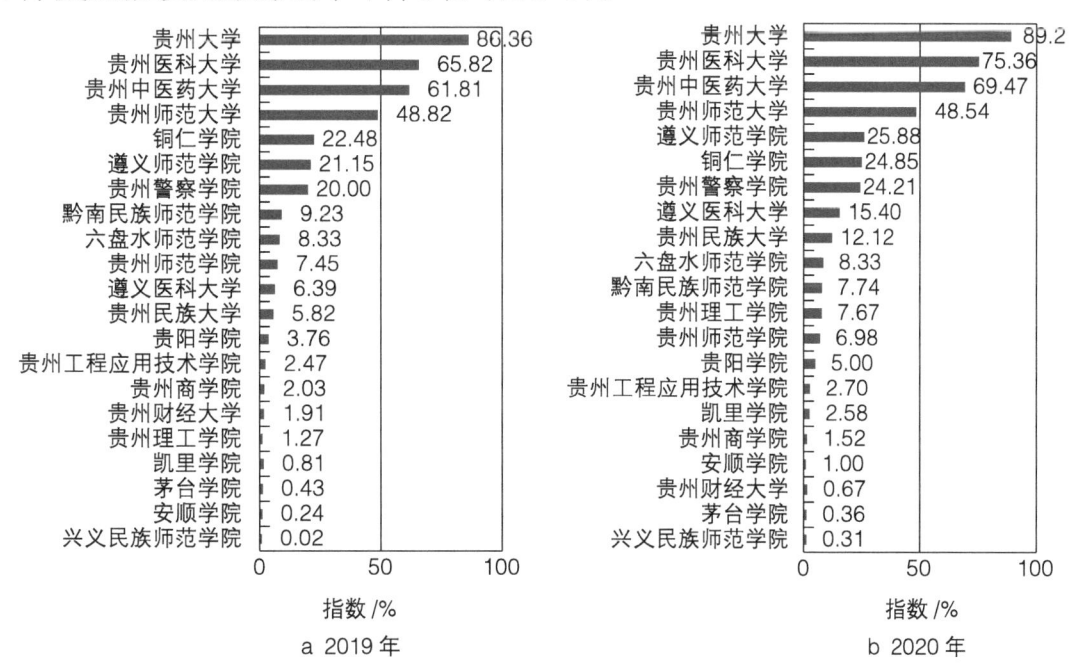

图3-9 高等院校创新绩效指数排序

监测结果相比,创新绩效指数平均水平提高 2.54 个百分点,贵州医科大学、遵义医科大学、贵州中医药大学等 8 所高等院校高于这一增幅(图 3-10)。

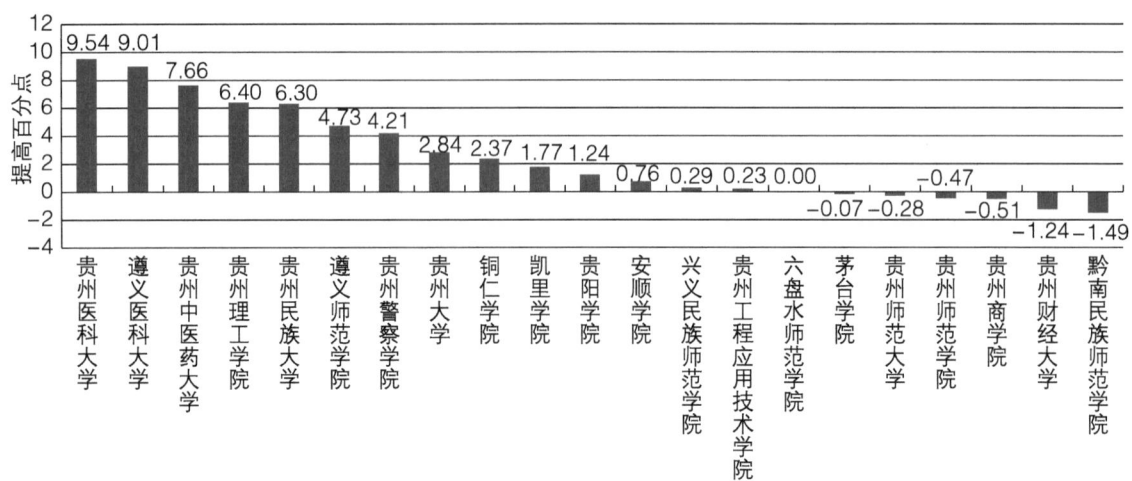

图 3-10 高等院校创新绩效指数提高百分点排序

三、高等院校科技创新水平评价

(一)贵州大学

年末从业人员 4045 人;高学历以上人员 2741 人,占年末从业人员的比例为 67.76%,居第 14 位;高级职称以上人员 1713 人,占年末从业人员的比例为 42.35%,居第 12 位;大型科学仪器设备原值 69 355.11 万元,人均大型科学仪器设备原值 17.15 万元,居第 1 位。

R&D 人员 883 人,占年末从业人员的比重为 21.83%,居第 5 位;科研经费 23 770.41 万元,人均科研经费 5.88 万元,居第 1 位;R&D 经费 38 4431 万元,人均 R&D 经费 95.04 万元,居第 2 位。

发表科技论文 4509 篇(一般科技论文 819 篇,核心期刊 2413 篇,三大检索工具收录 1277 篇),科技论文系数为 777.21,居第 1 位;省内合作项目 502 项,省外合作项目 92 项,产学研项目 582 项,项目合作系数为 121.41,居第 2 位。

科技培训人数 44 946 人,对外科技咨询项数 372 项,科技特派员 84 人,科技服务系数为 0.24,居第 2 位;知识产权创造的直接效益 770 万元,技术服务收入 6976.09 万元,经济效益系数为 2620.34,居第 1 位。

贵州大学综合科技创新水平指数为 85.30%,居第 1 位,与上年相比,监测值上升 8.65 个百分点,位次不变。在四个一级指标中,科技创新环境和基础较上年上升 2.92 个百分点,位次不变。科技投入较上年下降 1.35 个百分点,位次不变。科技产出较上年上升 31.87 个百分点,位次不变。创新绩效较上年上升 2.84 个百分点,位次不变(表 3-1)。

表 3-1 贵州大学各级监测指标和位次与上年比较

指标名称	三级指标值		位次	
	2020 年	2019 年	2020 年	2019 年
综合指数 /%	85.30	76.65	1	1
科技创新环境和基础 /%	58.37	55.45	1	1
人力资源 /%	55.92	48.62	1	1
高层次科技人才系数	0.94	0.00	1	1
高学历以上人员占年末从业人员的比例 /%	67.76	66.07	14	12
高级职称以上人员占年末从业人员的比例 /%	42.35	42.88	12	9
创新条件及平台 /%	60.00	60.00	1	1
人均大型科学仪器设备原值 / 万元	17.15	15.85	1	3
省级以上创新平台及载体系数	5.04	4.92	1	1
学科建设系数	0.00	0.00	1	1
研究生在校生人数占总在校生人数的比重 /%	22.91	25.44	1	1
科技投入 /%	97.02	98.37	1	1
人力投入 /%	94.05	96.73	3	4
创新人才团队总量系数	20.00	24.18	1	1
R&D 人员占年末从业人员的比重 /%	21.83	50.29	5	5
经费投入 /%	100.00	100.00	1	1
人均科研经费 / 万元	5.88	6.40	1	2
人均 R&D 经费 / 万元	95.04	8.90	2	3
科技产出 /%	93.50	61.63	1	1
知识产出 /%	100.00	100.00	1	1
科技论文系数	777.21	594.32	1	1
知识产权系数	116.24	156.51	1	1
科技奖励 /%	86.32	0.00	1	1
科技成果系数	1.64	0.00	1	1
技术成果市场化水平 /%	100.00	100.00	1	1
人均技术市场成交合同金额 / 万元	2.55	1.97	1	1
科技合作交流 /%	88.56	77.53	2	1
项目合作系数	121.41	93.82	2	2
论文论著合作系数	225.06	205.25	2	2
创新绩效 /%	89.20	86.36	1	1
科技服务 /%	100.00	100.00	1	1
科技服务系数	0.24	0.31	2	1
产学研结合 /%	73.00	65.89	2	2
产学研结合系数	32.85	29.65	2	2
创造效益 /%	100.00	100.00	1	1
经济效益系数	2620.34	2215.36	1	1

（二）贵州医科大学

年末从业人员 1813 人；高学历以上人员 1268 人，占年末从业人员的比例为 69.94%，居第 10 位；高级职称以上人员 672 人，占年末从业人员的比例为 37.07%，居第 17 位；科学仪器设备原值 15 562 万元，人均大型科学仪器设备原值 8.58 万元，居第 4 位。

R&D 人员 601 人，占年末从业人员的比重为 33.15%，居第 3 位；科研经费 7315.19 万元，人均科研经费 4.03 万元，居第 2 位；R&D 经费 175 021 万元，人均 R&D 经费 96.54 万元，居第 1 位。

发表科技论文 2298 篇（一般科技论文 931 篇，核心期刊 559 篇，三大检索工具收录 808 篇），科技论文系数为 350.21，居第 3 位；省内合作项目 88 项，省外合作项目 65 项，产学研项目 12 580 项，项目合作系数为 770.53，居第 1 位。

科技培训人数 1253 人，对外科技咨询项数 58 项，科技服务系数为 0.01，居第 14 位；知识产权创造的直接效益 80 万元，技术服务收入 4027 万元，经济效益系数为 1288.31，居第 3 位。

贵州医科大学综合科技创新水平指数为 65.37%，居第 2 位，与上年相比，监测值上升 6.34 个百分点，位次不变。在四个一级指标中，科技创新环境和基础较上年上升 1.76 个百分点，位次下降 1 位。科技投入较上年上升 1.16 个百分点，位次不变。科技产出较上年上升 16.29 个百分点，位次不变。创新绩效较上年上升 9.54 个百分点，位次不变（表 3-2）。

表 3-2 贵州医科大学各级监测指标和位次与上年比较

指标名称	三级指标值		位次	
	2020 年	2019 年	2020 年	2019 年
综合指数 /%	65.37	59.03	2	2
科技创新环境和基础 /%	27.91	26.15	4	3
人力资源 /%	30.80	26.34	6	6
高层次科技人才系数	0.24	0.00	2	1
高学历以上人员占年末从业人员的比例 /%	69.94	65.49	10	13
高级职称以上人员占年末从业人员的比例 /%	37.07	37.26	17	17
创新条件及平台 /%	25.99	26.03	3	3
人均大型科学仪器设备原值 / 万元	8.58	27.73	4	1
省级以上创新平台及载体系数	0.83	0.83	3	3
学科建设系数	0.00	0.00	1	1
研究生在校生人数占总在校生人数的比重 /%	10.45	9.77	6	3
科技投入 /%	83.12	81.96	2	2
人力投入 /%	95.12	98.52	2	3
创新人才团队总量系数	4.36	8.45	3	2
R&D 人员占年末从业人员的比重 /%	33.15	69.26	3	3
经费投入 /%	71.11	65.41	2	2

续表

指标名称	三级指标值		位次	
	2020年	2019年	2020年	2019年
人均科研经费/万元	4.03	4.47	2	3
人均R&D经费/万元	96.54	6.97	1	4
科技产出/%	72.00	55.71	2	2
知识产出/%	100.00	100.00	1	1
科技论文系数	350.21	295.11	3	2
知识产权系数	16.41	18.89	12	7
科技奖励/%	20.00	0.00	2	1
科技成果系数	0.38	0.00	2	1
技术成果市场化水平/%	100.00	83.53	1	3
人均技术市场成交合同金额/万元	2.27	0.47	2	3
科技合作交流/%	100.00	60.00	1	2
项目合作系数	770.53	677.47	1	1
论文论著合作系数	110.75	0.00	4	20
创新绩效/%	75.36	65.82	2	2
科技服务/%	5.00	0.95	14	17
科技服务系数	0.01	0.00	14	17
产学研结合/%	100.00	100.00	1	1
产学研结合系数	634.50	561.25	1	1
创造效益/%	85.89	64.07	3	4
经济效益系数	1288.31	961.01	3	4

（三）贵州中医药大学

年末从业人员1565人；高学历以上人员1085人，占年末从业人员的比例为69.33%，居第12位；高级职称以上人员603人，占年末从业人员的比例为38.53%，居第16位；科学仪器设备原值349.61万元，人均大型科学仪器设备原值0.22万元，居第19位。

R&D人员612人，占年末从业人员的比重为39.11%，居第2位；科研经费4542.39万元，人均科研经费2.90万元，居第4位；R&D经费61 880万元，人均R&D经费39.54万元，居第8位。

发表科技论文1364篇（一般科技论文1032篇，核心期刊186篇，三大检索工具收录146篇），科技论文系数为122.74，居第5位；省内合作项目35项，省外合作项目27项，产学研项目3项，项目合作系数为12.24，居第6位。

科技培训人数3781人，对外科技咨询项数213项，科技特派员2人，科技服务系数为0.02，居第 9 位；知识产权创造的直接效益 1004.31 万元，技术服务收入 3463.40 万元，经济效益系数为 1683.70，居第 2 位。

贵州中医药大学综合科技创新水平指数为 56.27%，居第 3 位，与上年相比，监测值上升 2.21 个百分点，位次不变。在四个一级指标中，科技创新环境和基础较上年上升 2.15 个百分点，位次上升 1 位。科技投入较上年下降 3.91 个百分点，位次下降 1 位。科技产出较上年上升 7.56 个百分点，位次不变。创新绩效较上年上升 7.66 个百分点，位次不变（表 3-3）。

表 3-3 贵州中医药大学各级监测指标和位次与上年比较

指标名称	三级指标值		位次	
	2020 年	2019 年	2020 年	2019 年
综合指数 /%	56.27	54.06	3	3
科技创新环境和基础 /%	20.61	18.46	6	7
人力资源 /%	26.86	25.20	7	7
高层次科技人才系数	0.06	0.00	5	1
高学历以上人员占年末从业人员的比例 /%	69.33	87.34	12	2
高级职称以上人员占年末从业人员的比例 /%	38.53	52.46	16	4
创新条件及平台 /%	16.44	13.96	6	6
人均大型科学仪器设备原值 / 万元	0.22	1.80	19	16
省级以上创新平台及载体系数	0.58	0.58	4	4
学科建设系数	0.00	0.00	1	1
研究生在校生人数占总在校生人数的比重 /%	12.36	8.37	4	6
科技投入 /%	78.04	81.95	4	3
人力投入 /%	95.68	100.00	1	1
创新人才团队总量系数	3.27	5.09	4	5
R&D 人员占年末从业人员的比重 /%	39.11	95.17	2	2
经费投入 /%	60.40	63.91	5	3
人均科研经费 / 万元	2.90	7.97	4	1
人均 R&D 经费 / 万元	39.54	9.61	8	1
科技产出 /%	53.52	45.96	3	3
知识产出 /%	74.55	74.11	4	5
科技论文系数	122.74	120.53	5	5
知识产权系数	19.91	19.46	10	5
科技奖励 /%	12.63	0.00	4	1
科技成果系数	0.24	0.00	4	1
技术成果市场化水平 /%	100.00	84.96	1	2
人均技术市场成交合同金额 / 万元	2.21	0.74	3	2
科技合作交流 /%	44.90	44.89	5	6

续表

指标名称	三级指标值		位次	
	2020年	2019年	2020年	2019年
项目合作系数	12.24	12.24	6	6
论文论著合作系数	86.88	125.25	5	4
创新绩效 /%	69.47	61.81	3	3
科技服务 /%	10.00	8.85	9	10
科技服务系数	0.02	0.02	9	10
产学研结合 /%	68.67	50.11	3	3
产学研结合系数	30.90	22.55	3	3
创造效益 /%	100.00	100.00	1	1
经济效益系数	1683.70	1804.92	2	2

（四）贵州师范大学

年末从业人员2528人；高学历以上人员2051人，占年末从业人员的比例为81.13%，居第4位；高级职称以上人员1110人，占年末从业人员的比例为43.91%，居第9位；科学仪器设备原值3786.53万元，人均大型科学仪器设备原值1.50万元，居第15位。

R&D人员279人，占年末从业人员的比重为11.04%，居第11位；科研经费6139.73万元，人均科研经费2.43万元，居第5位；R&D经费53 657万元，人均R&D经费21.23万元，居第13位。

发表科技论文1523篇（一般科技论文152篇，核心期刊468篇，三大检索工具收录903篇），科技论文系数为341.84，居第4位；省内合作项目6项，省外合作项目3项，产学研项目199项，项目合作系数为13.29，居第5位。

科技培训人数600人，对外科技咨询项数199项，科技特派员25人，科技服务系数为0.08，居第3位；技术服务收入3750.73万元，经济效益系数为1188.69，居第4位。

贵州师范大学综合科技创新水平指数为53.18%，居第4位，与上年相比，监测值上升4.36个百分点，位次不变。在四个一级指标中，科技创新环境和基础较上年上升3.22个百分点，位次不变。科技投入较上年上升8.97个百分点，位次上升2位。科技产出较上年上升1.84个百分点，位次不变。创新绩效较上年下降0.28个百分点，位次不变（表3-4）。

表3-4 贵州师范大学各级监测指标和位次与上年比较

指标名称	三级指标值		位次	
	2020年	2019年	2020年	2019年
综合指数 /%	53.18	48.82	4	4
科技创新环境和基础 /%	35.38	32.16	2	2
人力资源 /%	43.28	39.88	2	2

续表

指标名称	三级指标值		位次	
	2020年	2019年	2020年	2019年
高层次科技人才系数	0.16	0.00	3	1
高学历以上人员占年末从业人员的比例 /%	81.13	76.10	4	7
高级职称以上人员占年末从业人员的比例 /%	43.91	38.34	9	15
创新条件及平台 /%	30.12	27.02	2	2
人均大型科学仪器设备原值 / 万元	1.50	2.37	15	15
省级以上创新平台及载体系数	1.67	1.67	2	2
学科建设系数	0.00	0.00	1	1
研究生在校人数占总在校生人数的比重 /%	14.74	9.72	2	4
科技投入 /%	78.28	69.31	3	5
人力投入 /%	93.04	95.02	4	5
创新人才团队总量系数	5.09	7.00	2	3
R&D 人员占年末从业人员的比重 /%	11.04	32.08	11	13
经费投入 /%	63.52	43.59	4	5
人均科研经费 / 万元	2.43	2.21	5	5
人均 R&D 经费 / 万元	21.23	2.66	13	13
科技产出 /%	38.64	36.80	4	4
知识产出 /%	100.00	100.00	1	1
科技论文系数	341.84	279.63	4	3
知识产权系数	26.49	24.32	4	4
科技奖励 /%	5.26	0.00	8	1
科技成果系数	0.10	0.00	8	1
技术成果市场化水平 /%	0.00	0.00	9	7
人均技术市场成交合同金额 / 万元	0.00	0.00	8	7
科技合作交流 /%	45.32	45.36	4	5
项目合作系数	13.29	13.41	5	5
论文论著合作系数	120.81	135.38	3	3
创新绩效 /%	48.54	48.82	4	4
科技服务 /%	40.00	53.60	3	3
科技服务系数	0.08	0.11	3	3
产学研结合 /%	22.11	21.56	5	5
产学研结合系数	9.95	9.70	5	5
创造效益 /%	79.25	73.70	4	3
经济效益系数	1188.69	1105.43	4	3

(五)遵义医科大学

年末从业人员 1750 人；高学历以上人员 1329 人，占年末从业人员的比例为 75.94%，居第 7 位；高级职称以上人员 966 人，占年末从业人员的比例为 55.2%，居第 2 位；科学仪器设备原值 9208 万元，人均大型科学仪器设备原值 5.26 万元，居第 7 位。

R&D 人员 972 人，占年末从业人员的比重为 55.54%，居第 1 位；科研经费 5975.60 万元，人均科研经费 3.41 万元，居第 3 位；R&D 经费 137 604 万元，人均 R&D 经费 78.63 万元，居第 3 位。

发表科技论文 2454 篇（一般科技论文 1044 篇，核心期刊 550 篇，三大检索工具收录 860 篇），科技论文系数为 368.26，居第 2 位；省外合作项目 1 项，产学研项目 26 项，项目合作系数为 1.82，居第 13 位。

科技培训人数 15 000 人，对外科技咨询项数 96 项，科技特派员 26 人，科技服务系数为 0.07，居第 4 位；知识产权创造的直接效益 114 万元，技术服务收入 276 万元，经济效益系数为 155.08，居第 9 位。

遵义医科大学综合科技创新水平指数为 45.62%，居第 5 位，与上年相比，监测值上升 2.32 个百分点，位次不变。在四个一级指标中，科技创新环境和基础较上年上升 6.65 个百分点，位次上升 2 位。科技投入较上年下降 4.41 个百分点，位次下降 1 位。科技产出较上年上升 3.42 个百分点，位次不变。创新绩效较上年上升 9.01 个百分点，位次上升 3 位（表 3-5）。

表 3-5 遵义医科大学各级监测指标和位次与上年比较

指标名称	三级指标值		位次	
	2020 年	2019 年	2020 年	2019 年
综合指数 /%	45.62	43.30	5	5
科技创新环境和基础 /%	28.39	21.74	3	5
人力资源 /%	35.58	29.77	3	5
高层次科技人才系数	0.12	0.00	4	1
高学历以上人员占年末从业人员的比例 /%	75.94	70.62	7	10
高级职称以上人员占年末从业人员的比例 /%	55.20	52.48	2	3
创新条件及平台 /%	23.60	16.39	4	5
人均大型科学仪器设备原值 / 万元	5.26	4.44	7	11
省级以上创新平台及载体系数	0.50	0.00	5	7
学科建设系数	0.00	0.00	1	1
研究生在校生人数占总在校生人数的比重 /%	14.53	13.04	3	2
科技投入 /%	76.98	81.39	5	4
人力投入 /%	88.23	100.00	5	1
创新人才团队总量系数	2.55	5.36	5	4
R&D 人员占年末从业人员的比重 /%	55.54	169.56	1	1

续表

指标名称	三级指标值		位次	
	2020 年	2019 年	2020 年	2019 年
经费投入 /%	65.74	62.78	3	4
人均科研经费 / 万元	3.41	3.71	3	4
人均 R&D 经费 / 万元	78.63	9.06	3	2
科技产出 /%	37.08	33.66	5	5
知识产出 /%	64.60	79.67	7	4
科技论文系数	368.26	262.95	2	4
知识产权系数	4.38	8.90	18	15
科技奖励 /%	16.32	0.00	3	1
科技成果系数	0.31	0.00	3	1
技术成果市场化水平 /%	29.38	18.36	5	5
人均技术市场成交合同金额 / 万元	0.16	0.11	5	5
科技合作交流 /%	40.73	40.61	9	8
项目合作系数	1.82	1.53	13	15
论文论著合作系数	361.31	264.00	1	1
创新绩效 /%	15.40	6.39	8	11
科技服务 /%	35.00	20.80	4	4
科技服务系数	0.07	0.04	4	4
产学研结合 /%	10.67	2.33	6	11
产学研结合系数	4.80	1.05	6	11
创造效益 /%	10.34	3.24	9	12
经济效益系数	155.08	48.62	9	12

（六）铜仁学院

年末从业人员 988 人；高学历以上人员 562 人，占年末从业人员的比例为 56.88%，居第 19 位；高级职称以上人员 506 人，占年末从业人员的比例为 51.21%，居第 5 位；科学仪器设备原值 7141.45 万元，人均大型科学仪器设备原值 7.23 万元，居第 6 位。

R&D 人员 105 人，占年末从业人员的比重为 10.63%，居第 12 位；科研经费 1335.80 万元，人均科研经费 1.35 万元，居第 9 位；R&D 经费 39 079 万元，人均 R&D 经费 39.55 万元，居第 7 位。

发表科技论文 260 篇（一般科技论文 152 篇，核心期刊 72 篇，三大检索工具收录 36 篇），科技论文系数为 29.21，居第 14 位；省内合作项目 86 项，省外合作项目 5 项，产学研项目 227 项，项目合作系数为 25.47，居第 4 位。

科技培训人数 11 561 人，对外科技咨询项数 130 项，科技特派员 14 人，科技服务系数为 0.05，居第 5 位；知识产权创造的直接效益 88.50 万元，技术服务收入 122 万元，经济效益系数为 124.50，居第 11 位。

铜仁学院综合科技创新水平指数为 30.24%，居第 6 位，与上年相比，监测值上升 8.28 个百分点，位次上升 5 位。在四个一级指标中，科技创新环境和基础较上年上升 0.73 个百分点，位次不变。科技投入较上年上升 21.60 个百分点，位次上升 6 位。科技产出较上年上升 0.73 个百分点，位次不变。创新绩效较上年上升 2.37 个百分点，位次下降 1 位（表 3-6）。

表 3-6 铜仁学院各级监测指标和位次与上年比较

指标名称	三级指标值		位次	
	2020 年	2019 年	2020 年	2019 年
综合指数 /%	30.24	21.96	6	11
科技创新环境和基础 /%	11.97	11.24	11	11
人力资源 /%	20.52	19.63	14	13
高层次科技人才系数	0.03	0.00	6	1
高学历以上人员占年末从业人员的比例 /%	56.88	57.09	19	18
高级职称以上人员占年末从业人员的比例 /%	51.21	47.11	5	6
创新条件及平台 /%	6.27	5.64	11	12
人均大型科学仪器设备原值 / 万元	7.23	7.70	6	8
省级以上创新平台及载体系数	0.12	0.00	10	7
学科建设系数	0.00	0.00	1	1
研究生在校生人数占总在校生人数的比重 /%	0.00	0.00	15	13
科技投入 /%	47.48	25.88	8	14
人力投入 /%	47.60	35.18	10	15
创新人才团队总量系数	0.73	0.00	6	11
R&D 人员占年末从业人员的比重 /%	10.63	33.83	12	11
经费投入 /%	47.36	16.58	8	12
人均科研经费 / 万元	1.35	1.43	9	10
人均 R&D 经费 / 万元	39.55	1.82	7	16
科技产出 /%	27.60	26.87	7	7
知识产出 /%	55.84	56.74	12	12
科技论文系数	29.21	33.68	14	14
知识产权系数	39.23	47.24	3	2

续表

指标名称	三级指标值		位次	
	2020年	2019年	2020年	2019年
科技奖励 /%	11.05	0.00	5	1
科技成果系数	0.21	0.00	5	1
技术成果市场化水平 /%	13.18	9.03	6	6
人均技术市场成交合同金额 / 万元	0.12	0.08	6	6
科技合作交流 /%	28.94	53.62	11	4
项目合作系数	25.47	34.06	4	4
论文论著合作系数	23.44	61.12	12	6
创新绩效 /%	24.85	22.48	6	5
科技服务 /%	25.00	13.40	5	8
科技服务系数	0.05	0.03	5	8
产学研结合 /%	41.33	41.22	4	4
产学研结合系数	18.60	18.55	4	4
创造效益 /%	8.30	8.27	11	8
经济效益系数	124.50	124.00	11	8

（七）贵州民族大学

年末从业人员1780人；高学历以上人员1341人，占年末从业人员的比例为75.34%，居第8位；高级职称以上人员946人，占年末从业人员的比例为53.15%，居第4位；科学仪器设备原值1976.33万元，人均大型科学仪器设备原值1.11万元，居第16位。

R&D人员107人，占年末从业人员的比重为6.01%，居第17位；科研经费2568.11万元，人均科研经费1.44万元，居第8位；R&D经费43 058万元，人均R&D经费24.19万元，居第10位。

发表科技论文1024篇（一般科技论文872篇，核心期刊74篇，三大检索工具收录78篇），科技论文系数为78.47，居第7位；省外合作项目10项，产学研项目51项，项目合作系数为5.94，居第8位。

科技培训人数983人，对外科技咨询项数52项，科技特派员2人，科技服务系数为0.01，居第14位；技术服务收入1024.11万元，经济效益系数为315.11，居第6位。

贵州民族大学综合科技创新水平指数为29.20%，居第7位，与上年相比，监测值下降0.15个百分点，位次下降1位。在四个一级指标中，科技创新环境和基础较上年下降1.92个百分点，位次下降3位。科技投入较上年下降3.41个百分点，位次下降4位。科技产出较上年上升2.34个百分点，位次下降1位。创新绩效较上年上升6.30个百分点，位次上升3位（表3-7）。

表 3-7 贵州民族大学各级监测指标和位次与上年比较

指标名称	三级指标值		位次	
	2020 年	2019 年	2020 年	2019 年
综合指数 /%	29.20	29.35	7	6
科技创新环境和基础 /%	20.18	22.10	7	4
人力资源 /%	34.53	30.13	4	4
高层次科技人才系数	0.02	0.00	7	1
高学历以上人员占年末从业人员的比例 /%	75.34	75.74	8	8
高级职称以上人员占年末从业人员的比例 /%	53.15	42.23	4	12
创新条件及平台 /%	10.61	16.74	7	4
人均大型科学仪器设备原值 / 万元	1.11	22.51	16	2
省级以上创新平台及载体系数	0.12	0.00	10	7
学科建设系数	0.00	0.00	1	1
研究生在校生人数占总在校生人数的比重 /%	9.10	7.42	7	7
科技投入 /%	45.38	48.79	11	7
人力投入 /%	39.77	67.00	12	9
创新人才团队总量系数	0.36	1.64	11	8
R&D 人员占年末从业人员的比重 /%	6.01	24.09	17	18
经费投入 /%	50.99	30.58	6	6
人均科研经费 / 万元	1.44	1.66	8	7
人均 R&D 经费 / 万元	24.19	2.91	10	12
科技产出 /%	25.83	23.49	11	10
知识产出 /%	65.69	72.46	5	6
科技论文系数	78.47	112.32	7	6
知识产权系数	65.71	46.51	2	3
科技奖励 /%	8.95	0.00	6	1
科技成果系数	0.17	0.00	6	1
技术成果市场化水平 /%	0.00	0.00	9	7
人均技术市场成交合同金额 / 万元	0.00	0.00	8	7
科技合作交流 /%	19.93	11.68	13	15
项目合作系数	5.94	2.94	8	12
论文论著合作系数	21.94	13.12	13	14
创新绩效 /%	12.12	5.82	9	12
科技服务 /%	5.00	4.85	14	14
科技服务系数	0.01	0.01	14	14
产学研结合 /%	6.78	2.89	8	10
产学研结合系数	3.05	1.30	8	10
创造效益 /%	21.01	9.23	6	6
经济效益系数	315.11	138.46	6	6

（八）遵义师范学院

年末从业人员 1194 人；高学历以上人员 772 人，占年末从业人员的比例为 64.66%，居第 15 位；高级职称以上人员 564 人，占年末从业人员的比例为 47.24%，居第 7 位；科学仪器设备原值 145.06 万元，人均大型科学仪器设备原值 0.12 万元，居第 21 位。

R&D 人员 138 人，占年末从业人员的比重为 11.56%，居第 10 位；科研经费 800.90 万元，人均科研经费 0.67 万元，居第 13 位；R&D 经费 54 972 万元，人均 R&D 经费 46.04 万元，居第 5 位。

发表科技论文 801 篇（一般科技论文 566 篇，核心期刊 139 篇，三大检索工具收录 96 篇），科技论文系数为 77.42，居第 8 位；省内合作项目 20 项，省外合作项目 2 项，产学研项目 10 项，项目合作系数为 3.53，居第 11 位。

科技培训人数 500 人，对外科技咨询项数 5 项，科技特派员 15 人，科技服务系数为 0.04，居第 8 位；知识产权创造的直接效益 243.82 万元，技术服务收入 1962 万元，经济效益系数为 753.74，居第 5 位。

遵义师范学院综合科技创新水平指数为 29.00%，居第 8 位，与上年相比，监测值上升 5.06 个百分点，位次上升 2 位。在四个一级指标中，科技创新环境和基础较上年下降 3.22 个百分点，位次下降 4 位。科技投入较上年上升 11.70 个百分点，位次不变。科技产出较上年上升 4.25 个百分点，位次上升 2 位。创新绩效较上年上升 4.73 个百分点，位次上升 1 位（表 3-8）。

表 3-8 遵义师范学院各级监测指标和位次与上年比较

指标名称	三级指标值		位次	
	2020 年	2019 年	2020 年	2019 年
综合指数 /%	29.00	23.94	8	10
科技创新环境和基础 /%	9.46	12.68	14	10
人力资源 /%	23.35	22.83	9	9
高层次科技人才系数	0.01	0.00	10	1
高学历以上人员占年末从业人员的比例 /%	64.66	62.88	15	14
高级职称以上人员占年末从业人员的比例 /%	47.24	46.15	7	7
创新条件及平台 /%	0.20	5.91	21	10
人均大型科学仪器设备原值 / 万元	0.12	6.96	21	9
省级以上创新平台及载体系数	0.00	0.00	15	7
学科建设系数	0.00	0.00	1	1
研究生在校生人数占总在校生人数的比重 /%	0.11	0.00	13	13
科技投入 /%	45.86	34.16	10	10
人力投入 /%	47.69	62.67	9	10
创新人才团队总量系数	0.73	1.36	6	10
R&D 人员占年末从业人员的比重 /%	11.56	36.12	10	8

续表

指标名称	三级指标值		位次	
	2020 年	2019 年	2020 年	2019 年
经费投入 /%	44.03	5.64	11	18
人均科研经费 / 万元	0.67	0.65	13	15
人均 R&D 经费 / 万元	46.04	0.33	5	20
科技产出 /%	26.82	22.57	9	11
知识产出 /%	65.48	63.71	6	7
科技论文系数	77.42	68.53	8	8
知识产权系数	21.32	16.66	6	10
科技奖励 /%	2.63	0.00	10	1
科技成果系数	0.05	0.00	10	1
技术成果市场化水平 /%	0.20	0.00	8	7
人均技术市场成交合同金额 / 万元	0.00	0.00	8	7
科技合作交流 /%	41.41	23.03	7	11
项目合作系数	3.53	3.94	11	10
论文论著合作系数	50.88	26.81	8	11
创新绩效 /%	25.88	21.15	5	6
科技服务 /%	20.00	16.40	8	7
科技服务系数	0.04	0.03	8	7
产学研结合 /%	4.44	3.67	10	9
产学研结合系数	2.00	1.65	10	9
创造效益 /%	50.25	41.01	5	5
经济效益系数	753.74	615.08	5	5

（九）贵州师范学院

年末从业人员 1107 人；高学历以上人员 883 人，占年末从业人员的比例为 79.77%，居第 5 位；高级职称以上人员 547 人，占年末从业人员的比例为 49.41%，居第 6 位；科学仪器设备原值 528.33 万元，人均大型科学仪器设备原值 0.48 万元，居第 18 位。

R&D 人员 142 人，占年末从业人员的比重为 12.83%，居第 8 位；科研经费 1801.27 万元，人均科研经费 1.63 万元，居第 7 位；R&D 经费 58 759 万元，人均 R&D 经费 53.08 万元，居第 4 位。

发表科技论文 481 篇（一般科技论文 374 篇，核心期刊 45 篇，三大检索工具收录 62 篇），科技论文系数为 43.16，居第 13 位；省内合作项目 29 项，省外合作项目 6 项，产学研项目 35 项，项目合作系数为 7.24，居第 7 位。

科技培训人数 9560 人，对外科技咨询项数 141 项，科技服务系数为 0.01，居第 14 位；知识产权创造的直接效益5万元，技术服务收入242.35万元，经济效益系数为82.55，居第12位。

贵州师范学院综合科技创新水平指数为28.69%，居第9位，与上年相比，监测值上升1.23个百分点，位次下降2位。在四个一级指标中，科技创新环境和基础较上年上升1.09个百分点，位次不变。科技投入较上年上升0.91个百分点，位次上升2位。科技产出较上年上升2.84个百分点，位次不变。创新绩效较上年下降0.47个百分点，位次下降3位（表3-9）。

表3-9 贵州师范学院各级监测指标和位次与上年比较

指标名称	三级指标值		位次	
	2020年	2019年	2020年	2019年
综合指数/%	28.69	27.46	9	7
科技创新环境和基础/%	10.92	9.83	13	13
人力资源/%	24.83	23.87	8	8
高层次科技人才系数	0.01	0.00	10	1
高学历以上人员占年末从业人员的比例/%	79.77	76.49	5	6
高级职称以上人员占年末从业人员的比例/%	49.41	47.11	6	5
创新条件及平台/%	1.64	0.47	15	19
人均大型科学仪器设备原值/万元	0.48	0.27	18	20
省级以上创新平台及载体系数	0.12	0.00	10	7
学科建设系数	0.00	0.00	1	1
研究生在校生人数占总在校生人数的比重/%	0.26	0.28	10	9
科技投入/%	48.60	47.69	6	8
人力投入/%	47.81	67.59	7	8
创新人才团队总量系数	0.73	1.64	6	8
R&D人员占年末从业人员的比重/%	12.83	30.38	8	15
经费投入/%	49.40	27.79	7	7
人均科研经费/万元	1.63	1.51	7	8
人均R&D经费/万元	53.08	4.69	4	5
科技产出/%	31.60	28.76	6	6
知识产出/%	58.63	58.18	11	11
科技论文系数	43.16	40.89	13	13
知识产权系数	20.87	19.29	7	6
科技奖励/%	0.00	0.00	13	1
科技成果系数	0.00	0.00	13	1
技术成果市场化水平/%	42.96	29.27	4	4
人均技术市场成交合同金额/万元	0.35	0.24	4	4
科技合作交流/%	36.14	36.33	10	10
项目合作系数	7.24	8.82	7	7

续表

指标名称	三级指标值		位次	
	2020年	2019年	2020年	2019年
论文论著合作系数	41.56	41.00	10	9
创新绩效 /%	6.98	7.45	13	10
科技服务 /%	5.00	4.70	14	15
科技服务系数	0.01	0.01	14	15
产学研结合 /%	9.44	10.44	7	7
产学研结合系数	4.25	4.70	7	7
创造效益 /%	5.50	5.84	12	10
经济效益系数	82.55	87.54	12	10

（十）贵阳学院

年末从业人员960人；高学历以上人员723人，占年末从业人员的比例为75.31%，居第9位；高级职称以上人员419人，占年末从业人员的比例为43.65%，居第10位；科学仪器设备原值7336.41万元，人均大型科学仪器设备原值7.64万元，居第5位。

R&D人员115人，占年末从业人员的比重为11.98%，居第9位；科研经费1067.19万元，人均科研经费1.11万元，居第10位；R&D经费21338万元，人均R&D经费22.23万元，居第11位。

发表科技论文428篇（一般科技论文205篇，核心期刊143篇，三大检索工具收录80篇），科技论文系数为55，居第11位；省内合作项目19项，省外合作项目7项，项目合作系数为4.29，居第10位。

科技培训人数8309人，科技特派员21人，科技服务系数为0.05，居第5位。

贵阳学院综合科技创新水平指数为27.04%，居第10位，与上年相比，监测值上升9.93个百分点，位次上升4位。在四个一级指标中，科技创新环境和基础较上年上升0.15个百分点，位次下降1位。科技投入较上年上升26.84个百分点，位次上升10位。科技产出较上年上升1.27个百分点，位次下降1位。创新绩效较上年上升1.24个百分点，位次下降1位（表3-10）。

表3-10 贵阳学院各级监测指标和位次与上年比较

指标名称	三级指标值		位次	
	2020年	2019年	2020年	2019年
综合指数 /%	27.04	17.11	10	14
科技创新环境和基础 /%	13.74	13.59	9	8
人力资源 /%	21.28	20.84	11	11
高层次科技人才系数	0.02	0.00	7	1

续表

指标名称	三级指标值		位次	
	2020年	2019年	2020年	2019年
高学历以上人员占年末从业人员的比例 /%	75.31	72.29	9	9
高级职称以上人员占年末从业人员的比例 /%	43.65	43.65	10	8
创新条件及平台 /%	8.72	8.76	10	9
人均大型科学仪器设备原值 / 万元	7.64	8.51	5	7
省级以上创新平台及载体系数	0.29	0.29	6	5
学科建设系数	0.00	0.00	1	1
研究生在校生人数占总在校生人数的比重 /%	0.90	0.25	9	10
科技投入 /%	46.84	20.00	9	19
人力投入 /%	47.73	35.20	8	14
创新人才团队总量系数	0.73	0.00	6	11
R&D 人员占年末从业人员的比重 /%	11.98	33.96	9	10
经费投入 /%	45.96	4.81	10	20
人均科研经费 / 万元	1.11	0.83	10	13
人均 R&D 经费 / 万元	22.23	0.08	11	21
科技产出 /%	25.85	24.58	10	9
知识产出 /%	61.00	61.11	9	8
科技论文系数	55.00	55.53	11	10
知识产权系数	20.44	18.57	8	8
科技奖励 /%	3.68	0.00	9	1
科技成果系数	0.07	0.00	9	1
技术成果市场化水平 /%	0.00	0.00	9	7
人均技术市场成交合同金额 / 万元	0.00	0.00	8	7
科技合作交流 /%	41.72	41.65	6	7
项目合作系数	4.29	4.12	10	9
论文论著合作系数	77.50	66.25	6	5
创新绩效 /%	5.00	3.76	14	13
科技服务 /%	25.00	16.80	5	6
科技服务系数	0.05	0.03	5	6
产学研结合 /%	0.00	1.00	18	13
产学研结合系数	0.00	0.45	18	13
创造效益 /%	0.00	0.00	17	16
经济效益系数	0.00	0.00	17	16

（十一）贵州财经大学

年末从业人员1989人；高学历以上人员1642人，占年末从业人员的比例为82.55%，居第3位；高级职称以上人员796人，占年末从业人员的比例为40.02%，居第13位；大型科学仪器设备原值5902万元，人均大型科学仪器设备原值2.97万元，居第11位。

R&D人员107人，占年末从业人员的比重为5.38%，居第19位；科研经费1530.9万元，人均科研经费0.77万元，居第12位；R&D经费9608万元，人均R&D经费4.83万元，居第20位。

发表科技论文1239篇（一般科技论文858篇，核心期刊239篇，三大检索工具收录142篇），科技论文系数为121.00，居第6位；省内合作项目198项，省外合作项目17项，项目合作系数为28.29，居第3位。

贵州财经大学综合科技创新水平指数为25.97%，居第11位，与上年相比，监测值下降1.34个百分点，位次下降3位。在四个一级指标中，科技创新环境和基础较上年上升2.78个百分点，位次上升1位。科技投入较上年下降7.18个百分点，位次下降5位。科技产出较上年上升2.67个百分点，位次不变。创新绩效较上年下降1.24个百分点，位次下降3位（表3-11）。

表3-11 贵州财经大学各级监测指标和位次与上年比较

指标名称	三级指标值		位次	
	2020年	2019年	2020年	2019年
综合指数/%	25.97	27.31	11	8
科技创新环境和基础/%	23.93	21.15	5	6
人力资源/%	34.50	34.74	5	3
高层次科技人才系数	0.01	0.00	10	1
高学历以上人员占年末从业人员的比例/%	82.55	80.96	3	4
高级职称以上人员占年末从业人员的比例/%	40.02	42.74	13	10
创新条件及平台/%	16.89	12.09	5	7
人均大型科学仪器设备原值/万元	2.97	3.00	11	13
省级以上创新平台及载体系数	0.25	0.00	7	7
学科建设系数	0.00	0.00	1	1
研究生在校生人数占总在校生人数的比重/%	11.99	9.06	5	5
科技投入/%	37.26	44.44	14	9
人力投入/%	39.71	78.71	13	6
创新人才团队总量系数	0.36	2.27	11	6
R&D人员占年末从业人员的比重/%	5.38	13.30	19	20
经费投入/%	34.81	10.17	17	17
人均科研经费/万元	0.77	0.69	12	14
人均R&D经费/万元	4.83	0.67	20	18

续表

指标名称	三级指标值		位次	
	2020年	2019年	2020年	2019年
科技产出 /%	27.40	24.73	8	8
知识产出 /%	55.23	53.68	13	13
科技论文系数	121.00	95.42	6	7
知识产权系数	9.31	10.38	17	14
科技奖励 /%	8.95	0.00	6	1
科技成果系数	0.17	0.00	6	1
技术成果市场化水平 /%	0.00	0.00	9	7
人均技术市场成交合同金额 / 万元	0.00	0.00	8	7
科技合作交流 /%	51.32	57.51	3	3
项目合作系数	28.29	43.76	3	3
论文论著合作系数	55.12	55.75	7	7
创新绩效 /%	0.67	1.91	19	16
科技服务 /%	0.00	6.20	18	13
科技服务系数	0.00	0.01	18	13
产学研结合 /%	1.67	1.67	12	12
产学研结合系数	0.75	0.75	12	12
创造效益 /%	0.00	0.00	17	16
经济效益系数	0.00	0.00	17	16

（十二）贵州理工学院

年末从业人员918人；高学历以上人员760人，占年末从业人员的比例为82.79%，居第2位；高级职称以上人员390人，占年末从业人员的比例为42.48%，居第11位；大型科学仪器设备原值3214万元，人均大型科学仪器设备原值3.50万元，居第10位。

R&D人员250人，占年末从业人员的比重为27.23%，居第4位；科研经费1804万元，人均科研经费1.97万元，居第6位；R&D经费13 435万元，人均R&D经费14.64万元，居第17位。

发表科技论文530篇（一般科技论文294篇，核心期刊154篇，三大检索工具收录82篇），科技论文系数为61.63，居第9位；省内合作项目2项，项目合作系数为0.24，居第19位。

科技培训人数3人，对外科技咨询项数4项，科技特派员10人，科技服务系数为0.02，居第9位；技术服务收入664万元，经济效益系数为204.31，居第7位。

贵州理工学院综合科技创新水平指数为25.85%，居第12位，与上年相比，监测值上升0.46个百分点，位次下降3位。在四个一级指标中，科技创新环境和基础较上年上升1.93个百分点，位次上升2位。科技投入较上年下降2.35个百分点，位次下降1位。科技产出较上年下降0.63个百分点，位次下降1位。创新绩效较上年上升6.40个百分点，位次上升5位（表3-12）。

表 3-12　贵州理工学院各级监测指标和位次与上年比较

指标名称	三级指标值		位次	
	2020 年	2019 年	2020 年	2019 年
综合指数 /%	25.85	25.39	12	9
科技创新环境和基础 /%	11.20	9.27	12	14
人力资源 /%	21.20	20.52	12	12
高层次科技人才系数	0.02	0.00	7	1
高学历以上人员占年末从业人员的比例 /%	82.79	81.79	2	3
高级职称以上人员占年末从业人员的比例 /%	42.48	42.53	11	11
创新条件及平台 /%	4.54	1.77	12	16
人均大型科学仪器设备原值 / 万元	3.50	2.67	10	14
省级以上创新平台及载体系数	0.25	0.00	7	7
学科建设系数	0.00	0.00	1	1
研究生在校生人数占总在校生人数的比重 /%	0.00	0.00	15	13
科技投入 /%	48.08	50.43	7	6
人力投入 /%	49.16	77.14	6	7
创新人才团队总量系数	0.73	2.00	6	7
R&D 人员占年末从业人员的比重 /%	27.23	54.64	4	4
经费投入 /%	47.00	23.72	9	8
人均科研经费 / 万元	1.97	1.78	6	6
人均 R&D 经费 / 万元	14.64	3.47	17	10
科技产出 /%	20.29	20.92	14	13
知识产出 /%	62.33	58.39	8	10
科技论文系数	61.63	54.37	9	12
知识产权系数	20.27	14.26	9	12
科技奖励 /%	0.00	0.00	13	1
科技成果系数	0.00	0.00	13	1
技术成果市场化水平 /%	7.89	0.00	7	7
人均技术市场成交合同金额 / 万元	0.08	0.00	7	7
科技合作交流 /%	0.10	22.70	21	12
项目合作系数	0.24	2.00	19	14
论文论著合作系数	0.00	27.38	20	10
创新绩效 /%	7.67	1.27	12	17
科技服务 /%	10.00	6.35	9	12
科技服务系数	0.02	0.01	9	12
产学研结合 /%	0.56	0.00	16	18
产学研结合系数	0.25	0.00	16	18
创造效益 /%	13.62	0.00	7	16
经济效益系数	204.31	0.00	7	16

(十三) 黔南民族师范学院

年末从业人员 764 人；高学历以上人员 596 人，占年末从业人员的比例为 78.01%，居第 6 位；高级职称以上人员 468 人，占年末从业人员的比例为 61.26%，居第 1 位；大型科学仪器设备原值 10 856 万元，人均大型科学仪器设备原值 14.21 万元，居第 2 位。

R&D 人员 103 人，占年末从业人员的比重为 13.48%，居第 6 位；科研经费 402.81 万元，人均科研经费 0.53 万元，居第 14 位；R&D 经费 30 970 万元，人均 R&D 经费 40.54 万元，居第 6 位。

发表科技论文 564 篇（一般科技论文 379 篇，核心期刊 128 篇，三大检索工具收录 57 篇），科技论文系数为 55.26，居第 10 位；省内合作项目 19 项，省外合作项目 5 项，产学研项目 20 项，项目合作系数为 4.88，居第 9 位。

科技培训人数 450 人，对外科技咨询项数 42 项，科技特派员 8 人，科技服务系数为 0.02，居第 9 位；知识产权创造的直接效益 95 万元，技术服务收入 204.21 万元，经济效益系数为 131.68，居第 10 位。

黔南民族师范学院综合科技创新水平指数为 23.73%，居第 13 位，与上年相比，监测值上升 4.78 个百分点，位次下降 1 位。在四个一级指标中，科技创新环境和基础较上年上升 1.38 个百分点，位次上升 1 位。科技投入较上年上升 9.54 个百分点，位次下降 2 位。科技产出较上年上升 5.30 个百分点，位次上升 3 位。创新绩效较上年下降 1.49 个百分点，位次下降 3 位（表 3-13）。

表 3-13 黔南民族师范学院各级监测指标和位次与上年比较

指标名称	三级指标值		位次	
	2020 年	2019 年	2020 年	2019 年
综合指数 /%	23.73	18.95	13	12
科技创新环境和基础 /%	14.56	13.18	8	9
人力资源 /%	21.54	18.59	10	14
高层次科技人才系数	0.01	0.00	10	1
高学历以上人员占年末从业人员的比例 /%	78.01	54.95	6	19
高级职称以上人员占年末从业人员的比例 /%	61.26	63.10	1	1
创新条件及平台 /%	9.91	9.57	8	8
人均大型科学仪器设备原值 / 万元	14.21	14.51	2	4
省级以上创新平台及载体系数	0.00	0.00	15	7
学科建设系数	0.00	0.00	1	1
研究生在校生人数占总在校生人数的比重 /%	1.88	1.51	8	8
科技投入 /%	37.91	28.37	13	11
人力投入 /%	33.27	34.99	14	17
创新人才团队总量系数	0.00	0.00	16	11
R&D 人员占年末从业人员的比重 /%	13.48	31.82	6	14

续表

指标名称	三级指标值		位次	
	2020年	2019年	2020年	2019年
经费投入/%	42.55	21.74	13	9
人均科研经费/万元	0.53	1.48	14	9
人均R&D经费/万元	40.54	4.17	6	8
科技产出/%	22.65	17.35	12	15
知识产出/%	55.05	39.23	14	15
科技论文系数	55.26	61.53	10	9
知识产权系数	13.20	8.08	13	16
科技奖励/%	0.00	0.00	13	1
科技成果系数	0.00	0.00	13	1
技术成果市场化水平/%	0.00	0.00	9	7
人均技术市场成交合同金额/万元	0.00	0.00	8	7
科技合作交流/%	40.90	37.20	8	9
项目合作系数	4.88	5.00	9	8
论文论著合作系数	48.69	44.00	9	8
创新绩效/%	7.74	9.23	11	8
科技服务/%	10.00	7.10	9	11
科技服务系数	0.02	0.01	9	11
产学研结合/%	5.56	11.00	9	6
产学研结合系数	2.50	4.95	9	6
创造效益/%	8.78	8.53	10	7
经济效益系数	131.68	127.93	10	7

（十四）贵州工程应用技术学院

年末从业人员869人；高学历以上人员478人，占年末从业人员的比例为55.01%，居第20位；高级职称以上人员347人，占年末从业人员的比例为39.93%，居第14位；大型科学仪器设备原值1907.6万元，人均大型科学仪器设备原值2.2万元，居第12位。

R&D人员115人，占年末从业人员的比重为13.23%，居第7位；科研经费329万元，人均科研经费0.38万元，居第16位；R&D经费19 293万元，人均R&D经费22.20万元，居第12位。

发表科技论文122篇（一般科技论文52篇，核心期刊37篇，三大检索工具收录33篇），科技论文系数为17.79，居第18位；省外合作项目1项，产学研项目1项，项目合作系数为0.35，居第18位。

科技培训人数850人，科技特派员7人，科技服务系数为0.02，居第9位；技术服务收入79.64万元，经济效益系数为24.50，居第15位。

贵州工程应用技术学院综合科技创新水平指数为 21.47%，居第 14 位，与上年相比，监测值上升 6.25 个百分点，位次上升 1 位。在四个一级指标中，科技创新环境和基础较上年下降 0.40 个百分点，位次不变。科技投入较上年上升 18.25 个百分点，位次上升 5 位。科技产出较上年下降 0.27 个百分点，位次下降 1 位。创新绩效较上年上升 0.23 个百分点，位次下降 1 位（表 3-14）。

表 3-14 贵州工程应用技术学院各级监测指标和位次与上年比较

指标名称	三级指标值		位次	
	2020 年	2019 年	2020 年	2019 年
综合指数 /%	21.47	15.22	14	15
科技创新环境和基础 /%	8.09	8.49	16	16
人力资源 /%	16.42	16.34	18	16
高层次科技人才系数	0.00	0.00	14	1
高学历以上人员占年末从业人员的比例 /%	55.01	54.30	20	20
高级职称以上人员占年末从业人员的比例 /%	39.93	40.58	14	13
创新条件及平台 /%	2.53	3.25	14	13
人均大型科学仪器设备原值 / 万元	2.20	4.84	12	10
省级以上创新平台及载体系数	0.12	0.00	10	7
学科建设系数	0.00	0.00	1	1
研究生在校生人数占总在校生人数的比重 /%	0.07	0.11	14	11
科技投入 /%	41.20	22.95	12	17
人力投入 /%	40.45	34.72	11	19
创新人才团队总量系数	0.36	0.00	11	11
R&D 人员占年末从业人员的比重 /%	13.23	28.95	7	17
经费投入 /%	41.94	11.18	14	16
人均科研经费 / 万元	0.38	0.42	16	18
人均 R&D 经费 / 万元	22.20	2.01	12	15
科技产出 /%	18.50	18.77	15	14
知识产出 /%	53.56	53.59	15	14
科技论文系数	17.79	17.95	18	17
知识产权系数	22.79	17.62	5	9
科技奖励 /%	2.63	0.00	10	1
科技成果系数	0.05	0.00	10	1
技术成果市场化水平 /%	0.00	0.00	9	7
人均技术市场成交合同金额 / 万元	0.00	0.00	8	7
科技合作交流 /%	10.09	17.94	14	14
项目合作系数	0.35	0.24	18	17

续表

指标名称	三级指标值		位次	
	2020年	2019年	2020年	2019年
论文论著合作系数	12.44	22.31	14	13
创新绩效 /%	2.70	2.47	15	14
科技服务 /%	10.00	10.00	9	9
科技服务系数	0.02	0.02	9	9
产学研结合 /%	0.11	0.78	17	14
产学研结合系数	0.05	0.35	17	14
创造效益 /%	1.63	0.40	15	14
经济效益系数	24.50	6.06	15	14

（十五）六盘水师范学院

年末从业人员890人；高学历以上人员539人，占年末从业人员的比例为60.56%，居第17位；高级职称以上人员327人，占年末从业人员的比例为36.74%，居第18位；科学仪器设备原值11 141.4万元，人均大型科学仪器设备原值12.52万元，居第3位。

R&D人员48人，占年末从业人员的比重为5.39%，居第18位；科研经费385.64万元，人均科研经费0.43万元，居第15位；R&D经费14 681万元，人均R&D经费16.50万元，居第16位。

发表科技论文377篇（一般科技论文219篇，核心期刊79篇，三大检索工具收录79篇），科技论文系数为45.47，居第12位；省内合作项目4项，省外合作项目1项，产学研项目3项，项目合作系数为0.94，居第15位。

科技培训人数9人，对外科技咨询项数5项，科技特派员21人，科技服务系数为0.05，居第5位；技术服务收入200.04万元，经济效益系数为61.55，居第13位。

六盘水师范学院综合科技创新水平指数为20.93%，居第15位，与上年相比，监测值上升2.35个百分点，位次下降2位。在四个一级指标中，科技创新环境和基础较上年上升2.54个百分点，位次上升2位。科技投入较上年上升5.08个百分点，位次下降5位。科技产出较上年下降0.26个百分点，位次下降1位。创新绩效较上年上升0.0003个百分点，位次下降1位（表3-15）。

表3-15 六盘水师范学院各级监测指标和位次与上年比较

指标名称	三级指标值		位次	
	2020年	2019年	2020年	2019年
综合指数 /%	20.93	18.58	15	13
科技创新环境和基础 /%	12.40	9.86	10	12
人力资源 /%	16.90	15.95	17	17

续表

指标名称	三级指标值		位次	
	2020 年	2019 年	2020 年	2019 年
高层次科技人才系数	0.00	0.00	14	1
高学历以上人员占年末从业人员的比例 /%	60.56	57.91	17	17
高级职称以上人员占年末从业人员的比例 /%	36.74	34.98	18	18
创新条件及平台 /%	9.40	5.80	9	11
人均大型科学仪器设备原值 / 万元	12.52	8.81	3	5
省级以上创新平台及载体系数	0.12	0.00	10	7
学科建设系数	0.00	0.00	1	1
研究生在校生人数占总在校生人数的比重 /%	0.00	0.00	15	13
科技投入 /%	32.31	27.23	17	12
人力投入 /%	23.07	36.09	17	11
创新人才团队总量系数	0.36	0.00	11	11
R&D 人员占年末从业人员的比重 /%	5.39	43.46	18	6
经费投入 /%	41.55	18.37	15	10
人均科研经费 / 万元	0.43	0.91	15	12
人均 R&D 经费 / 万元	16.50	3.08	16	11
科技产出 /%	21.07	21.33	13	12
知识产出 /%	59.09	61.11	10	8
科技论文系数	45.47	55.53	12	10
知识产权系数	16.74	15.62	11	11
科技奖励 /%	0.00	0.00	13	1
科技成果系数	0.00	0.00	13	1
技术成果市场化水平 /%	0.00	0.00	9	7
人均技术市场成交合同金额 / 万元	0.00	0.00	8	7
科技合作交流 /%	22.28	19.97	12	13
项目合作系数	0.94	3.29	15	11
论文论著合作系数	27.38	23.31	11	12
创新绩效 /%	8.33	8.33	10	9
科技服务 /%	25.00	19.30	5	5
科技服务系数	0.05	0.04	5	5
产学研结合 /%	4.22	4.67	11	8
产学研结合系数	1.90	2.10	11	8
创造效益 /%	4.10	6.51	13	9
经济效益系数	61.55	97.61	13	9

（十六）凯里学院

年末从业人员913人；高学历以上人员579人，占年末从业人员的比例为63.42%，居第16位；高级职称以上人员495人，占年末从业人员的比例为54.22%，居第3位；科学仪器设备原值1479万元，人均大型科学仪器设备原值1.62万元，居第14位。

R&D人员69人，占年末从业人员的比重为7.56%，居第15位；科研经费150.6万元，人均科研经费0.16万元，居第18位；R&D经费24 804万元，人均R&D经费27.17万元，居第9位。

发表科技论文227篇（一般科技论文162篇，核心期刊38篇，三大检索工具收录27篇），科技论文系数为21.68，居第17位；省内合作项目10项，省外合作项目5项，项目合作系数为2.65，居第12位。

科技培训人数45人，科技特派员7人，科技服务系数为0.02，居第9位；技术服务收入70万元，经济效益系数为21.54，居第16位。

凯里学院综合科技创新水平指数为18.29%，居第16位，与上年相比，监测值上升5.62个百分点，位次上升2位。在四个一级指标中，科技创新环境和基础较上年上升0.12个百分点，位次不变。科技投入较上年上升10.75个百分点，位次上升1位。科技产出较上年上升6.25个百分点，位次上升2位。创新绩效较上年上升1.77个百分点，位次上升2位（表3-16）。

表3-16 凯里学院各级监测指标和位次与上年比较

指标名称	三级指标值		位次	
	2020年	2019年	2020年	2019年
综合指数/%	18.29	12.67	16	18
科技创新环境和基础/%	9.18	9.06	15	15
人力资源/%	21.07	21.02	13	10
高层次科技人才系数	0.00	0.00	14	1
高学历以上人员占年末从业人员的比例/%	63.42	62.10	16	15
高级职称以上人员占年末从业人员的比例/%	54.22	54.21	3	2
创新条件及平台/%	1.25	1.08	17	17
人均大型科学仪器设备原值/万元	1.62	1.53	14	17
省级以上创新平台及载体系数	0.00	0.00	15	7
学科建设系数	0.00	0.00	1	1
研究生在校生人数占总在校生人数的比重/%	0.16	0.03	12	12
科技投入/%	35.42	24.67	15	16
人力投入/%	29.99	35.31	15	13
创新人才团队总量系数	0.36	0.00	11	11
R&D人员占年末从业人员的比重/%	7.56	35.21	15	9
经费投入/%	40.85	14.02	16	15
人均科研经费/万元	0.16	0.44	18	17
人均R&D经费/万元	27.17	2.53	9	14

续表

指标名称	三级指标值		位次	
	2020年	2019年	2020年	2019年
科技产出 /%	12.84	6.59	17	19
知识产出 /%	41.44	20.83	17	18
科技论文系数	21.68	21.21	17	16
知识产权系数	11.13	4.98	15	18
科技奖励 /%	0.00	0.00	13	1
科技成果系数	0.00	0.00	13	1
技术成果市场化水平 /%	0.00	0.00	9	7
人均技术市场成交合同金额 / 万元	0.00	0.00	8	7
科技合作交流 /%	2.71	2.28	19	19
项目合作系数	2.65	2.82	12	13
论文论著合作系数	2.06	1.44	19	19
创新绩效 /%	2.58	0.81	16	18
科技服务 /%	10.00	1.60	9	16
科技服务系数	0.02	0.00	9	16
产学研结合 /%	0.00	0.00	18	18
产学研结合系数	0.00	0.00	18	18
创造效益 /%	1.44	1.23	16	13
经济效益系数	21.54	18.46	16	13

（十七）安顺学院

年末从业人员 774 人；高学历以上人员 526 人，占年末从业人员的比例为 67.96%，居第 13 位；高级职称以上人员 300 人，占年末从业人员的比例为 38.76%，居第 15 位；科学仪器设备原值 1414.79 万元，人均大型科学仪器设备原值 1.83 万元，居第 13 位。

R&D 人员 76 人，占年末从业人员的比重为 9.82%，居第 13 位；科研经费 700 万元，人均科研经费 0.90 万元，居第 11 位；R&D 经费 14 522 万元，人均 R&D 经费 18.76 万元，居第 14 位。

发表科技论文 188 篇（一般科技论文 110 篇，核心期刊 27 篇，三大检索工具收录 51 篇），科技论文系数为 24.32，居第 16 位。

科技培训人数 260 人，对外科技咨询项数 2 项，科技特派员 3 人，科技服务系数为 0.01，居第 14 位。

安顺学院综合科技创新水平指数为 15.65%，居第 17 位，与上年相比，监测值上升 2.46 个百分点，位次下降 1 位。在四个一级指标中，科技创新环境和基础较上年上升 0.04 个百分点，位次不变。科技投入较上年上升 7.62 个百分点，位次下降 3 位。科技产出较上年下降 1.33 个百分点，位次下降 2 位。创新绩效较上年上升 0.76 个百分点，位次上升 2 位（表 3-17）。

表 3-17 安顺学院各级监测指标和位次与上年比较

指标名称	三级指标值		位次	
	2020 年	2019 年	2020 年	2019 年
综合指数 /%	15.65	13.19	17	16
科技创新环境和基础 /%	7.53	7.49	17	17
人力资源 /%	17.17	17.52	16	15
高层次科技人才系数	0.00	0.00	14	1
高学历以上人员占年末从业人员的比例 /%	67.96	70.34	13	11
高级职称以上人员占年末从业人员的比例 /%	38.76	38.99	15	14
创新条件及平台 /%	1.10	0.81	18	18
人均大型科学仪器设备原值 / 万元	1.83	1.34	13	18
省级以上创新平台及载体系数	0.00	0.00	15	7
学科建设系数	0.00	0.00	1	1
研究生在校生人数占总在校生人数的比重 /%	0.00	0.00	15	13
科技投入 /%	34.30	26.68	16	13
人力投入 /%	25.24	35.15	16	16
创新人才团队总量系数	0.00	0.00	16	11
R&D 人员占年末从业人员的比重 /%	9.82	33.42	13	12
经费投入 /%	43.36	18.20	12	11
人均科研经费 / 万元	0.90	0.53	11	16
人均 R&D 经费 / 万元	18.76	4.65	14	6
科技产出 /%	6.45	7.78	19	17
知识产出 /%	16.90	24.11	19	17
科技论文系数	24.32	24.79	16	15
知识产权系数	3.61	5.74	19	17
科技奖励 /%	0.00	0.00	13	1
科技成果系数	0.00	0.00	13	1
技术成果市场化水平 /%	0.00	0.00	9	7
人均技术市场成交合同金额 / 万元	0.00	0.00	8	7
科技合作交流 /%	9.22	3.65	15	17
项目合作系数	0.00	0.12	20	19
论文论著合作系数	11.52	4.50	15	16
创新绩效 /%	1.00	0.24	18	20
科技服务 /%	5.00	0.75	14	18
科技服务系数	0.01	0.00	14	18
产学研结合 /%	0.00	0.22	18	17
产学研结合系数	0.00	0.10	18	17
创造效益 /%	0.00	0.00	17	16
经济效益系数	0.00	0.00	17	16

(十八) 兴义民族师范学院

年末从业人员 721 人；高学历以上人员 503 人，占年末从业人员的比例为 69.76%，居第 11 位；高级职称以上人员 317 人，占年末从业人员的比例为 43.97%，居第 8 位；科学仪器设备原值 117.13 万元，人均大型科学仪器设备原值 0.16 万元，居第 20 位。

R&D 人员 67 人，占年末从业人员的比重为 9.29%，居第 14 位；科研经费 40 万元，人均科研经费 0.06 万元，居第 19 位；R&D 经费 7384 万元，人均 R&D 经费 10.24 万元，居第 18 位。

发表科技论文 83 篇（一般科技论文 48 篇，核心期刊 23 篇，三大检索工具收录 12 篇），科技论文系数为 9.63，居第 20 位；产学研项目 7 项，项目合作系数为 0.41，居第 17 位。

兴义民族师范学院综合科技创新水平指数为 10.54%，居第 18 位，与上年相比，监测值上升 1.55 个百分点，位次上升 2 位。在四个一级指标中，科技创新环境和基础较上年上升 1.14 个百分点，位次上升 1 位。科技投入较上年上升 3.02 个百分点，位次不变。科技产出较上年上升 0.64 个百分点，位次不变。创新绩效较上年上升 0.29 个百分点，位次不变（表 3-18）。

表 3-18 兴义民族师范学院各级监测指标和位次与上年比较

指标名称	三级指标值		位次	
	2020 年	2019 年	2020 年	2019 年
综合指数 /%	10.54	8.99	18	20
科技创新环境和基础 /%	7.25	6.11	18	19
人力资源 /%	17.74	15.09	15	19
高层次科技人才系数	0.00	0.00	14	1
高学历以上人员占年末从业人员的比例 /%	69.76	62.01	11	16
高级职称以上人员占年末从业人员的比例 /%	43.97	37.26	8	16
创新条件及平台 /%	0.25	0.12	20	21
人均大型科学仪器设备原值 / 万元	0.16	0.21	20	21
省级以上创新平台及载体系数	0.00	0.00	15	7
学科建设系数	0.00	0.00	1	1
研究生在校生人数占总在校生人数的比重 /%	0.17	0.00	11	13
科技投入 /%	23.17	20.15	18	18
人力投入 /%	22.31	34.73	18	18
创新人才团队总量系数	0.00	0.00	16	11
R&D 人员占年末从业人员的比重 /%	9.29	28.97	14	16
经费投入 /%	24.03	5.58	18	19
人均科研经费 / 万元	0.06	0.24	19	20
人均 R&D 经费 / 万元	10.24	1.09	18	17
科技产出 /%	2.27	1.63	20	20
知识产出 /%	5.63	4.11	20	20

续表

指标名称	三级指标值		位次	
	2020年	2019年	2020年	2019年
科技论文系数	9.63	6.84	20	19
知识产权系数	1.11	0.82	20	20
科技奖励 /%	0.00	0.00	13	1
科技成果系数	0.00	0.00	13	1
技术成果市场化水平 /%	0.00	0.00	9	7
人均技术市场成交合同金额 / 万元	0.00	0.00	8	7
科技合作交流 /%	3.86	2.65	17	18
项目合作系数	0.41	0.00	17	20
论文论著合作系数	4.62	3.31	17	17
创新绩效 /%	0.31	0.02	21	21
科技服务 /%	0.00	0.10	18	20
科技服务系数	0.00	0.00	18	20
产学研结合 /%	0.78	0.00	14	18
产学研结合系数	0.35	0.00	14	18
创造效益 /%	0.00	0.00	17	16
经济效益系数	0.00	0.00	17	16

（十九）贵州警察学院

年末从业人员317人；高学历以上人员123人，占年末从业人员的比例为38.80%，居第21位；高级职称以上人员107人，占年末从业人员的比例为33.75%，居第19位；科学仪器设备原值1153.61万元，人均大型科学仪器设备原值3.64万元，居第9位。

R&D人员14人，占年末从业人员的比重为4.42%，居第20位；科研经费106.84万元，人均科研经费0.34万元，居第17位；R&D经费5710万元，人均R&D经费18.01万元，居第15位。

发表科技论文38篇（一般科技论文25篇，核心期刊10篇，三大检索工具收录3篇），科技论文系数为3.68，居第21位；

科技培训人数112人，对外科技咨询项数3169项，科技服务系数为0.28，居第1位；技术服务收入513.15万元，经济效益系数为157.89，居第8位。

贵州警察学院综合科技创新水平指数为9.78%，居第19位，与上年相比，监测值上升1.00个百分点，位次上升2位。在四个一级指标中，科技创新环境和基础较上年下降0.16个百分点，位次不变。科技投入较上年上升0.78个百分点，位次上升2位。科技产出较上年上升0.55个百分点，位次不变。创新绩效较上年上升4.21个百分点，位次不变（表3-19）。

表 3-19 贵州警察学院各级监测指标和位次与上年比较

指标名称	三级指标值		位次	
	2020 年	2019 年	2020 年	2019 年
综合指数 /%	9.78	8.78	19	21
科技创新环境和基础 /%	4.95	5.11	21	21
人力资源 /%	8.33	8.89	21	21
高层次科技人才系数	0.00	0.00	14	1
高学历以上人员占年末从业人员的比例 /%	38.80	38.62	21	21
高级职称以上人员占年末从业人员的比例 /%	33.75	33.76	19	19
创新条件及平台 /%	2.70	2.59	13	15
人均大型科学仪器设备原值 / 万元	3.64	3.03	9	12
省级以上创新平台及载体系数	0.17	0.17	9	6
学科建设系数	0.00	0.00	1	1
研究生在校生人数占总在校生人数的比重 /%	0.00	0.00	15	13
科技投入 /%	13.15	12.37	19	21
人力投入 /%	4.90	21.33	21	21
创新人才团队总量系数	0.00	0.00	16	11
R&D 人员占年末从业人员的比重 /%	4.42	15.86	20	19
经费投入 /%	21.40	3.42	19	21
人均科研经费 / 万元	0.34	0.41	17	19
人均 R&D 经费 / 万元	18.01	0.53	15	19
科技产出 /%	1.22	0.67	21	21
知识产出 /%	2.67	1.30	21	21
科技论文系数	3.68	2.42	21	21
知识产权系数	0.58	0.24	21	21
科技奖励 /%	0.00	0.00	13	1
科技成果系数	0.00	0.00	13	1
技术成果市场化水平 /%	0.00	0.00	9	7
人均技术市场成交合同金额 / 万元	0.00	0.00	8	7
科技合作交流 /%	2.80	1.90	18	20
项目合作系数	0.00	0.00	20	20
论文论著合作系数	3.50	2.38	18	18
创新绩效 /%	24.21	20.00	7	7
科技服务 /%	100.00	100.00	1	1
科技服务系数	0.28	0.30	1	2
产学研结合 /%	0.00	0.00	18	18
产学研结合系数	0.00	0.00	18	18
创造效益 /%	10.53	0.00	8	16
经济效益系数	157.89	0.00	8	16

(二十) 茅台学院

年末从业人员 349 人；高学历以上人员 300 人，占年末从业人员的比例为 85.96%，居第 1 位；高级职称以上人员 73 人，占年末从业人员的比例为 20.92%，居第 21 位；科学仪器设备原值 1331.05 万元，人均大型科学仪器设备原值 3.81 万元，居第 8 位。

R&D 人员 23 人，占年末从业人员的比重为 6.59%，居第 16 位；科研经费 4.8 万元，人均科研经费 0.01 万元，居第 21 位；R&D 经费 3560 万元，人均 R&D 经费 10.2 万元，居第 19 位。

发表科技论文 107 篇（一般科技论文 68 篇，核心期刊 24 篇，三大检索工具收录 15 篇），科技论文系数为 11.47，居第 19 位；省内合作项目 1 项，产学研项目 8 项，项目合作系数为 0.59，居第 16 位。

茅台学院综合科技创新水平指数为 8.54%，居第 20 位，与上年相比，监测值下降 4.60 个百分点，位次下降 3 位。在四个一级指标中，科技创新环境和基础较上年下降 0.12 个百分点，位次不变。科技投入较上年下降 13.47 个百分点，位次下降 5 位。科技产出较上年上升 0.60 个百分点，位次下降 2 位。创新绩效较上年下降 0.07 个百分点，位次下降 1 位（表 3-20）。

表 3-20 茅台学院各级监测指标和位次与上年比较

指标名称	三级指标值		位次	
	2020 年	2019 年	2020 年	2019 年
综合指数 /%	8.54	13.14	20	17
科技创新环境和基础 /%	5.13	5.25	20	20
人力资源 /%	10.76	8.97	20	20
高层次科技人才系数	0.00	0.00	14	1
高学历以上人员占年末从业人员的比例 /%	85.96	76.58	1	5
高级职称以上人员占年末从业人员的比例 /%	20.92	15.61	21	21
创新条件及平台 /%	1.37	2.76	16	14
人均大型科学仪器设备原值 / 万元	3.81	8.80	8	6
省级以上创新平台及载体系数	0.00	0.00	15	7
学科建设系数	0.00	0.00	1	1
研究生在校生人数占总在校生人数的比重 /%	0.00	0.00	15	13
科技投入 /%	11.81	25.28	20	15
人力投入 /%	7.98	35.60	19	12
创新人才团队总量系数	0.00	0.00	16	11
R&D 人员占年末从业人员的比重 /%	6.59	38.29	16	7
经费投入 /%	15.64	14.96	20	14
人均科研经费 / 万元	0.01	1.41	21	11
人均 R&D 经费 / 万元	10.20	3.64	19	9
科技产出 /%	12.28	11.68	18	16
知识产出 /%	37.73	38.90	18	16

续表

指标名称	三级指标值		位次	
	2020年	2019年	2020年	2019年
科技论文系数	11.47	5.42	19	20
知识产权系数	10.63	11.34	16	13
科技奖励 /%	2.63	0.00	10	1
科技成果系数	0.05	0.00	10	1
技术成果市场化水平 /%	0.00	0.00	9	7
人均技术市场成交合同金额 / 万元	0.00	0.00	8	7
科技合作交流 /%	0.24	0.07	20	21
项目合作系数	0.59	0.18	16	18
论文论著合作系数	0.00	0.00	20	20
创新绩效 /%	0.36	0.43	20	19
科技服务 /%	0.00	0.60	18	19
科技服务系数	0.00	0.00	18	19
产学研结合 /%	0.89	0.67	13	15
产学研结合系数	0.40	0.30	13	15
创造效益 /%	0.00	0.11	17	15
经济效益系数	0.00	1.68	17	15

（二十一）贵州商学院

年末从业人员 726 人；高学历以上人员 426 人，占年末从业人员的比例为 58.68%，居第 18 位；高级职称以上人员 194 人，占年末从业人员的比例为 26.72%，居第 20 位；科学仪器设备原值 579.43 万元，人均大型科学仪器设备原值 0.8 万元，居第 17 位。

R&D 人员 20 人，占年末从业人员的比重为 2.75%，居第 21 位；科研经费 27 万元，人均科研经费 0.04 万元，居第 20 位；R&D 经费 614 万元，人均 R&D 经费 0.85 万元，居第 21 位。

发表科技论文 345 篇（一般科技论文 279 篇，核心期刊 56 篇，三大检索工具收录 10 篇），科技论文系数为 26.32，居第 15 位；省内合作项目 11 项，产学研项目 6 项，项目合作系数为 1.65，居第 14 位。

技术服务收入 152.64 万元，经济效益系数为 46.97，居第 14 位。

贵州商学院综合科技创新水平指数为 6.89%，居第 21 位，与上年相比，监测值下降 3.67 个百分点，位次下降 2 位。在四个一级指标中，科技创新环境和基础较上年下降 0.93 个百分点，位次下降 1 位。科技投入较上年下降 14.74 个百分点，位次下降 1 位。科技产出较上年上升 7.18 个百分点，位次上升 2 位。创新绩效较上年下降 0.51 个百分点，位次下降 2 位（表 3-21）。

表 3-21　贵州商学院各级监测指标和位次与上年比较

指标名称	三级指标值		位次	
	2020 年	2019 年	2020 年	2019 年
综合指数 /%	6.89	10.56	21	19
科技创新环境和基础 /%	5.54	6.47	19	18
人力资源 /%	13.16	15.80	19	18
高层次科技人才系数	0.00	0.00	14	1
高学历以上人员占年末从业人员的比例 /%	58.68	92.31	18	1
高级职称以上人员占年末从业人员的比例 /%	26.72	25.83	20	20
创新条件及平台 /%	0.46	0.24	19	20
人均大型科学仪器设备原值 / 万元	0.80	0.44	17	19
省级以上创新平台及载体系数	0.00	0.00	15	7
学科建设系数	0.00	0.00	1	1
研究生在校生人数占总在校生人数的比重 /%	0.00	0.00	15	13
科技投入 /%	5.21	19.95	21	20
人力投入 /%	6.66	24.69	20	20
创新人才团队总量系数	0.00	0.00	16	11
R&D 人员占年末从业人员的比重 /%	2.75	10.74	21	21
经费投入 /%	3.76	15.21	21	13
人均科研经费 / 万元	0.04	0.12	20	21
人均 R&D 经费 / 万元	0.85	4.54	21	7
科技产出 /%	13.82	6.64	16	18
知识产出 /%	43.80	20.00	16	19
科技论文系数	26.32	17.58	15	18
知识产权系数	11.56	4.94	14	19
科技奖励 /%	0.00	0.00	13	1
科技成果系数	0.00	0.00	13	1
技术成果市场化水平 /%	0.00	0.00	9	7
人均技术市场成交合同金额 / 万元	0.00	0.00	8	7
科技合作交流 /%	4.56	4.26	16	16
项目合作系数	1.65	0.65	14	16
论文论著合作系数	4.88	5.00	16	15
创新绩效 /%	1.52	2.03	17	15
科技服务 /%	0.00	0.00	18	21
科技服务系数	0.00	0.00	18	21
产学研结合 /%	0.67	0.67	15	15
产学研结合系数	0.30	0.30	15	15
创造效益 /%	3.13	4.40	14	11
经济效益系数	46.97	66.03	14	11

第四部分　科研院所科技创新评价报告

一、公益类科研院所综合科技创新水平评价

根据综合科技创新水平指数，全省32家公益类科研院所分为三类。

第一类：综合科技创新水平指数高于60%的科研院所有3家；

第二类：综合科技创新水平指数低于60%，但高于平均水平（40.96%）的科研院所有15家；

第三类：综合科技创新水平指数低于平均水平的科研院所有14家。

参照2019年综合科技创新水平指数排序，贵州省林业科学研究院上升1位、贵州省园艺研究所上升2位、贵州省旱粮研究所上升2位、贵州省畜牧兽医研究所上升7位、贵州省材料产业技术研究院上升18位、贵州省山地资源研究所上升10位、贵州省蚕业（辣椒）研究所上升5位、贵州省油料研究所上升3位、贵州省水产研究所上升4位、贵州省分析测试研究院上升2位；贵州省草业研究所下降2位、贵州省生物技术研究所下降1位、贵州省亚热带作物研究所下降3位、贵州省生物研究所下降3位、贵州省植物保护研究所下降4位、贵州省土壤肥料研究所下降6位、贵州省果树科学研究所下降6位、贵州省茶叶研究所下降1位、贵州省油菜研究所下降16位、贵州省水稻研究所下降4位、贵州省科学技术情报研究所下降1位、贵州省农作物品种资源研究所下降4位、贵州省山地农业机械研究所下降3位；其余科研院所位次均不变（图4-1）。

2020年与2019年监测结果相比，科研院所综合科技创新水平指数平均水平提高2.40个百分点，贵州省材料产业技术研究院、贵州省山地资源研究所、贵州省蚕业（辣椒）研究所等12家科研院所高于这一增幅（图4-2）。

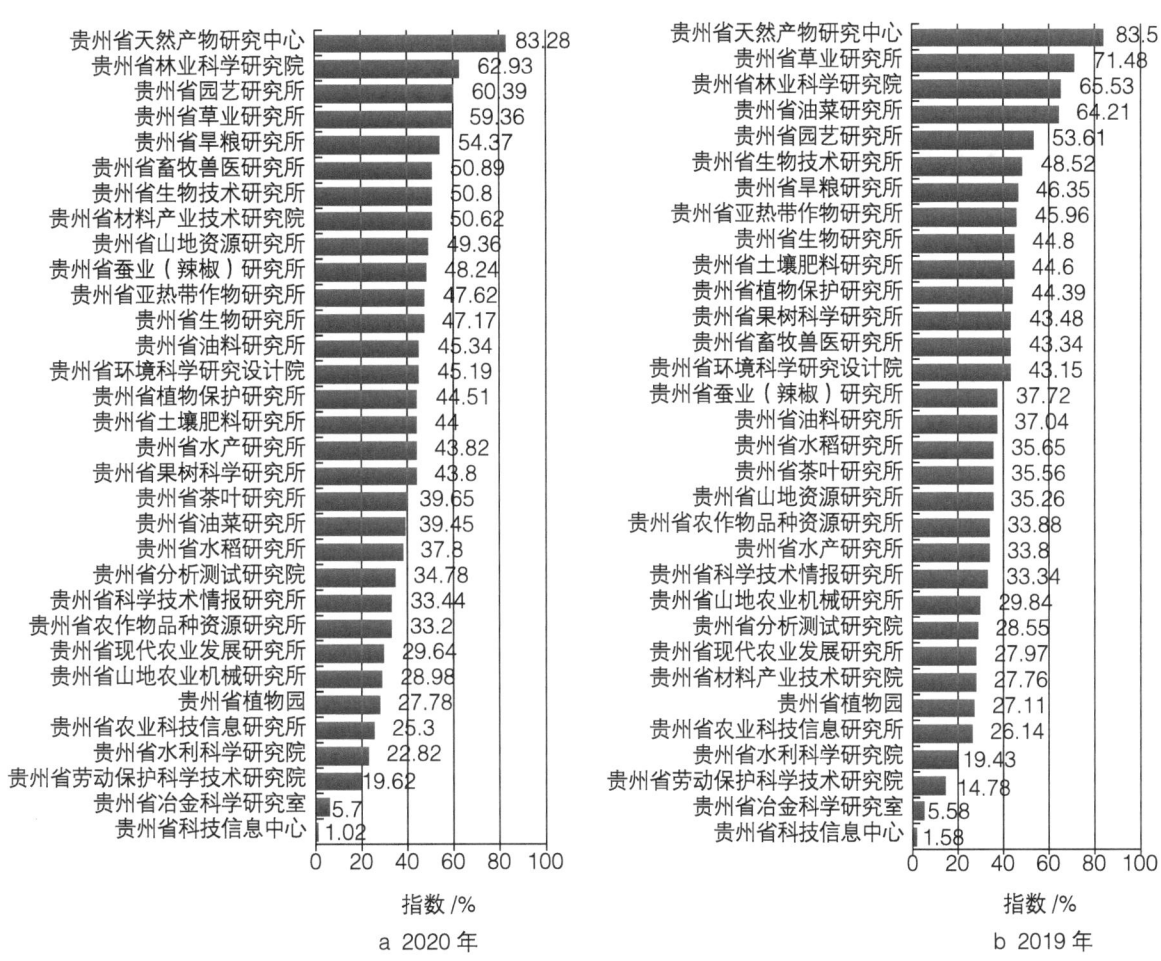

图 4-1 公益类科研院所综合科技创新水平指数排序

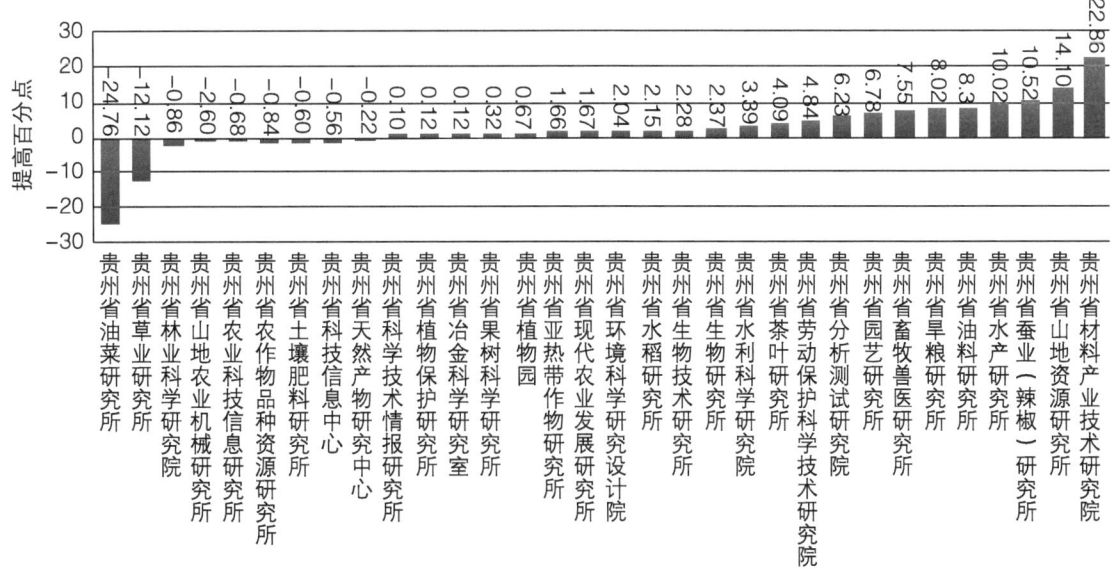

图 4-2 公益类科研院所综合科技创新水平指数提高百分点排序

二、公益类科研院所科技创新一级指标评价

（一）科技创新环境和基础

科技创新环境和基础指数高于60%的公益类科研院所有10所，占全部公益类科研院所的31.25%；低于60%，但高于平均水平（49.06%）的公益类科研院所有11所，占全部公益类科研院所的34.38%；低于平均水平的公益类科研院所有11所，占全部公益类科研院所的34.38%。

参照2019年科研院所科技创新环境和基础指数排序，位次上升较快的是贵州省茶叶研究所，位次上升11位；位次下降较快的是贵州省山地农业机械研究所，下降11位（图4-3）。

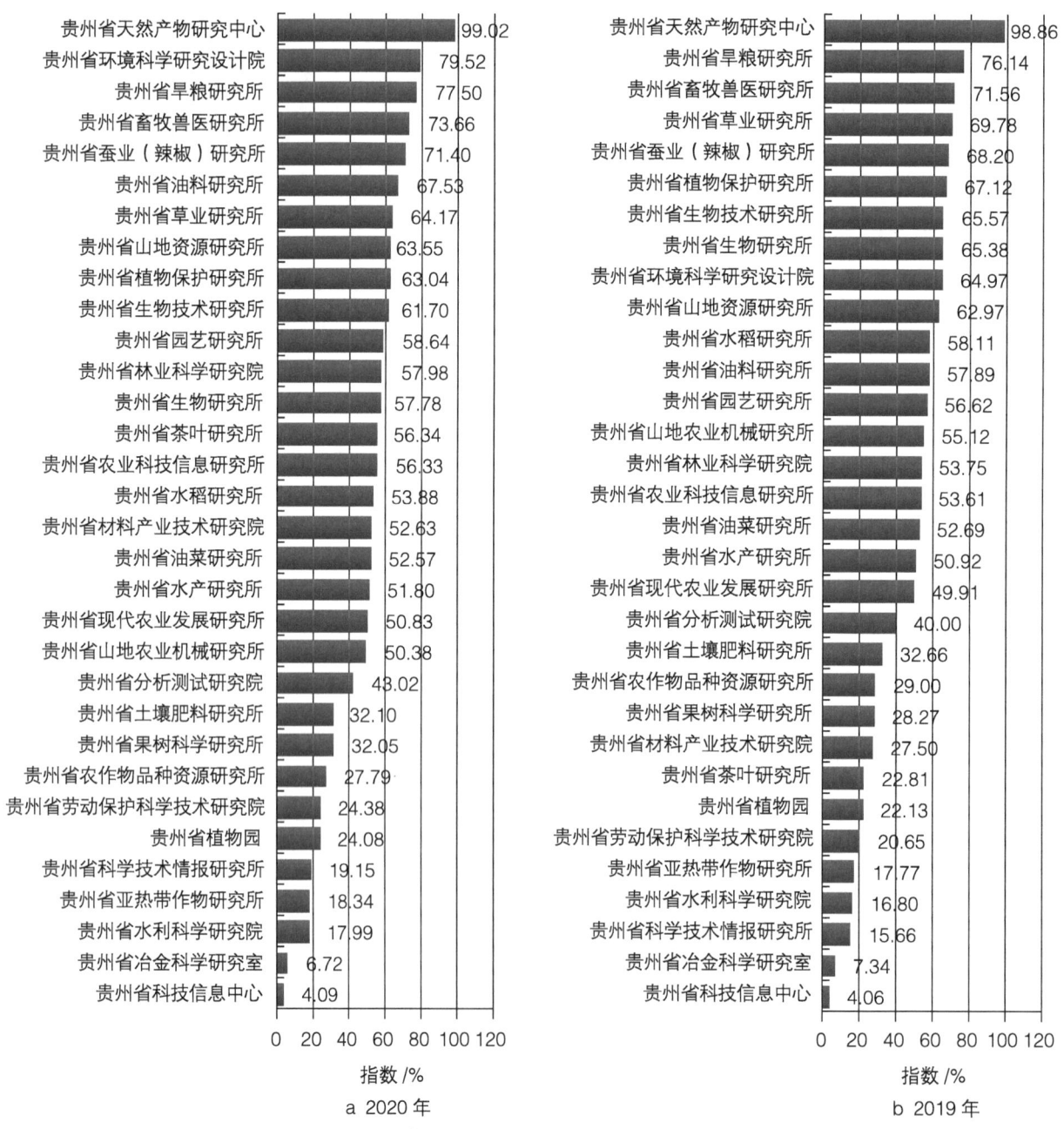

图4-3 公益类科研院所科技创新环境和基础指数排序

2020年与2019年监测结果相比,科技创新环境和基础指数平均水平提高2.69个百分点,贵州省茶叶研究所、贵州省材料产业技术研究院、贵州省环境科学研究设计院等11所科研院所高于这一增幅(图4-4)。

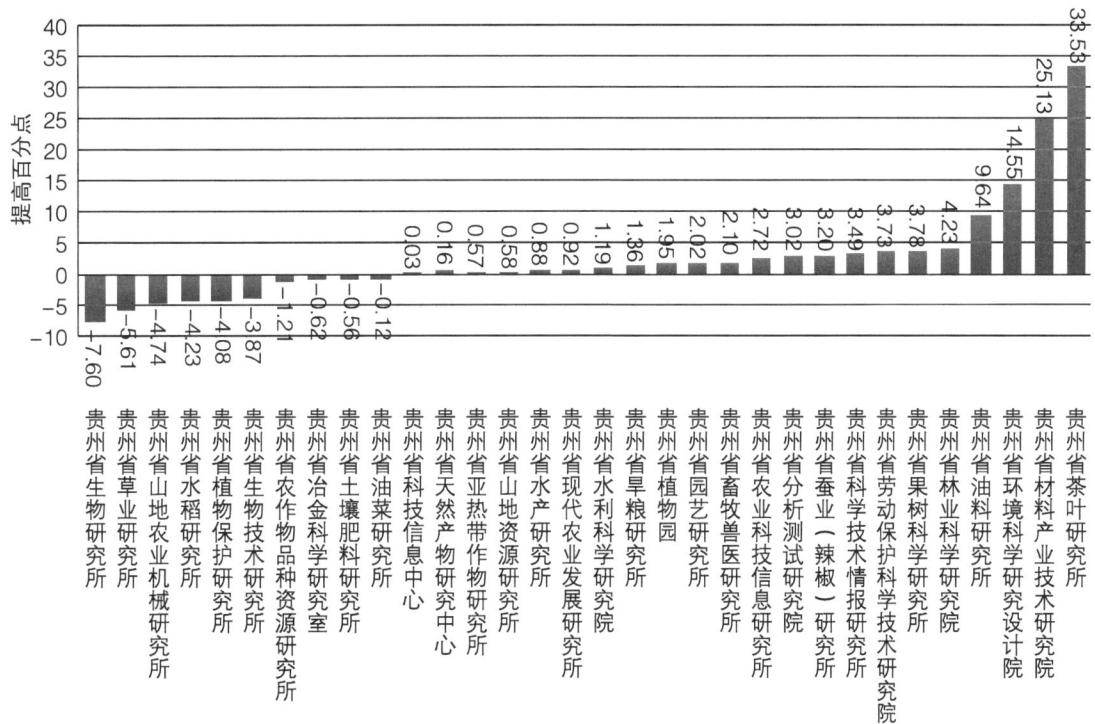

图4-4 公益类科研院所科技创新环境和基础指数提高百分点排序

(二)科技投入

科技投入指数高于60%的公益类科研院所有10所,占全部公益类科研院所的31.25%;低于60%,但高于平均水平(47.59%)的公益类科研院所有5所,占全部公益类科研院所的15.62%;低于平均水平的公益类科研院所有17所,占全部公益类科研院所的53.12%。

参照2019年科研院所科技投入指数排序,位次上升较快的是贵州省材料产业技术研究院,位次上升19位;位次下降较快的是贵州省植物园,下降15位(图4-5)。

贵州省天然产物研究中心 95.20
贵州省草业研究所 75.40
贵州省生物技术研究所 73.62
贵州省园艺研究所 67.56
贵州省油料研究所 65.74
贵州省环境科学研究设计院 65.31
贵州省土壤肥料研究所 64.94
贵州省亚热带作物研究所 62.28
贵州省蚕业（辣椒）研究所 61.62
贵州省林业科学研究院 60.17
贵州省材料产业技术研究院 55.94
贵州省植物保护研究所 55.10
贵州省茶叶研究所 52.71
贵州省山地资源研究所 51.80
贵州省生物研究所 51.48
贵州省水稻研究所 47.50
贵州省油菜研究所 45.61
贵州省果树科学研究所 45.22
贵州省分析测试研究院 44.10
贵州省农作物品种资源研究所 43.00
贵州省现代农业发展研究所 42.81
贵州省旱粮研究所 42.22
贵州省植物园 39.52
贵州省山地农业机械研究所 36.64
贵州省畜牧兽医研究所 36.64
贵州省水产研究所 34.04
贵州省劳动保护科学技术研究院 33.36
贵州省农业科技信息研究所 32.97
贵州省水利科学研究院 31.58
贵州省冶金科学研究室 7.33
贵州省科学技术情报研究所 1.48
贵州省科技信息中心 0.00
0 20 40 60 80 100
指数 /%
a 2020 年
贵州省天然产物研究中心 94.73
贵州省草业研究所 93.42
贵州省生物技术研究所 81.00
贵州省亚热带作物研究所 69.94
贵州省植物保护研究所 66.80
贵州省环境科学研究设计院 65.31
贵州省土壤肥料研究所 64.94
贵州省植物园 63.04
贵州省林业科学研究院 63.03
贵州省果树科学研究所 62.86
贵州省园艺研究所 59.03
贵州省蚕业（辣椒）研究所 58.50
贵州省农作物品种资源研究所 55.42
贵州省油菜研究所 55.40
贵州省茶叶研究所 54.95
贵州省水稻研究所 51.68
贵州省油料研究所 50.23
贵州省生物研究所 50.17
贵州省旱粮研究所 42.18
贵州省水利科学研究院 39.74
贵州省现代农业发展研究所 38.04
贵州省劳动保护科学技术研究院 37.23
贵州省农业科技信息研究所 36.86
贵州省山地农业机械研究所 35.16
贵州省水产研究所 32.24
贵州省分析测试研究院 25.19
贵州省畜牧兽医研究所 20.97
贵州省山地资源研究所 20.78
贵州省科学技术情报研究所 15.26
贵州省材料产业技术研究院 8.27
贵州省冶金科学研究室 5.50
贵州省科技信息中心 2.12
0 20 40 60 80 100
指数 /%
b 2019 年

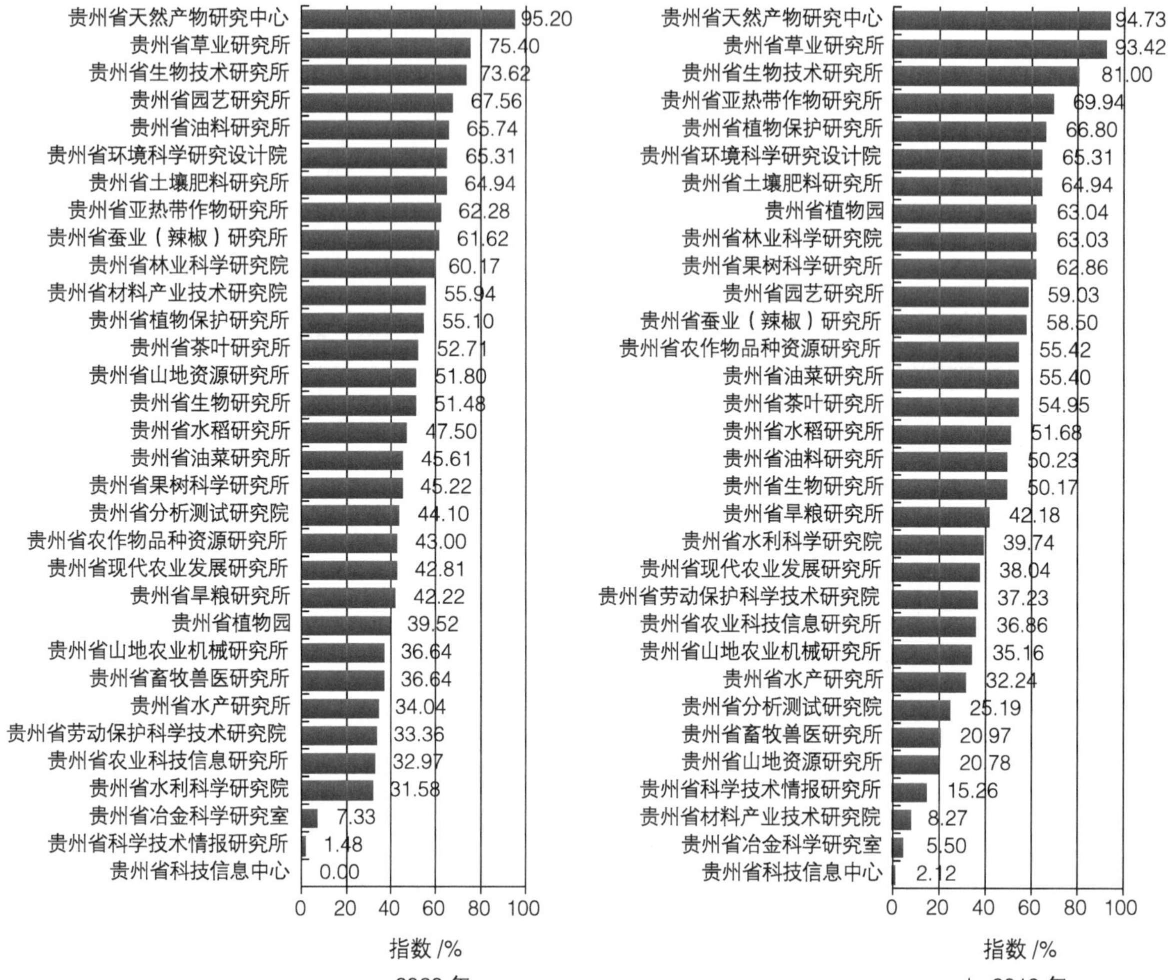

图 4-5 公益类科研院所科技投入指数排序

2020 年与 2019 年监测结果相比，科技投入指数平均水平提高 0.09 个百分点，贵州省材料产业技术研究院、贵州省山地资源研究所、贵州省分析测试研究院等 13 所科研院所高于这一增幅（图 4-6）。

提高百分点
60 50 40 30 20 10 0 −10 −20 −30
贵州省植物园 −23.52
贵州省草业研究所 −18.02
贵州省果树科学研究所 −17.64
贵州省科学技术情报研究所 −13.78
贵州省农作物品种资源研究所 −12.42
贵州省植物保护研究所 −11.70
贵州省油菜研究所 −9.79
贵州省水利科学研究院 −8.16
贵州省亚热带作物研究所 −7.66
贵州省生物技术研究所 −7.38
贵州省水稻研究所 −4.18
贵州省农业科技信息研究所 −3.89
贵州省劳动保护科学技术研究院 −3.87
贵州省林业科学研究院 −2.86
贵州省茶叶研究所 −2.24
贵州省科技信息中心 −2.12
贵州省环境科学研究设计院 0.00
贵州省土壤肥料研究所 0.00
贵州省旱粮研究所 0.04
贵州省天然产物研究中心 0.47
贵州省生物研究所 1.31
贵州省山地农业机械研究所 1.48
贵州省水产研究所 1.80
贵州省冶金科学研究室 1.83
贵州省蚕业（辣椒）研究所 3.12
贵州省现代农业发展研究所 4.77
贵州省园艺研究所 8.53
贵州省油料研究所 15.51
贵州省畜牧兽医研究所 15.67
贵州省分析测试研究院 18.91
贵州省山地资源研究所 31.02
贵州省材料产业技术研究院 47.67

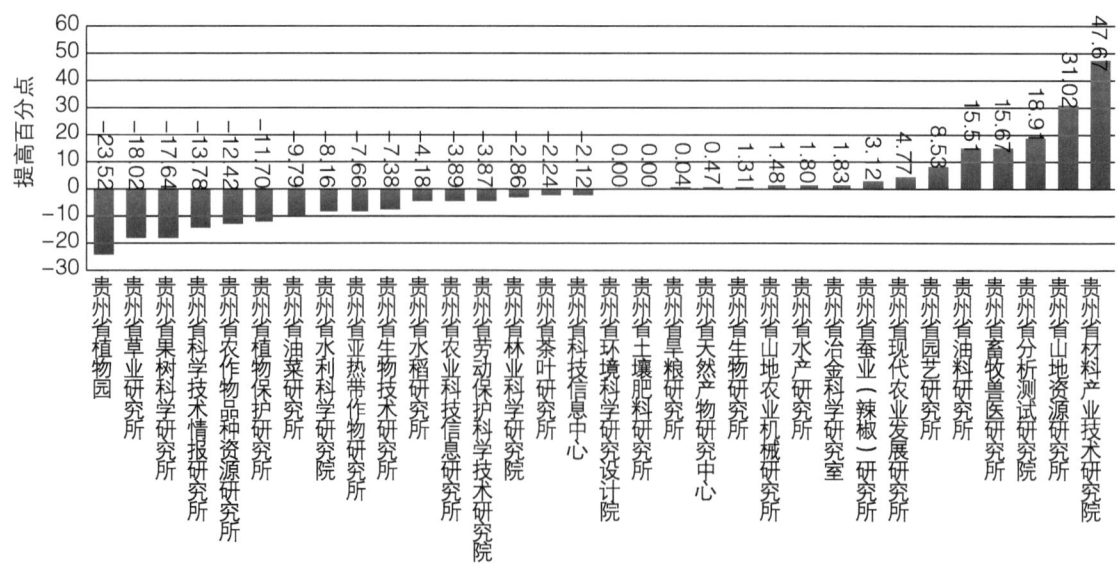

图 4-6 公益类科研院所科技投入指数提高百分点排序

(三)科技产出

科技产出指数高于60%的公益类科研院所有2所,占全部公益类科研院所的6.25%;低于60%,但高于平均水平(34.36%)的公益类科研院所有15所,占全部公益类科研院所的46.88%;低于平均水平的公益类科研院所有15所,占全部公益类科研院所的46.88%。

参照2019年科研院所科技产出指数排序,位次上升较快的是贵州省水产研究所,位次上升11位;位次下降较快的是贵州省油菜研究所,下降11位(图4-7)。

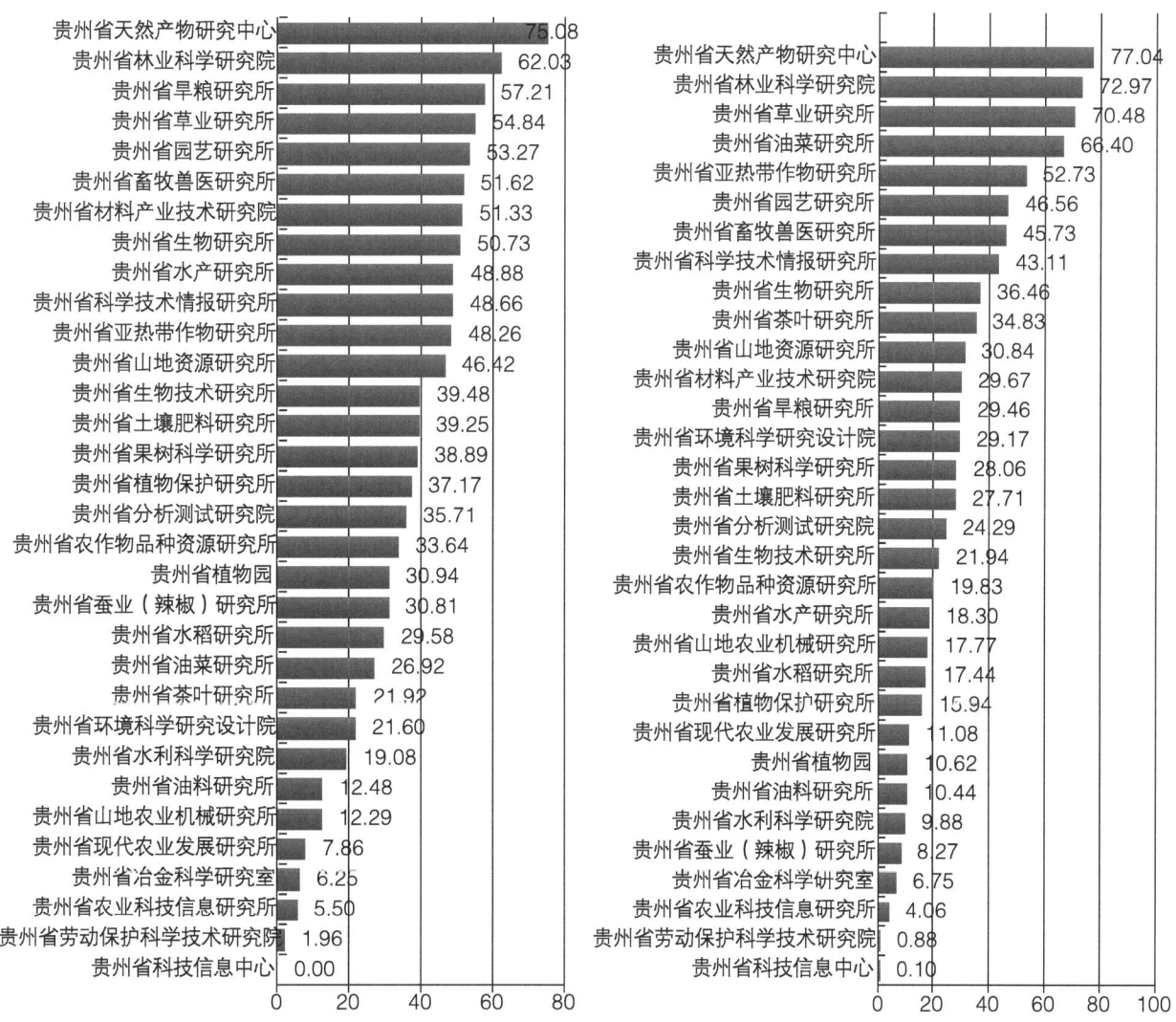

图4-7 公益类科研院所科技产出指数排序

2020年与2019年监测结果相比，科技产出指数平均水平提高5.65个百分点，贵州省水产研究所、贵州省旱粮研究所、贵州省蚕业（辣椒）研究所等17所科研院所高于这一增幅（图4-8）。

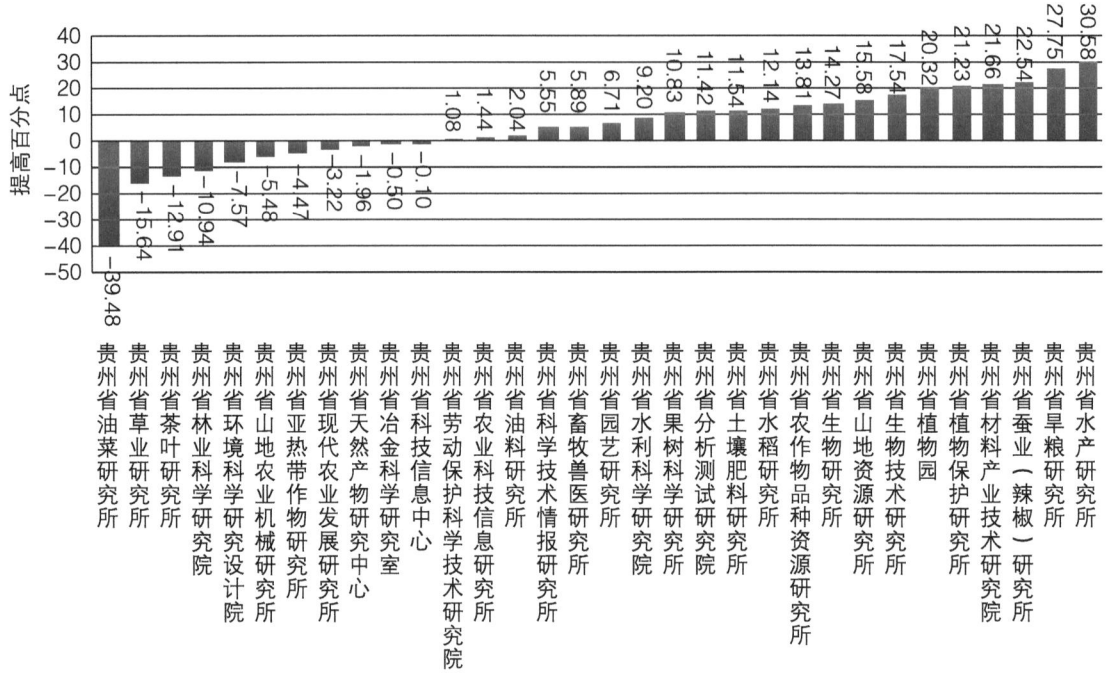

图4-8 公益类科研院所科技产出指数提高百分点排序

（四）创新绩效

创新绩效指数高于60%的公益类科研院所有5所，占全部公益类科研院所的15.62%；低于60%，但高于平均水平（31.83%）的公益类科研院所有8所，占全部公益类科研院所的25%；低于平均水平的公益类科研院所有19所，占全部公益类科研院所的59.38%。

参照2019年科研院所创新绩效指数排序，位次上升较快的是贵州省劳动保护科学技术研究院，位次上升17位；位次下降较快的是贵州省植物保护研究所、贵州省分析测试研究院，下降11位（图4-9）。

2020年与2019年监测结果相比，创新绩效指数平均水平下降1.79个百分点，贵州省油菜研究所、贵州省土壤肥料研究所、贵州省植物保护研究所等13所科研院所低于这一降幅（图4-10）。

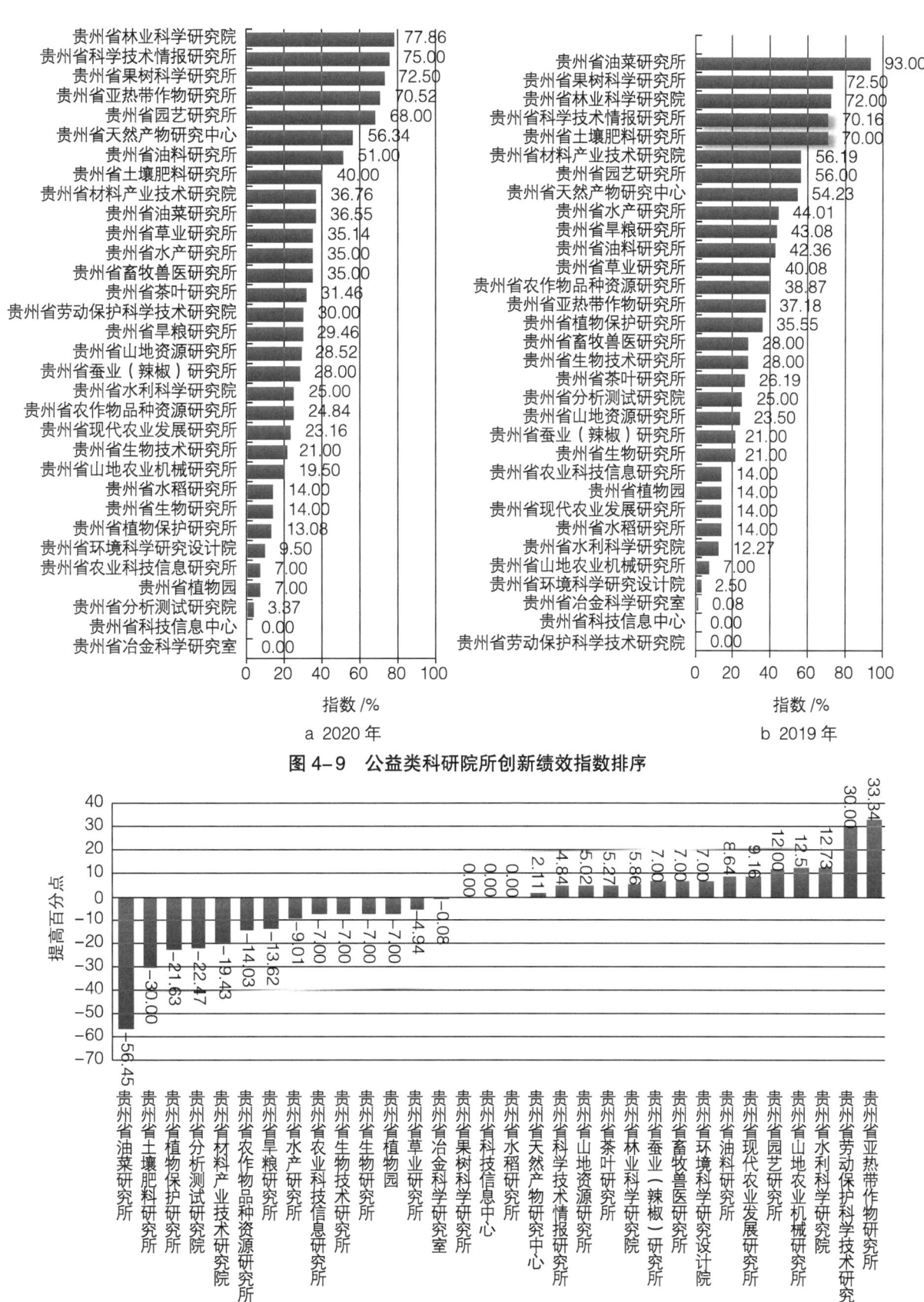

图 4-9　公益类科研院所创新绩效指数排序

图 4-10　公益类科研院所创新绩效指数提高百分点排序

三、公益类科研院所科技创新水平评价

（一）贵州省天然产物研究中心

年末从业人员 125 人；高学历以上人员 104 人，占年末从业人员的比例为 83.20%，居第 1 位；高级职称以上人员 32 人，占年末从业人员的比例为 25.60%，居第 27 位；科学仪器设备原值 2929 万元，人均大型科学仪器设备原值 23.43 万元，居第 4 位。

R&D 人员 229 人，占年末从业人员的比重为 183.20%，居第 2 位；科研经费 2186.40 万元，人均科研经费 17.49 万元，居第 5 位；R&D 经费 40 160 万元，人均 R&D 经费 321.28 万元，居第 3 位。

科技论文系数为 21.32，居第 1 位；项目合作系数为 1.82，居第 4 位。

科技服务系数为 0.01，居第 22 位；经济效益系数为 74.71，居第 6 位。

贵州省天然产物研究中心综合科技创新水平指数为 83.28%，居第 1 位，与上年相比，监测值下降 0.22 个百分点，位次不变。在四个一级指标中，科技创新环境和基础较上年上升 0.16 个百分点，位次不变。科技投入较上年上升 0.47 个百分点，位次不变。科技产出较上年下降 1.96 个百分点，位次不变。创新绩效较上年上升 2.11 个百分点，位次上升 2 位（表 4-1）。

表 4-1 贵州省天然产物研究中心各级监测指标和位次与上年比较

指标名称	三级指标值		位次	
	2020 年	2019 年	2020 年	2019 年
综合指数 /%	83.28	83.50	1	1
科技创新环境和基础 /%	99.02	98.86	1	1
人力资源 /%	97.56	97.14	1	1
高层次科技人才系数	0.79	0.79	1	1
高学历以上人员占年末从业人员的比例 /%	83.20	82.05	1	1
高级职称以上人员占年末从业人员的比例 /%	25.60	21.37	27	29
创新条件及平台 /%	100.00	100.00	1	1
人均大型科学仪器设备原值 / 万元	23.43	43.74	4	1
省级以上创新平台及载体系数	0.25	0.25	4	3
科技投入 /%	95.20	94.73	1	1
人力投入 /%	94.00	94.00	1	1
创新人才团队总量系数	0.36	0.36	1	1
R&D 人员占年末从业人员的比重 /%	183.20	154.70	2	1
经费投入 /%	96.40	95.46	5	5
人均科研经费 / 万元	17.49	15.54	5	7
人均 R&D 经费 / 万元	321.28	297.26	3	2

续表

指标名称	三级指标值		位次	
	2020 年	2019 年	2020 年	2019 年
科技产出 /%	75.08	77.04	1	1
知识产出 /%	100.00	100.00	1	1
科技论文系数	21.32	23.42	1	1
知识产权系数	3.56	2.27	1	5
科技奖励 /%	100.00	100.00	1	1
科技成果系数	0.14	0.10	2	5
技术成果市场化水平 /%	0.00	0.00	2	2
人均技术成果成交额 / 万元	0.00	0.00	2	2
科技合作交流 /%	80.33	88.17	2	1
项目合作系数	1.82	2.29	4	4
论文论著合作系数	43.56	46.56	1	1
创新绩效 /%	56.34	54.23	6	8
科技服务 /%	20.00	20.00	22	24
科技服务系数	0.01	0.01	22	24
产学研结合 /%	100.00	100.00	1	1
产学研结合系数	2.35	2.95	2	1
创造效益 /%	37.36	28.92	6	9
经济效益系数	74.71	57.85	6	9

（二）贵州省林业科学研究院

年末从业人员 176 人；高学历以上人员 65 人，占年末从业人员的比例为 36.93%，居第 25 位；高级职称以上人员 52 人，占年末从业人员的比例为 29.55%，居第 20 位；科学仪器设备原值 498.62 万元，人均大型科学仪器设备原值 2.83 万元，居第 28 位。

R&D 人员 83 人，占年末从业人员的比重为 47.16%，居第 25 位；科研经费 979.46 万元，人均科研经费 5.57 万元，居第 18 位；R&D 经费 13 625 万元，人均 R&D 经费 77.41 万元，居第 23 位。

科技论文系数为 5.79，居第 7 位；项目合作系数为 3.76，居第 1 位。

科技服务系数为 0.02，居第 17 位；经济效益系数为 190.85，居第 4 位。

贵州省林业科学研究院综合科技创新水平指数为 62.93%，居第 2 位，与上年相比，监测值下降 2.60 个百分点，位次上升 1 位。在四个一级指标中，科技创新环境和基础较上年上升 4.23 个百分点，位次上升 3 位。科技投入较上年下降 2.86 个百分点，位次下降 1 位。科技产出较上年下降 10.94 个百分点，位次不变。创新绩效较上年上升 5.86 个百分点，位次上升 2 位（表 4-2）。

表 4-2 贵州省林业科学研究院各级监测指标和位次与上年比较

指标名称	三级指标值		位次	
	2020 年	2019 年	2020 年	2019 年
综合指数 /%	62.93	65.53	2	3
科技创新环境和基础 /%	57.98	53.75	12	15
人力资源 /%	50.80	52.80	10	7
高层次科技人才系数	0.03	0.04	8	8
高学历以上人员占年末从业人员的比例 /%	36.93	40.00	25	18
高级职称以上人员占年末从业人员的比例 /%	29.55	30.59	20	19
创新条件及平台 /%	62.77	54.39	13	18
人均大型科学仪器设备原值 / 万元	2.83	0.84	28	30
省级以上创新平台及载体系数	0.17	0.17	5	4
科技投入 /%	60.17	63.03	10	9
人力投入 /%	37.03	37.08	15	12
创新人才团队总量系数	0.00	0.00	4	4
R&D 人员占年末从业人员的比重 /%	47.16	47.65	25	22
经费投入 /%	83.31	88.98	8	8
人均科研经费 / 万元	5.57	8.71	18	16
人均 R&D 经费 / 万元	77.41	63.05	23	25
科技产出 /%	62.03	72.97	2	2
知识产出 /%	98.25	100.00	3	1
科技论文系数	5.79	6.21	7	3
知识产权系数	2.63	2.20	3	6
科技奖励 /%	50.00	100.00	10	1
科技成果系数	0.05	0.12	10	2
技术成果市场化水平 /%	0.00	0.00	2	2
人均技术成果成交额 / 万元	0.00	0.00	2	2
科技合作交流 /%	89.88	71.88	1	3
项目合作系数	3.76	4.65	1	1
论文论著合作系数	3.19	1.75	6	8
创新绩效 /%	77.86	72.00	1	3
科技服务 /%	40.00	20.00	17	24
科技服务系数	0.02	0.01	17	24
产学研结合 /%	100.00	100.00	1	1
产学研结合系数	2.60	1.95	1	3
创造效益 /%	95.42	100.00	4	1
经济效益系数	190.85	277.85	4	3

(三)贵州省园艺研究所

年末从业人员72人;高学历以上人员46人,占年末从业人员的比例为63.89%,居第8位;高级职称以上人员26人,占年末从业人员的比例为36.11%,居第10位;科学仪器设备原值411万元,人均大型科学仪器设备原值5.71万元,居第20位。

R&D人员54人,占年末从业人员的比重为75.00%,居第15位;科研经费1550.25万元,人均科研经费21.53万元,居第4位;R&D经费9438万元,人均R&D经费131.08万元,居第18位。

科技论文系数为3.05,居第17位;项目合作系数为1.06,居第6位。

科技服务系数为0.04,居第7位;

贵州省园艺研究所综合科技创新水平指数为60.39%,居第3位,与上年相比,监测值上升6.78个百分点,位次上升2位。在四个一级指标中,科技创新环境和基础较上年上升2.02个百分点,位次上升2位。科技投入较上年上升8.53个百分点,位次上升7位。科技产出较上年上升6.71个百分点,位次上升1位。创新绩效较上年上升12.00个百分点,位次上升2位(表4-3)。

表4-3 贵州省园艺研究所各级监测指标和位次与上年比较

指标名称	三级指标值		位次	
	2020年	2019年	2020年	2019年
综合指数/%	60.39	53.61	3	5
科技创新环境和基础/%	58.64	56.62	11	13
人力资源/%	53.53	51.54	7	8
高层次科技人才系数	0.03	0.03	8	10
高学历以上人员占年末从业人员的比例/%	63.89	60.29	8	10
高级职称以上人员占年末从业人员的比例/%	36.11	36.76	10	11
创新条件及平台/%	62.05	60.01	15	17
人均大型科学仪器设备原值/万元	5.71	4.87	20	23
省级以上创新平台及载体系数	0.17	0.17	5	4
科技投入/%	67.56	59.03	4	11
人力投入/%	36.80	34.51	16	13
创新人才团队总量系数	0.00	0.00	4	4
R&D人员占年末从业人员的比重/%	75.00	73.53	15	14
经费投入/%	98.33	83.55	4	10
人均科研经费/万元	21.53	12.63	4	11
人均R&D经费/万元	131.08	159.31	18	13
科技产出/%	53.27	46.56	5	6
知识产出/%	75.42	52.58	12	21

续表

指标名称	三级指标值		位次	
	2020年	2019年	2020年	2019年
科技论文系数	3.05	2.21	17	24
知识产权系数	2.00	0.82	6	17
科技奖励/%	100.00	100.00	1	1
科技成果系数	0.12	0.12	3	2
技术成果市场化水平/%	0.00	0.00	2	2
人均技术成果成交额/万元	0.00	0.00	2	2
科技合作交流/%	17.67	13.67	13	16
项目合作系数	1.06	0.82	6	13
论文论著合作系数	0.00	0.00	13	12
创新绩效/%	68.00	56.00	5	7
科技服务/%	80.00	60.00	7	8
科技服务系数	0.04	0.03	7	8
产学研结合/%	100.00	87.50	1	5
产学研结合系数	0.90	0.70	4	5
创造效益/%	0.00	0.00	17	18
经济效益系数	0.00	0.00	17	18

（四）贵州省草业研究所

年末从业人员80人；高学历以上人员45人，占年末从业人员的比例为56.25%，居第12位；高级职称以上人员29人，占年末从业人员的比例为36.25%，居第9位；科学仪器设备原值277.55万元，人均大型科学仪器设备原值3.47万元，居第26位。

R&D人员57人，占年末从业人员的比重为71.25%，居第19位；科研经费379万元，人均科研经费4.74万元，居第23位；R&D经费9167万元，人均R&D经费114.59万元，居第20位。

科技论文系数为5.84，居第6位；项目合作系数为1.06，居第6位。

科技服务系数为0.02，居第17位；经济效益系数为9.08，居第13位。

贵州省草业研究所综合科技创新水平指数为59.36%，居第4位，与上年相比，监测值下降12.12个百分点，位次下降2位。在四个一级指标中，科技创新环境和基础较上年下降5.61个百分点，位次下降3位。科技投入较上年下降18.02个百分点，位次不变。科技产出较上年下降15.64个百分点，位次下降1位。创新绩效较上年下降4.94个百分点，位次上升1位（表4-4）。

表 4-4 贵州省草业研究所各级监测指标和位次与上年比较

指标名称	三级指标值		位次	
	2020 年	2019 年	2020 年	2019 年
综合指数 /%	59.36	71.48	4	2
科技创新环境和基础 /%	64.17	69.78	7	4
人力资源 /%	72.95	70.79	4	4
高层次科技人才系数	0.15	0.15	4	4
高学历以上人员占年末从业人员的比例 /%	56.25	51.25	12	14
高级职称以上人员占年末从业人员的比例 /%	36.25	36.25	9	12
创新条件及平台 /%	58.31	69.10	18	12
人均大型科学仪器设备原值 / 万元	3.47	8.59	26	20
省级以上创新平台及载体系数	0.17	0.17	5	4
科技投入 /%	75.40	93.42	2	2
人力投入 /%	92.00	92.00	2	2
创新人才团队总量系数	0.36	0.36	1	1
R&D 人员占年末从业人员的比重 /%	71.25	71.25	19	17
经费投入 /%	58.81	94.84	15	6
人均科研经费 / 万元	4.74	14.24	23	9
人均 R&D 经费 / 万元	114.59	146.50	20	15
科技产出 /%	54.84	70.48	4	3
知识产出 /%	98.67	88.17	2	5
科技论文系数	5.84	4.58	6	8
知识产权系数	1.74	1.38	7	11
科技奖励 /%	50.00	100.00	10	1
科技成果系数	0.05	0.17	10	1
技术成果市场化水平 /%	0.00	0.00	2	2
人均技术成果成交额 / 万元	0.00	0.00	2	2
科技合作交流 /%	60.67	73.75	4	2
项目合作系数	1.06	1.47	6	6
论文论著合作系数	3.44	3.94	5	3
创新绩效 /%	35.14	40.08	11	12
科技服务 /%	40.00	60.00	17	8
科技服务系数	0.02	0.03	17	8
产学研结合 /%	50.00	43.75	8	9
产学研结合系数	0.40	0.35	8	9
创造效益 /%	4.54	6.31	13	11
经济效益系数	9.08	12.62	13	11

（五）贵州省旱粮研究所

年末从业人员55人；高学历以上人员31人，占年末从业人员的比例为56.36%，居第11位；高级职称以上人员22人，占年末从业人员的比例为40.00%，居第6位；科学仪器设备原值638万元，人均大型科学仪器设备原值11.60万元，居第15位。

R&D人员36人，占年末从业人员的比重为65.45%，居第23位；科研经费348.75万元，人均科研经费6.34万元，居第14位；R&D经费8650万元，人均R&D经费157.27万元，居第15位。

科技论文系数为2.68，居第21位；项目合作系数为0.59，居第12位。

科技服务系数为0.03，居第10位；经济效益系数为67.69，居第7位。

贵州省旱粮研究所综合科技创新水平指数为54.37%，居第5位，与上年相比，监测值上升8.02个百分点，位次上升2位。在四个一级指标中，科技创新环境和基础较上年上升1.36个百分点，位次下降1位。科技投入较上年上升0.04个百分点，位次下降3位。科技产出较上年上升27.75个百分点，位次上升10位。创新绩效较上年下降13.62个百分点，位次下降6位（表4-5）。

表4-5 贵州省旱粮研究所各级监测指标和位次与上年比较

指标名称	三级指标值		位次	
	2020年	2019年	2020年	2019年
综合指数/%	54.37	46.35	5	7
科技创新环境和基础/%	77.50	76.14	3	2
人力资源/%	76.38	76.93	3	3
高层次科技人才系数	0.22	0.22	3	3
高学历以上人员占年末从业人员的比例/%	56.36	55.56	11	11
高级职称以上人员占年末从业人员的比例/%	40.00	42.59	6	6
创新条件及平台/%	78.25	75.61	7	6
人均大型科学仪器设备原值/万元	11.60	10.06	15	14
省级以上创新平台及载体系数	0.33	0.33	1	1
科技投入/%	42.22	42.18	22	19
人力投入/%	26.18	27.04	25	21
创新人才团队总量系数	0.00	0.00	4	4
R&D人员占年末从业人员的比重/%	65.45	68.52	23	19
经费投入/%	58.26	57.33	17	20
人均科研经费/万元	6.34	6.11	14	22
人均R&D经费/万元	157.27	190.33	15	9
科技产出/%	57.21	29.46	3	13
知识产出/%	67.75	82.25	17	9

续表

指标名称	三级指标值		位次	
	2020年	2019年	2020年	2019年
科技论文系数	2.68	4.37	21	10
知识产权系数	1.09	1.10	12	15
科技奖励 /%	100.00	0.00	1	11
科技成果系数	0.12	0.00	3	11
技术成果市场化水平 /%	0.00	0.00	2	2
人均技术成果成交额 / 万元	0.00	0.00	2	2
科技合作交流 /%	41.08	35.58	9	9
项目合作系数	0.59	0.35	12	20
论文论著合作系数	2.50	2.38	7	7
创新绩效 /%	29.46	43.08	16	10
科技服务 /%	60.00	60.00	10	8
科技服务系数	0.03	0.03	10	8
产学研结合 /%	0.00	12.50	16	13
产学研结合系数	0.00	0.10	16	13
创造效益 /%	33.84	68.31	7	5
经济效益系数	67.69	136.62	7	5

（六）贵州省畜牧兽医研究所

年末从业人员120人；高学历以上人员51人，占年末从业人员的比例为42.50%，居第20位；高级职称以上人员42人，占年末从业人员的比例为35.00%，居第12位；科学仪器设备原值2240万元，人均大型科学仪器设备原值18.67万元，居第5位。

R&D人员28人，占年末从业人员的比重为23.33%，居第30位；科研经费428万元，人均科研经费3.57万元，居第24位；R&D经费5483万元，人均R&D经费45.69万元，居第29位。

科技论文系数为4.68，居第9位。

科技服务系数为0.07，居第4位。

贵州省畜牧兽医研究所综合科技创新水平指数为50.89%，居第6位，与上年相比，监测值上升7.55个百分点，位次上升7位。在四个一级指标中，科技创新环境和基础较上年上升2.10个百分点，位次下降1位。科技投入较上年上升15.67个百分点，位次上升3位。科技产出较上年上升5.89个百分点，位次上升1位。创新绩效较上年上升7.00个百分点，位次上升4位（表4-6）。

表4-6 贵州省畜牧兽医研究所各级监测指标和位次与上年比较

指标名称	三级指标值		位次	
	2020年	2019年	2020年	2019年
综合指数 /%	50.89	43.34	6	13
科技创新环境和基础 /%	73.66	71.56	4	3
人力资源 /%	48.44	43.92	13	15
高层次科技人才系数	0.01	0.00	14	14
高学历以上人员占年末从业人员的比例 /%	42.50	35.71	20	24
高级职称以上人员占年末从业人员的比例 /%	35.00	33.93	12	15
创新条件及平台 /%	90.47	89.98	4	2
人均大型科学仪器设备原值 / 万元	18.67	17.45	5	7
省级以上创新平台及载体系数	0.17	0.17	5	4
科技投入 /%	36.64	20.97	24	27
人力投入 /%	17.42	14.46	28	25
创新人才团队总量系数	0.00	0.00	4	4
R&D 人员占年末从业人员的比重 /%	23.33	20.54	30	25
经费投入 /%	55.87	27.48	19	29
人均科研经费 / 万元	3.57	2.71	24	28
人均 R&D 经费 / 万元	45.69	16.34	29	27
科技产出 /%	51.62	45.73	6	7
知识产出 /%	86.50	62.92	5	17
科技论文系数	4.68	3.95	9	12
知识产权系数	1.14	0.72	11	18
科技奖励 /%	100.00	100.00	1	1
科技成果系数	0.17	0.10	1	5
技术成果市场化水平 /%	0.00	0.00	2	2
人均技术成果成交额 / 万元	0.00	0.00	2	2
科技合作交流 /%	0.00	0.00	22	25
项目合作系数	0.00	0.00	22	25
论文论著合作系数	0.00	0.00	13	12
创新绩效 /%	35.00	28.00	12	16
科技服务 /%	100.00	80.00	1	5
科技服务系数	0.07	0.04	4	5
产学研结合 /%	0.00	0.00	16	17
产学研结合系数	0.00	0.00	16	17
创造效益 /%	0.00	0.00	17	18
经济效益系数	0.00	0.00	17	18

(七)贵州省生物技术研究所

年末从业人员 65 人;高学历以上人员 47 人,占年末从业人员的比例为 72.31%,居第 5 位;高级职称以上人员 36 人,占年末从业人员的比例为 55.38%,居第 2 位;科学仪器设备原值 552 万元,人均大型科学仪器设备原值 8.49 万元,居第 17 位。

R&D 人员 46 人,占年末从业人员的比重为 70.77%,居第 20 位;科研经费 415 万元,人均科研经费 6.38 万元,居第 13 位;R&D 经费 10 512 万元,人均 R&D 经费 161.72 万元,居第 13 位。

科技论文系数为 4.11,居第 12 位;项目合作系数为 0.82,居第 9 位。

科技服务系数为 0.03,居第 10 位。

贵州省生物技术研究所综合科技创新水平指数为 50.8%,居第 7 位,与上年相比,监测值上升 2.28 个百分点,位次下降 1 位。在四个一级指标中,科技创新环境和基础较上年下降 3.87 个百分点,位次下降 3 位。科技投入较上年下降 7.38 个百分点,位次不变。科技产出较上年上升 17.54 个百分点,位次上升 5 位。创新绩效较上年下降 7.00 个百分点,位次下降 6 位(表 4-7)。

表 4-7 贵州省生物技术研究所各级监测指标和位次与上年比较

指标名称	三级指标值		位次	
	2020 年	2019 年	2020 年	2019 年
综合指数 /%	50.80	48.52	7	6
科技创新环境和基础 /%	61.70	65.57	10	7
人力资源 /%	55.00	54.31	6	6
高层次科技人才系数	0.03	0.03	8	10
高学历以上人员占年末从业人员的比例 /%	72.31	73.85	5	5
高级职称以上人员占年末从业人员的比例 /%	55.38	43.08	2	5
创新条件及平台 /%	66.17	73.07	11	8
人均大型科学仪器设备原值 / 万元	8.49	12.35	17	12
省级以上创新平台及载体系数	0.17	0.17	5	4
科技投入 /%	73.62	81.00	3	3
人力投入 /%	86.08	85.38	3	3
创新人才团队总量系数	0.36	0.36	1	1
R&D 人员占年末从业人员的比重 /%	70.77	69.23	20	18
经费投入 /%	61.17	76.63	14	13
人均科研经费 / 万元	6.38	11.05	13	13
人均 R&D 经费 / 万元	161.72	170.69	13	11
科技产出 /%	39.48	21.94	13	18
知识产出 /%	84.25	87.75	7	6

续表

指标名称	三级指标值		位次	
	2020 年	2019 年	2020 年	2019 年
科技论文系数	4.11	4.53	12	9
知识产权系数	1.29	1.58	10	9
科技奖励 /%	50.00	0.00	10	11
科技成果系数	0.05	0.00	10	11
技术成果市场化水平 /%	0.00	0.00	2	2
人均技术成果成交额 / 万元	0.00	0.00	2	2
科技合作交流 /%	13.67	0.00	16	25
项目合作系数	0.82	0.00	9	25
论文论著合作系数	0.00	0.00	13	12
创新绩效 /%	21.00	28.00	22	16
科技服务 /%	60.00	80.00	10	5
科技服务系数	0.03	0.04	10	5
产学研结合 /%	0.00	0.00	16	17
产学研结合系数	0.00	0.00	16	17
创造效益 /%	0.00	0.00	17	18
经济效益系数	0.00	0.00	17	18

（八）贵州省材料产业技术研究院

年末从业人员 72 人；高学历以上人员 57 人，占年末从业人员的比例为 79.17%，居第 2 位；高级职称以上人员 23 人，占年末从业人员的比例为 31.94%，居第 16 位；科学仪器设备原值 210.3 万元，人均大型科学仪器设备原值 2.92 万元，居第 27 位。

R&D 人员 72 人，占年末从业人员的比重为 100.00%，居第 3 位；科研经费 634 万元，人均科研经费 8.81 万元，居第 10 位；R&D 经费 16 223 万元，人均 R&D 经费 225.32 万元，居第 9 位。

科技论文系数为 14.21，居第 2 位；项目合作系数为 0.12，居第 19 位。

科技服务系数为 0.03，居第 10 位；经济效益系数为 126.12，居第 5 位。

贵州省材料产业技术研究院综合科技创新水平指数为 50.62%，居第 8 位，与上年相比，监测值上升 22.86 个百分点，位次上升 18 位。在四个一级指标中，科技创新环境和基础较上年上升 25.13 个百分点，位次上升 7 位。科技投入较上年上升 47.67 个百分点，位次上升 20 位。科技产出较上年上升 21.66 个百分点，位次上升 5 位。创新绩效较上年下降 19.43 个百分点，位次下降 3 位（表 4-8）。

表 4-8 贵州省材料产业技术研究院各级监测指标和位次与上年比较

指标名称	三级指标值		位次	
	2020 年	2019 年	2020 年	2019 年
综合指数 /%	50.62	27.76	8	26
科技创新环境和基础 /%	52.63	27.50	17	24
人力资源 /%	46.59	47.98	16	11
高层次科技人才系数	0.00	0.00	16	14
高学历以上人员占年末从业人员的比例 /%	79.17	62.32	2	8
高级职称以上人员占年末从业人员的比例 /%	31.94	31.88	16	16
创新条件及平台 /%	56.65	13.85	19	25
人均大型科学仪器设备原值 / 万元	2.92	4.14	27	27
省级以上创新平台及载体系数	0.17	0.00	5	19
科技投入 /%	55.94	8.27	11	31
人力投入 /%	40.00	0.00	4	28
创新人才团队总量系数	0.00	0.00	4	4
R&D 人员占年末从业人员的比重 /%	100.00	0.00	3	28
经费投入 /%	71.89	16.54	10	31
人均科研经费 / 万元	8.81	2.54	10	29
人均 R&D 经费 / 万元	225.32	0.00	9	28
科技产出 /%	51.33	29.67	7	12
知识产出 /%	83.33	100.00	8	1
科技论文系数	14.21	8.74	2	2
知识产权系数	0.80	6.69	18	1
科技奖励 /%	100.00	0.00	1	11
科技成果系数	0.12	0.00	3	11
技术成果市场化水平 /%	0.00	0.00	2	2
人均技术成果成交额 / 万元	0.00	0.00	2	2
科技合作交流 /%	2.00	18.67	20	13
项目合作系数	0.12	1.12	19	10
论文论著合作系数	0.00	0.00	13	12
创新绩效 /%	36.76	56.19	9	6
科技服务 /%	60.00	60.00	10	8
科技服务系数	0.03	0.03	10	8
产学研结合 /%	0.00	87.50	16	5
产学研结合系数	0.00	0.70	16	5
创造效益 /%	63.06	0.77	5	16
经济效益系数	126.12	1.54	5	16

（九）贵州省山地资源研究所

年末从业人员 87 人；高学历以上人员 63 人，占年末从业人员的比例为 72.41%，居第 4 位；高级职称以上人员 29 人，占年末从业人员的比例为 33.33%，居第 14 位；科学仪器设备原值 832.50 万元，人均大型科学仪器设备原值 9.57 万元，居第 16 位。

R&D 人员 61 人，占年末从业人员的比重为 70.11%，居第 21 位；科研经费 490.60 万元，人均科研经费 5.64 万元，居第 17 位；R&D 经费 12 650 万元，人均 R&D 经费 145.40 万元，居第 16 位。

科技论文系数为 6.32，居第 5 位；项目合作系数为 0.59，居第 12 位。

科技服务系数为 0.03，居第 10 位；经济效益系数为 60.17，居第 8 位。

贵州省山地资源研究所综合科技创新水平指数为 49.36%，居第 9 位，与上年相比，监测值上升 14.10 个百分点，位次上升 10 位。在四个一级指标中，科技创新环境和基础较上年上升 0.58 个百分点，位次上升 2 位。科技投入较上年上升 31.02 个百分点，位次上升 14 位。科技产出较上年上升 15.58 个百分点，位次下降 1 位。创新绩效较上年上升 5.02 个百分点，位次上升 3 位（表 4-9）。

表 4-9　贵州省山地资源研究所各级监测指标和位次与上年比较

指标名称	三级指标值		位次	
	2020 年	2019 年	2020 年	2019 年
综合指数 /%	49.36	35.26	9	19
科技创新环境和基础 /%	63.55	62.97	8	10
人力资源 /%	50.00	48.41	11	10
高层次科技人才系数	0.01	0.00	14	14
高学历以上人员占年末从业人员的比例 /%	72.41	74.12	4	4
高级职称以上人员占年末从业人员的比例 /%	33.33	34.12	14	14
创新条件及平台 /%	72.59	72.68	9	9
人均大型科学仪器设备原值 / 万元	9.57	9.79	16	16
省级以上创新平台及载体系数	0.17	0.17	5	4
科技投入 /%	51.80	20.78	14	28
人力投入 /%	39.48	0.00	12	28
创新人才团队总量系数	0.00	0.00	4	4
R&D 人员占年末从业人员的比重 /%	70.11	0.00	21	28
经费投入 /%	64.12	41.55	13	26
人均科研经费 / 万元	5.64	9.92	17	15
人均 R&D 经费 / 万元	145.40	0.00	16	28
科技产出 /%	46.42	30.84	12	11
知识产出 /%	65.83	52.67	18	20

续表

指标名称	三级指标值		位次	
	2020年	2019年	2020年	2019年
科技论文系数	6.32	5.32	5	4
知识产权系数	0.38	0.20	26	26
科技奖励 /%	50.00	0.00	10	11
科技成果系数	0.05	0.00	10	11
技术成果市场化水平 /%	0.00	0.00	2	2
人均技术成果成交额 / 万元	0.00	0.00	2	2
科技合作交流 /%	59.83	70.67	5	4
项目合作系数	0.59	1.24	12	7
论文论著合作系数	5.31	6.12	3	2
创新绩效 /%	28.52	23.50	17	20
科技服务 /%	60.00	60.00	10	8
科技服务系数	0.03	0.03	10	8
产学研结合 /%	0.00	6.25	16	14
产学研结合系数	0.00	0.05	16	14
创造效益 /%	30.08	0.00	8	18
经济效益系数	60.17	0.00	8	18

（十）贵州省蚕业（辣椒）研究所

年末从业人员126人；高学历以上人员44人，占年末从业人员的比例为34.92%，居第27位；高级职称以上人员28人，占年末从业人员的比例为22.22%，居第30位；科学仪器设备原值2003.21万元，人均大型科学仪器设备原值15.90万元，居第8位。

R&D人员93人，占年末从业人员的比重为73.81%，居第16位；科研经费914.2万元，人均科研经费7.26万元，居第11位；R&D经费28 816万元，人均R&D经费228.70万元，居第8位。

科技论文系数为3.16，居第14位。

科技服务系数为0.04，居第7位。

贵州省蚕业（辣椒）研究所综合科技创新水平指数为48.24%，居第10位，与上年相比，监测值上升10.52个百分点，位次上升5位。在四个一级指标中，科技创新环境和基础较上年上升3.20个百分点，位次不变。科技投入较上年上升3.12个百分点，位次上升3位。科技产出较上年上升22.54个百分点，位次上升8位。创新绩效较上年上升7.00个百分点，位次上升3位（表4-10）。

表4-10 贵州省蚕业（辣椒）研究所各级监测指标和位次与上年比较

指标名称	三级指标值		位次	
	2020年	2019年	2020年	2019年
综合指数 /%	48.24	37.72	10	15
科技创新环境和基础 /%	71.40	68.20	5	5
人力资源 /%	44.46	38.04	18	22
高层次科技人才系数	0.00	0.00	16	14
高学历以上人员占年末从业人员的比例 /%	34.92	26.50	27	28
高级职称以上人员占年末从业人员的比例 /%	22.22	22.22	30	28
创新条件及平台 /%	89.36	88.30	5	3
人均大型科学仪器设备原值 / 万元	15.90	13.24	8	11
省级以上创新平台及载体系数	0.17	0.17	5	4
科技投入 /%	61.62	58.50	9	12
人力投入 /%	39.87	40.00	10	4
创新人才团队总量系数	0.00	0.00	4	4
R&D 人员占年末从业人员的比重 /%	73.81	76.92	16	11
经费投入 /%	83.38	77.00	7	12
人均科研经费 / 万元	7.26	6.62	11	21
人均 R&D 经费 / 万元	228.70	179.09	8	10
科技产出 /%	30.81	8.27	20	28
知识产出 /%	39.25	25.25	24	27
科技论文系数	3.16	2.68	14	19
知识产权系数	0.31	0.07	27	30
科技奖励 /%	70.00	0.00	8	11
科技成果系数	0.07	0.00	8	11
技术成果市场化水平 /%	0.00	0.00	2	2
人均技术成果成交额 / 万元	0.00	0.00	2	2
科技合作交流 /%	0.00	7.83	22	19
项目合作系数	0.00	0.47	22	16
论文论著合作系数	0.00	0.00	13	12
创新绩效 /%	28.00	21.00	18	21
科技服务 /%	80.00	60.00	7	8
科技服务系数	0.04	0.03	7	8
产学研结合 /%	0.00	0.00	16	17
产学研结合系数	0.00	0.00	16	17
创造效益 /%	0.00	0.00	17	18
经济效益系数	0.00	0.00	17	18

（十一）贵州省亚热带作物研究所

年末从业人员 83 人；高学历以上人员 29 人，占年末从业人员的比例为 34.94%，居第 26 位；高级职称以上人员 17 人，占年末从业人员的比例为 20.48%，居第 31 位；科学仪器设备原值 373 万元，人均大型科学仪器设备原值 4.49 万元，居第 23 位。

R&D 人员 77 人，占年末从业人员的比重为 92.77%，居第 5 位；科研经费 939.40 万元，人均科研经费 11.32 万元，居第 7 位；R&D 经费 6689 万元，人均 R&D 经费 80.59 万元，居第 22 位。

科技论文系数为 2.84，居第 20 位；项目合作系数为 3.76，居第 1 位。

科技服务系数为 0.05，居第 6 位；经济效益系数为 24.12，居第 11 位。

贵州省亚热带作物研究所综合科技创新水平指数为 47.62%，居第 11 位，与上年相比，监测值上升 1.66 个百分点，位次下降 3 位。在四个一级指标中，科技创新环境和基础较上年上升 0.57 个百分点，位次下降 1 位。科技投入较上年下降 7.66 个百分点，位次下降 4 位。科技产出较上年下降 4.47 个百分点，位次下降 6 位。创新绩效较上年上升 33.34 个百分点，位次上升 10 位（表 4-11）。

表 4-11 贵州省亚热带作物研究所各级监测指标和位次与上年比较

指标名称	三级指标值		位次	
	2020 年	2019 年	2020 年	2019 年
综合指数 /%	47.62	45.96	11	8
科技创新环境和基础 /%	18.34	17.77	29	28
人力资源 /%	31.22	29.72	27	26
高层次科技人才系数	0.00	0.00	16	14
高学历以上人员占年末从业人员的比例 /%	34.94	32.10	26	26
高级职称以上人员占年末从业人员的比例 /%	20.48	20.99	31	30
创新条件及平台 /%	9.75	9.80	28	27
人均大型科学仪器设备原值 / 万元	4.49	4.60	23	24
省级以上创新平台及载体系数	0.00	0.00	21	19
科技投入 /%	62.28	69.94	8	4
人力投入 /%	40.00	40.00	4	4
创新人才团队总量系数	0.00	0.00	4	4
R&D 人员占年末从业人员的比重 /%	92.77	86.42	5	8
经费投入 /%	84.57	99.87	6	4
人均科研经费 / 万元	11.32	24.73	7	5
人均 R&D 经费 / 万元	80.59	146.17	22	16
科技产出 /%	48.26	52.73	11	5
知识产出 /%	73.67	83.75	14	8

续表

指标名称	三级指标值		位次	
	2020年	2019年	2020年	2019年
科技论文系数	2.84	4.05	20	11
知识产权系数	2.72	2.49	2	4
科技奖励/%	50.00	70.00	10	7
科技成果系数	0.05	0.07	10	7
技术成果市场化水平/%	0.00	0.00	2	2
人均技术成果成交额/万元	0.00	0.00	2	2
科技合作交流/%	59.38	43.17	6	8
项目合作系数	3.76	2.59	1	3
论文论著合作系数	0.75	0.00	10	12
创新绩效/%	70.52	37.18	4	14
科技服务/%	100.00	60.00	1	8
科技服务系数	0.05	0.03	6	8
产学研结合/%	81.25	37.50	5	11
产学研结合系数	0.65	0.30	5	11
创造效益/%	12.06	4.71	11	12
经济效益系数	24.12	9.42	11	12

（十二）贵州省生物研究所

年末从业人员96人；高学历以上人员54人，占年末从业人员的比例为56.25%，居第12位；高级职称以上人员28人，占年末从业人员的比例为29.17%，居第21位；科学仪器设备原值193万元，人均大型科学仪器设备原值2.01万元，居第29位。

R&D人员61人，占年末从业人员的比重为63.54%，居第24位；科研经费497.12万元，人均科研经费5.18万元，居第20位；R&D经费11 529万元，人均R&D经费120.09万元，居第19位。

科技论文系数为8.95，居第3位。

科技服务系数为0.02，居第17位。

贵州省生物研究所综合科技创新水平指数为47.17%，居第12位，与上年相比，监测值上升2.37个百分点，位次下降3位。在四个一级指标中，科技创新环境和基础较上年下降7.60个百分点，位次下降5位。科技投入较上年上升1.31个百分点，位次上升3位。科技产出较上年上升14.27个百分点，位次上升1位。创新绩效较上年下降7.00个百分点，位次下降3位（表4-12）。

表 4-12 贵州省生物研究所各级监测指标和位次与上年比较

指标名称	三级指标值		位次	
	2020 年	2019 年	2020 年	2019 年
综合指数 /%	47.17	44.80	12	9
科技创新环境和基础 /%	57.78	65.38	13	8
人力资源 /%	60.58	56.93	5	5
高层次科技人才系数	0.08	0.07	5	5
高学历以上人员占年末从业人员的比例 /%	56.25	53.57	12	12
高级职称以上人员占年末从业人员的比例 /%	29.17	27.38	21	22
创新条件及平台 /%	55.92	71.01	20	11
人均大型科学仪器设备原值 / 万元	2.01	9.13	29	18
省级以上创新平台及载体系数	0.17	0.17	5	4
科技投入 /%	51.48	50.17	15	18
人力投入 /%	38.78	39.62	14	9
创新人才团队总量系数	0.00	0.00	4	4
R&D 人员占年末从业人员的比重 /%	63.54	71.43	24	16
经费投入 /%	64.18	60.72	12	19
人均科研经费 / 万元	5.18	5.10	20	23
人均 R&D 经费 / 万元	120.09	99.64	19	20
科技产出 /%	50.73	36.46	8	9
知识产出 /%	82.92	85.83	9	7
科技论文系数	8.95	4.95	3	7
知识产权系数	0.79	1.07	20	16
科技奖励 /%	100.00	50.00	1	8
科技成果系数	0.10	0.05	7	8
技术成果市场化水平 /%	0.00	0.00	2	2
人均技术成果成交额 / 万元	0.00	0.00	2	2
科技合作交流 /%	0.00	0.00	22	25
项目合作系数	0.00	0.00	22	25
论文论著合作系数	0.00	0.00	13	12
创新绩效 /%	14.00	21.00	24	21
科技服务 /%	40.00	60.00	17	8
科技服务系数	0.02	0.03	17	8
产学研结合 /%	0.00	0.00	16	17
产学研结合系数	0.00	0.00	16	17
创造效益 /%	0.00	0.00	17	18
经济效益系数	0.00	0.00	17	18

（十三）贵州省油料研究所

年末从业人员 55 人；高学历以上人员 39 人，占年末从业人员的比例为 70.91%，居第 6 位；高级职称以上人员 19 人，占年末从业人员的比例为 34.55%，居第 13 位；科学仪器设备原值 648.50 万元，人均大型科学仪器设备原值 11.79 万元，居第 14 位。

R&D 人员 44 人，占年末从业人员的比重为 80.00%，居第 10 位；科研经费 1856.75 万元，人均科研经费 33.76 万元，居第 3 位；R&D 经费 14 596 万元，人均 R&D 经费 265.38 万元，居第 4 位。

科技论文系数为 2.16，居第 24 位；项目合作系数为 1.24，居第 5 位。

科技服务系数为 0.03，居第 10 位。

贵州省油料研究所综合科技创新水平指数为 45.34%，居第 13 位，与上年相比，监测值上升 8.30 个百分点，位次上升 3 位。在四个一级指标中，科技创新环境和基础较上年上升 9.64 个百分点，位次上升 6 位。科技投入较上年上升 15.51 个百分点，位次上升 12 位。科技产出较上年上升 2.04 个百分点，位次不变。创新绩效较上年上升 8.64 个百分点，位次上升 4 位（表 4-13）。

表 4-13　贵州省油料研究所各级监测指标和位次与上年比较

指标名称	三级指标值		位次	
	2020 年	2019 年	2020 年	2019 年
综合指数 /%	45.34	37.04	13	16
科技创新环境和基础 /%	67.53	57.89	6	12
人力资源 /%	50.99	45.87	8	12
高层次科技人才系数	0.06	0.06	6	6
高学历以上人员占年末从业人员的比例 /%	70.91	61.70	6	9
高级职称以上人员占年末从业人员的比例 /%	34.55	38.30	13	9
创新条件及平台 /%	78.55	65.91	6	14
人均大型科学仪器设备原值 / 万元	11.79	4.21	14	26
省级以上创新平台及载体系数	0.33	0.33	1	1
科技投入 /%	65.74	50.23	5	17
人力投入 /%	31.47	29.87	20	17
创新人才团队总量系数	0.00	0.00	4	4
R&D 人员占年末从业人员的比重 /%	80.00	87.23	10	6
经费投入 /%	100.00	70.59	1	16
人均科研经费 / 万元	33.76	12.09	3	12
人均 R&D 经费 / 万元	265.38	261.83	4	3
科技产出 /%	12.48	10.44	26	26

续表

指标名称	三级指标值		位次	
	2020 年	2019 年	2020 年	2019 年
知识产出 /%	29.25	24.08	28	29
科技论文系数	2.16	1.74	24	27
知识产权系数	0.27	0.23	28	25
科技奖励 /%	0.00	0.00	20	11
科技成果系数	0.00	0.00	20	11
技术成果市场化水平 /%	0.00	0.00	2	2
人均技术成果成交额 / 万元	0.00	0.00	2	2
科技合作交流 /%	20.67	17.67	12	15
项目合作系数	1.24	1.06	5	11
论文论著合作系数	0.00	0.00	13	12
创新绩效 /%	51.00	42.36	7	11
科技服务 /%	60.00	40.00	10	19
科技服务系数	0.03	0.02	10	19
产学研结合 /%	75.00	68.75	6	8
产学研结合系数	0.60	0.55	6	8
创造效益 /%	0.00	3.46	17	13
经济效益系数	0.00	6.92	17	13

（十四）贵州省环境科学研究设计院

年末从业人员 102 人；高学历以上人员 57 人，占年末从业人员的比例为 55.88%，居第 14 位；高级职称以上人员 46 人，占年末从业人员的比例为 45.10%，居第 3 位；科学仪器设备原值 2669.30 万元，人均大型科学仪器设备原值 26.17 万元，居第 3 位。

R&D 人员 48 人，占年末从业人员的比重为 47.06%，居第 26 位；科研经费 4004.85 万元，人均科研经费 39.26 万元，居第 2 位；R&D 经费 16 292 万元，人均 R&D 经费 159.73 万元，居第 14 位。

科技论文系数为 1.32，居第 27 位；项目合作系数为 3.41，居第 3 位。

科技服务系数为 0.01，居第 22 位。

贵州省环境科学研究设计院综合科技创新水平指数为 45.19%，居第 14 位，与上年相比，监测值上升 2.04 个百分点，位次不变。在四个一级指标中，科技创新环境和基础较上年上升 14.55 个百分点，位次上升 7 位。科技投入较上年不变，位次不变。科技产出较上年下降 7.57 个百分点，位次下降 10 位。创新绩效较上年上升 7.00 个百分点，位次上升 2 位（表 4-14）。

表 4-14 贵州省环境科学研究设计院各级监测指标和位次与上年比较

指标名称	三级指标值		位次	
	2020 年	2019 年	2020 年	2019 年
综合指数 /%	45.19	43.15	14	14
科技创新环境和基础 /%	79.52	64.97	2	9
人力资源 /%	48.81	48.43	12	9
高层次科技人才系数	0.00	0.00	16	14
高学历以上人员占年末从业人员的比例 /%	55.88	50.98	14	15
高级职称以上人员占年末从业人员的比例 /%	45.10	45.10	3	3
创新条件及平台 /%	100.00	76.00	1	5
人均大型科学仪器设备原值 / 万元	26.17	26.17	3	3
省级以上创新平台及载体系数	0.29	0.12	3	18
科技投入 /%	65.31	65.31	6	6
人力投入 /%	30.62	30.62	21	16
创新人才团队总量系数	0.00	0.00	4	4
R&D 人员占年末从业人员的比重 /%	47.06	47.06	26	23
经费投入 /%	100.00	100.00	1	1
人均科研经费 / 万元	39.26	36.24	2	2
人均 R&D 经费 / 万元	159.73	241.61	14	4
科技产出 /%	21.60	29.17	24	14
知识产出 /%	36.42	66.67	25	15
科技论文系数	1.32	2.00	27	25
知识产权系数	0.61	2.83	24	2
科技奖励 /%	0.00	0.00	20	11
科技成果系数	0.00	0.00	20	11
技术成果市场化水平 /%	0.00	0.00	2	2
人均技术成果成交额 / 万元	0.00	0.00	2	2
科技合作交流 /%	50.00	50.00	8	7
项目合作系数	3.41	3.82	3	2
论文论著合作系数	0.00	0.00	13	12
创新绩效 /%	9.50	2.50	27	29
科技服务 /%	20.00	0.00	22	27
科技服务系数	0.01	0.00	22	27
产学研结合 /%	6.25	6.25	14	14
产学研结合系数	0.05	0.05	14	14
创造效益 /%	0.00	0.00	17	18
经济效益系数	0.00	0.00	17	18

（十五）贵州省植物保护研究所

年末从业人员 49 人；高级职称以上人员 21 人，占年末从业人员的比例为 42.86%，居第 4 位；科学仪器设备原值 1556.96 万元，人均大型科学仪器设备原值 31.77 万元，居第 2 位。

R&D 人员 49 人，占年末从业人员的比重为 100.00%，居第 3 位；科研经费 675 万元，人均科研经费 13.78 万元，居第 6 位；R&D 经费 17 927 万元，人均 R&D 经费 365.86 万元，居第 1 位。

科技论文系数为 4.26，居第 10 位。

经济效益系数为 4.69，居第 15 位。

贵州省植物保护研究所综合科技创新水平指数为 44.51%，居第 15 位，与上年相比，监测值上升 0.12 个百分点，位次下降 4 位。在四个一级指标中，科技创新环境和基础较上年下降 4.08 个百分点，位次下降 3 位。科技投入较上年下降 11.70 个百分点，位次下降 7 位。科技产出较上年上升 21.23 个百分点，位次上升 7 位。创新绩效较上年下降 22.47 个百分点，位次下降 11 位（表 4-15）。

表 4-15 贵州省植物保护研究所各级监测指标和位次与上年比较

指标名称	三级指标值		位次	
	2020 年	2019 年	2020 年	2019 年
综合指数 /%	44.51	44.39	15	11
科技创新环境和基础 /%	63.04	67.12	9	6
人力资源 /%	21.09	41.24	29	21
高层次科技人才系数	0.00	0.00	16	14
高学历以上人员占年末从业人员的比例 /%	0.00	75.00	31	2
高级职称以上人员占年末从业人员的比例 /%	42.86	47.73	4	2
创新条件及平台 /%	91.00	84.38	3	4
人均大型科学仪器设备原值 / 万元	31.77	27.04	2	2
省级以上创新平台及载体系数	0.17	0.17	5	4
科技投入 /%	55.10	66.80	12	5
人力投入 /%	34.13	33.60	17	14
创新人才团队总量系数	0.00	0.00	4	4
R&D 人员占年末从业人员的比重 /%	100.00	109.09	3	2
经费投入 /%	76.07	100.00	9	1
人均科研经费 / 万元	13.78	33.87	6	3
人均 R&D 经费 / 万元	365.86	341.61	1	1
科技产出 /%	37.17	15.94	16	23
知识产出 /%	64.67	52.92	19	19

续表

指标名称	三级指标值		位次	
	2020 年	2019 年	2020 年	2019 年
科技论文系数	4.26	2.95	10	17
知识产权系数	0.70	0.68	23	19
科技奖励 /%	70.00	0.00	8	11
科技成果系数	0.07	0.00	8	11
技术成果市场化水平 /%	0.00	0.00	2	2
人均技术成果成交额 / 万元	0.00	0.00	2	2
科技合作交流 /%	0.00	10.83	22	18
项目合作系数	0.00	0.65	22	15
论文论著合作系数	0.00	0.00	13	12
创新绩效 /%	13.08	35.55	26	15
科技服务 /%	0.00	100.00	27	1
科技服务系数	0.00	0.16	27	1
产学研结合 /%	31.25	0.00	9	17
产学研结合系数	0.25	0.00	9	17
创造效益 /%	2.34	2.19	15	14
经济效益系数	4.69	4.38	15	14

（十六）贵州省土壤肥料研究所

年末从业人员 54 人；高学历以上人员 35 人，占年末从业人员的比例为 64.81%，居第 7 位；高级职称以上人员 17 人，占年末从业人员的比例为 31.48%，居第 17 位；科学仪器设备原值 996.42 万元，人均大型科学仪器设备原值 18.45 万元，居第 6 位。

R&D 人员 41 人，占年末从业人员的比重为 75.93%，居第 14 位；科研经费 2451.23 万元，人均科研经费 45.39 万元，居第 1 位；R&D 经费 7700 万元，人均 R&D 经费 142.59 万元，居第 17 位。

科技论文系数为 6.37，居第 4 位；项目合作系数为 0.59，居第 12 位。

科技服务系数为 0.06，居第 5 位。

贵州省土壤肥料研究所综合科技创新水平指数为 44%，居第 16 位，与上年相比，监测值下降 0.60 个百分点，位次下降 6 位。在四个一级指标中，科技创新环境和基础较上年下降 0.56 个百分点，位次下降 2 位。科技投入较上年不变，位次不变。科技产出较上年上升 11.54 个百分点，位次上升 2 位。创新绩效较上年下降 30.00 个百分点，位次下降 3 位（表 4-16）。

表 4-16　贵州省土壤肥料研究所各级监测指标和位次与上年比较

指标名称	三级指标值		位次	
	2020 年	2019 年	2020 年	2019 年
综合指数 /%	44.00	44.60	16	10
科技创新环境和基础 /%	32.10	32.66	23	21
人力资源 /%	37.29	37.76	22	23
高层次科技人才系数	0.00	0.00	16	14
高学历以上人员占年末从业人员的比例 /%	64.81	66.67	7	6
高级职称以上人员占年末从业人员的比例 /%	31.48	42.22	17	7
创新条件及平台 /%	28.64	29.26	22	20
人均大型科学仪器设备原值 / 万元	18.45	22.14	6	5
省级以上创新平台及载体系数	0.00	0.00	21	19
科技投入 /%	64.94	64.94	7	7
人力投入 /%	29.87	29.87	22	17
创新人才团队总量系数	0.00	0.00	4	4
R&D 人员占年末从业人员的比重 /%	75.93	91.11	14	4
经费投入 /%	100.00	100.00	1	1
人均科研经费 / 万元	45.39	42.40	1	1
人均 R&D 经费 / 万元	142.59	237.36	17	5
科技产出 /%	39.25	27.71	14	16
知识产出 /%	81.67	32.67	10	26
科技论文系数	6.37	3.32	4	15
知识产权系数	0.76	0.12	21	29
科技奖励 /%	50.00	50.00	10	8
科技成果系数	0.05	0.05	10	8
技术成果市场化水平 /%	0.00	0.00	2	2
人均技术成果成交额 / 万元	0.00	0.00	2	2
科技合作交流 /%	15.33	18.17	15	14
项目合作系数	0.59	1.00	12	12
论文论著合作系数	0.44	0.12	11	11
创新绩效 /%	40.00	70.00	8	5
科技服务 /%	100.00	100.00	1	1
科技服务系数	0.06	0.07	5	4
产学研结合 /%	12.50	87.50	12	5
产学研结合系数	0.10	0.70	12	5
创造效益 /%	0.00	0.00	17	18
经济效益系数	0.00	0.00	17	18

（十七）贵州省水产研究所

年末从业人员 65 人；高学历以上人员 27 人，占年末从业人员的比例为 41.54%，居第 21 位；高级职称以上人员 15 人，占年末从业人员的比例为 23.08%，居第 29 位；科学仪器设备原值 448.96 万元，人均大型科学仪器设备原值 6.91 万元，居第 19 位。

R&D 人员 27 人，占年末从业人员的比重为 41.54%，居第 27 位；科研经费 378 万元，人均科研经费 5.82 万元，居第 15 位；R&D 经费 3958 万元，人均 R&D 经费 60.89 万元，居第 25 位。

科技论文系数为 1.95，居第 25 位；项目合作系数为 0.94，居第 8 位。

科技服务系数为 0.13，居第 2 位。

贵州省水产研究所综合科技创新水平指数为 43.82%，居第 17 位，与上年相比，监测值上升 10.02 个百分点，位次上升 4 位。在四个一级指标中，科技创新环境和基础较上年上升 0.88 个百分点，位次下降 1 位。科技投入较上年上升 1.80 个百分点，位次下降 1 位。科技产出较上年上升 30.58 个百分点，位次上升 11 位。创新绩效较上年下降 9.01 个百分点，位次下降 3 位（表 4-17）。

表 4-17 贵州省水产研究所各级监测指标和位次与上年比较

指标名称	三级指标值		位次	
	2020 年	2019 年	2020 年	2019 年
综合指数 /%	43.82	33.80	17	21
科技创新环境和基础 /%	51.80	50.92	19	18
人力资源 /%	34.50	32.10	23	24
高层次科技人才系数	0.03	0.03	8	10
高学历以上人员占年末从业人员的比例 /%	41.54	38.71	21	22
高级职称以上人员占年末从业人员的比例 /%	23.08	22.58	29	27
创新条件及平台 /%	63.34	63.47	12	15
人均大型科学仪器设备原值 / 万元	6.91	7.24	19	22
省级以上创新平台及载体系数	0.17	0.17	5	4
科技投入 /%	34.04	32.24	26	25
人力投入 /%	18.83	19.75	27	24
创新人才团队总量系数	0.00	0.00	4	4
R&D 人员占年末从业人员的比重 /%	41.54	45.16	27	24
经费投入 /%	49.26	44.74	24	25
人均科研经费 / 万元	5.82	4.08	15	25
人均 R&D 经费 / 万元	60.89	67.11	25	22
科技产出 /%	48.88	18.30	9	20
知识产出 /%	58.33	44.17	20	22

续表

指标名称	三级指标值		位次	
	2020年	2019年	2020年	2019年
科技论文系数	1.95	2.00	25	25
知识产权系数	1.01	0.66	13	20
科技奖励 /%	100.00	0.00	1	11
科技成果系数	0.12	0.00	3	11
技术成果市场化水平 /%	0.00	0.00	2	2
人均技术成果成交额 /万元	0.00	0.00	2	2
科技合作交流 /%	17.17	29.04	14	11
项目合作系数	0.94	1.18	8	9
论文论著合作系数	0.12	0.75	12	10
创新绩效 /%	35.00	44.01	12	9
科技服务 /%	100.00	100.00	1	1
科技服务系数	0.13	0.11	2	2
产学研结合 /%	0.00	0.00	16	17
产学研结合系数	0.00	0.00	16	17
创造效益 /%	0.00	36.03	17	8
经济效益系数	0.00	72.06	17	8

（十八）贵州省果树科学研究所

年末从业人员69人；高学历以上人员35人，占年末从业人员的比例为50.72%，居第17位；高级职称以上人员20人，占年末从业人员的比例为28.99%，居第22位；科学仪器设备原值903.3万元，人均大型科学仪器设备原值13.09万元，居第10位。

R&D人员46人，占年末从业人员的比重为66.67%，居第22位；科研经费371.50万元，人均科研经费5.38万元，居第19位；R&D经费11 992万元，人均R&D经费173.80万元，居第12位。

科技论文系数为4.00，居第13位；项目合作系数为0.12，居第19位。

科技服务系数为0.08，居第3位；经济效益系数为1103.69，居第1位。

贵州省果树科学研究所综合科技创新水平指数为43.8%，居第18位，与上年相比，监测值上升0.32个百分点，位次下降6位。在四个一级指标中，科技创新环境和基础较上年上升3.78个百分点，位次下降1位。科技投入较上年下降17.64个百分点，位次下降8位。科技产出较上年上升10.83个百分点，位次不变。创新绩效较上年不变，位次下降1位（表4-18）。

表 4-18 贵州省果树科学研究所各级监测指标和位次与上年比较

指标名称	三级指标值		位次	
	2020年	2019年	2020年	2019年
综合指数 /%	43.80	43.48	18	12
科技创新环境和基础 /%	32.05	28.27	24	23
人力资源 /%	43.36	42.40	20	17
高层次科技人才系数	0.03	0.04	8	8
高学历以上人员占年末从业人员的比例 /%	50.72	47.89	17	17
高级职称以上人员占年末从业人员的比例 /%	28.99	25.35	22	24
创新条件及平台 /%	24.51	18.85	24	23
人均大型科学仪器设备原值 / 万元	13.09	9.85	10	15
省级以上创新平台及载体系数	0.00	0.00	21	19
科技投入 /%	45.22	62.86	18	10
人力投入 /%	31.64	32.81	19	15
创新人才团队总量系数	0.00	0.00	4	4
R&D 人员占年末从业人员的比重 /%	66.67	67.61	22	20
经费投入 /%	58.79	92.92	16	7
人均科研经费 / 万元	5.38	14.79	19	8
人均 R&D 经费 / 万元	173.80	107.35	12	19
科技产出 /%	38.89	28.06	15	15
知识产出 /%	71.67	93.42	15	4
科技论文系数	4.00	5.21	13	5
知识产权系数	0.92	1.26	16	13
科技奖励 /%	50.00	0.00	10	11
科技成果系数	0.05	0.00	10	11
技术成果市场化水平 /%	0.00	0.00	2	2
人均技术成果成交额 / 万元	0.00	0.00	2	2
科技合作交流 /%	23.88	18.83	11	12
项目合作系数	0.12	0.47	19	16
论文论著合作系数	1.75	0.88	9	9
创新绩效 /%	72.50	72.50	3	2
科技服务 /%	100.00	100.00	1	1
科技服务系数	0.08	0.08	3	3
产学研结合 /%	31.25	31.25	9	12
产学研结合系数	0.25	0.25	9	12
创造效益 /%	100.00	100.00	1	1
经济效益系数	1103.69	1154.02	1	1

（十九）贵州省茶叶研究所

年末从业人员 91 人；高学历以上人员 34 人，占年末从业人员的比例为 37.36%，居第 24 位；高级职称以上人员 26 人，占年末从业人员的比例为 28.57%，居第 24 位；科学仪器设备原值 350 万元，人均大型科学仪器设备原值 3.85 万元，居第 24 位。

R&D 人员 66 人，占年末从业人员的比重为 72.53%，居第 17 位；科研经费 525 万元，人均科研经费 5.77 万元，居第 16 位；R&D 经费 22 046 万元，人均 R&D 经费 242.26 万元，居第 6 位。

科技论文系数为 4.16，居第 11 位；项目合作系数为 0.18，居第 18 位。

科技服务系数为 0.04，居第 7 位；经济效益系数为 7.69，居第 14 位。

贵州省茶叶研究所综合科技创新水平指数为 39.65%，居第 19 位，与上年相比，监测值上升 4.09 个百分点，位次下降 1 位。在四个一级指标中，科技创新环境和基础较上年上升 33.53 个百分点，位次上升 11 位。科技投入较上年下降 2.24 个百分点，位次上升 2 位。科技产出较上年下降 12.91 个百分点，位次下降 13 位。创新绩效较上年上升 5.27 个百分点，位次上升 4 位（表 4-19）。

表 4-19 贵州省茶叶研究所各级监测指标和位次与上年比较

指标名称	三级指标值		位次	
	2020 年	2019 年	2020 年	2019 年
综合指数 /%	39.65	35.56	19	18
科技创新环境和基础 /%	56.34	22.81	14	25
人力资源 /%	50.84	45.87	9	12
高层次科技人才系数	0.06	0.06	6	6
高学历以上人员占年末从业人员的比例 /%	37.36	26.32	24	29
高级职称以上人员占年末从业人员的比例 /%	28.57	27.37	24	23
创新条件及平台 /%	60.01	7.43	17	30
人均大型科学仪器设备原值 / 万元	3.85	3.06	24	29
省级以上创新平台及载体系数	0.17	0.00	5	19
科技投入 /%	52.71	54.95	13	15
人力投入 /%	39.74	38.74	11	10
创新人才团队总量系数	0.00	0.00	4	4
R&D 人员占年末从业人员的比重 /%	72.53	63.16	17	21
经费投入 /%	65.68	71.16	11	14
人均科研经费 / 万元	5.77	6.74	16	20
人均 R&D 经费 / 万元	242.26	147.42	6	14
科技产出 /%	21.92	34.83	23	10

续表

指标名称	三级指标值		位次	
	2020年	2019年	2020年	2019年
知识产出 /%	84.67	76.33	6	11
科技论文系数	4.16	3.16	11	16
知识产权系数	2.52	2.57	4	3
科技奖励 /%	0.00	50.00	20	8
科技成果系数	0.00	0.05	20	8
技术成果市场化水平 /%	0.00	0.00	2	2
人均技术成果成交额 / 万元	0.00	0.00	2	2
科技合作交流 /%	3.00	3.00	19	22
项目合作系数	0.18	0.18	18	21
论文论著合作系数	0.00	0.00	13	12
创新绩效 /%	31.46	26.19	14	18
科技服务 /%	80.00	60.00	7	8
科技服务系数	0.04	0.03	7	8
产学研结合 /%	6.25	6.25	14	14
产学研结合系数	0.05	0.05	14	14
创造效益 /%	3.84	10.77	14	10
经济效益系数	7.69	21.54	14	10

（二十）贵州省油菜研究所

年末从业人员86人；高学历以上人员33人，占年末从业人员的比例为38.37%，居第23位；高级职称以上人员36人，占年末从业人员的比例为41.86%，居第5位；科学仪器设备原值1016.7万元，人均大型科学仪器设备原值11.82万元，居第13位。

R&D人员75人，占年末从业人员的比重为87.21%，居第7位；科研经费228万元，人均科研经费2.65万元，居第25位；R&D经费15 121万元，人均R&D经费175.83万元，居第11位。

科技论文系数为2.47，居第22位；项目合作系数为0.35，居第16位。

科技服务系数为0.02，居第17位；经济效益系数为0.40，居第16位。

贵州省油菜研究所综合科技创新水平指数为39.45%，居第20位，与上年相比，监测值下降24.76个百分点，位次下降16位。在四个一级指标中，科技创新环境和基础较上年下降0.12个百分点，位次下降1位。科技投入较上年下降9.79个百分点，位次下降3位。科技产出较上年下降39.48个百分点，位次下降18位。创新绩效较上年下降56.45个百分点，位次下降9位（表4-20）。

表 4-20 贵州省油菜研究所各级监测指标和位次与上年比较

指标名称	三级指标值		位次	
	2020 年	2019 年	2020 年	2019 年
综合指数 /%	39.45	64.21	20	4
科技创新环境和基础 /%	52.57	52.69	18	17
人力资源 /%	91.80	92.01	2	2
高层次科技人才系数	0.31	0.32	2	2
高学历以上人员占年末从业人员的比例 /%	38.37	38.82	23	21
高级职称以上人员占年末从业人员的比例 /%	41.86	43.53	5	4
创新条件及平台 /%	26.42	26.47	23	21
人均大型科学仪器设备原值 / 万元	11.82	11.96	13	13
省级以上创新平台及载体系数	0.00	0.00	21	19
科技投入 /%	45.61	55.40	17	14
人力投入 /%	40.00	40.00	4	4
创新人才团队总量系数	0.00	0.00	4	4
R&D 人员占年末从业人员的比重 /%	87.21	87.06	7	7
经费投入 /%	51.22	70.80	23	15
人均科研经费 / 万元	2.65	7.35	25	19
人均 R&D 经费 / 万元	175.83	219.64	11	7
科技产出 /%	26.92	66.40	22	4
知识产出 /%	70.58	81.17	16	10
科技论文系数	2.47	3.74	22	13
知识产权系数	1.56	1.51	8	10
科技奖励 /%	0.00	100.00	20	1
科技成果系数	0.00	0.12	20	2
技术成果市场化水平 /%	0.00	0.00	2	2
人均技术成果成交额 / 万元	0.00	0.00	2	2
科技合作交流 /%	37.08	64.42	10	6
项目合作系数	0.35	1.24	16	7
论文论著合作系数	2.50	3.50	7	4
创新绩效 /%	36.55	93.00	10	1
科技服务 /%	40.00	80.00	17	5
科技服务系数	0.02	0.04	17	5
产学研结合 /%	56.25	100.00	7	1
产学研结合系数	0.45	0.80	7	4
创造效益 /%	0.20	100.00	16	1
经济效益系数	0.40	275.26	16	4

（二十一）贵州省水稻研究所

年末从业人员 67 人；高学历以上人员 38 人，占年末从业人员的比例为 56.72%，居第 10 位；高级职称以上人员 24 人，占年末从业人员的比例为 35.82%，居第 11 位；科学仪器设备原值 345.80 万元，人均大型科学仪器设备原值 5.16 万元，居第 21 位。

R&D 人员 58 人，占年末从业人员的比重为 86.57%，居第 8 位；科研经费 347 万元，人均科研经费 5.18 万元，居第 20 位；R&D 经费 5658 万元，人均 R&D 经费 84.45 万元，居第 21 位。

科技论文系数为 3.00，居第 18 位。

科技服务系数为 0.02，居第 17 位。

贵州省水稻研究所综合科技创新水平指数为 37.8%，居第 21 位，与上年相比，监测值上升 2.15 个百分点，位次下降 4 位。在四个一级指标中，科技创新环境和基础较上年下降 4.23 个百分点，位次下降 5 位。科技投入较上年下降 4.18 个百分点，位次不变。科技产出较上年上升 12.14 个百分点，位次上升 1 位。创新绩效较上年不变，位次下降 1 位（表 4-21）。

表 4-21 贵州省水稻研究所各级监测指标和位次与上年比较

指标名称	三级指标值		位次	
	2020 年	2019 年	2020 年	2019 年
综合指数 /%	37.80	35.65	21	17
科技创新环境和基础 /%	53.88	58.11	16	11
人力资源 /%	44.03	43.97	19	14
高层次科技人才系数	0.00	0.00	16	14
高学历以上人员占年末从业人员的比例 /%	56.72	52.11	10	13
高级职称以上人员占年末从业人员的比例 /%	35.82	35.21	11	13
创新条件及平台 /%	60.44	67.54	16	13
人均大型科学仪器设备原值 / 万元	5.16	8.64	21	19
省级以上创新平台及载体系数	0.17	0.17	5	4
科技投入 /%	47.50	51.68	16	16
人力投入 /%	38.93	37.33	13	11
创新人才团队总量系数	0.00	0.00	4	4
R&D 人员占年末从业人员的比重 /%	86.57	77.46	8	10
经费投入 /%	56.06	66.03	18	17
人均科研经费 / 万元	5.18	7.60	20	18
人均 R&D 经费 / 万元	84.45	89.92	21	21
科技产出 /%	29.58	17.44	21	22
知识产出 /%	58.33	69.75	20	13
科技论文系数	3.00	2.37	18	22

续表

指标名称	三级指标值		位次	
	2020 年	2019 年	2020 年	2019 年
知识产权系数	0.80	1.37	18	12
科技奖励 /%	50.00	0.00	10	11
科技成果系数	0.05	0.00	10	11
技术成果市场化水平 /%	0.00	0.00	2	2
人均技术成果成交额 / 万元	0.00	0.00	2	2
科技合作交流 /%	0.00	0.00	22	25
项目合作系数	0.00	0.00	22	25
论文论著合作系数	0.00	0.00	13	12
创新绩效 /%	14.00	14.00	24	23
科技服务 /%	40.00	40.00	17	19
科技服务系数	0.02	0.02	17	19
产学研结合 /%	0.00	0.00	16	17
产学研结合系数	0.00	0.00	16	17
创造效益 /%	0.00	0.00	17	18
经济效益系数	0.00	0.00	17	18

（二十二）贵州省分析测试研究院

年末从业人员 100 人；高学历以上人员 59 人，占年末从业人员的比例为 59.00%，居第 9 位；高级职称以上人员 30 人，占年末从业人员的比例为 30.00%，居第 19 位；科学仪器设备原值 5860.20 万元，人均大型科学仪器设备原值 58.60 万元，居第 1 位。

R&D 人员 325 人，占年末从业人员的比重为 325.00%，居第 1 位；科研经费 169.25 万元，人均科研经费 1.69 万元，居第 26 位；R&D 经费 36 440 万元，人均 R&D 经费 364.40 万元，居第 2 位。

科技论文系数为 5.79，居第 7 位；项目合作系数为 0.35，居第 16 位。

经济效益系数为 26.95，居第 10 位。

贵州省分析测试研究院综合科技创新水平指数为 34.78%，居第 22 位，与上年相比，监测值上升 6.23 个百分点，位次上升 2 位。在四个一级指标中，科技创新环境和基础较上年上升 3.02 个百分点，位次下降 2 位。科技投入较上年上升 18.91 个百分点，位次上升 7 位。科技产出较上年上升 11.42 个百分点，位次不变。创新绩效较上年下降 21.63 个百分点，位次下降 11 位（表 4-22）。

表 4-22 贵州省分析测试研究院各级监测指标和位次与上年比较

指标名称	三级指标值		位次	
	2020 年	2019 年	2020 年	2019 年
综合指数 /%	34.78	28.55	22	24
科技创新环境和基础 /%	43.02	40.00	22	20
人力资源 /%	47.54	42.19	14	18
高层次科技人才系数	0.00	0.00	16	14
高学历以上人员占年末从业人员的比例 /%	59.00	15.88	9	31
高级职称以上人员占年末从业人员的比例 /%	30.00	9.71	19	33
创新条件及平台 /%	40.00	38.54	21	19
人均大型科学仪器设备原值 / 万元	58.60	16.35	1	8
省级以上创新平台及载体系数	0.00	0.00	21	19
科技投入 /%	44.10	25.19	19	26
人力投入 /%	40.00	0.00	4	28
创新人才团队总量系数	0.00	0.00	4	4
R&D 人员占年末从业人员的比重 /%	325.00	0.00	1	28
经费投入 /%	48.20	50.38	25	21
人均科研经费 / 万元	1.69	4.96	26	24
人均 R&D 经费 / 万元	364.40	0.00	2	28
科技产出 /%	35.71	24.29	17	17
知识产出 /%	87.00	64.67	4	16
科技论文系数	5.79	5.21	7	5
知识产权系数	0.93	0.51	15	22
科技奖励 /%	0.00	0.00	20	11
科技成果系数	0.00	0.00	20	11
技术成果市场化水平 /%	0.00	0.00	2	2
人均技术成果成交额 / 万元	0.00	0.00	2	2
科技合作交流 /%	55.83	32.50	7	10
项目合作系数	0.35	0.12	16	22
论文论著合作系数	9.75	2.44	2	6
创新绩效 /%	3.37	25.00	30	19
科技服务 /%	0.00	0.00	27	27
科技服务系数	0.00	0.00	27	27
产学研结合 /%	0.00	0.00	16	17
产学研结合系数	0.00	0.00	16	17
创造效益 /%	13.48	100.00	10	1
经济效益系数	26.95	828.62	10	2

(二十三)贵州省科学技术情报研究所

年末从业人员 81 人;高学历以上人员 27 人,占年末从业人员的比例为 33.33%,居第 28 位;高级职称以上人员 19 人,占年末从业人员的比例为 23.46%,居第 28 位;科学仪器设备原值 400 万元,人均大型科学仪器设备原值 4.94 万元,居第 22 位。

科研经费 60 万元,人均科研经费 0.74 万元,居第 28 位。

科技论文系数为 1.26,居第 28 位;项目合作系数为 0.76,居第 11 位。

科技服务系数为 0.15,居第 1 位。

贵州省科学技术情报研究所综合科技创新水平指数为 33.44%,居第 23 位,与上年相比,监测值上升 0.10 个百分点,位次下降 1 位。在四个一级指标中,科技创新环境和基础较上年上升 3.49 个百分点,位次上升 2 位。科技投入较上年下降 13.78 个百分点,位次下降 2 位。科技产出较上年上升 5.55 个百分点,位次下降 2 位。创新绩效较上年上升 4.84 个百分点,位次上升 2 位(表 4-23)。

表 4-23 贵州省科学技术情报研究所各级监测指标和位次与上年比较

指标名称	三级指标值		位次	
	2020 年	2019 年	2020 年	2019 年
综合指数 /%	33.44	33.34	23	22
科技创新环境和基础 /%	19.15	15.66	28	30
人力资源 /%	32.11	25.54	26	28
高层次科技人才系数	0.00	0.00	16	14
高学历以上人员占年末从业人员的比例 /%	33.33	31.25	28	27
高级职称以上人员占年末从业人员的比例 /%	23.46	16.25	28	31
创新条件及平台 /%	10.51	9.08	27	28
人均大型科学仪器设备原值 / 万元	4.94	4.31	22	25
省级以上创新平台及载体系数	0.00	0.00	21	19
科技投入 /%	1.48	15.26	31	29
人力投入 /%	0.00	0.00	31	28
创新人才团队总量系数	0.00	0.00	4	4
R&D 人员占年末从业人员的比重 /%	0.00	0.00	31	28
经费投入 /%	2.97	30.53	31	28
人均科研经费 / 万元	0.74	7.69	28	17
人均 R&D 经费 / 万元	0.00	0.00	31	28
科技产出 /%	48.66	43.11	10	8
知识产出 /%	52.17	66.83	23	14
科技论文系数	1.26	2.37	28	22

续表

指标名称	三级指标值		位次	
	2020年	2019年	2020年	2019年
知识产权系数	1.00	1.13	14	14
科技奖励 /%	0.00	0.00	20	11
科技成果系数	0.00	0.00	20	11
技术成果市场化水平 /%	99.76	50.12	1	1
人均技术成果成交额 / 万元	2.47	0.88	1	1
科技合作交流 /%	62.67	65.50	3	5
项目合作系数	0.76	1.59	11	5
论文论著合作系数	4.06	3.12	4	5
创新绩效 /%	75.00	70.16	2	4
科技服务 /%	100.00	60.00	1	8
科技服务系数	0.15	0.03	1	8
产学研结合 /%	100.00	100.00	1	1
产学研结合系数	1.90	2.00	3	2
创造效益 /%	0.00	36.62	17	7
经济效益系数	0.00	73.23	17	7

（二十四）贵州省农作物品种资源研究所

年末从业人员55人；高学历以上人员30人，占年末从业人员的比例为54.55%，居第15位；高级职称以上人员18人，占年末从业人员的比例为32.73%，居第15位；科学仪器设备原值682.20万元，人均大型科学仪器设备原值12.4万元，居第12位。

R&D人员45人，占年末从业人员的比重为81.82%，居第9位；科研经费267.54万元，人均科研经费4.86万元，居第22位；R&D经费13 792万元，人均R&D经费250.76万元，居第5位。

科技论文系数为2.95，居第19位。

科技服务系数为0.03，居第10位；经济效益系数为30.77，居第9位。

贵州省农作物品种资源研究所综合科技创新水平指数为33.20%，居第24位，与上年相比，监测值下降0.68个百分点，位次下降4位。在四个一级指标中，科技创新环境和基础较上年下降1.21个百分点，位次下降3位。科技投入较上年下降12.42个百分点，位次下降7位。科技产出较上年上升13.81个百分点，位次上升1位。创新绩效较上年下降14.03个百分点，位次下降7位（表4-24）。

表 4-24 贵州省农作物品种资源研究所各级监测指标和位次与上年比较

指标名称	三级指标值		位次	
	2020 年	2019 年	2020 年	2019 年
综合指数 /%	33.20	33.88	24	20
科技创新环境和基础 /%	27.79	29.00	25	22
人力资源 /%	40.20	41.38	21	20
高层次科技人才系数	0.03	0.03	8	10
高学历以上人员占年末从业人员的比例 /%	54.55	65.91	15	7
高级职称以上人员占年末从业人员的比例 /%	32.73	40.91	15	8
创新条件及平台 /%	19.51	20.75	26	22
人均大型科学仪器设备原值 / 万元	12.40	15.50	12	10
省级以上创新平台及载体系数	0.00	0.00	21	19
科技投入 /%	43.00	55.42	20	13
人力投入 /%	32.00	29.33	18	19
创新人才团队总量系数	0.00	0.00	4	4
R&D 人员占年末从业人员的比重 /%	81.82	90.91	9	5
经费投入 /%	54.01	81.50	22	11
人均科研经费 / 万元	4.86	17.29	22	6
人均 R&D 经费 / 万元	250.76	165.98	5	12
科技产出 /%	33.64	19.83	18	19
知识产出 /%	74.58	71.50	13	12
科技论文系数	2.95	2.58	19	20
知识产权系数	2.08	1.98	5	8
科技奖励 /%	50.00	0.00	10	11
科技成果系数	0.05	0.00	10	11
技术成果市场化水平 /%	0.00	0.00	2	2
人均技术成果成交额 / 万元	0.00	0.00	2	2
科技合作交流 /%	0.00	7.83	22	19
项目合作系数	0.00	0.47	22	16
论文论著合作系数	0.00	0.00	13	12
创新绩效 /%	24.84	38.87	20	13
科技服务 /%	60.00	60.00	10	8
科技服务系数	0.03	0.03	10	8
产学研结合 /%	0.00	43.75	16	9
产学研结合系数	0.00	0.35	16	9
创造效益 /%	15.38	1.48	9	15
经济效益系数	30.77	2.95	9	15

（二十五）贵州省现代农业发展研究所

年末从业人员45人；高学历以上人员35人，占年末从业人员的比例为77.78%，居第3位；高级职称以上人员13人，占年末从业人员的比例为28.89%，居第23位；科学仪器设备原值369万元，人均大型科学仪器设备原值8.20万元，居第18位。

R&D人员41人，占年末从业人员的比重为91.11%，居第6位；科研经费290万元，人均科研经费6.44万元，居第12位；R&D经费8917万元，人均R&D经费198.16万元，居第10位。

科技论文系数为2.47，居第22位。

科技服务系数为0.03，居第10位；经济效益系数为17.23，居第12位。

贵州省现代农业发展研究所综合科技创新水平指数为29.64%，居第25位，与上年相比，监测值上升1.67个百分点，位次不变。在四个一级指标中，科技创新环境和基础较上年上升0.92个百分点，位次下降1位。科技投入较上年上升4.77个百分点，位次不变。科技产出较上年下降3.22个百分点，位次下降4位。创新绩效较上年上升9.16个百分点，位次上升2位（表4-25）。

表4-25 贵州省现代农业发展研究所各级监测指标和位次与上年比较

指标名称	三级指标值		位次	
	2020年	2019年	2020年	2019年
综合指数/%	29.64	27.97	25	25
科技创新环境和基础/%	50.83	49.91	20	19
人力资源/%	33.84	30.93	24	25
高层次科技人才系数	0.00	0.00	16	14
高学历以上人员占年末从业人员的比例/%	77.78	75.00	3	2
高级职称以上人员占年末从业人员的比例/%	28.89	30.00	23	20
创新条件及平台/%	62.15	62.56	14	16
人均大型科学仪器设备原值/万元	8.20	9.22	18	17
省级以上创新平台及载体系数	0.17	0.17	5	4
科技投入/%	42.81	38.04	21	21
人力投入/%	29.87	27.73	22	20
创新人才团队总量系数	0.00	0.00	4	4
R&D人员占年末从业人员的比重/%	91.11	92.50	6	3
经费投入/%	55.75	48.35	20	22
人均科研经费/万元	6.44	3.75	12	26
人均R&D经费/万元	198.16	232.92	10	6
科技产出/%	7.86	11.08	28	24

续表

指标名称	三级指标值		位次	
	2020年	2019年	2020年	2019年
知识产出 /%	31.42	42.33	27	23
科技论文系数	2.47	2.58	22	20
知识产权系数	0.26	0.50	29	23
科技奖励 /%	0.00	0.00	20	11
科技成果系数	0.00	0.00	20	11
技术成果市场化水平 /%	0.00	0.00	2	2
人均技术成果成交额 / 万元	0.00	0.00	2	2
科技合作交流 /%	0.00	2.00	22	23
项目合作系数	0.00	0.12	22	22
论文论著合作系数	0.00	0.00	13	12
创新绩效 /%	23.16	14.00	21	23
科技服务 /%	60.00	40.00	10	19
科技服务系数	0.03	0.02	10	19
产学研结合 /%	0.00	0.00	16	17
产学研结合系数	0.00	0.00	16	17
创造效益 /%	8.62	0.00	12	18
经济效益系数	17.23	0.00	12	18

（二十六）贵州省山地农业机械研究所

年末从业人员50人；高级职称以上人员14人，占年末从业人员的比例为28.00%，居第25位；科学仪器设备原值806万元，人均大型科学仪器设备原值16.12万元，居第7位。

R&D人员40人，占年末从业人员的比重为80.00%，居第10位；科研经费74万元，人均科研经费1.48万元，居第27位；R&D经费11 875万元，人均R&D经费237.50万元，居第7位。

科技论文系数为0.21，居第29位；项目合作系数为0.82，居第9位。

科技服务系数为0.01，居第22位。

贵州省山地农业机械研究所综合科技创新水平指数为28.98%，居第26位，与上年相比，监测值下降0.86个百分点，位次下降3位。在四个一级指标中，科技创新环境和基础较上年下降4.74个百分点，位次下降7位。科技投入较上年上升1.48个百分点，位次不变。科技产出较上年下降5.48个百分点，位次下降6位。创新绩效较上年上升12.50个百分点，位次上升5位（表4-26）。

表 4-26 贵州省山地农业机械研究所各级监测指标和位次与上年比较

指标名称	三级指标值		位次	
	2020年	2019年	2020年	2019年
综合指数 /%	28.98	29.84	26	23
科技创新环境和基础 /%	50.38	55.12	21	14
人力资源 /%	14.00	24.77	31	30
高层次科技人才系数	0.00	0.00	16	14
高学历以上人员占年末从业人员的比例 /%	0.00	37.78	31	23
高级职称以上人员占年末从业人员的比例 /%	28.00	31.11	25	17
创新条件及平台 /%	74.64	75.36	8	7
人均大型科学仪器设备原值 / 万元	16.12	17.91	7	6
省级以上创新平台及载体系数	0.17	0.17	5	4
科技投入 /%	36.64	35.16	24	24
人力投入 /%	29.33	25.42	24	23
创新人才团队总量系数	0.00	0.00	4	4
R&D 人员占年末从业人员的比重 /%	80.00	73.33	10	15
经费投入 /%	43.94	44.89	26	24
人均科研经费 / 万元	1.48	2.00	27	30
人均 R&D 经费 / 万元	237.50	217.02	7	8
科技产出 /%	12.29	17.77	27	21
知识产出 /%	35.50	57.42	26	18
科技论文系数	0.21	0.89	29	29
知识产权系数	0.81	2.11	17	7
科技奖励 /%	0.00	0.00	20	11
科技成果系数	0.00	0.00	20	11
技术成果市场化水平 /%	0.00	0.00	2	2
人均技术成果成交额 / 万元	0.00	0.00	2	2
科技合作交流 /%	13.67	13.67	16	16
项目合作系数	0.82	0.82	9	13
论文论著合作系数	0.00	0.00	13	12
创新绩效 /%	19.50	7.00	23	28
科技服务 /%	20.00	20.00	22	24
科技服务系数	0.01	0.01	22	24
产学研结合 /%	31.25	0.00	9	17
产学研结合系数	0.25	0.00	9	17
创造效益 /%	0.00	0.00	17	18
经济效益系数	0.00	0.00	17	18

(二十七)贵州省植物园

年末从业人员94人;高学历以上人员50人,占年末从业人员的比例为53.19%,居第16位;高级职称以上人员29人,占年末从业人员的比例为30.85%,居第18位;科学仪器设备原值339万元,人均大型科学仪器设备原值3.61万元,居第25位。

R&D人员74人,占年末从业人员的比重为78.72%,居第12位;科研经费60万元,人均科研经费0.64万元,居第29位;R&D经费5066万元,人均R&D经费53.89万元,居第26位。

科技论文系数为3.16,居第14位;项目合作系数为0.47,居第15位。

科技服务系数为0.01,居第22位。

贵州省植物园综合科技创新水平指数为27.78%,居第27位,与上年相比,监测值上升0.67个百分点,位次不变。在四个一级指标中,科技创新环境和基础较上年上升1.95个百分点,位次下降1位。科技投入较上年下降23.52个百分点,位次下降15位。科技产出较上年上升20.32个百分点,位次上升6位。创新绩效较上年下降7.00个百分点,位次下降5位(表4-27)。

表4-27 贵州省植物园各级监测指标和位次与上年比较

指标名称	三级指标值		位次	
	2020年	2019年	2020年	2019年
综合指数/%	27.78	27.11	27	27
科技创新环境和基础/%	24.08	22.13	27	26
人力资源/%	47.18	43.05	15	16
高层次科技人才系数	0.00	0.00	16	14
高学历以上人员占年末从业人员的比例/%	53.19	50.56	16	16
高级职称以上人员占年末从业人员的比例/%	30.85	23.60	18	26
创新条件及平台/%	8.68	8.19	29	29
人均大型科学仪器设备原值/万元	3.61	3.56	25	28
省级以上创新平台及载体系数	0.00	0.00	21	19
科技投入/%	39.52	63.04	23	8
人力投入/%	40.00	40.00	4	4
创新人才团队总量系数	0.00	0.00	4	4
R&D人员占年末从业人员的比重/%	78.72	80.90	12	9
经费投入/%	39.03	86.09	28	9
人均科研经费/万元	0.64	10.56	29	14
人均R&D经费/万元	53.89	114.83	26	18
科技产出/%	30.94	10.62	19	25
知识产出/%	55.92	35.67	22	25

续表

指标名称	三级指标值		位次	
	2020 年	2019 年	2020 年	2019 年
科技论文系数	3.16	3.63	14	14
知识产权系数	0.71	0.13	22	28
科技奖励 /%	50.00	0.00	10	11
科技成果系数	0.05	0.00	10	11
技术成果市场化水平 /%	0.00	0.00	2	2
人均技术成果成交额 / 万元	0.00	0.00	2	2
科技合作交流 /%	7.83	6.83	18	21
项目合作系数	0.47	0.41	15	19
论文论著合作系数	0.00	0.00	13	12
创新绩效 /%	7.00	14.00	28	23
科技服务 /%	20.00	40.00	22	19
科技服务系数	0.01	0.02	22	19
产学研结合 /%	0.00	0.00	16	17
产学研结合系数	0.00	0.00	16	17
创造效益 /%	0.00	0.00	17	18
经济效益系数	0.00	0.00	17	18

（二十八）贵州省农业科技信息研究所

年末从业人员46人；高学历以上人员23人，占年末从业人员的比例为50.00%，居第18位；高级职称以上人员18人，占年末从业人员的比例为39.13%，居第8位；科学仪器设备原值709.00万元，人均大型科学仪器设备原值15.41万元，居第9位。

R&D人员33人，占年末从业人员的比重为71.74%，居第18位；科研经费412.00万元，人均科研经费8.96万元，居第9位；R&D经费2285万元，人均R&D经费49.67万元，居第28位。

科技论文系数为1.74，居第26位。

科技服务系数为0.01，居第22位。

贵州省农业科技信息研究所综合科技创新水平指数为25.30%，居第28位，与上年相比，监测值下降0.84个百分点，位次不变。在四个一级指标中，科技创新环境和基础较上年上升2.72个百分点，位次上升1位。科技投入较上年下降3.89个百分点，位次下降5位。科技产出较上年上升1.44个百分点，位次不变。创新绩效较上年下降7.00个百分点，位次下降5位（表4-28）。

表 4-28 贵州省农业科技信息研究所各级监测指标和位次与上年比较

指标名称	三级指标值		位次	
	2020 年	2019 年	2020 年	2019 年
综合指数 /%	25.30	26.14	28	28
科技创新环境和基础 /%	56.33	53.61	15	16
人力资源 /%	32.38	25.39	25	29
高层次科技人才系数	0.00	0.00	16	14
高学历以上人员占年末从业人员的比例 /%	50.00	40.00	18	18
高级职称以上人员占年末从业人员的比例 /%	39.13	31.11	8	17
创新条件及平台 /%	72.29	72.43	10	10
人均大型科学仪器设备原值 / 万元	15.41	15.76	9	9
省级以上创新平台及载体系数	0.17	0.17	5	4
科技投入 /%	32.97	36.86	28	23
人力投入 /%	25.25	26.13	26	22
创新人才团队总量系数	0.00	0.00	4	4
R&D 人员占年末从业人员的比重 /%	71.74	75.56	18	12
经费投入 /%	40.69	47.60	27	23
人均科研经费 / 万元	8.96	3.11	9	27
人均 R&D 经费 / 万元	49.67	128.67	28	17
科技产出 /%	5.50	4.06	30	30
知识产出 /%	22.00	16.25	30	30
科技论文系数	1.74	0.95	26	28
知识产权系数	0.18	0.20	30	26
科技奖励 /%	0.00	0.00	20	11
科技成果系数	0.00	0.00	20	11
技术成果市场化水平 /%	0.00	0.00	2	2
人均技术成果成交额 / 万元	0.00	0.00	2	2
科技合作交流 /%	0.00	0.00	22	25
项目合作系数	0.00	0.00	22	25
论文论著合作系数	0.00	0.00	13	12
创新绩效 /%	7.00	14.00	28	23
科技服务 /%	20.00	40.00	22	19
科技服务系数	0.01	0.02	22	19
产学研结合 /%	0.00	0.00	16	17
产学研结合系数	0.00	0.00	16	17
创造效益 /%	0.00	0.00	17	18
经济效益系数	0.00	0.00	17	18

（二十九）贵州省水利科学研究院

年末从业人员 104 人；高学历以上人员 43 人，占年末从业人员的比例为 41.35%，居第 22 位；高级职称以上人员 28 人，占年末从业人员的比例为 26.92%，居第 26 位；科学仪器设备原值 0 万元，人均大型科学仪器设备原值 0.00 万元，居第 31 位。

R&D 人员 81 人，占年末从业人员的比重为 77.88%，居第 13 位；科研经费 30 万元，人均科研经费 0.29 万元，居第 31 位；R&D 经费 3046 万元，人均 R&D 经费 29.29 万元，居第 30 位。

科技论文系数为 3.16，居第 14 位。

经济效益系数为 209.06，居第 3 位。

贵州省水利科学研究院综合科技创新水平指数为 22.82%，居第 29 位，与上年相比，监测值上升 3.39 个百分点，位次不变。在四个一级指标中，科技创新环境和基础较上年上升 1.19 个百分点，位次下降 1 位。科技投入较上年下降 8.16 个百分点，位次下降 9 位。科技产出较上年上升 9.20 个百分点，位次上升 2 位。创新绩效较上年上升 12.73 个百分点，位次上升 8 位（表 4-29）。

表 4-29 贵州省水利科学研究院各级监测指标和位次与上年比较

指标名称	三级指标值		位次	
	2020 年	2019 年	2020 年	2019 年
综合指数 /%	22.82	19.43	29	29
科技创新环境和基础 /%	17.99	16.80	30	29
人力资源 /%	44.98	42.01	17	19
高层次科技人才系数	0.00	0.00	16	14
高学历以上人员占年末从业人员的比例 /%	41.35	35.24	22	25
高级职称以上人员占年末从业人员的比例 /%	26.92	28.57	26	21
创新条件及平台 /%	0.00	0.00	31	32
人均大型科学仪器设备原值 / 万元	0.00	0.00	31	32
省级以上创新平台及载体系数	0.00	0.00	21	19
科技投入 /%	31.58	39.74	29	20
人力投入 /%	40.00	40.00	4	4
创新人才团队总量系数	0.00	0.00	4	4
R&D 人员占年末从业人员的比重 /%	77.88	75.24	13	13
经费投入 /%	23.17	39.47	29	27
人均科研经费 / 万元	0.29	0.48	31	33
人均 R&D 经费 / 万元	29.29	66.39	30	23
科技产出 /%	19.08	9.88	25	27
知识产出 /%	76.33	39.50	11	24

续表

指标名称	三级指标值		位次	
	2020年	2019年	2020年	2019年
科技论文系数	3.16	2.84	14	18
知识产权系数	1.52	0.38	9	24
科技奖励 /%	0.00	0.00	20	11
科技成果系数	0.00	0.00	20	11
技术成果市场化水平 /%	0.00	0.00	2	2
人均技术成果成交额 / 万元	0.00	0.00	2	2
科技合作交流 /%	0.00	0.00	22	25
项目合作系数	0.00	0.00	22	25
论文论著合作系数	0.00	0.00	13	12
创新绩效 /%	25.00	12.27	19	27
科技服务 /%	0.00	0.00	27	27
科技服务系数	0.00	0.00	27	27
产学研结合 /%	0.00	0.00	16	17
产学研结合系数	0.00	0.00	16	17
创造效益 /%	100.00	49.08	1	6
经济效益系数	209.06	98.15	3	6

（三十）贵州省劳动保护科学技术研究院

年末从业人员63人；高学历以上人员5人，占年末从业人员的比例为7.94%，居第30位；高级职称以上人员25人，占年末从业人员的比例为39.68%，居第7位；科学仪器设备原值822.17万元，人均大型科学仪器设备原值13.05万元，居第11位。

R&D人员18人，占年末从业人员的比重为28.57%，居第29位；科研经费584万元，人均科研经费9.27万元，居第8位；R&D经费3173万元，人均R&D经费50.37万元，居第27位。

科技论文系数为0.05，居第30位；项目合作系数为0.12，居第19位。

经济效益系数为773.54，居第2位。

贵州省劳动保护科学技术研究院综合科技创新水平指数为19.62%，居第30位，与上年相比，监测值上升4.84个百分点，位次不变。在四个一级指标中，科技创新环境和基础较上年上升3.73个百分点，位次上升1位。科技投入较上年下降3.87个百分点，位次下降5位。科技产出较上年上升1.08个百分点，位次上升1位。创新绩效较上年上升30.00个百分点，位次上升16位（表4-30）。

表 4-30 贵州省劳动保护科学技术研究院各级监测指标和位次与上年比较

指标名称	三级指标值		位次	
	2020 年	2019 年	2020 年	2019 年
综合指数 /%	19.62	14.78	30	30
科技创新环境和基础 /%	24.38	20.65	26	27
人力资源 /%	26.80	27.66	28	27
高层次科技人才系数	0.00	0.00	16	14
高学历以上人员占年末从业人员的比例 /%	7.94	10.14	30	33
高级职称以上人员占年末从业人员的比例 /%	39.68	37.68	7	10
创新条件及平台 /%	22.76	15.98	25	24
人均大型科学仪器设备原值 / 万元	13.05	8.54	11	21
省级以上创新平台及载体系数	0.00	0.00	21	19
科技投入 /%	33.36	37.23	27	22
人力投入 /%	12.65	9.63	29	26
创新人才团队总量系数	0.00	0.00	4	4
R&D 人员占年末从业人员的比重 /%	28.57	20.29	29	26
经费投入 /%	54.08	64.83	21	18
人均科研经费 / 万元	9.27	13.97	8	10
人均 R&D 经费 / 万元	50.37	31.01	27	26
科技产出 /%	1.96	0.88	31	32
知识产出 /%	5.83	3.50	31	32
科技论文系数	0.05	0.42	30	31
知识产权系数	0.13	0.00	31	31
科技奖励 /%	0.00	0.00	20	11
科技成果系数	0.00	0.00	20	11
技术成果市场化水平 /%	0.00	0.00	2	2
人均技术成果成交额 / 万元	0.00	0.00	2	2
科技合作交流 /%	2.00	0.00	20	25
项目合作系数	0.12	0.00	19	25
论文论著合作系数	0.00	0.00	13	12
创新绩效 /%	30.00	0.00	15	31
科技服务 /%	0.00	0.00	27	27
科技服务系数	0.00	0.00	27	27
产学研结合 /%	12.50	0.00	12	17
产学研结合系数	0.10	0.00	12	17
创造效益 /%	100.00	0.00	1	18
经济效益系数	773.54	0.00	2	18

（三十一）贵州省冶金科学研究室

年末从业人员 8 人；高学历以上人员 4 人，占年末从业人员的比例为 50.00%，居第 18 位；高级职称以上人员 7 人，占年末从业人员的比例为 87.50%，居第 1 位；科学仪器设备原值 5.50 万元，人均大型科学仪器设备原值 0.69 万元，居第 30 位。

R&D 人员 3 人，占年末从业人员的比重为 37.50%，居第 28 位；科研经费 4.9 万元，人均科研经费 0.61 万元，居第 30 位；R&D 经费 537 万元，人均 R&D 经费 67.12 万元，居第 24 位。

贵州省冶金科学研究室综合科技创新水平指数为 5.70%，居第 31 位，与上年相比，监测值上升 0.12 个百分点，位次不变。在四个一级指标中，科技创新环境和基础较上年下降 0.62 个百分点，位次上升 1 位。科技投入较上年上升 1.83 个百分点，位次上升 2 位。科技产出较上年下降 0.50 个百分点，位次不变。创新绩效较上年下降 0.08 个百分点，位次下降 1 位（表 4-31）。

表 4-31 贵州省冶金科学研究室各级监测指标和位次与上年比较

指标名称	三级指标值		位次	
	2020 年	2019 年	2020 年	2019 年
综合指数 /%	5.70	5.58	31	31
科技创新环境和基础 /%	6.72	7.34	31	32
人力资源 /%	16.22	17.85	30	31
高层次科技人才系数	0.00	0.00	16	14
高学历以上人员占年末从业人员的比例 /%	50.00	40.00	18	18
高级职称以上人员占年末从业人员的比例 /%	87.50	100.00	1	1
创新条件及平台 /%	0.39	0.34	30	31
人均大型科学仪器设备原值 / 万元	0.69	0.55	30	31
省级以上创新平台及载体系数	0.00	0.00	21	19
科技投入 /%	7.33	5.50	30	32
人力投入 /%	5.60	1.60	30	27
创新人才团队总量系数	0.00	0.00	4	4
R&D 人员占年末从业人员的比重 /%	37.50	10.00	28	27
经费投入 /%	9.06	9.41	30	32
人均科研经费 / 万元	0.61	0.60	30	32
人均 R&D 经费 / 万元	67.12	63.20	24	24
科技产出 /%	6.25	6.75	29	29
知识产出 /%	25.00	25.00	29	28
科技论文系数	0.00	0.00	31	33
知识产权系数	0.60	0.60	25	21
科技奖励 /%	0.00	0.00	20	11
科技成果系数	0.00	0.00	20	11

续表

指标名称	三级指标值		位次	
	2020 年	2019 年	2020 年	2019 年
技术成果市场化水平 /%	0.00	0.00	2	2
人均技术成果成交额 / 万元	0.00	0.00	2	2
科技合作交流 /%	0.00	2.00	22	23
项目合作系数	0.00	0.12	22	22
论文论著合作系数	0.00	0.00	13	12
创新绩效 /%	0.00	0.08	31	30
科技服务 /%	0.00	0.00	27	27
科技服务系数	0.00	0.00	27	27
产学研结合 /%	0.00	0.00	16	17
产学研结合系数	0.00	0.00	16	17
创造效益 /%	0.00	0.31	17	17
经济效益系数	0.00	0.62	17	17

（三十二）贵州省科技信息中心

年末从业人员 24 人；高学历以上人员 7 人，占年末从业人员的比例为 29.17%，居第 29 位；高级职称以上人员 4 人，占年末从业人员的比例为 16.67%，居第 32 位；科学仪器设备原值 0 万元，人均大型科学仪器设备原值 0 万元，居第 31 位。

贵州省科技信息中心综合科技创新水平指数为 1.02%，居第 32 位，与上年相比，监测值下降 0.56 个百分点，位次上升 1 位。在四个一级指标中，科技创新环境和基础较上年上升 0.03 个百分点，位次上升 1 位。科技投入较上年下降 2.12 个百分点，位次上升 1 位。科技产出较上年下降 0.10 个百分点，位次上升 1 位。创新绩效较上年不变，位次不变（表 4-32）。

表 4-32 贵州省科技信息中心各级监测指标和位次与上年比较

指标名称	三级指标值		位次	
	2020 年	2019 年	2020 年	2019 年
综合指数 /%	1.02	1.58	32	33
科技创新环境和基础 /%	4.09	4.06	32	33
人力资源 /%	10.22	10.14	32	32
高层次科技人才系数	0.00	0.00	16	14
高学历以上人员占年末从业人员的比例 /%	29.17	13.73	29	32
高级职称以上人员占年末从业人员的比例 /%	16.67	11.76	32	32

续表

指标名称	三级指标值		位次	
	2020 年	2019 年	2020 年	2019 年
创新条件及平台 /%	0.00	0.00	31	32
人均大型科学仪器设备原值 / 万元	0.00	0.00	31	32
省级以上创新平台及载体系数	0.00	0.00	21	19
科技投入 /%	0.00	2.12	32	33
人力投入 /%	0.00	0.00	31	28
创新人才团队总量系数	0.00	0.00	4	4
R&D 人员占年末从业人员的比重 /%	0.00	0.00	31	28
经费投入 /%	0.00	4.24	32	33
人均科研经费 / 万元	0.00	1.57	32	31
人均 R&D 经费 / 万元	0.00	0.00	31	28
科技产出 /%	0.00	0.10	32	33
知识产出 /%	0.00	0.42	32	33
科技论文系数	0.00	0.05	31	32
知识产权系数	0.00	0.00	32	31
科技奖励 /%	0.00	0.00	20	11
科技成果系数	0.00	0.00	20	11
技术成果市场化水平 /%	0.00	0.00	2	2
人均技术成果成交额 / 万元	0.00	0.00	2	2
科技合作交流 /%	0.00	0.00	22	25
项目合作系数	0.00	0.00	22	25
论文论著合作系数	0.00	0.00	13	12
创新绩效 /%	0.00	0.00	31	31
科技服务 /%	0.00	0.00	27	27
科技服务系数	0.00	0.00	27	27
产学研结合 /%	0.00	0.00	16	17
产学研结合系数	0.00	0.00	16	17
创造效益 /%	0.00	0.00	17	18
经济效益系数	0.00	0.00	17	18

四、开发类科研院所综合科技创新水平评价

根据综合科技创新水平指数，全省 14 家开发类科研院所分为三类。

第一类：综合科技创新水平指数高于 30% 的科研院所有 2 家；

第二类：综合科技创新水平指数低于 30%，但高于平均水平（18.14%）的科研院所有 4 家；

第三类：综合科技创新水平指数低于平均水平的科研院所有 8 家。

参照 2019 年综合科技创新水平指数排序，贵州省冶金化工研究所上升 5 位，贵州省轻工业科学研究所上升 3 位，贵州省冶金设计研究院上升 1 位，贵州省新技术研究所上升 4 位，贵州省机电研究设计院上升 1 位；贵州省新材料研究开发基地下降 3 位，贵州省生物技术研究开发基地下降 3 位，贵州省交通科学研究院下降 7 位，贵州省电子工业研究所下降 1 位；其余科研院所位次均不变（图 4-11）。

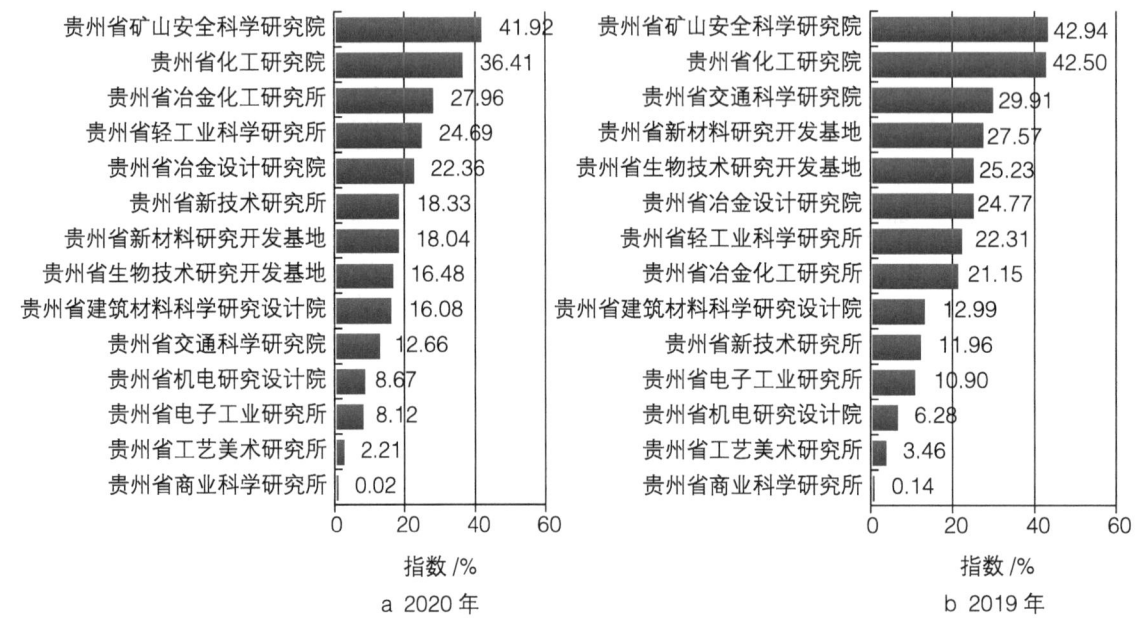

图 4-11　开发类科研院所综合科技创新水平指数排序

2020 年与 2019 年监测结果相比，科研院所综合科技创新水平指数平均水平下降 2.01 个百分点，贵州省交通科学研究院、贵州省新材料研究开发基地、贵州省生物技术研究开发基地等 6 所科研院所低于这一降幅（图 4-12）。

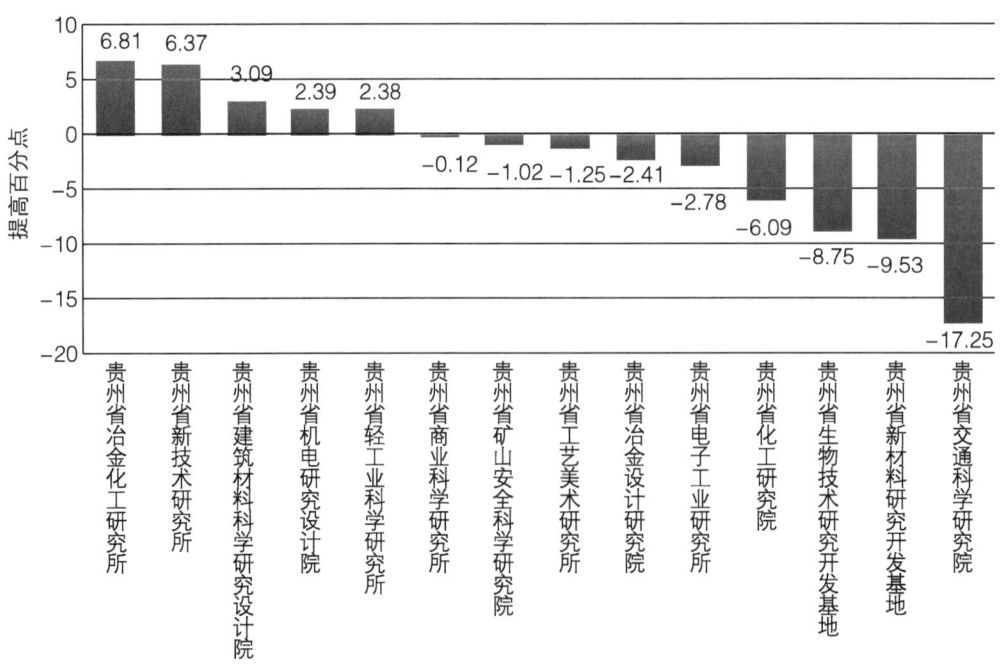

图 4-12　开发类科研院所综合科技创新水平指数提高百分点排序

五、开发类科研院所科技创新一级指标评价

（一）科技创新环境和基础

科技创新环境和基础指数高于40%的开发类科研院所有2所，占全部开发类科研院所的14.29%；低于40.00%，但高于平均水平（20.41%）的开发类科研院所有4所，占全部开发类科研院所的28.57%；低于平均水平的开发类科研院所有8所，占全部开发类科研院所的57.14%。

参照2019年科研院所科技创新环境和基础指数排序，位次上升较快的是贵州省冶金化工研究所、贵州省生物技术研究开发基地、贵州省电子工业研究所，位次均上升2位；位次下降较快的是贵州省交通科学研究院，下降7位（图4-13）。

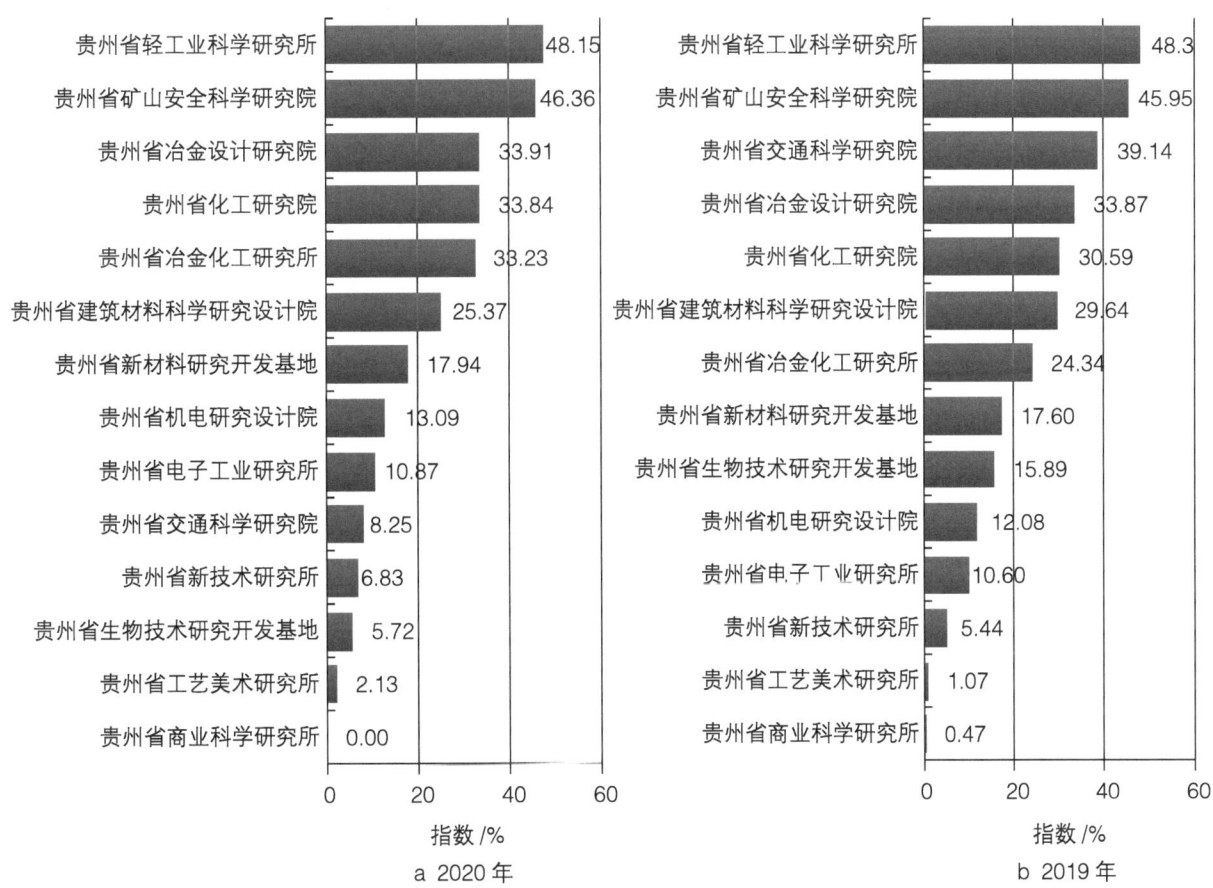

图 4-13 开发类科研院所科技创新环境和基础指数排序

2020年与2019年监测结果相比，科技创新环境和基础指数平均水平下降2.09个百分点，贵州省交通科学研究院、贵州省生物技术研究开发基地、贵州省建筑材料科学研究设计院等3所科研院所低于这一降幅（图4-14）。

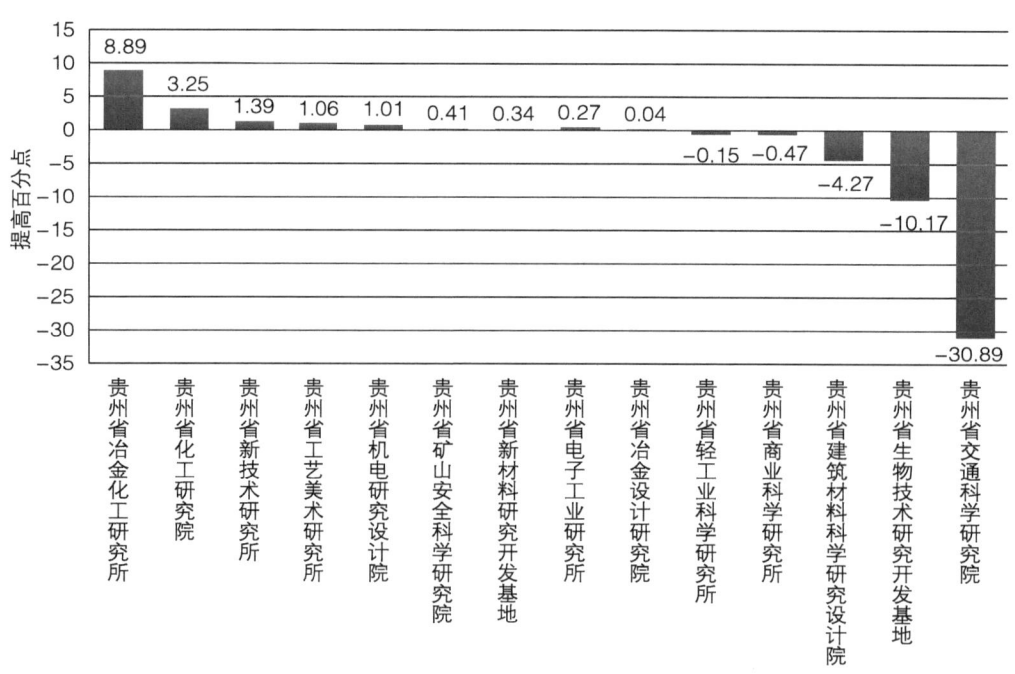

图 4-14 开发类科研院所科技创新环境和基础指数提高百分点排序

（二）科技投入

科技投入指数高于 40.00% 的开发类科研院所有 5 所，占全部开发类科研院所的 35.71%；低于 40.00%，但高于平均水平（30.21%）的开发类科研院所有 2 所，占全部开发类科研院所的 14.29%；低于平均水平的开发类科研院所有 7 所，占全部开发类科研院所的 50.00%。

参照 2019 年科研院所科技投入指数排序，位次上升较快的是贵州省新技术研究所，位次上升 5 位；位次下降较快的是贵州省新材料研究开发基地、贵州省生物技术研究开发基地，下降 4 位（图 4-15）。

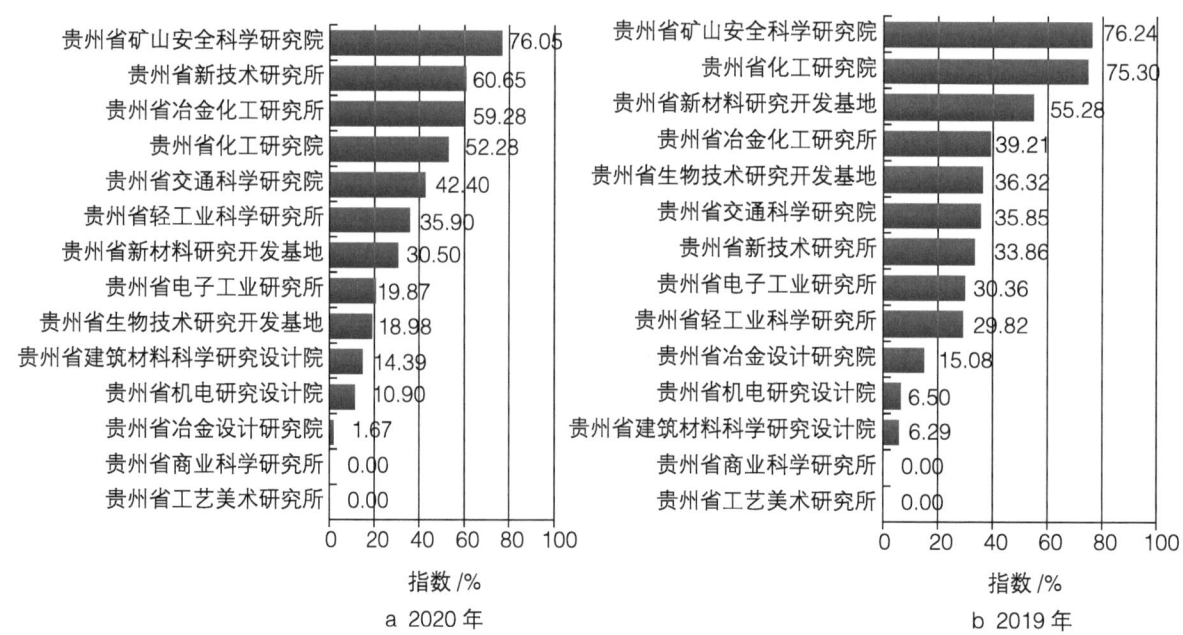

图 4-15 开发类科研院所科技投入指数排序

2020年与2019年监测结果相比，科技投入指数平均水平下降1.23个百分点，贵州省新材料研究开发基地、贵州省化工研究院、贵州省生物技术研究开发基地等5所科研院所低于这一降幅（图4-16）。

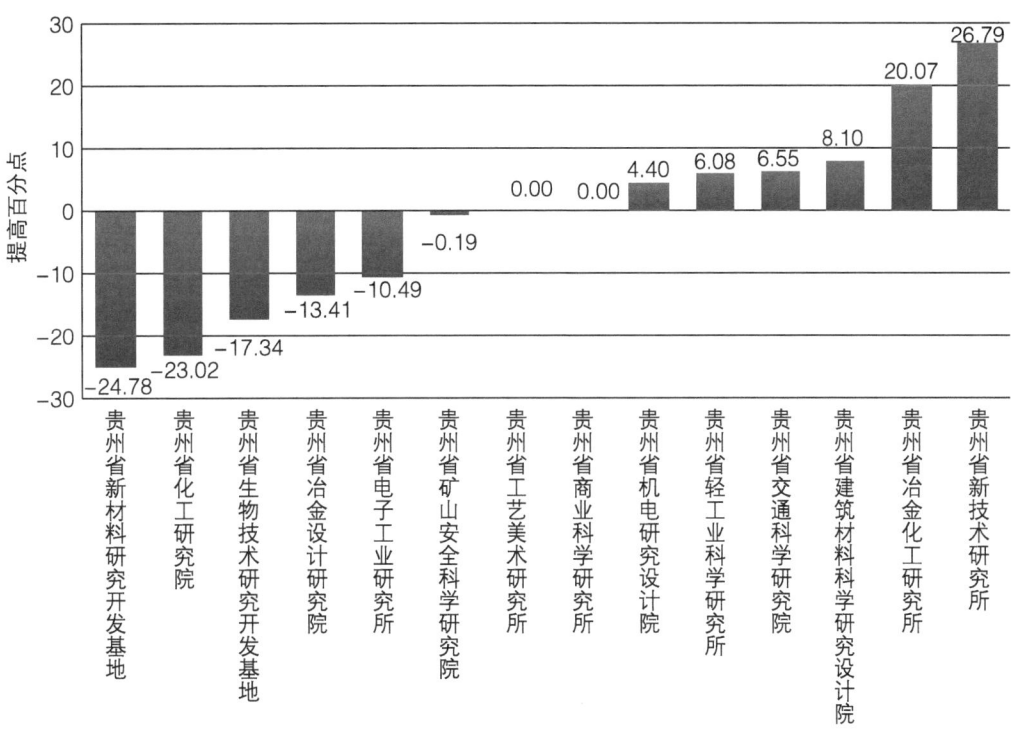

图4-16 开发类科研院所科技投入指数提高百分点排序

（三）科技产出

科技产出指数高于40.00%的开发类科研院所有0所，占全部开发类科研院所的0%；低于40.00%，但高于平均水平（6.95%）的开发类科研院所有8所，占全部开发类科研院所的57.14%；低于平均水平的开发类科研院所有6所，占全部开发类科研院所的42.86%。

参照2019年科研院所科技产出指数排序，位次上升较快的是贵州省建筑材料科学研究设计院，位次上升6位；位次下降较快的是贵州省新材料研究开发基地，下降8位（图4-17）。

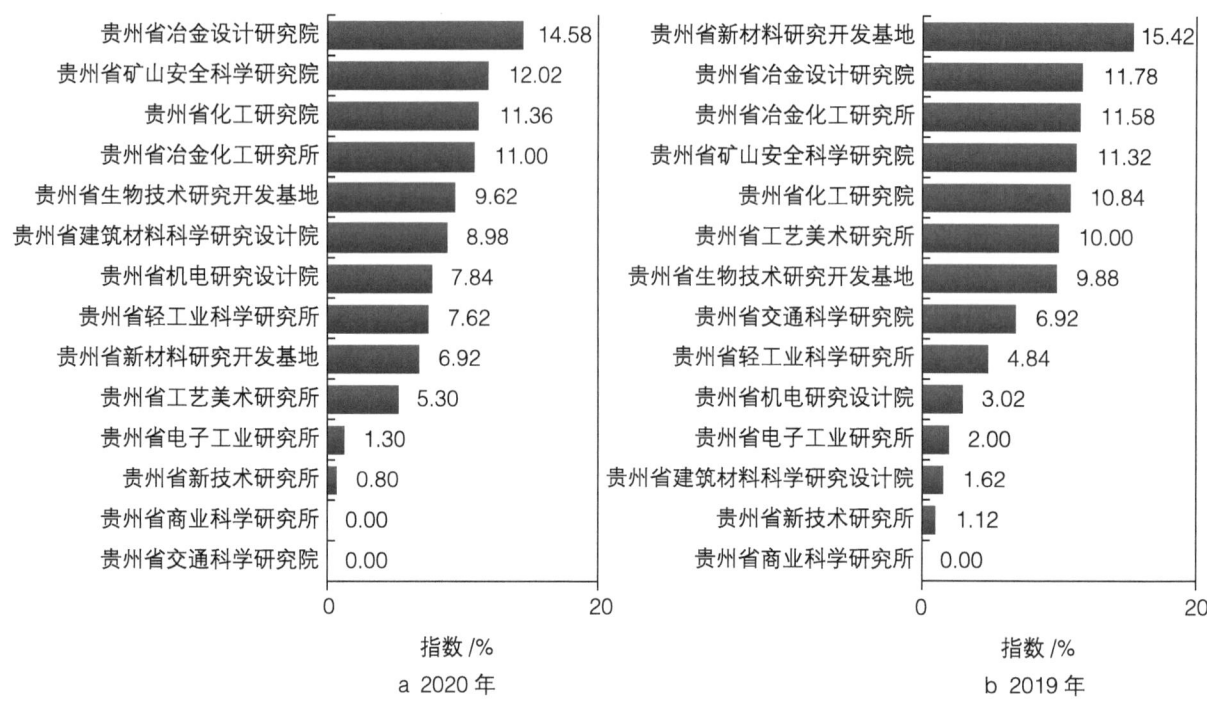

图 4-17 开发类科研院所科技产出指数排序

2020 年与 2019 年监测结果相比，科技产出指数平均水平下降 0.22 个百分点，贵州省新材料研究开发基地、贵州省交通科学研究院、贵州省工艺美术研究所等 7 所科研院所低于这一降幅（图 4-18）。

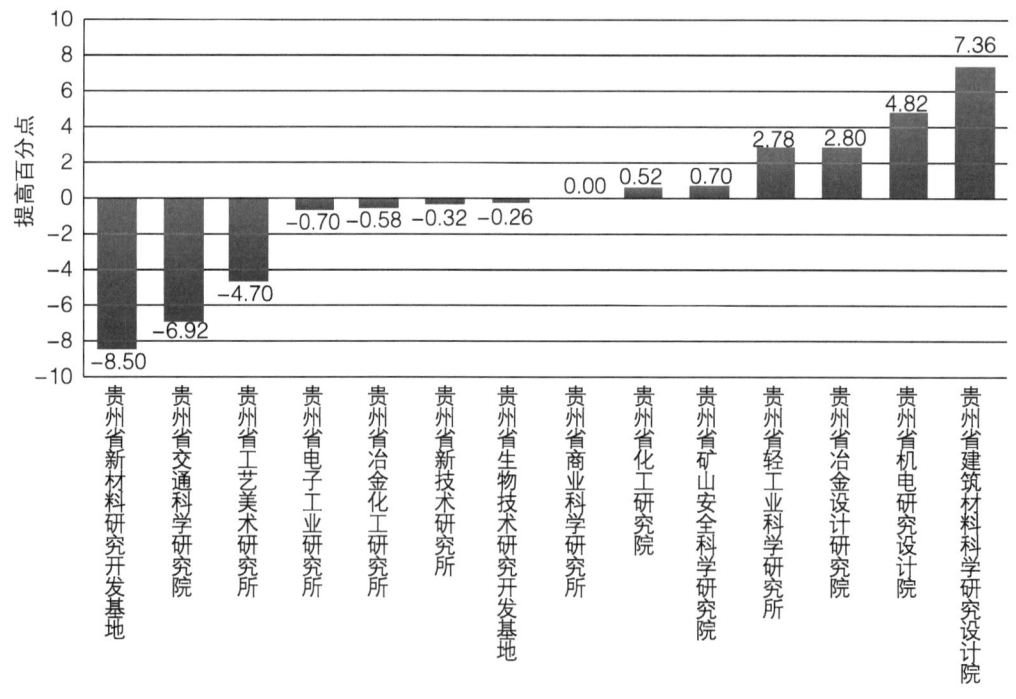

图 4-18 开发类科研院所科技产出指数提高百分点排序

（四）创新绩效

创新绩效指数高于 40.00% 的开发类科研院所有 2 所，占全部开发类科研院所的 14.29%；低于

40.00%，但高于平均水平（17.01%）的开发类科研院所有4所，占全部开发类科研院所的28.57%；低于平均水平的开发类科研院所有8所，占全部开发类科研院所的57.14%。

参照2019年科研院所创新绩效指数排序，位次上升较快的是贵州省冶金设计研究院、贵州省矿山安全科学研究院，位次均上升2位；位次下降较快的是贵州省交通科学研究院，下降11位（图4-19）。

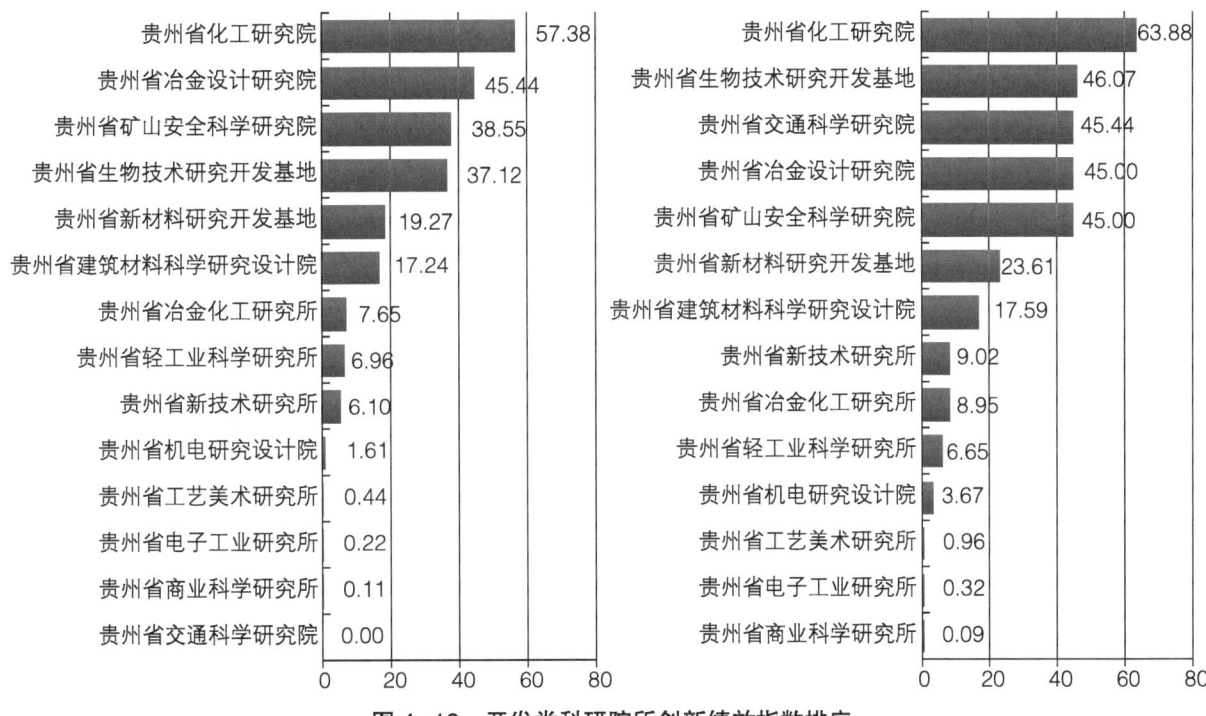

图4-19 开发类科研院所创新绩效指数排序

2020年与2019年监测结果相比，创新绩效指数平均水平下降5.58个百分点，贵州省交通科学研究院、贵州省生物技术研究开发基地、贵州省化工研究院等4所科研院所低于这一降幅（图4-20）。

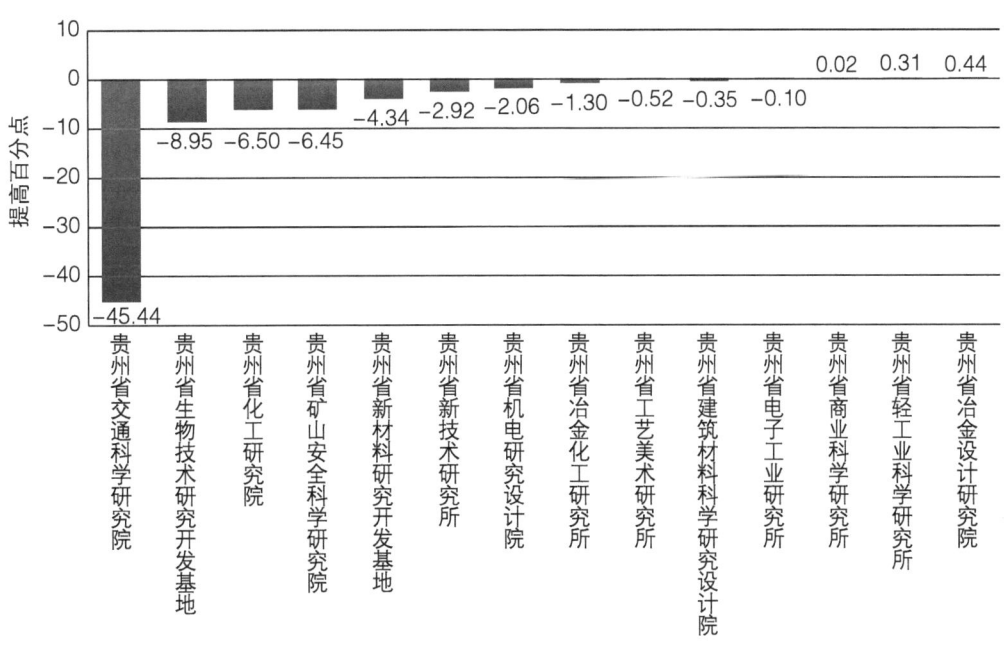

图4-20 开发类科研院所创新绩效指数提高百分点排序

六、开发类科研院所科技创新水平评价

（一）贵州省矿山安全科学研究院

年末从业人员 40 人；高学历以上人员 17 人，占年末从业人员的比例为 42.50%，居第 2 位；高级职称以上人员 23 人，占年末从业人员的比例为 57.50%，居第 1 位；科学仪器设备原值 348 万元，人均大型科学仪器设备原值 8.70 万元，居第 3 位。

R&D 人员 38 人，占年末从业人员的比重为 95.00%，居第 1 位；科研经费 4022 万元，人均科研经费 100.55 万元，居第 1 位。

发表科技论文 11 篇（一般科技论文 8 篇，核心期刊 1 篇，三大检索工具收录 2 篇），科技论文系数为 1.16，居第 2 位；省内合作项目 118 项，项目合作系数为 13.88，居第 1 位。

技术服务收入 2784 万元，经济效益系数为 856.62，居第 2 位。

贵州省矿山安全科学研究院综合科技创新水平指数为 41.92%，居第 1 位，与上年相比，监测值下降 1.02 个百分点，位次不变。在四个一级指标中，科技创新环境和基础较上年上升 0.41 个百分点，位次不变。科技投入较上年下降 0.19 个百分点，位次不变。科技产出较上年上升 0.70 个百分点，位次上升 2 位。创新绩效较上年下降 6.45 个百分点，位次上升 1 位（表 4-33）。

表 4-33 贵州省矿山安全科学研究院各级监测指标和位次与上年比较

指标名称	三级指标值		位次	
	2020 年	2019 年	2020 年	2019 年
综合指数 /%	41.92	42.94	1	1
科技创新环境和基础 /%	46.36	45.95	2	2
人力资源 /%	25.07	24.04	2	3
高层次科技人才系数	0.00	0.00	1	1
高学历以上人员占年末从业人员的比例 /%	42.50	37.50	2	2
高级职称以上人员占年末从业人员的比例 /%	57.50	60.00	1	1
创新条件及平台 /%	60.56	60.56	2	2
人均大型科学仪器设备原值 / 万元	8.70	8.70	3	3
省级以上创新平台及载体系数	0.17	0.17	2	2
科技投入 /%	76.05	76.24	1	1
人力投入 /%	20.16	20.80	2	1
创新人才团队总量系数	0.00	0.00	1	1
R&D 人员占年末从业人员的比重 /%	95.00	100.00	1	1
经费投入 /%	100.00	100.00	1	1
人均科研经费 / 万元	100.55	99.70	1	1
人均 R&D 经费 / 万元	10.48	90.32	1	2

续表

指标名称	三级指标值		位次	
	2020年	2019年	2020年	2019年
科技产出 /%	12.02	11.32	2	4
知识产出 /%	35.10	31.60	6	8
科技论文系数	1.16	1.16	2	2
知识产权系数	0.47	0.40	9	8
科技奖励 /%	0.00	0.00	2	1
科技成果系数	0.00	0.00	2	1
技术成果市场化水平 /%	0.00	0.00	1	1
人均技术成果成交额 / 万元	0.00	0.00	1	1
科技合作交流 /%	50.00	50.00	1	2
项目合作系数	13.88	22.59	1	1
论文论著合作系数	0.00	0.00	3	2
创新绩效 /%	38.55	45.00	3	4
科技服务 /%	0.00	0.00	7	6
科技服务系数	0.00	0.00	7	6
产学研结合 /%	0.00	0.00	4	6
产学研结合系数	0.00	0.00	4	6
创造效益 /%	85.66	100.00	2	1
经济效益系数	856.62	1117.23	2	3

（二）贵州省化工研究院

年末从业人员103人；高学历以上人员18人，占年末从业人员的比例为17.48%，居第3位；高级职称以上人员30人，占年末从业人员的比例为29.13%，居第5位；科学仪器设备原值858万元，人均大型科学仪器设备原值8.33万元，居第4位。

R&D人员63人，占年末从业人员的比重为61.17%，居第2位；科研经费510.70万元，人均科研经费4.96万元，居第5位。

发表科技论文9篇（一般科技论文7篇，核心期刊2篇），科技论文系数为0.68，居第5位。

对外科技咨询项数395项，科技特派员7人，科技服务系数为0.76，居第1位；技术服务收入1618万元，经济效益系数为536.31，居第4位。

贵州省化工研究院综合科技创新水平指数为36.41%，居第2位，与上年相比，监测值下降6.09个百分点，位次不变。在四个一级指标中，科技创新环境和基础较上年上升3.25个百分点，位次上升1位。科技投入较上年下降23.02个百分点，位次下降2位。科技产出较上年上升0.52个百分点，位次上升2位。创新绩效较上年下降6.50个百分点，位次不变（表4-34）。

表 4-34 贵州省化工研究院各级监测指标和位次与上年比较

指标名称	三级指标值		位次	
	2020年	2019年	2020年	2019年
综合指数 /%	36.41	42.50	2	2
科技创新环境和基础 /%	33.84	30.59	4	5
人力资源 /%	24.61	20.30	3	5
高层次科技人才系数	0.00	0.00	1	1
高学历以上人员占年末从业人员的比例 /%	17.48	12.31	3	4
高级职称以上人员占年末从业人员的比例 /%	29.13	20.00	5	8
创新条件及平台 /%	40.00	37.45	3	4
人均大型科学仪器设备原值 / 万元	8.33	4.77	4	8
省级以上创新平台及载体系数	0.00	0.00	3	3
科技投入 /%	52.28	75.30	4	2
人力投入 /%	25.92	17.66	1	3
创新人才团队总量系数	0.00	0.00	1	1
R&D 人员占年末从业人员的比重 /%	61.17	34.62	2	5
经费投入 /%	63.58	100.00	4	1
人均科研经费 / 万元	4.96	16.03	5	3
人均 R&D 经费 / 万元	4.67	27.38	6	6
科技产出 /%	11.36	10.84	3	5
知识产出 /%	56.80	54.20	2	2
科技论文系数	0.68	0.42	5	5
知识产权系数	2.20	1.70	1	3
科技奖励 /%	0.00	0.00	2	1
科技成果系数	0.00	0.00	2	1
技术成果市场化水平 /%	0.00	0.00	1	1
人均技术成果成交额 / 万元	0.00	0.00	1	1
科技合作交流 /%	0.00	0.00	7	7
项目合作系数	0.00	0.00	5	7
论文论著合作系数	0.00	0.00	3	2
创新绩效 /%	57.38	63.88	1	1
科技服务 /%	95.00	100.00	1	1
科技服务系数	0.76	0.82	1	1
产学研结合 /%	0.00	0.00	4	6
产学研结合系数	0.00	0.00	4	6
创造效益 /%	53.63	64.18	4	5
经济效益系数	536.31	641.77	4	5

(三)贵州省冶金化工研究所

年末从业人员 37 人;高学历以上人员 17 人,占年末从业人员的比例为 45.95%,居第 1 位;高级职称以上人员 16 人,占年末从业人员的比例为 43.24%,居第 2 位;科学仪器设备原值 944 万元,人均大型科学仪器设备原值 25.51 万元,居第 1 位。

R&D 人员 20 人,占年末从业人员的比重为 54.05%,居第 3 位;科研经费 723 万元,人均科研经费 19.54 万元,居第 2 位。

发表科技论文 9 篇(一般科技论文 3 篇,核心期刊 6 篇),科技论文系数为 1.11,居第 3 位;省内合作项目 1 项,省外合作项目 1 项,产学研项目 4 项,项目合作系数为 0.65,居第 2 位。

技术服务收入 312 万元,经济效益系数为 96.00,居第 8 位。

贵州省冶金化工研究所综合科技创新水平指数为 27.96%,居第 3 位,与上年相比,监测值上升 6.81 个百分点,位次上升 5 位。在四个一级指标中,科技创新环境和基础较上年上升 8.89 个百分点,位次上升 2 位。科技投入较上年上升 20.07 个百分点,位次上升 1 位。科技产出较上年下降 0.58 个百分点,位次下降 1 位。创新绩效较上年下降 1.30 个百分点,位次上升 2 位(表 4-35)。

表 4-35 贵州省冶金化工研究所各级监测指标和位次与上年比较

指标名称	三级指标值		位次	
	2020 年	2019 年	2020 年	2019 年
综合指数 /%	27.96	21.15	3	8
科技创新环境和基础 /%	33.23	24.34	5	7
人力资源 /%	23.07	23.57	4	4
高层次科技人才系数	0.00	0.00	1	1
高学历以上人员占年末从业人员的比例 /%	45.95	47.37	1	1
高级职称以上人员占年末从业人员的比例 /%	43.24	42.11	2	2
创新条件及平台 /%	40.00	24.85	3	7
人均大型科学仪器设备原值 / 万元	25.51	8.32	1	4
省级以上创新平台及载体系数	0.00	0.00	3	3
科技投入 /%	59.28	39.21	3	4
人力投入 /%	11.49	20.16	4	2
创新人才团队总量系数	0.00	0.00	1	1
R&D 人员占年末从业人员的比重 /%	54.05	100.00	3	1
经费投入 /%	79.76	47.37	3	5
人均科研经费 / 万元	19.54	3.26	2	5
人均 R&D 经费 / 万元	6.65	50.66	4	3
科技产出 /%	11.00	11.58	4	3

续表

指标名称	三级指标值		位次	
	2020年	2019年	2020年	2019年
知识产出 /%	49.60	52.00	3	3
科技论文系数	1.11	2.05	3	1
知识产权系数	0.77	0.63	4	7
科技奖励 /%	0.00	0.00	2	1
科技成果系数	0.00	0.00	2	1
技术成果市场化水平 /%	0.00	0.00	1	1
人均技术成果成交额 / 万元	0.00	0.00	1	1
科技合作交流 /%	10.83	11.83	3	3
项目合作系数	0.65	0.71	2	2
论文论著合作系数	0.00	0.00	3	2
创新绩效 /%	7.65	8.95	7	9
科技服务 /%	0.00	0.00	7	6
科技服务系数	0.00	0.00	7	6
产学研结合 /%	16.67	16.67	3	4
产学研结合系数	0.20	0.20	3	4
创造效益 /%	9.60	12.49	8	9
经济效益系数	96.00	124.92	8	9

（四）贵州省轻工业科学研究所

年末从业人员 34 人；高学历以上人员 3 人，占年末从业人员的比例为 8.82%，居第 7 位；高级职称以上人员 7 人，占年末从业人员的比例为 20.59%，居第 9 位；科学仪器设备原值 171.21 万元，人均大型科学仪器设备原值 5.04 万元，居第 6 位。

R&D 人员 10 人，占年末从业人员的比重为 29.41%，居第 6 位；科研经费 141 万元，人均科研经费 4.15 万元，居第 7 位。

发表科技论文 5 篇（一般科技论文 4 篇，核心期刊 1 篇），科技论文系数为 0.37，居第 6 位。

技术服务收入 24 万元，经济效益系数为 62.25，居第 9 位。

贵州省轻工业科学研究所综合科技创新水平指数为 24.69%，居第 4 位，与上年相比，监测值上升 2.38 个百分点，位次上升 3 位。在四个一级指标中，科技创新环境和基础较上年下降 0.15 个百分点，位次不变。科技投入较上年上升 6.08 个百分点，位次上升 3 位。科技产出较上年上升 2.78 个百分点，位次上升 1 位。创新绩效较上年上升 0.31 个百分点，位次上升 2 位（表 4-36）。

表 4-36 贵州省轻工业科学研究所各级监测指标和位次与上年比较

指标名称	三级指标值		位次	
	2020 年	2019 年	2020 年	2019 年
综合指数 /%	24.69	22.31	4	7
科技创新环境和基础 /%	48.15	48.30	1	1
人力资源 /%	8.03	8.67	9	9
高层次科技人才系数	0.00	0.00	1	1
高学历以上人员占年末从业人员的比例 /%	8.82	8.57	7	8
高级职称以上人员占年末从业人员的比例 /%	20.59	22.86	9	7
创新条件及平台 /%	74.89	74.72	1	1
人均大型科学仪器设备原值 / 万元	5.04	4.89	6	7
省级以上创新平台及载体系数	0.33	0.33	1	1
科技投入 /%	35.90	29.82	6	9
人力投入 /%	5.97	4.12	7	8
创新人才团队总量系数	0.00	0.00	1	1
R&D 人员占年末从业人员的比重 /%	29.41	20.00	6	7
经费投入 /%	48.73	40.84	6	8
人均科研经费 / 万元	4.15	0.39	7	10
人均 R&D 经费 / 万元	8.01	39.09	2	5
科技产出 /%	7.62	4.84	8	9
知识产出 /%	27.70	24.20	8	9
科技论文系数	0.37	0.42	6	5
知识产权系数	0.48	0.40	8	8
科技奖励 /%	0.00	0.00	2	1
科技成果系数	0.00	0.00	2	1
技术成果市场化水平 /%	0.00	0.00	1	1
人均技术成果成交额 / 万元	0.00	0.00	1	1
科技合作交流 /%	20.83	0.00	2	7
项目合作系数	0.00	0.00	5	7
论文论著合作系数	0.25	0.00	1	2
创新绩效 /%	6.96	6.65	8	10
科技服务 /%	0.00	0.00	7	6
科技服务系数	0.00	0.00	7	6
产学研结合 /%	20.83	20.83	1	3
产学研结合系数	0.25	0.25	1	3
创造效益 /%	6.22	5.51	9	11
经济效益系数	62.25	55.09	9	11

（五）贵州省冶金设计研究院

年末从业人员563人；高学历以上人员48人，占年末从业人员的比例为8.53%，居第8位；高级职称以上人员96人，占年末从业人员的比例为17.05%，居第10位；科学仪器设备原值492.3万元，人均大型科学仪器设备原值0.87万元，居第11位。

科研经费60万元，人均科研经费0.11万元，居第11位。

发表科技论文53篇（一般科技论文31篇，核心期刊1篇，三大检索工具收录21篇），科技论文系数为1.79，居第1位。

科技培训人数45人，科技服务系数为0.01，居第5位；知识产权创造的直接效益35 152.37万元，技术服务收入56 122.8万元，经济效益系数为38 900.78，居第1位。

贵州省冶金设计研究院综合科技创新水平指数为22.36%，居第5位，与上年相比，监测值下降2.41个百分点，位次上升1位。在四个一级指标中，科技创新环境和基础较上年上升0.04个百分点，位次上升1位。科技投入较上年下降13.41个百分点，位次下降2位。科技产出较上年上升2.80个百分点，位次上升1位。创新绩效较上年上升0.44个百分点，位次上升2位（表4-37）。

表4-37 贵州省冶金设计研究院各级监测指标和位次与上年比较

指标名称	三级指标值		位次	
	2020年	2019年	2020年	2019年
综合指数/%	22.36	24.77	5	6
科技创新环境和基础/%	33.91	33.87	3	4
人力资源/%	43.91	43.85	1	1
高层次科技人才系数	0.00	0.00	1	1
高学历以上人员占年末从业人员的比例/%	8.53	9.51	8	6
高级职称以上人员占年末从业人员的比例/%	17.05	15.96	10	9
创新条件及平台/%	27.25	27.22	6	6
人均大型科学仪器设备原值/万元	0.87	0.84	11	12
省级以上创新平台及载体系数	0.00	0.00	3	3
科技投入/%	1.67	15.08	12	10
人力投入/%	0.00	0.00	10	10
创新人才团队总量系数	0.00	0.00	1	1
R&D人员占年末从业人员的比重/%	0.00	0.00	10	10
经费投入/%	2.39	21.55	12	10
人均科研经费/万元	0.11	0.92	11	9
人均R&D经费/万元	0.00	0.00	10	10
科技产出/%	14.58	11.78	1	2
知识产出/%	67.90	58.90	1	1

续表

指标名称	三级指标值		位次	
	2020年	2019年	2020年	2019年
科技论文系数	1.79	0.89	1	4
知识产权系数	1.13	1.11	2	4
科技奖励 /%	0.00	0.00	2	1
科技成果系数	0.00	0.00	2	1
技术成果市场化水平 /%	0.00	0.00	1	1
人均技术成果成交额 / 万元	0.00	0.00	1	1
科技合作交流 /%	10.00	0.00	4	7
项目合作系数	0.00	0.00	5	7
论文论著合作系数	0.12	0.00	2	2
创新绩效 /%	45.44	45.00	2	4
科技服务 /%	1.25	0.00	5	6
科技服务系数	0.01	0.00	5	6
产学研结合 /%	0.00	0.00	4	6
产学研结合系数	0.00	0.00	4	6
创造效益 /%	100.00	100.00	1	1
经济效益系数	38 900.78	36 990.60	1	1

（六）贵州省新技术研究所

年末从业人员61人；高学历以上人员2人，占年末从业人员的比例为3.28%，居第10位；高级职称以上人员5人，占年末从业人员的比例为8.20%，居第13位；科学仪器设备原值119万元，人均大型科学仪器设备原值1.95万元，居第10位。

R&D人员24人，占年末从业人员的比重为39.34%，居第5位；科研经费810.94万元，人均科研经费13.29万元，居第3位。

发表科技论文1篇（一般科技论文1篇），科技论文系数为0.05，居第10位。

科技培训人数130人，科技服务系数为0.02，居第3位；技术服务收入340.90万元，经济效益系数为116.23，居第7位。

贵州省新技术研究所综合科技创新水平指数为18.33%，居第6位，与上年相比，监测值上升6.37个百分点，位次上升4位。在四个一级指标中，科技创新环境和基础较上年上升1.39个百分点，位次上升1位。科技投入较上年上升26.79个百分点，位次上升5位。科技产出较上年下降0.32个百分点，位次上升1位。创新绩效较上年下降2.92个百分点，位次下降1位（表4-38）。

表 4-38 贵州省新技术研究所各级监测指标和位次与上年比较

指标名称	三级指标值		位次	
	2020 年	2019 年	2020 年	2019 年
综合指数 /%	18.33	11.96	6	10
科技创新环境和基础 /%	6.83	5.44	11	12
人力资源 /%	4.21	4.18	13	12
高层次科技人才系数	0.00	0.00	1	1
高学历以上人员占年末从业人员的比例 /%	3.28	3.23	10	11
高级职称以上人员占年末从业人员的比例 /%	8.20	8.06	13	13
创新条件及平台 /%	8.58	6.28	10	12
人均大型科学仪器设备原值 / 万元	1.95	1.41	10	11
省级以上创新平台及载体系数	0.00	0.00	3	3
科技投入 /%	60.65	33.86	2	7
人力投入 /%	11.38	7.55	5	7
创新人才团队总量系数	0.00	0.00	1	1
R&D 人员占年末从业人员的比重 /%	39.34	25.81	5	6
经费投入 /%	81.77	45.13	2	6
人均科研经费 / 万元	13.29	1.61	3	8
人均 R&D 经费 / 万元	7.45	22.95	3	7
科技产出 /%	0.80	1.12	12	13
知识产出 /%	4.00	5.10	12	13
科技论文系数	0.05	0.16	10	9
知识产权系数	0.07	0.07	12	12
科技奖励 /%	0.00	0.00	2	1
科技成果系数	0.00	0.00	2	1
技术成果市场化水平 /%	0.00	0.00	1	1
人均技术成果成交额 / 万元	0.00	0.00	1	1
科技合作交流 /%	0.00	1.00	7	6
项目合作系数	0.00	0.06	5	5
论文论著合作系数	0.00	0.00	3	2
创新绩效 /%	6.10	9.02	9	8
科技服务 /%	2.50	0.00	3	6
科技服务系数	0.02	0.00	3	6
产学研结合 /%	0.00	4.17	4	5
产学研结合系数	0.00	0.05	4	5
创造效益 /%	11.62	18.19	7	8
经济效益系数	116.23	181.92	7	8

（七）贵州省新材料研究开发基地

年末从业人员 25 人；高学历以上人员 4 人，占年末从业人员的比例为 16.00%，居第 4 位；高级职称以上人员 7 人，占年末从业人员的比例为 28.00%，居第 8 位；科学仪器设备原值 277.27 万元，人均大型科学仪器设备原值 11.09 万元，居第 2 位。

R&D 人员 7 人，占年末从业人员的比重为 28.00%，居第 7 位；科研经费 21 万元，人均科研经费 0.84 万元，居第 10 位。

发表科技论文 2 篇（一般科技论文 2 篇），科技论文系数为 0.11，居第 8 位。

经济效益系数为 428.33，居第 5 位。

贵州省新材料研究开发基地综合科技创新水平指数为 18.04%，居第 7 位，与上年相比，监测值下降 9.53 个百分点，位次下降 3 位。在四个一级指标中，科技创新环境和基础较上年上升 0.34 个百分点，位次上升 1 位。科技投入较上年下降 24.78 个百分点，位次下降 4 位。科技产出较上年下降 8.50 个百分点，位次下降 8 位。创新绩效较上年下降 4.34 个百分点，位次上升 1 位（表 4-39）。

表 4-39 贵州省新材料研究开发基地各级监测指标和位次与上年比较

指标名称	三级指标值		位次	
	2020 年	2019 年	2020 年	2019 年
综合指数 /%	18.04	27.57	7	4
科技创新环境和基础 /%	17.94	17.60	7	8
人力资源 /%	10.67	9.71	8	8
高层次科技人才系数	0.00	0.00	1	1
高学历以上人员占年末从业人员的比例 /%	16.00	16.00	4	3
高级职称以上人员占年末从业人员的比例 /%	28.00	24.00	8	5
创新条件及平台 /%	22.79	22.86	7	8
人均大型科学仪器设备原值 / 万元	11.09	11.15	2	1
省级以上创新平台及载体系数	0.00	0.00	3	3
科技投入 /%	30.50	55.28	7	3
人力投入 /%	4.88	11.84	8	5
创新人才团队总量系数	0.00	0.00	1	1
R&D 人员占年末从业人员的比重 /%	28.00	68.00	7	3
经费投入 /%	41.48	73.89	7	3
人均科研经费 / 万元	0.84	22.80	10	2
人均 R&D 经费 / 万元	4.96	168.72	5	1
科技产出 /%	6.92	15.42	9	1
知识产出 /%	34.60	51.60	7	4
科技论文系数	0.11	0.16	8	9

续表

指标名称	三级指标值		位次	
	2020 年	2019 年	2020 年	2019 年
知识产权系数	0.67	2.16	6	2
科技奖励 /%	0.00	0.00	2	1
科技成果系数	0.00	0.00	2	1
技术成果市场化水平 /%	0.00	0.00	1	1
人均技术成果成交额 / 万元	0.00	0.00	1	1
科技合作交流 /%	0.00	51.00	7	1
项目合作系数	0.00	0.06	5	5
论文论著合作系数	0.00	1.94	3	1
创新绩效 /%	19.27	23.61	5	6
科技服务 /%	0.00	0.00	7	6
科技服务系数	0.00	0.00	7	6
产学研结合 /%	0.00	25.00	4	2
产学研结合系数	0.00	0.30	4	2
创造效益 /%	42.83	41.35	5	6
经济效益系数	428.33	413.52	5	6

（八）贵州省生物技术研究开发基地

年末从业人员 20 人；高学历以上人员 3 人，占年末从业人员的比例为 15.00%，居第 5 位；高级职称以上人员 3 人，占年末从业人员的比例为 15.00%，居第 11 位；科学仪器设备原值 45.6 万元，人均大型科学仪器设备原值 2.28 万元，居第 9 位。

R&D 人员 3 人，占年末从业人员的比重为 15.00%，居第 8 位；科研经费 36 万元，人均科研经费 1.8 万元，居第 8 位。

发表科技论文 2 篇（一般科技论文 2 篇），科技论文系数为 0.11，居第 8 位；省内合作项目 2 项，项目合作系数为 0.24，居第 3 位。

科技培训人数 30 人，对外科技咨询项数 7 项，科技服务系数为 0.02，居第 3 位；知识产权创造的直接效益 821 万元，经济效益系数为 712.94，居第 3 位。

贵州省生物技术研究开发基地综合科技创新水平指数为 16.48%，居第 8 位，与上年相比，监测值下降 8.75 个百分点，位次下降 3 位。在四个一级指标中，科技创新环境和基础较上年下降 10.17 个百分点，位次下降 3 位。科技投入较上年下降 17.34 个百分点，位次下降 4 位。科技产出较上年下降 0.26 个百分点，位次上升 2 位。创新绩效较上年下降 8.95 个百分点，位次下降 2 位（表 4-40）。

表 4-40 贵州省生物技术研究开发基地各级监测指标和位次与上年比较

指标名称	三级指标值		位次	
	2020 年	2019 年	2020 年	2019 年
综合指数 /%	16.48	25.23	8	5
科技创新环境和基础 /%	5.72	15.89	12	9
人力资源 /%	6.73	5.72	11	11
高层次科技人才系数	0.00	0.00	1	1
高学历以上人员占年末从业人员的比例 /%	15.00	11.54	5	5
高级职称以上人员占年末从业人员的比例 /%	15.00	11.54	11	12
创新条件及平台 /%	5.04	22.67	11	9
人均大型科学仪器设备原值 / 万元	2.28	10.58	9	2
省级以上创新平台及载体系数	0.00	0.00	3	3
科技投入 /%	18.98	36.32	9	5
人力投入 /%	2.37	2.73	9	9
创新人才团队总量系数	0.00	0.00	1	1
R&D 人员占年末从业人员的比重 /%	15.00	15.38	8	8
经费投入 /%	26.10	50.72	8	4
人均科研经费 / 万元	1.80	5.96	8	4
人均 R&D 经费 / 万元	1.91	5.38	8	9
科技产出 /%	9.62	9.88	5	7
知识产出 /%	46.10	47.00	4	6
科技论文系数	0.11	1.05	8	3
知识产权系数	0.90	0.73	3	5
科技奖励 /%	0.00	0.00	2	1
科技成果系数	0.00	0.00	2	1
技术成果市场化水平 /%	0.00	0.00	1	1
人均技术成果成交额 / 万元	0.00	0.00	1	1
科技合作交流 /%	4.00	4.83	5	4
项目合作系数	0.24	0.29	3	3
论文论著合作系数	0.00	0.00	3	2
创新绩效 /%	37.12	46.07	4	2
科技服务 /%	2.50	2.50	3	3
科技服务系数	0.02	0.02	3	3
产学研结合 /%	20.83	66.67	1	1
产学研结合系数	0.25	0.80	1	1
创造效益 /%	71.29	70.80	3	4
经济效益系数	712.94	708.00	3	4

(九)贵州省建筑材料科学研究设计院

年末从业人员96人;高学历以上人员4人,占年末从业人员的比例为4.17%,居第9位;高级职称以上人员32人,占年末从业人员的比例为33.33%,居第4位;科学仪器设备原值478万元,人均大型科学仪器设备原值4.98万元,居第7位。

科研经费440万元,人均科研经费4.58万元,居第6位。

发表科技论文16篇(一般科技论文16篇),科技论文系数为0.84,居第4位;省内合作项目2项,项目合作系数为0.24,居第3位。

科技培训人数56人,对外科技咨询项数96项,科技服务系数为0.19,居第2位;技术服务收入645万元,经济效益系数为198.46,居第6位。

贵州省建筑材料科学研究设计院综合科技创新水平指数为16.08%,居第9位,与上年相比,监测值上升3.09个百分点,位次不变。在四个一级指标中,科技创新环境和基础较上年下降4.27个百分点,位次不变。科技投入较上年上升8.10个百分点,位次上升2位。科技产出较上年上升7.36个百分点,位次上升6位。创新绩效较上年下降0.35个百分点,位次上升1位(表4-41)。

表4-41 贵州省建筑材料科学研究设计院各级监测指标和位次与上年比较

指标名称	三级指标值		位次	
	2020年	2019年	2020年	2019年
综合指数 /%	16.08	12.99	9	9
科技创新环境和基础 /%	25.37	29.64	6	6
人力资源 /%	16.66	16.37	6	6
高层次科技人才系数	0.00	0.00	1	1
高学历以上人员占年末从业人员的比例 /%	4.17	4.08	9	10
高级职称以上人员占年末从业人员的比例 /%	33.33	31.63	4	3
创新条件及平台 /%	31.18	38.48	5	3
人均大型科学仪器设备原值 / 万元	4.98	6.04	7	6
省级以上创新平台及载体系数	0.00	0.00	3	3
科技投入 /%	14.39	6.29	10	12
人力投入 /%	0.00	0.00	10	10
创新人才团队总量系数	0.00	0.00	1	1
R&D人员占年末从业人员的比重 /%	0.00	0.00	10	10
经费投入 /%	20.56	8.99	10	12
人均科研经费 / 万元	4.58	1.97	6	7
人均R&D经费 / 万元	0.00	0.00	10	10

续表

指标名称	三级指标值		位次	
	2020 年	2019 年	2020 年	2019 年
科技产出 /%	8.98	1.62	6	12
知识产出 /%	14.90	6.10	10	12
科技论文系数	0.84	0.26	4	7
知识产权系数	0.13	0.07	10	12
科技奖励 /%	14.00	0.00	1	1
科技成果系数	0.07	0.00	1	1
技术成果市场化水平 /%	0.00	0.00	1	1
人均技术成果成交额 / 万元	0.00	0.00	1	1
科技合作交流 /%	4.00	4.00	5	5
项目合作系数	0.24	0.24	3	4
论文论著合作系数	0.00	0.00	3	2
创新绩效 /%	17.24	17.59	6	7
科技服务 /%	23.75	15.00	2	2
科技服务系数	0.19	0.12	2	2
产学研结合 /%	0.00	0.00	4	6
产学研结合系数	0.00	0.00	4	6
创造效益 /%	19.85	27.42	6	7
经济效益系数	198.46	274.15	6	7

（十）贵州省交通科学研究院

年末从业人员 341 人；高学历以上人员 11 人，占年末从业人员的比例为 3.23%，居第 11 位；高级职称以上人员 44 人，占年末从业人员的比例为 12.90%，居第 12 位；科学仪器设备原值 0 万元，人均大型科学仪器设备原值 0 万元，居第 12 位。

R&D 人员 51 人，占年末从业人员的比重为 14.96%，居第 9 位；科研经费 360 万元，人均科研经费 1.06 万元，居第 9 位。

贵州省交通科学研究院综合科技创新水平指数为 12.66%，居第 10 位，与上年相比，监测值下降 17.25 个百分点，位次下降 7 位。在四个一级指标中，科技创新环境和基础较上年下降 30.89 个百分点，位次下降 7 位。科技投入较上年上升 6.55 个百分点，位次上升 1 位。科技产出较上年下降 6.92 个百分点，位次下降 5 位。创新绩效较上年下降 45.44 个百分点，位次下降 11 位（表 4-42）。

表 4-42 贵州省交通科学研究院各级监测指标和位次与上年比较

指标名称	三级指标值		位次	
	2020 年	2019 年	2020 年	2019 年
综合指数 /%	12.66	29.91	10	3
科技创新环境和基础 /%	8.25	39.14	10	3
人力资源 /%	20.63	43.58	5	2
高层次科技人才系数	0.00	0.00	1	1
高学历以上人员占年末从业人员的比例 /%	3.23	8.42	11	9
高级职称以上人员占年末从业人员的比例 /%	12.90	15.16	12	10
创新条件及平台 /%	0.00	36.18	12	5
人均大型科学仪器设备原值 / 万元	0.00	3.66	12	9
省级以上创新平台及载体系数	0.00	0.00	3	3
科技投入 /%	42.40	35.85	5	6
人力投入 /%	17.73	16.65	3	4
创新人才团队总量系数	0.00	0.00	1	1
R&D 人员占年末从业人员的比重 /%	14.96	10.32	9	9
经费投入 /%	52.97	44.08	5	7
人均科研经费 / 万元	1.06	0.21	9	11
人均 R&D 经费 / 万元	1.18	10.68	9	8
科技产出 /%	0.00	6.92	13	8
知识产出 /%	0.00	34.60	13	7
科技论文系数	0.00	0.26	11	7
知识产权系数	0.00	0.64	13	6
科技奖励 /%	0.00	0.00	2	1
科技成果系数	0.00	0.00	2	1
技术成果市场化水平 /%	0.00	0.00	1	1
人均技术成果成交额 / 万元	0.00	0.00	1	1
科技合作交流 /%	0.00	0.00	7	7
项目合作系数	0.00	0.00	5	7
论文论著合作系数	0.00	0.00	3	2
创新绩效 /%	0.00	45.44	14	3
科技服务 /%	0.00	1.25	7	4
科技服务系数	0.00	0.01	7	4
产学研结合 /%	0.00	0.00	4	6
产学研结合系数	0.00	0.00	4	6
创造效益 /%	0.00	100.00	13	1
经济效益系数	0.00	2113.85	13	2

(十一) 贵州省机电研究设计院

年末从业人员 42 人；高学历以上人员 5 人，占年末从业人员的比例为 11.90%，居第 6 位；高级职称以上人员 12 人，占年末从业人员的比例为 28.57%，居第 6 位；科学仪器设备原值 170 万元，人均大型科学仪器设备原值 4.05 万元，居第 8 位。

科研经费 271 万元，人均科研经费 6.45 万元，居第 4 位。

发表科技论文 5 篇（一般科技论文 4 篇，核心期刊 1 篇），科技论文系数为 0.37，居第 6 位。

知识产权创造的直接效益 32 万元，技术服务收入 52.5 万元，经济效益系数为 35.85，居第 10 位。

贵州省机电研究设计院综合科技创新水平指数为 8.67%，居第 11 位，与上年相比，监测值上升 2.39 个百分点，位次上升 1 位。在四个一级指标中，科技创新环境和基础较上年上升 1.01 个百分点，位次上升 2 位。科技投入较上年上升 4.40 个百分点，位次不变。科技产出较上年上升 4.82 个百分点，位次上升 3 位。创新绩效较上年下降 2.06 个百分点，位次上升 1 位（表 4-43）。

表 4-43 贵州省机电研究设计院各级监测指标和位次与上年比较

指标名称	三级指标值		位次	
	2020 年	2019 年	2020 年	2019 年
综合指数 /%	8.67	6.28	11	12
科技创新环境和基础 /%	13.09	12.08	8	10
人力资源 /%	12.18	11.29	7	7
高层次科技人才系数	0.00	0.00	1	1
高学历以上人员占年末从业人员的比例 /%	11.90	9.09	6	7
高级职称以上人员占年末从业人员的比例 /%	28.57	23.64	6	6
创新条件及平台 /%	13.70	12.60	8	11
人均大型科学仪器设备原值 / 万元	4.05	3.09	8	10
省级以上创新平台及载体系数	0.00	0.00	3	3
科技投入 /%	10.90	6.50	11	11
人力投入 /%	0.00	0.00	10	10
创新人才团队总量系数	0.00	0.00	1	1
R&D 人员占年末从业人员的比重 /%	0.00	0.00	10	10
经费投入 /%	15.57	9.28	11	11
人均科研经费 / 万元	6.45	3.19	4	6
人均 R&D 经费 / 万元	0.00	0.00	10	10
科技产出 /%	7.84	3.02	7	10
知识产出 /%	39.20	15.10	5	10
科技论文系数	0.37	0.16	6	9
知识产权系数	0.71	0.27	5	10
科技奖励 /%	0.00	0.00	2	1

续表

指标名称	三级指标值		位次	
	2020 年	2019 年	2020 年	2019 年
科技成果系数	0.00	0.00	2	1
技术成果市场化水平 /%	0.00	0.00	1	1
人均技术成果成交额 / 万元	0.00	0.00	1	1
科技合作交流 /%	0.00	0.00	7	7
项目合作系数	0.00	0.00	5	7
论文论著合作系数	0.00	0.00	3	2
创新绩效 /%	1.61	3.67	10	11
科技服务 /%	0.00	0.00	7	6
科技服务系数	0.00	0.00	7	6
产学研结合 /%	0.00	0.00	4	6
产学研结合系数	0.00	0.00	4	6
创造效益 /%	3.58	8.16	10	10
经济效益系数	35.85	81.63	10	10

（十二）贵州省电子工业研究所

年末从业人员 17 人；高级职称以上人员 7 人，占年末从业人员的比例为 41.18%，居第 3 位；科学仪器设备原值 111.6 万元，人均大型科学仪器设备原值 6.56 万元，居第 5 位。

R&D 人员 7 人，占年末从业人员的比重为 41.18%，居第 4 位。

技术服务收入 16.20 万元，经济效益系数为 4.98，居第 11 位。

贵州省电子工业研究所综合科技创新水平指数为 8.12%，居第 12 位，与上年相比，监测值下降 2.78 个百分点，位次下降 1 位。在四个一级指标中，科技创新环境和基础较上年上升 0.27 个百分点，位次上升 2 位。科技投入较上年下降 10.49 个百分点，位次不变。科技产出较上年下降 0.70 个百分点，位次不变。创新绩效较上年下降 0.10 个百分点，位次上升 1 位（表 4-44）。

表 4-44 贵州省电子工业研究所各级监测指标和位次与上年比较

指标名称	三级指标值		位次	
	2020 年	2019 年	2020 年	2019 年
综合指数 /%	8.12	10.90	12	11
科技创新环境和基础 /%	10.87	10.60	9	11
人力资源 /%	7.00	6.33	10	10
高层次科技人才系数	0.00	0.00	1	1
高学历以上人员占年末从业人员的比例 /%	0.00	0.00	12	12

续表

指标名称	三级指标值		位次	
	2020 年	2019 年	2020 年	2019 年
高级职称以上人员占年末从业人员的比例 /%	41.18	29.41	3	4
创新条件及平台 /%	13.45	13.45	9	10
人均大型科学仪器设备原值 / 万元	6.56	6.56	5	5
省级以上创新平台及载体系数	0.00	0.00	3	3
科技投入 /%	19.87	30.36	8	8
人力投入 /%	6.12	7.86	6	6
创新人才团队总量系数	0.00	0.00	1	1
R&D 人员占年末从业人员的比重 /%	41.18	52.94	4	4
经费投入 /%	25.76	40.00	9	9
人均科研经费 / 万元	0.00	0.00	12	12
人均 R&D 经费 / 万元	2.61	44.65	7	4
科技产出 /%	1.30	2.00	11	11
知识产出 /%	6.50	10.00	11	11
科技论文系数	0.00	0.00	11	12
知识产权系数	0.13	0.20	10	11
科技奖励 /%	0.00	0.00	2	1
科技成果系数	0.00	0.00	2	1
技术成果市场化水平 /%	0.00	0.00	1	1
人均技术成果成交额 / 万元	0.00	0.00	1	1
科技合作交流 /%	0.00	0.00	7	7
项目合作系数	0.00	0.00	5	7
论文论著合作系数	0.00	0.00	3	2
创新绩效 /%	0.22	0.32	12	13
科技服务 /%	0.00	0.00	7	6
科技服务系数	0.00	0.00	7	6
产学研结合 /%	0.00	0.00	4	6
产学研结合系数	0.00	0.00	4	6
创造效益 /%	0.50	0.71	11	13
经济效益系数	4.98	7.08	11	13

（十三）贵州省工艺美术研究所

年末从业人员 7 人；高级职称以上人员 2 人，占年末从业人员的比例为 28.57%，居第 6 位；科学仪器设备原值 0 万元，人均大型科学仪器设备原值 0 万元，居第 12 位。

科技培训人数50人，科技服务系数为0.01，居第5位。

贵州省工艺美术研究所综合科技创新水平指数为2.21%，居第13位，与上年相比，监测值下降1.25个百分点，位次不变。在四个一级指标中，科技创新环境和基础较上年上升1.06个百分点，位次不变。科技投入较上年不变，位次不变。科技产出较上年下降4.70个百分点，位次下降4位。创新绩效较上年下降0.52个百分点，位次上升1位（表4-45）。

表4-45 贵州省工艺美术研究所各级监测指标和位次与上年比较

指标名称	三级指标值		位次	
	2020年	2019年	2020年	2019年
综合指数/%	2.21	3.46	13	13
科技创新环境和基础/%	2.13	1.07	13	13
人力资源/%	5.33	2.67	12	13
高层次科技人才系数	0.00	0.00	1	1
高学历以上人员占年末从业人员的比例/%	0.00	0.00	12	12
高级职称以上人员占年末从业人员的比例/%	28.57	14.29	6	11
创新条件及平台/%	0.00	0.00	12	14
人均大型科学仪器设备原值/万元	0.00	0.00	12	14
省级以上创新平台及载体系数	0.00	0.00	3	3
科技投入/%	0.00	0.00	13	13
人力投入/%	0.00	0.00	10	10
创新人才团队总量系数	0.00	0.00	1	1
R&D人员占年末从业人员的比重/%	0.00	0.00	10	10
经费投入/%	0.00	0.00	13	13
人均科研经费/万元	0.00	0.00	12	12
人均R&D经费/万元	0.00	0.00	10	10
科技产出/%	5.30	10.00	10	6
知识产出/%	26.50	50.00	9	5
科技论文系数	0.00	0.00	11	12
知识产权系数	0.53	2.47	7	1
科技奖励/%	0.00	0.00	2	1
科技成果系数	0.00	0.00	2	1
技术成果市场化水平/%	0.00	0.00	1	1
人均技术成果成交额/万元	0.00	0.00	1	1
科技合作交流/%	0.00	0.00	7	7
项目合作系数	0.00	0.00	5	7
论文论著合作系数	0.00	0.00	3	2
创新绩效/%	0.44	0.96	11	12

续表

指标名称	三级指标值		位次	
	2020 年	2019 年	2020 年	2019 年
科技服务 /%	1.25	1.25	5	4
科技服务系数	0.01	0.01	5	4
产学研结合 /%	0.00	0.00	4	6
产学研结合系数	0.00	0.00	4	6
创造效益 /%	0.00	1.16	13	12
经济效益系数	0.00	11.63	13	12

（十四）贵州省商业科学研究所

年末从业人员 6 人；科学仪器设备原值 0 万元，人均大型科学仪器设备原值 0 万元，居第 12 位。技术服务收入 8 万元，经济效益系数为 2.46，居第 12 位。

贵州省商业科学研究所综合科技创新水平指数为 0.02%，居第 14 位，与上年相比，监测值下降 0.12 个百分点，位次不变。在四个一级指标中，科技创新环境和基础较上年下降 0.47 个百分点，位次不变。科技投入较上年不变，位次不变。科技产出较上年不变，位次上升 1 位。创新绩效较上年上升 0.02 个百分点，位次上升 1 位（表 4-46）。

表 4-46　贵州省商业科学研究所各级监测指标和位次与上年比较

指标名称	三级指标值		位次	
	2020 年	2019 年	2020 年	2019 年
综合指数 /%	0.02	0.14	14	14
科技创新环境和基础 /%	0.00	0.47	14	14
人力资源 /%	0.00	0.00	14	14
高层次科技人才系数	0.00	0.00	1	1
高学历以上人员占年末从业人员的比例 /%	0.00	0.00	12	12
高级职称以上人员占年末从业人员的比例 /%	0.00	0.00	14	14
创新条件及平台 /%	0.00	0.78	12	13
人均大型科学仪器设备原值 / 万元	0.00	0.53	12	13
省级以上创新平台及载体系数	0.00	0.00	3	3
科技投入 /%	0.00	0.00	13	13
人力投入 /%	0.00	0.00	10	10
创新人才团队总量系数	0.00	0.00	1	1
R&D 人员占年末从业人员的比重 /%	0.00	0.00	10	10
经费投入 /%	0.00	0.00	13	13
人均科研经费 / 万元	0.00	0.00	12	12

续表

指标名称	三级指标值		位次	
	2020年	2019年	2020年	2019年
人均R&D经费/万元	0.00	0.00	10	10
科技产出/%	0.00	0.00	13	14
知识产出/%	0.00	0.00	13	14
科技论文系数	0.00	0.00	11	12
知识产权系数	0.00	0.00	13	14
科技奖励/%	0.00	0.00	2	1
科技成果系数	0.00	0.00	2	1
技术成果市场化水平/%	0.00	0.00	1	1
人均技术成果成交额/万元	0.00	0.00	1	1
科技合作交流/%	0.00	0.00	7	7
项目合作系数	0.00	0.00	5	7
论文论著合作系数	0.00	0.00	3	2
创新绩效/%	0.11	0.09	13	14
科技服务/%	0.00	0.00	7	6
科技服务系数	0.00	0.00	7	6
产学研结合/%	0.00	0.00	4	6
产学研结合系数	0.00	0.00	4	6
创造效益/%	0.25	0.19	12	14
经济效益系数	2.46	1.88	12	14

第五部分　产业园区科技创新状况评价报告

2020年，全省183家产业园区科技创新统计监测评价结果如下。

一、产业园区综合科技创新水平

根据综合科技创新水平指数，将183家产业园区划分为三类（图5-1）。

第一类：综合科技创新水平指数高于30.00%的产业园区有17家，占全部产业园区的9.29%；

第二类：综合科技创新水平指数低于30.00%，但高于平均水平（16.58%）的产业园区有38家，占全部产业园区的20.77%；

第三类：综合科技创新水平指数低于平均水平（16.58%）的产业园区有128家，占全部产业园区的69.95%。

2020年与2019年监测结果相比，综合科技创新水平指数平均水平比上年提高了0.98个百分点，贵州正安经济开发区、贵州麻江蓝莓农业科技示范园区、贵州苟江经济开发区（贵州和平经济开发区）、江口县凯德特色产业园区、贞丰县工业园区等71家产业园区高于这一增幅，贵州瓮安经济开发区、正安县白茶园区、花溪产业园区、贵州镇远妩阳红桃农业科技示范园区、贵州贵阳国家农业科技示范园区等10家产业园区降幅相对较大。

与2019年综合科技创新水平指数排序相比，贵州正安经济开发区、贞丰县工业园区、贵州务川县白山羊产业农业科技园区、贵州炉碧经济开发区（麻江碧波工业园区、凯里炉山工业园区、炉山-碧波工业园区）、六盘水市水城区发耳产业园区等产业园区位次上升较快；正安县白茶园区、贵州白云农业科技示范园区、贵州江口果蔬农业科技示范园区、贵州镇远妩阳红桃农业科技示范园区、荔波工业园区等产业园区位次相比上年下降较多。

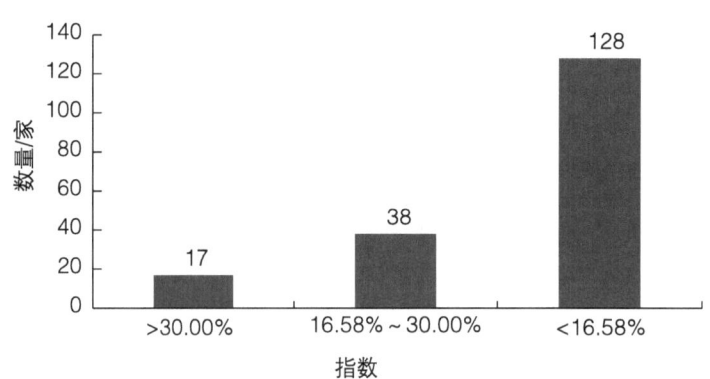

图 5-1 产业园区综合科技创新水平指数分布

二、产业园区科技创新一级指标评价

（一）科技创新环境

在科技创新环境指数的分布中，有 63 家产业园区高于平均水平（7.51%），其中高于 30.00% 的有 6 家，7.51% ~ 30.00% 的有 57 家；有 120 家产业园区低于平均水平（图 5-2）。

2020 年与 2019 年监测结果相比，科技创新环境指数平均水平比上年下降 2.12 个百分点，安顺国家高新技术产业开发区、黔南高新技术产业开发区、遵义高新技术产业开发区、贵州黎平经济开发区、江口县凯德特色产业园区等 39 家产业园区高于上年水平。正安县白茶园区、贵州贵阳国家农业科技示范园区、贵州三穗经济开发区、贵州镇远妩阳红桃农业科技示范园区、贵州镇远经济开发区等 29 家产业园区低于上年水平。

参照 2019 年科技创新环境指数排序，黔南高新技术产业开发区、贵州黎平经济开发区、遵义高新技术产业开发区、江口县凯德特色产业园区、贵州岑巩经济开发区等产业园区位次上升较快；正安县白茶园区、贵州镇远妩阳红桃农业科技示范园区、贵州镇远经济开发区、贵州三穗经济开发区、花溪产业园区等产业园区相比上年位次下降较多。

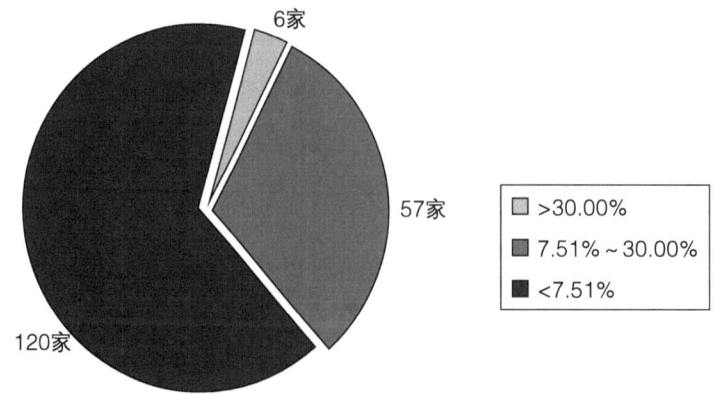

图 5-2 产业园区科技创新环境和基础指数分布

(二) 科技投入

在科技投入指数的分布中,有 65 家产业园区高于平均水平(9.52%),其中高于 30.00% 的有 9 家,9.52%~30.00% 的有 56 家;有 118 家产业园区低于平均水平(图 5-3)。

2020 年与 2019 年监测结果相比,科技投入指数平均水平比上年下降 2.27 个百分点,安顺国家高新技术产业开发区、六盘水市水城区发耳产业园区、册亨县工业园区、贵州西秀经济开发区、贞丰县工业园区等 43 家产业园区高于上年水平。贵州瓮安经济开发区、贵州仁怀经济开发区、贵州镇远妩阳红桃农业科技示范园区、都匀市绿茵湖产业园区、花溪产业园区等 40 家产业园区低于上年水平。

参照 2019 年科技投入指数排序,六盘水市水城区发耳产业园区、册亨县工业园区、贞丰县工业园区、罗甸工业园区、贵州西秀经济开发区等产业园区位次上升较快;花溪产业园区、贵州江口果蔬农业科技示范园区、贵州荔波樟江精品水果农业科技示范园区、贵州黔西经济开发区、紫云自治县产业园区等产业园区相比上年位次下降较多。

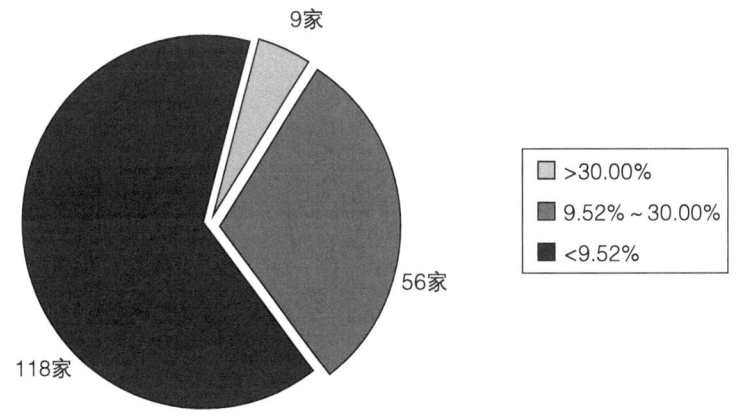

图 5-3 产业园区科技投入指数分布

(三) 创新产出

在创新产出指数的分布中,有 63 家产业园区高于平均水平(28.77%),其中高于 30.00% 的有 55 家,28.77%~30.00% 的有 8 家;有 120 家产业园区低于平均水平(图 5-4)。

2020 年与 2019 年监测结果相比,创新产出指数平均水平比上年上升了 13.07 个百分点,江口县凯德特色产业园区、贵州水城经济开发区、赫章县产业园区、六盘水水月产业园区、罗甸工业园区等 86 家产业园区高于上年水平。仅有安顺国家高新技术产业开发区 1 家产业园区低于上年水平。

参照 2019 年创新产出指数排序,贵州水城经济开发区、贵州务川县白山羊产业农业科技园区、贵州铜仁高新技术产业开发区、六盘水水月产业园区、罗甸工业园区等产业园区位次上升较快;贵州白云农业科技示范园区、正安县白茶园区、贵州贵阳国家农业科技示范园区、贵州江口果蔬农业科技示范园区、贵州德江经济开发区等产业园区相比上年位次下降较多。

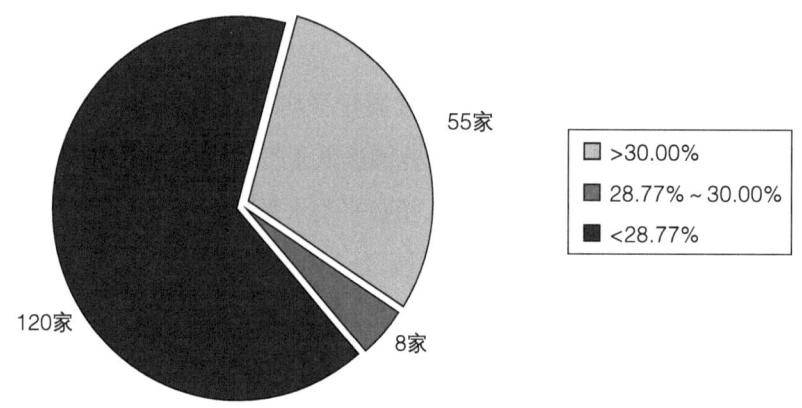

图 5-4　产业园区创新产出指数分布

（四）创新绩效

在创新绩效指数的分布中，有 57 家产业园区高于平均水平（17.95%），其中高于 30.00% 的有 43 家，17.95%~30.00% 的有 14 家；有 126 家产业园区低于平均水平（图 5-5）。

2020 年与 2019 年监测结果相比，创新绩效指数平均水平比上年下降了 9.19 个百分点，贵州麻江蓝莓农业科技示范园区、贵州正安经济开发区、贵州苟江经济开发区（贵州和平经济开发区）、贵州兴仁经济开发区、赫章县产业园区等 36 家产业园区高于上年水平。花溪产业园区、贵州安顺经济技术开发区、贵州遵义烟草农业科技园区、六盘水市水城区发耳产业园区、贵州玉屏经济开发区等 51 家产业园区低于上年水平。

参照 2019 年创新绩效指数排序，贵州正安经济开发区、赫章县产业园区、贵州黎平经济开发区、石阡县工业园区、贵州苟江经济开发区（贵州和平经济开发区）等产业园区位次上升较快，剑河工业园区、贵州遵义烟草农业科技园区、余庆县现代高效观光农业科技示范园、贵州镇远妩阳红桃农业科技示范园区、贵州赫章幼龄核桃-半夏套种科技示范园区等产业园区相比上年位次下降较多。

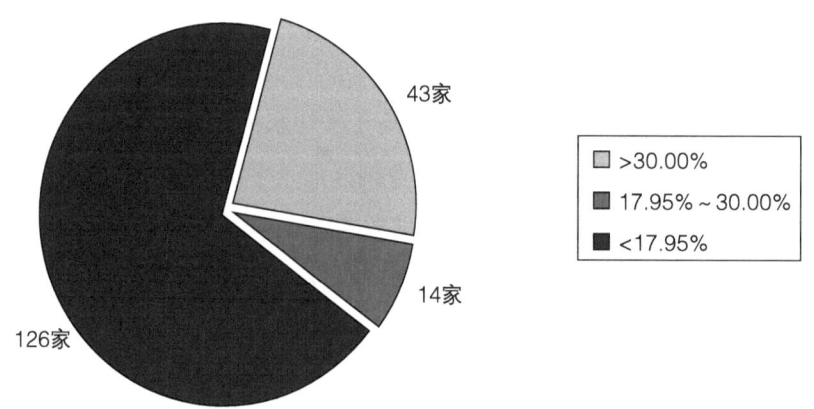

图 5-5　产业园区创新绩效指数分布

三、产业园区科技创新统计监测指数排位

（一）产业园区综合科技创新水平指数排位

综合科技创新水平指数是由科技创新环境、科技投入、创新产出和创新绩效四个一级指数加权综合而成。产业园区综合科技创新水平指数排位见表 5-1。

表 5-1 产业园区综合科技创新水平指数排位

产业园区名称	2020 年		增幅	
	指数 /%	位次	指数 /%	位次
贵阳国家高新技术产业开发区	94.08	1	7.40	0
贵阳经济技术开发区	88.21	2	1.61	0
贵州航天高新技术产业园	79.18	3	8.84	1
遵义国家经济技术开发区	73.81	4	0.34	-1
安顺国家高新技术产业开发区	70.57	5	0.83	0
贵州白云经济开发区（白云铝及铝加工基地）	49.05	6	—	—
贵州西秀经济开发区	47.32	7	6.99	0
贵州开阳经济开发区	46.65	8	3.28	-2
黔南高新技术产业开发区	40.88	9	1.11	-1
黔西南高新技术产业开发区	37.26	10	8.49	3
兴义市郑鲁万工业园区	37.16	11	—	—
贵州碧江高新技术产业开发区	36.23	12	7.91	2
贵州龙里经济开发区	36.22	13	—	—
六盘水高新技术产业开发区	34.03	14	8.02	4
贵州安顺经济技术开发区	33.03	15	-1.00	-5
贵州湄潭国家农业科技园区	32.03	16	—	—
遵义高新技术产业开发区	31.91	17	7.53	3
贵州黔南国家农业科技园区	29.70	18	2.21	-3
六盘水水月产业园区	29.62	19	8.65	5
贵州惠水经济开发区	29.51	20	3.46	-3
贵州苟江经济开发区（贵州和平经济开发区）	28.98	21	11.84	10
贵州仁怀经济开发区	28.97	22	-1.93	-11
贵州大龙经济开发区	28.46	23	—	—
赤水市国家农业科技园区	25.96	24	0.15	-5
贵州贵阳国家农业科技示范园区	25.63	25	-3.49	-13
黔东南高新技术产业开发区	25.18	26	—	—
贵州湄潭经济开发区	24.93	27	—	—
贵州兴仁经济开发区	24.78	28	2.37	-6

续表

产业园区名称	2020 年		增幅	
	指数 /%	位次	指数 /%	位次
贵州印江经济开发区	24.01	29	3.11	−4
贵州赤水经济开发区	23.32	30	1.46	−7
贵州铜仁高新技术产业开发区	23.25	31	8.43	8
贵州金沙经济开发区	23.16	32	—	—
贵州瓮安经济开发区	22.32	33	−13.00	−24
贵州昌明经济开发区	21.93	34	2.35	−8
道真上玉工业园区	21.74	35	—	—
贵州独山经济开发区	20.97	36	2.45	−8
都匀市绿茵湖产业园区	20.59	37	3.15	−7
贵州铜仁国家农业科技园区	20.49	38	—	—
贵州习水经济开发区	19.96	39	6.23	3
贵州水城经济开发区	19.93	40	8.30	8
贵州思南经济开发区	19.91	41	3.64	−9
贵州娄山关经济开发区（高新区）	19.70	42	4.39	−5
贵州炉碧经济开发区（麻江碧波工业园区、凯里炉山工业园区、炉山 – 碧波工业园区）	18.32	43	8.07	13
六盘水市水城区发耳产业园区	18.25	44	8.22	13
贵州安顺国家农业科技园区	18.24	45	—	—
贵州余庆经济开发区	17.96	46	—	—
贵州仁怀黔北麻羊农业科技示范园区	17.84	47	5.47	0
贞丰县工业园区	17.54	48	9.45	20
贵州大方经济开发区	17.38	49	−0.19	−20
贵州务川县白山羊产业农业科技园区	17.14	50	8.53	15
贵州省仁怀市黔北黑猪生态养殖农业科技示范园区	16.95	51	—	—
贵州纳雍经济开发区	16.94	52	1.42	−16
贵州台江经济开发区	16.90	53	6.48	0
贵州岑巩经济开发区	16.82	54	5.95	−3
贵州省金沙农业科技园区	16.61	55	—	—
沿河白山羊农业科技示范园区	16.34	56	—	—
贵州三穗经济开发区	16.32	57	0.50	−23
长顺威远工业园区	16.01	58	1.11	−20
贵州正安经济开发区	15.90	59	12.69	35
织金县产业园	15.89	60	—	—
贵州织金经济开发区	15.89	60	5.52	−6
贵州万山经济开发区	15.73	62	—	—

续表

产业园区名称	2020年		增幅	
	指数/%	位次	指数/%	位次
独山麻尾工业园区	15.47	63	6.78	1
贵州毕节国家农业科技园区	15.37	64	—	—
毕节高新技术产业开发区	15.20	65	2.54	−19
贵州务川中药材农业科技示范园区	15.11	66	—	—
罗甸工业园区	15.00	67	8.18	10
贵州普安生猪循环农业科技园区	14.87	68	—	—
沿河县千年古茶农业科技示范园区	14.85	69	—	—
贵州黔西水西现代农业科技示范园区	14.61	70	—	—
花溪产业园区	14.36	71	−4.71	−44
贵州黎平经济开发区	14.12	72	8.24	11
黔东南国家农业科技园区岑巩杂交水稻制种产业核心区	13.82	73	6.37	−2
贵州黔西经济开发区	13.77	74	0.61	−30
贞丰县丰茂果蔬种植专业合作社	13.74	75	—	—
贵州省绥阳县金银花农业科技示范园区	13.57	76	—	—
施秉工业园区	13.45	77	—	—
贵州丹寨硒锌米农业科技园区	13.39	78	—	—
沿河县沙子空心李农业科技示范园区	13.33	79	—	—
贵州天柱油茶农业科技示范园区	13.20	80	3.34	−22
贵州威宁蚕桑生态农业科技示范园区	13.18	81	—	—
贵州遵义辣椒农业科技园区	13.04	82	4.12	−19
赫章县产业园区	12.93	83	9.19	9
贵州丹寨铁皮石斛农业科技示范园区	12.53	84	5.80	−6
贵州赫章玫瑰农业科技示范园区	12.51	85	—	—
贵州玉屏经济开发区	12.34	86	−1.31	−43
罗甸县农业科技示范园区	12.25	87	5.58	−8
印江新寨茶旅一体化农业科技示范园区	12.13	88	—	—
镇宁产业园区	12.12	89	—	—
贵州锦屏油茶农业科技示范园区	12.01	90	—	—
七星关果蔬农业科技示范园区	11.96	91	—	—
贵州赫章桑葚农业科技示范园区	11.95	92	—	—
石阡县工业园区	11.85	93	4.01	−24
贵州省施秉农业科技园区	11.83	94	4.99	−18
贵州普定经济开发区	11.78	95	—	—
德江县堰塘天麻产业科技示范园区	11.76	96	—	—
贵州石阡蛋鸡茶现代生态循环农业科技示范园区	11.75	97	—	—

续表

产业园区名称	2020年		增幅	
	指数/%	位次	指数/%	位次
贵州省习水县蔬菜农业科技园区	11.63	98	—	—
贵州麻江蓝莓农业科技示范园区	11.61	99	12.53	9
惠水县好花红花卉农业科技示范园区	11.53	100	—	—
贵州道真猕猴桃农业科技示范园区	11.53	101	—	—
贵州江口猕猴桃农业科技示范园区	11.50	102	—	—
贵州省习水县红稗产业农业科技示范园区	11.43	103	—	—
贵州册亨灵芝农业科技示范园区	11.40	104	—	—
贵州赫章幼龄核桃－半夏套种科技示范园区	11.38	105	4.98	−24
贵州罗甸上隆生态循环农业科技示范园区	11.37	106	—	—
贵州习水县黔北麻羊农业科技园区	11.23	107	5.70	−22
镇远优质肉牛生态循环农业科技园区	11.11	108	—	—
贵州正安方竹笋农业科技园区	11.10	109	—	—
贵州省务川县香榧产业农业科技园区	11.07	110	—	—
余庆县现代高效观光农业科技示范园	11.01	111	2.50	−45
贵州新蒲辣椒农业科技示范园区	10.99	112	—	—
贵州福泉农业科技示范园区	10.75	113	—	—
贵州惠水茶叶农业科技示范园区	10.69	114	—	—
贵定县盘江镇生态高效农业科技示范园区	10.67	115	—	—
贵州德江经济开发区	10.67	116	1.16	−57
贵州镇远经济开发区	10.67	117	4.54	−35
贞丰县沿江精品水果科技示范园区	10.66	118	—	—
贵州遵义烟草农业科技园区	10.57	119	1.64	−57
贵州镇远妩阳红桃农业科技示范园区	10.53	120	−3.83	−79
贵州省播州区绿色"稻+"农业科技园区	10.48	121	—	—
望谟亚热带水果农业科技示范园	10.43	122	—	—
贵州洛贯经济开发区	10.06	123	3.05	−50
贵州道真特色中药材农业科技示范园区	10.05	124	7.98	−24
福泉市金谷福梨农业科技示范园区	10.02	125	—	—
江口县凯德特色产业园区	9.89	126	9.49	−19
贵州三穗精品水果生态循环农业科技园区	9.80	127	—	—
贵州黎平紫苏农业科技示范园区	9.74	128	—	—
安龙县工业园区	9.70	129	—	—
贵州威宁魔芋农业科技示范园区	9.68	130	—	—
册亨县工业园区	9.60	131	7.93	−27
贵州瓮安茶旅一体化观光农业科技示范园	9.52	132	—	—

续表

产业园区名称	2020 年		增幅	
	指数 /%	位次	指数 /%	位次
贵州晴隆生态绿茶农业科技示范园区	9.51	133	—	—
贵州凯里苗侗百草农业科技示范园区	9.50	134	—	—
普安县工业园区	9.37	135	5.02	−47
贵州思南生态茶旅农业科技示范园区	9.19	136	—	—
贵州兴义铁皮石斛原生态种植农业科技示范园区	9.01	137	—	—
贵州都匀毛尖茶农业科技示范园区	8.83	138	5.83	−42
织金县桂花茶旅农业科技示范园区	8.73	139	—	—
天柱工业园区	8.68	140	6.09	−42
正安县白茶园区	8.58	141	−6.98	−106
贵州省锦屏县多彩田园精品水果农业科技示范园区	8.58	142	—	—
黄平工业园区	8.56	143	3.74	−57
遵义市播州喀斯特山区精品水果科技示范园区	8.34	144	—	—
贵州纳雍玛瑙红樱桃农业科技示范园区	8.30	145	—	—
贵州丹寨硒锌茶农业科技园区	8.17	146	—	—
三都交梨工业园区	8.09	147	—	—
贵州普安县茶叶农业科技示范园区	8.03	148	—	—
龙里县湾滩河镇高效生态农业示范园	8.03	149	—	—
贵州惠水中药材农业科技示范园	7.88	150	—	—
贵州省德江县茶叶农业科技示范园区	7.82	151	—	—
紫云自治县产业园区	7.73	152	5.90	−50
黎平农业科技示范园区	7.71	153	—	—
平塘县工业园区	7.70	154	—	—
贵州晴隆糯薏仁大数据农业科技示范园区	7.68	155	—	—
贵州省织金蔬菜农业科技示范园区	7.67	156	—	—
榕江工业园区	7.55	157	—	—
剑河工业园区	7.54	158	4.34	−63
贵州长顺葡萄农业科技示范园区	7.46	159	—	—
雷山生态茶园农业科技示范园区	7.44	160	—	—
望谟县板栗农业科技示范园区	7.44	161	—	—
贵州凯里云谷田园农业科技示范园区	7.35	162	—	—
贵州纳雍乌蒙土鸡生态养殖农业科技示范园	7.21	163	—	—
贵州白云农业科技示范园区	7.18	164	−1.29	−97
兴义市山地生态茶叶农业科技示范园区	7.18	165	—	—
贵州荔波樟江精品水果农业科技示范园区	7.16	166	3.72	−73
钟山果蔬农业科技园区	7.14	167	5.41	−64

续表

产业园区名称	2020年		增幅	
	指数/%	位次	指数/%	位次
石阡县苔茶农业科技示范园区	7.14	168	4.29	−71
贵州锦屏经济开发区	7.09	169	5.22	−68
贵州施秉精品水果农业科技示范园区	6.97	170	—	—
贵州榕江小香鸡农业科技示范园区	6.93	171	—	—
贵州长顺高钙苹果农业科技示范园区	6.68	172	6.05	−66
贵州江口果蔬农业科技示范园区	6.50	173	0.02	−93
贵州榕江农业科技园区	6.48	174	—	—
剑河钩藤农业科技示范园区	6.40	175	—	—
三穗鸭农业科技示范园区	6.31	176	—	—
贵州凯里生态禽农业科技示范园区	6.30	177	—	—
贵州雾翠茗香生态农业科技示范园区	6.22	178	—	—
贵州大方皱椒农业科技园区	6.22	179	—	—
普定县农业示范园区	6.19	180	—	—
荔波工业园区	6.17	181	4.99	−76
贵州荔波茂兰桑蚕农业科技示范园区	6.05	182	—	—
贵州晴隆优质柑桔及精品水果农业科技示范园区	5.09	183	—	—

注：增幅栏中"—"表示2019年未纳入统计监测的产业园区，2020年无增幅数据。

（二）产业园区科技创新统计监测一级指数排位

产业园区科技创新统计监测一级指数排位如表5-2至表5-5所示。

表5-2 产业园区科技创新环境指数排位

产业园区名称	科技创新环境		万名从业人员发明专利申请量		创新创业平台系数	
	指数/%	位次	指标值/项	位次	指标值	位次
贵阳国家高新技术产业开发区	100.00	1	155.73	33	6.53	1
贵州航天高新技术产业园	77.00	2	429.33	18	2.16	4
贵阳经济技术开发区	76.69	3	30.36	63	2.77	2
遵义国家经济技术开发区	71.67	4	22.50	72	2.41	3
安顺国家高新技术产业开发区	68.11	5	144.16	34	1.48	8
贵州开阳经济开发区	53.50	6	91.95	40	1.97	5
道真上玉工业园区	28.20	7	808.89	11	0.00	82
遵义高新技术产业开发区	24.81	8	53.11	51	0.65	13
贵州贵阳国家农业科技示范园区	23.69	9	1.29	116	1.76	6

续表

产业园区名称	科技创新环境		万名从业人员发明专利申请量		创新创业平台系数	
	指数 /%	位次	指标值 / 项	位次	指标值	位次
贵州兴仁经济开发区	23.10	10	301.01	23	0.00	82
贵州白云经济开发区（白云铝及铝加工基地）	22.53	11	19.51	78	1.59	7
贵州铜仁国家农业科技园区	21.64	12	87.14	41	0.83	10
贵州碧江高新技术产业开发区	21.41	13	51.60	52	0.33	19
贵州湄潭经济开发区	17.90	14	163.33	32	0.24	26
贵州独山经济开发区	17.45	15	69.21	46	0.15	35
黔南高新技术产业开发区	17.20	16	37.99	56	0.45	14
都匀市绿茵湖产业园区	16.85	17	62.20	48	0.12	39
贵州安顺经济技术开发区	15.99	18	34.89	60	0.41	15
黔东南高新技术产业开发区	15.43	19	28.94	66	0.32	20
贵州黔南国家农业科技园区	15.26	20	22.90	71	0.67	12
贵州安顺国家农业科技园区	13.71	21	73.10	45	0.19	32
贵州务川县白山羊产业农业科技园区	13.70	22	1317.83	8	0.16	34
贵州省绥阳县金银花农业科技示范园区	13.30	23	1231.34	9	0.00	82
贵州湄潭国家农业科技园区	13.00	24	0.00	117	1.04	9
石阡县工业园区	11.98	25	142.13	35	0.00	82
贵州新蒲辣椒农业科技示范园区	11.60	26	309.28	22	0.08	44
贵州省仁怀市黔北黑猪生态养殖农业科技示范园区	11.50	27	6000.00	1	0.00	82
贵州仁怀黔北麻羊农业科技示范园区	11.50	27	3333.33	2	0.00	82
贵州天柱油茶农业科技示范园区	11.40	29	2222.22	6	0.08	44
贵州省务川县香榧产业农业科技示范园区	11.40	29	748.66	13	0.00	82
贵州道真猕猴桃农业科技示范园区	11.33	31	2857.14	3	0.03	77
贵州西秀经济开发区	11.33	32	9.99	97	0.69	11
贵州麻江蓝莓农业科技示范园区	11.27	33	232.56	29	0.09	43
沿河县沙子空心李农业科技示范园区	11.20	34	370.37	21	0.04	61
沿河白山羊农业科技示范园区	11.20	34	294.12	24	0.04	61
沿河县千年古茶农业科技示范园区	11.20	34	440.25	17	0.04	61
贵州晴隆生态绿茶农业科技示范园区	11.00	37	2857.14	3	0.00	82
贞丰县丰茂果蔬种植专业合作社	10.87	38	1000.00	10	0.05	58
贵州黔西水西现代农业科技示范园区	10.87	38	416.67	19	0.05	58
贵州普安生猪循环农业科技园区	10.83	40	384.62	20	0.03	77
镇远优质肉牛生态循环农业科技示范园区	10.73	41	1538.46	7	0.03	77
贵州黎平经济开发区	10.64	42	96.60	39	0.00	82

续表

产业园区名称	科技创新环境		万名从业人员发明专利申请量		创新创业平台系数	
	指数 /%	位次	指标值 / 项	位次	指标值	位次
德江县堰塘天麻产业科技示范园区	10.60	43	500.00	16	0.00	82
贵州省习水县红稗产业农业科技示范园区	10.50	44	609.76	15	0.00	82
黔西南高新技术产业开发区	10.32	45	27.30	67	0.12	39
兴义市郑鲁万工业园区	10.32	45	27.30	67	0.12	39
贞丰县沿江精品水果科技示范园区	10.30	47	750.00	12	0.00	82
贵州省习水县蔬菜农业科技园区	10.30	47	666.67	14	0.00	82
贵州务川中药材农业科技示范园区	10.30	47	250.00	26	0.00	82
贵州习水县黔北麻羊农业科技园区	10.30	47	192.31	30	0.00	82
贵州省锦屏县多彩田园精品水果农业科技示范园区	10.20	51	250.00	26	0.00	82
印江新寨茶旅一体化农业科技示范园区	10.10	52	2500.00	5	0.00	82
贵州赫章玫瑰农业科技示范园区	10.10	52	181.82	31	0.00	82
遵义市播州喀斯特山区精品水果科技示范园区	10.10	52	277.78	25	0.00	82
福泉市金谷福梨农业科技示范园区	10.10	52	238.10	28	0.00	82
贵州大龙经济开发区	9.94	56	25.10	69	0.21	31
贵州仁怀经济开发区	9.56	57	14.46	88	0.04	61
贵州锦屏油茶农业科技示范园区	8.85	58	116.28	36	0.08	44
贵州余庆经济开发区	8.74	59	59.04	49	0.00	82
贵州龙里经济开发区	8.53	60	13.95	90	0.36	17
六盘水高新技术产业开发区	8.50	61	18.55	80	0.25	25
赤水市国家农业科技园区	7.76	62	9.34	98	0.39	16
贵州惠水经济开发区	7.74	63	15.16	87	0.31	22
贵州金沙经济开发区	7.19	64	35.82	57	0.08	44
贵州纳雍玛瑙红樱桃农业科技示范园区	6.87	65	100.00	37	0.00	82
贵州石阡蛋鸡茶现代生态循环农业科技示范园区	6.77	66	100.00	37	0.00	82
贵州娄山关经济开发区（高新区）	6.68	67	29.23	65	0.23	27
贵州丹寨硒锌米农业科技园区	6.49	68	83.33	42	0.07	56
贵州铜仁高新技术产业开发区	6.44	69	18.08	81	0.35	18
贵州玉屏经济开发区	6.31	70	39.20	54	0.04	61
贵州毕节国家农业科技园区	5.98	71	5.15	105	0.23	27
贵州赤水经济开发区	5.82	72	13.30	91	0.23	27
贵州威宁蚕桑生态农业科技示范园区	5.73	73	81.52	43	0.00	82
贵州黎平紫苏农业科技示范园区	5.63	74	76.92	44	0.00	82
独山麻尾工业园区	4.75	75	29.28	64	0.00	82

续表

产业园区名称	科技创新环境		万名从业人员发明专利申请量		创新创业平台系数	
	指数/%	位次	指标值/项	位次	指标值	位次
贵州思南生态茶旅农业科技示范园区	4.57	76	65.57	47	0.00	82
江口县凯德特色产业园区	4.47	77	32.62	62	0.08	44
贵州思南经济开发区	4.47	78	2.54	111	0.32	20
贵州岑巩经济开发区	4.46	79	44.44	53	0.00	82
贵州昌明经济开发区	4.28	80	12.72	92	0.07	56
贵州纳雍经济开发区	4.04	81	6.55	102	0.28	23
贵州正安方竹笋农业科技示范园区	4.03	82	57.47	50	0.00	82
毕节高新技术产业开发区	3.94	83	2.03	114	0.28	23
贵州瓮安经济开发区	3.71	84	4.22	108	0.23	27
贵州省金沙农业科技园区	3.68	85	23.17	70	0.15	35
贵州德江经济开发区	3.63	86	15.46	85	0.00	82
钟山果蔬农业科技园区	3.57	87	19.99	76	0.15	35
罗甸工业园区	3.25	88	10.27	96	0.17	33
镇宁产业园区	3.25	89	21.69	73	0.08	44
七星关果蔬农业科技示范园区	3.10	90	35.52	58	0.03	77
余庆县现代高效观光农业科技示范园	2.89	91	16.30	84	0.12	39
贵州遵义烟草农业科技园区	2.75	92	35.24	59	0.00	82
贵州威宁魔芋农业科技示范园区	2.73	93	38.02	55	0.00	82
贵州正安经济开发区	2.56	94	17.47	82	0.00	82
六盘水市水城区发耳产业园区	2.53	95	19.95	77	0.00	82
贵州万山经济开发区	2.53	96	15.38	86	0.08	44
贵州炉碧经济开发区（麻江碧波工业园区、凯里炉山工业园区、炉山-碧波工业园区）	2.50	97	16.43	83	0.04	61
六盘水水月产业园区	2.43	98	21.40	74	0.04	61
贵州罗甸上隆生态循环农业科技示范园区	2.40	99	34.48	61	0.00	82
贵州大方经济开发区	2.28	100	7.13	99	0.08	44
贵州都匀毛尖茶农业科技示范园区	2.24	101	14.04	89	0.04	61
贵州三穗经济开发区	2.19	102	2.33	112	0.15	35
贵州苟江经济开发区（贵州和平经济开发区）	2.18	103	5.71	104	0.08	44
贵州荔波樟江精品水果农业科技示范园区	2.15	104	11.20	94	0.00	82
贵州白云农业科技示范园区	1.86	105	18.94	79	0.04	61
贵州习水经济开发区	1.79	106	2.78	110	0.08	44
石阡县苔茶农业科技示范园区	1.53	107	20.00	75	0.00	82

续表

产业园区名称	科技创新环境		万名从业人员发明专利申请量		创新创业平台系数	
	指数/%	位次	指标值/项	位次	指标值	位次
天柱工业园区	1.34	108	12.59	93	0.00	82
长顺威远工业园区	1.31	109	10.70	95	0.00	82
贵州印江经济开发区	1.24	110	6.62	101	0.00	82
贵州普定经济开发区	1.05	111	6.69	100	0.00	82
贵州江口果蔬农业科技示范园区	1.00	112	0.00	117	0.08	44
贵州镇远经济开发区	1.00	112	0.00	117	0.08	44
贵州水城经济开发区	0.74	114	2.04	113	0.00	82
正安县白茶园区	0.73	115	5.00	106	0.00	82
贵州赫章幼龄核桃-半夏套种科技示范园区	0.67	116	0.00	117	0.05	58
织金县桂花茶旅农业科技示范园区	0.51	117	6.08	103	0.00	82
贵州省播州区绿色"稻+"农业科技园区	0.50	118	0.00	117	0.04	61
贵州遵义辣椒农业科技园区	0.50	118	0.00	117	0.04	61
贵州丹寨铁皮石斛农业科技示范园区	0.50	118	0.00	117	0.04	61
贵州锦屏经济开发区	0.50	118	0.00	117	0.04	61
三穗鸭农业科技示范园区	0.50	118	0.00	117	0.04	61
望谟县板栗农业科技示范园区	0.50	118	0.00	117	0.04	61
贵州台江经济开发区	0.50	118	0.00	117	0.04	61
贵定县盘江镇生态高效农业科技示范园区	0.49	125	4.39	107	0.00	82
望谟亚热带水果农业科技示范园	0.33	126	0.00	117	0.03	77
贵州省施秉农业科技园区	0.29	127	2.86	109	0.00	82
榕江工业园区	0.22	128	1.76	115	0.00	82
剑河钩藤农业科技示范园区	0.00	129	0.00	117	0.00	82
安龙县工业园区	0.00	129	0.00	117	0.00	82
罗甸县农业科技示范园区	0.00	129	0.00	117	0.00	82
花溪产业园区	0.00	129	0.00	117	0.00	82
贵州省德江县茶叶农业科技示范园区	0.00	129	0.00	117	0.00	82
贵州晴隆优质柑桔及精品水果农业科技示范园区	0.00	129	0.00	117	0.00	82
贵州镇远妩阳红桃农业科技示范园区	0.00	129	0.00	117	0.00	82
贵州瓮安茶旅一体化观光农业科技示范园	0.00	129	0.00	117	0.00	82
贵州雾翠茗香生态农业科技示范园区	0.00	129	0.00	117	0.00	82
贵州榕江农业科技园区	0.00	129	0.00	117	0.00	82
平塘县工业园区	0.00	129	0.00	117	0.00	82
兴义市山地生态茶叶农业科技示范园区	0.00	129	0.00	117	0.00	82

续表

产业园区名称	科技创新环境		万名从业人员发明专利申请量		创新创业平台系数	
	指数 /%	位次	指标值 / 项	位次	指标值	位次
普定县农业示范园区	0.00	129	0.00	117	0.00	82
黔东南国家农业科技园区岑巩杂交水稻制种产业核心区	0.00	129	0.00	117	0.00	82
贵州长顺葡萄农业科技示范园区	0.00	129	0.00	117	0.00	82
贵州福泉农业科技示范园区	0.00	129	0.00	117	0.00	82
贵州榕江小香鸡农业科技示范园区	0.00	129	0.00	117	0.00	82
贵州长顺高钙苹果科技示范园区	0.00	129	0.00	117	0.00	82
贵州晴隆糯薏仁大数据农业科技示范园区	0.00	129	0.00	117	0.00	82
黄平工业园区	0.00	129	0.00	117	0.00	82
贵州洛贯经济开发区	0.00	129	0.00	117	0.00	82
剑河工业园区	0.00	129	0.00	117	0.00	82
贵州赫章桑葚农业科技示范园区	0.00	129	0.00	117	0.00	82
贵州省织金蔬菜农业科技示范园区	0.00	129	0.00	117	0.00	82
贵州施秉精品水果农业科技示范园区	0.00	129	0.00	117	0.00	82
贵州惠水中药材农业科技示范园	0.00	129	0.00	117	0.00	82
紫云自治县产业园区	0.00	129	0.00	117	0.00	82
贵州黔西经济开发区	0.00	129	0.00	117	0.00	82
贵州凯里云谷田园农业科技示范园区	0.00	129	0.00	117	0.00	82
贵州荔波茂兰桑蚕农业科技示范园区	0.00	129	0.00	117	0.00	82
贵州册亨灵芝农业科技示范园区	0.00	129	0.00	117	0.00	82
贵州江口猕猴桃农业科技示范园区	0.00	129	0.00	117	0.00	82
贵州惠水茶叶农业科技示范园区	0.00	129	0.00	117	0.00	82
黎平农业科技示范园区	0.00	129	0.00	117	0.00	82
施秉工业园区	0.00	129	0.00	117	0.00	82
荔波工业园区	0.00	129	0.00	117	0.00	82
三都交梨工业园区	0.00	129	0.00	117	0.00	82
贞丰县工业园区	0.00	129	0.00	117	0.00	82
贵州道真特色中药材农业科技示范园区	0.00	129	0.00	117	0.00	82
贵州纳雍乌蒙土鸡生态养殖农业科技示范园	0.00	129	0.00	117	0.00	82
雷山生态茶园农业科技示范园区	0.00	129	0.00	117	0.00	82
贵州丹寨硒锌茶农业科技园区	0.00	129	0.00	117	0.00	82
贵州凯里苗侗百草农业科技示范园区	0.00	129	0.00	117	0.00	82
龙里县湾滩河镇高效生态农业示范园	0.00	129	0.00	117	0.00	82
贵州凯里生态禽农业科技示范园区	0.00	129	0.00	117	0.00	82

续表

产业园区名称	科技创新环境		万名从业人员发明专利申请量		创新创业平台系数	
	指数 /%	位次	指标值 / 项	位次	指标值	位次
贵州大方皱椒农业科技园区	0.00	129	0.00	117	0.00	82
织金县产业园	0.00	129	0.00	117	0.00	82
贵州三穗精品水果生态循环农业科技园区	0.00	129	0.00	117	0.00	82
贵州织金经济开发区	0.00	129	0.00	117	0.00	82
册亨县工业园区	0.00	129	0.00	117	0.00	82
普安县工业园区	0.00	129	0.00	117	0.00	82
贵州普安县茶叶农业科技示范园区	0.00	129	0.00	117	0.00	82
惠水县好花红花卉农业科技示范园区	0.00	129	0.00	117	0.00	82
贵州兴义铁皮石斛原生态种植农业科技示范园区	0.00	129	0.00	117	0.00	82
赫章县产业园区	0.00	129	0.00	117	0.00	82

表 5-3 产业园区科技投入指数排位

产业园区名称	科技投入		园区 R&D 投入占园区总产值的比重		万名从业人员科技活动人员数	
	指数 /%	位次	指标值 /%	位次	指标值 / 人	位次
贵阳国家高新技术产业开发区	88.80	1	17.80	11	2001.52	40
贵阳经济技术开发区	85.62	2	2.50	63	2827.51	25
安顺国家高新技术产业开发区	68.55	3	3.81	48	1355.54	55
贵州航天高新技术产业园	67.34	4	5.24	37	4502.14	11
遵义国家经济技术开发区	53.62	5	1.20	98	707.92	91
贵州开阳经济开发区	36.28	6	5.18	39	76.56	155
六盘水水月产业园区	33.15	7	1.87	82	6678.08	5
贵州贵阳国家农业科技示范园区	31.54	8	3.09	55	458.81	107
黔南高新技术产业开发区	31.04	9	2.47	64	372.32	115
贵州湄潭国家农业科技园区	29.13	10	3.29	53	207.81	134
贵州安顺经济技术开发区	29.02	11	2.19	71	1426.70	52
贵州西秀经济开发区	28.96	12	1.48	90	1641.85	47
赤水市国家农业科技园区	27.08	13	2.63	62	4160.81	13
贵州白云经济开发区（白云铝及铝加工基地）	26.86	14	3.48	50	756.79	85
黔西南高新技术产业开发区	26.21	15	1.88	80	820.95	83
兴义市郑鲁万工业园区	26.21	15	1.88	80	820.95	83
贵州独山经济开发区	23.43	17	3.04	56	4504.50	10

续表

产业园区名称	科技投入		园区R&D投入占园区总产值的比重		万名从业人员科技活动人员数	
	指数/%	位次	指标值/%	位次	指标值/人	位次
六盘水市水城区发耳产业园区	22.99	18	4.35	43	289.32	124
贵州大龙经济开发区	21.01	19	1.84	83	1398.92	53
贵州湄潭经济开发区	19.92	20	8.33	22	333.33	122
贞丰县丰茂果蔬种植专业合作社	18.54	21	25.00	7	6000.00	6
贵州赫章幼龄核桃-半夏套种科技示范园区	17.48	22	21.95	10	4516.13	9
贵州赫章桑葚农业科技示范园区	17.17	23	33.33	4	4193.55	12
沿河白山羊农业科技示范园区	16.54	24	10.43	18	2857.14	23
惠水县好花红花卉农业科技示范园区	16.44	25	26.11	6	690.61	92
贵州龙里经济开发区	16.34	26	0.82	109	97.65	151
贵州铜仁国家农业科技园区	16.23	27	9.53	19	529.15	100
贵州仁怀黔北麻羊农业科技示范园区	15.90	28	24.70	9	2000.00	41
贵州丹寨硒锌米农业科技园区	15.85	29	13.15	16	2083.33	36
贵州福泉农业科技示范园区	15.66	30	17.58	12	2173.91	33
六盘水高新技术产业开发区	15.25	31	0.61	117	1711.31	43
贵州省金沙农业科技园区	15.22	32	13.42	15	223.94	130
贵州威宁蚕桑生态农业科技示范园区	15.04	33	24.75	8	951.09	73
贵州安顺国家农业科技园区	14.84	34	5.07	41	734.37	88
贵州晴隆优质柑桔及精品水果农业科技示范园区	14.84	35	37.88	3	1052.63	68
贵州惠水茶叶农业科技示范园区	14.76	36	14.00	14	925.93	76
望谟亚热带水果农业科技示范园	14.52	37	40.41	2	355.73	120
贵州册亨灵芝农业科技示范园区	14.49	38	14.12	13	476.19	103
余庆县现代高效观光农业科技示范园	14.45	39	10.88	17	364.13	117
贵州赫章玫瑰农业科技示范园区	14.41	40	49.00	1	363.64	118
贵州江口猕猴桃农业科技示范园区	14.28	41	31.38	5	142.86	144
罗甸县农业科技示范园区	13.92	42	8.20	23	2385.32	31
贵州黔南国家农业科技园区	13.62	43	0.70	112	712.32	89
沿河县千年古茶农业科技示范园区	13.61	44	7.72	24	3270.44	20
贵州印江经济开发区	13.52	45	2.17	72	567.65	98
贵州务川县白山羊产业农业科技园区	13.35	46	7.03	29	3953.49	16
贵州务川中药材农业科技示范园区	13.34	47	6.98	30	4000.00	14
贵州仁怀经济开发区	13.03	48	0.13	133	589.29	96
贵州三穗精品水果生态循环农业科技园区	12.68	49	8.33	21	1333.33	56
贵州普安生猪循环农业科技园区	12.59	50	8.42	20	461.54	106
德江县堰塘天麻产业科技示范园区	12.08	51	7.37	27	2083.33	36

续表

产业园区名称	科技投入		园区 R&D 投入占园区总产值的比重		万名从业人员科技活动人员数	
	指数 /%	位次	指标值 /%	位次	指标值 / 人	位次
贵州赤水经济开发区	12.03	52	1.80	84	711.30	90
贵州三穗经济开发区	11.65	53	5.66	36	557.82	99
册亨县工业园区	11.61	54	7.68	25	220.39	132
贵州锦屏油茶农业科技示范园区	11.61	55	7.07	28	2093.02	35
贵州瓮安经济开发区	11.60	56	0.84	108	948.70	74
贵州水城经济开发区	11.54	57	1.38	95	132.65	145
贵州罗甸上隆生态循环农业科技示范园区	11.44	58	7.39	26	1310.35	58
贵州省仁怀市黔北黑猪生态养殖农业科技示范园区	10.96	59	6.30	32	2400.00	29
贵州黔西水西现代农业科技示范园区	10.80	60	6.78	31	1666.67	45
贞丰县工业园区	10.62	61	1.89	79	756.50	86
黔东南国家农业科技园区岑巩杂交水稻制种产业核心区	10.46	62	3.03	57	9038.46	3
贵州万山经济开发区	10.07	63	2.06	73	369.23	116
贵州瓮安茶旅一体化观光农业科技示范园	9.97	64	5.93	34	2000.00	41
镇远优质肉牛生态循环农业科技示范园区	9.85	65	4.29	44	5000.00	8
贵州娄山关经济开发区（高新区）	9.15	66	3.59	49	407.69	114
遵义高新技术产业开发区	8.82	67	1.45	91	6.08	170
织金县桂花茶旅农业科技示范园区	8.72	68	6.00	33	273.56	125
贵州惠水经济开发区	8.70	69	0.54	120	675.03	93
贵州省播州区绿色"稻+"农业科技园区	8.65	70	4.44	42	2456.14	28
贞丰县沿江精品水果科技示范园区	8.64	71	2.92	60	6000.00	6
独山麻尾工业园区	8.60	72	0.00	141	3762.02	18
贵州威宁魔芋农业科技示范园区	8.24	73	5.78	35	95.06	152
贵州丹寨铁皮石斛农业科技示范园区	8.06	74	5.21	38	892.86	79
贵州习水经济开发区	7.47	75	0.74	110	347.14	121
贵州天柱油茶农业科技示范园区	7.44	76	3.45	51	3333.33	19
贵州正安方竹笋农业科技示范园区	7.36	77	5.08	40	114.94	147
贵州毕节国家农业科技园区	7.26	78	1.79	85	85.26	154
罗甸工业园区	7.17	79	2.04	74	485.24	102
贵州镇远妩阳红桃农业科技示范园区	6.92	80	0.63	116	10 000.00	1
贵州丹寨硒锌茶农业科技示范园区	6.58	81	4.08	45	1111.11	64
福泉市金谷福梨农业科技示范园区	6.55	82	4.00	46	1190.48	62
贵州兴义铁皮石斛原生态种植农业科技示范园区	6.42	83	4.00	46	923.08	77
沿河县沙子空心李农业科技示范园区	6.31	84	2.23	69	3809.52	17

续表

产业园区名称	科技投入		园区R&D投入占园区总产值的比重		万名从业人员科技活动人员数	
	指数/%	位次	指标值/%	位次	指标值/人	位次
贵州岑巩经济开发区	6.30	85	0.89	104	2607.41	27
道真上玉工业园区	6.09	86	2.97	59	222.22	131
贵州省德江县茶叶农业科技示范园区	6.02	87	0.00	142	10 000.00	1
毕节高新技术产业开发区	5.91	88	2.98	58	0.00	172
都匀市绿茵湖产业园区	5.74	89	0.37	125	946.96	75
印江新寨茶旅一体化农业科技示范园区	5.63	90	0.00	142	7500.00	4
贵州省织金蔬菜农业科技示范园区	5.45	91	2.29	67	2906.98	22
贵州惠水中药材农业科技示范园	5.35	92	3.33	52	878.38	81
黄平工业园区	5.17	93	3.22	54	123.38	146
贵州大方经济开发区	4.86	94	1.04	100	31.19	160
贵州兴仁经济开发区	4.74	95	0.46	122	0.00	172
贵州碧江高新技术产业开发区	4.71	96	0.45	123	233.71	127
黔东南高新技术产业开发区	4.64	97	0.73	111	102.04	148
贵州省施秉农业科技园区	4.55	98	2.87	61	100.00	149
贵州石阡蛋鸡茶现代生态循环农业科技示范园区	4.35	99	0.89	105	4000.00	14
镇宁产业园区	4.15	100	1.67	87	0.00	172
正安县白茶园区	4.03	101	2.42	65	75.00	156
贵州普安县茶叶农业科技示范园区	3.99	102	2.27	68	1000.00	72
贵州纳雍经济开发区	3.99	103	0.69	113	1231.98	60
龙里县湾滩河镇高效生态农业示范园	3.97	104	2.00	75	1458.33	50
贵州长顺葡萄农业科技示范园区	3.81	105	1.39	94	2400.00	29
七星关果蔬农业科技示范园区	3.68	106	0.67	115	2735.35	26
施秉工业园区	3.66	107	2.33	66	97.95	150
贵州德江经济开发区	3.54	108	1.97	78	227.71	129
贵州道真特色中药材农业科技示范园区	3.38	109	1.20	97	2133.33	34
贵州省习水县红稗产业农业科技示范园区	3.30	110	2.20	70	243.90	126
贵州都匀毛尖茶农业科技示范园区	3.28	111	1.71	86	196.49	137
贵州铜仁高新技术产业开发区	3.23	112	0.37	126	421.94	112
贵州凯里苗侗百草农业科技示范园区	3.13	113	1.50	89	1333.33	56
贵州黎平紫苏农业科技示范园区	3.11	114	1.97	77	200.00	136
贵州榕江小香鸡农业科技示范园区	3.09	115	1.58	88	1142.86	63
贵州纳雍玛瑙红樱桃农业科技示范园区	3.06	116	1.30	96	1550.00	49
贵州凯里云谷田园农业科技示范园区	2.96	117	1.97	76	189.87	138

续表

产业园区名称	科技投入		园区 R&D 投入占园区总产值的比重		万名从业人员科技活动人员数	
	指数 /%	位次	指标值 /%	位次	指标值 / 人	位次
贵州遵义辣椒农业科技园区	2.88	118	1.43	92	1076.39	67
贵州遵义烟草农业科技园区	2.85	119	1.08	99	625.55	95
贵州洛贯经济开发区	2.75	120	1.40	93	155.00	143
贵州昌明经济开发区	2.72	121	0.26	129	162.47	139
贵州纳雍乌蒙土鸡生态养殖农业科技示范园	2.50	122	0.00	142	3181.82	21
贵州镇远经济开发区	2.29	123	0.88	106	0.00	172
贵州新蒲辣椒农业科技示范园区	2.28	124	0.98	102	1030.93	69
贵州长顺高钙苹果科技示范园区	2.22	125	0.94	103	1095.89	66
贵州晴隆生态绿茶农业科技示范园区	2.16	126	0.00	142	2857.14	23
贵州省习水县蔬菜农业科技园区	2.06	127	0.86	107	1111.11	64
贵州习水县黔北麻羊农业科技园区	1.87	128	0.60	118	1217.95	61
贵州思南生态茶旅农业科技示范园区	1.77	129	0.59	119	1016.39	71
贵州麻江蓝莓农业科技示范园区	1.76	130	0.00	142	2325.58	32
贵州金沙经济开发区	1.68	131	0.09	134	361.05	119
石阡县工业园区	1.64	132	0.00	142	1591.81	48
雷山生态茶园农业科技示范园区	1.63	133	0.00	142	2037.62	39
贵州省绥阳县金银花农业科技示范园区	1.63	134	0.00	142	2052.24	38
贵州晴隆糯薏仁大数据农业科技示范园区	1.51	135	1.04	101	0.00	172
贵州榕江农业科技园区	1.43	136	0.69	114	463.48	105
剑河钩藤农业科技示范园区	1.29	137	0.00	142	1694.92	44
兴义市山地生态茶叶农业科技示范园区	1.25	138	0.00	142	1666.67	45
贵州省锦屏县多彩田园精品水果农业科技示范园区	1.25	139	0.17	130	1250.00	59
石阡县苔茶农业科技示范园区	1.17	140	0.53	121	420.00	113
贵州思南经济开发区	1.09	141	0.15	131	72.03	157
贵州道真猕猴桃农业科技示范园区	1.08	142	0.00	142	1428.57	51
遵义市播州喀斯特山区精品水果科技示范园区	1.06	143	0.00	142	1388.89	54
贵州凯里生态禽农业科技示范园区	0.87	144	0.37	124	437.96	111
望谟县板栗农业科技示范园区	0.86	145	0.00	142	1029.70	70
贵定县盘江镇生态高效农业科技示范园区	0.80	146	0.27	128	230.26	128
贵州炉碧经济开发区（麻江碧波工业园区、凯里炉山工业园区、炉山－碧波工业园区）	0.76	147	0.00	142	465.58	104
贵州黔西经济开发区	0.73	148	0.00	142	494.64	101
贵州施秉精品水果农业科技示范园区	0.69	149	0.00	142	857.14	82
三穗鸭农业科技示范园区	0.69	150	0.00	142	909.09	78

续表

产业园区名称	科技投入		园区 R&D 投入占园区总产值的比重		万名从业人员科技活动人员数	
	指数 /%	位次	指标值 /%	位次	指标值 / 人	位次
贵州大方皱椒农业科技园区	0.67	151	0.00	142	879.12	80
贵州黎平经济开发区	0.65	152	0.14	132	29.90	162
三都交梨工业园区	0.65	153	0.30	127	30.96	161
贵州省务川县香榧产业农业科技示范园区	0.58	154	0.00	142	748.66	87
平塘县工业园区	0.53	155	0.00	142	444.44	110
贵州雾翠茗香生态农业科技示范园区	0.50	156	0.00	142	666.67	94
贵州普定经济开发区	0.48	157	0.00	142	219.72	133
黎平农业科技示范园区	0.43	158	0.00	142	568.18	97
剑河工业园区	0.43	159	0.00	142	453.13	109
天柱工业园区	0.43	160	0.00	142	307.15	123
贵州白云农业科技示范园区	0.38	161	0.00	142	454.55	108
贵州余庆经济开发区	0.33	162	0.08	136	18.45	166
织金县产业园	0.33	163	0.02	139	156.52	141
贵州织金经济开发区	0.33	163	0.02	139	156.52	141
赫章县产业园区	0.27	165	0.07	137	0.00	172
钟山果蔬农业科技园区	0.22	166	0.00	142	204.90	135
贵州江口果蔬农业科技示范园区	0.18	167	0.08	135	19.44	165
长顺威远工业园区	0.17	168	0.03	138	0.00	172
普定县农业示范园区	0.16	169	0.00	142	94.59	153
贵州荔波茂兰桑蚕农业科技示范园区	0.15	170	0.00	142	157.14	140
贵州玉屏经济开发区	0.09	171	0.00	142	44.10	159
安龙县工业园区	0.07	172	0.00	142	50.18	158
贵州荔波樟江精品水果农业科技示范园区	0.07	173	0.00	142	24.00	163
贵州台江经济开发区	0.05	174	0.00	142	14.71	167
江口县凯德特色产业园区	0.03	175	0.00	142	20.08	164
榕江工业园区	0.02	176	0.00	142	14.11	168
贵州锦屏经济开发区	0.01	177	0.00	142	11.34	169
贵州苟江经济开发区（贵州和平经济开发区）	0.00	178	0.00	142	1.43	171
普安县工业园区	0.00	179	0.00	142	0.00	172
荔波工业园区	0.00	179	0.00	142	0.00	172
贵州正安经济开发区	0.00	179	0.00	142	0.00	172
花溪产业园区	0.00	179	0.00	142	0.00	172
紫云自治县产业园区	0.00	179	0.00	142	0.00	172

表 5-4 产业园区创新产出指数排位

产业园区名称	创新产出		万名从业人员发明专利拥有量		高新技术企业数占企业总数比重		拥有省级以上知名品牌或著名商标的企业数占园区总企业数比重	
	指数/%	位次	指标值/项	位次	指标值/%	位次	指标值/%	位次
贵阳经济技术开发区	98.15	1	138.29	32	12.89	6	6.27	54
贵阳国家高新技术产业开发区	96.08	2	249.80	18	2.55	51	0.00	95
遵义国家经济技术开发区	86.35	3	36.16	65	0.47	73	0.01	92
贵州航天高新技术产业园	84.64	4	792.66	8	60.47	1	9.30	40
贵州白云经济开发区（白云铝及铝加工基地）	81.04	5	227.18	21	38.04	3	0.00	95
贵州西秀经济开发区	63.31	6	140.90	31	1.06	67	0.11	89
安顺国家高新技术产业开发区	61.99	7	11.20	89	4.34	31	2.36	74
遵义高新技术产业开发区	55.83	8	35.67	66	27.52	4	0.92	83
贵州碧江高新技术产业开发区	53.43	9	51.60	54	4.96	26	4.70	59
贵州龙里经济开发区	46.12	10	0.90	107	8.54	14	6.71	49
贵州湄潭经济开发区	44.89	11	480.00	9	1.75	58	0.88	84
贵州黔南国家农业科技园区	44.80	12	14.84	86	4.14	34	3.06	68
六盘水高新技术产业开发区	44.57	13	12.22	88	1.27	62	0.04	91
花溪产业园区	43.36	14	0.00	112	40.68	2	0.00	95
贵州开阳经济开发区	43.17	15	38.89	63	11.69	9	9.09	42
贵州炉碧经济开发区（麻江碧波工业园区、凯里炉山工业园区、炉山-碧波工业园区）	42.46	16	91.29	38	7.52	16	7.52	46
贵州惠水经济开发区	40.78	17	3.14	101	5.23	24	4.68	60
道真上玉工业园区	40.64	18	151.11	30	6.49	18	6.49	53
贵州苟江经济开发区（贵州和平经济开发区）	40.09	19	19.98	79	6.06	21	1.73	77
黔东南高新技术产业开发区	39.46	20	29.85	70	0.43	74	0.32	87
毕节高新技术产业开发区	37.60	21	0.00	112	12.61	7	1.68	79
赤水市国家农业科技园区	37.58	22	15.85	85	5.96	22	9.93	38
贵州遵义辣椒农业科技园区	37.28	23	277.78	14	11.11	11	11.11	33
贵州金沙经济开发区	36.79	24	72.59	42	3.03	41	3.03	69
贵州娄山关经济开发区（高新区）	36.66	25	66.15	43	4.42	30	3.54	65
贵州铜仁国家农业科技园区	36.06	26	42.78	58	2.70	50	2.70	72
施秉工业园区	35.47	27	115.76	33	6.45	19	12.90	31
兴义市郑鲁万工业园区	35.43	28	40.95	61	0.06	78	0.01	93
黔西南高新技术产业开发区	35.43	28	40.95	61	0.06	78	0.01	93
罗甸工业园区	34.84	30	87.29	39	3.95	35	1.32	80

续表

产业园区名称	创新产出		万名从业人员发明专利拥有量		高新技术企业数占企业总数比重		拥有省级以上知名品牌或著名商标的企业数占园区总企业数比重	
	指数/%	位次	指标值/项	位次	指标值/%	位次	指标值/%	位次
贵州思南经济开发区	34.11	31	2.54	103	7.63	15	5.93	55
贵州印江经济开发区	33.99	32	1.65	106	11.25	10	17.50	24
黔南高新技术产业开发区	33.97	33	1.69	105	4.48	29	2.69	73
都匀市绿茵湖产业园区	33.83	34	41.66	60	2.14	53	0.00	95
贵州水城经济开发区	32.75	35	23.07	76	1.13	66	0.00	95
贵州铜仁高新技术产业开发区	32.43	36	44.20	57	1.44	60	0.00	95
贵州余庆经济开发区	32.18	37	56.58	50	2.94	42	0.00	95
贵州务川县白山羊产业农业科技园区	32.17	38	77.52	40	11.11	11	22.22	20
贵州台江经济开发区	31.84	39	0.00	112	12.00	8	0.00	95
贵州省金沙农业科技园区	31.82	40	46.33	55	5.00	25	10.00	35
贵州湄潭国家农业科技园区	31.67	41	0.00	112	2.89	44	11.05	34
贵州安顺经济技术开发区	31.51	42	0.00	112	0.39	76	0.05	90
长顺威远工业园区	31.45	43	0.00	112	3.56	38	18.58	22
贵州兴仁经济开发区	31.36	44	13.79	87	4.82	28	34.94	10
贵州仁怀经济开发区	31.20	45	7.32	92	2.75	49	6.59	52
贵州赤水经济开发区	31.10	46	24.07	75	2.37	52	5.69	56
六盘水水月产业园区	31.02	47	29.97	69	3.70	36	0.74	86
贵州省施秉农业科技园区	30.71	48	28.57	71	6.67	17	13.33	30
贵州岑巩经济开发区	30.58	49	2.96	102	4.88	27	4.88	58
贵州黔西经济开发区	30.56	50	0.00	112	5.56	23	9.72	39
贵州瓮安经济开发区	30.46	51	5.62	94	3.18	40	2.73	71
贵州省绥阳县金银花农业科技示范园区	30.40	52	1119.40	6	0.00	80	0.00	95
贵州安顺国家农业科技园区	30.29	53	20.24	77	4.17	33	0.00	95
贵州三穗经济开发区	30.18	54	2.33	104	6.25	20	14.58	26
贵州大方经济开发区	30.10	55	0.89	108	4.24	32	15.25	25
七星关果蔬农业科技示范园区	29.92	56	213.14	24	0.00	80	0.00	95
贵州普定经济开发区	29.82	57	54.65	51	1.37	61	0.00	95
贵州仁怀黔北麻羊农业科技示范园区	29.79	58	222.22	22	0.67	70	0.00	95
贵州玉屏经济开发区	29.45	59	26.95	74	2.86	45	7.62	45
贵州遵义烟草农业科技园区	29.43	60	176.21	29	0.00	80	0.00	95
贵定县盘江镇生态高效农业科技示范园区	29.28	61	0.00	112	9.09	13	0.00	95
黔东南国家农业科技园区岑巩杂交水稻制种产业核心区	29.28	61	0.00	112	13.33	5	6.67	50

续表

产业园区名称	创新产出		万名从业人员发明专利拥有量		高新技术企业数占企业总数比重		拥有省级以上知名品牌或著名商标的企业数占园区总企业数比重	
	指数/%	位次	指标值/项	位次	指标值/%	位次	指标值/%	位次
贵州丹寨铁皮石斛农业科技示范园区	28.80	63	1785.71	3	0.00	80	0.00	95
贵州凯里苗侗百草农业科技示范园区	28.48	64	1333.33	5	0.00	80	0.00	95
贵州省仁怀市黔北黑猪生态养殖农业科技示范园区	28.48	64	2400.00	2	0.00	80	0.00	95
贵州道真猕猴桃农业科技示范园区	28.40	66	1428.57	4	0.00	80	0.00	95
沿河白山羊农业科技示范园区	28.40	66	210.08	26	0.00	80	4.35	62
贵州省务川县香榧产业农业科技示范园区	28.40	66	267.38	15	0.00	80	0.00	95
贵州普安生猪循环农业科技园区	28.32	69	307.69	13	0.00	80	0.00	95
沿河县千年古茶农业科技示范园区	28.32	69	251.57	16	0.00	80	9.23	41
沿河县沙子空心李农业科技示范园区	28.32	69	211.64	25	0.00	80	7.06	48
贵州纳雍经济开发区	28.26	72	65.53	45	2.04	56	14.29	27
贵州务川中药材农业科技示范园区	28.24	73	250.00	17	0.00	80	0.00	95
贵州道真特色中药材农业科技示范园区	28.24	73	400.00	11	0.00	80	20.00	21
贵州习水县黔北麻羊农业科技园区	28.24	73	192.31	28	0.00	80	0.00	95
贵州黔西水西现代农业科技示范园区	28.16	76	416.67	10	0.00	80	0.00	95
贵州石阡蛋鸡茶现代生态循环农业科技示范园区	28.16	76	200.00	27	0.00	80	0.00	95
贵州天柱油茶农业科技示范园区	28.16	76	1111.11	7	0.00	80	33.33	11
贵州省习水县红稗产业农业科技示范园区	28.16	76	243.90	19	0.00	80	0.00	95
贵州麻江蓝莓农业科技示范园区	28.08	80	232.56	20	0.00	80	5.56	57
印江新寨茶旅一体化农业科技示范园区	28.08	80	2500.00	1	0.00	80	0.00	95
贵州省习水县蔬菜农业科技园区	28.08	80	222.22	22	0.00	80	0.00	95
贵州镇远妩阳红桃农业科技示范园区	28.08	80	400.00	11	0.00	80	0.00	95
江口县凯德特色产业园区	27.96	84	37.64	64	2.78	48	0.00	95
贵州大龙经济开发区	27.74	85	3.59	99	1.54	59	0.22	88
贵州德江经济开发区	27.21	86	30.92	68	0.65	71	13.55	29
贵州黎平经济开发区	26.76	87	52.90	53	1.20	64	8.43	44
剑河工业园区	26.57	88	0.00	112	3.70	36	0.00	95
贵州镇远经济开发区	26.53	89	0.00	112	3.28	39	0.00	95
贵州万山经济开发区	26.49	90	0.00	112	2.86	45	0.95	82
贵州昌明经济开发区	26.44	91	0.49	110	1.96	57	3.53	66
赫章县产业园区	25.99	92	0.00	112	2.94	42	0.00	95
贵州洛贯经济开发区	25.58	93	4.70	98	2.86	45	2.86	70

第五部分
产业园区科技创新状况评价报告

续表

产业园区名称	创新产出		万名从业人员发明专利拥有量		高新技术企业数占企业总数比重		拥有省级以上知名品牌或著名商标的企业数占园区总企业数比重	
	指数/%	位次	指标值/项	位次	指标值/%	位次	指标值/%	位次
黎平农业科技示范园区	25.13	94	113.64	34	0.00	80	0.00	95
贵州罗甸上隆生态循环农业科技示范园区	24.84	95	103.45	35	0.00	80	75.00	4
贵州新蒲辣椒农业科技示范园区	24.74	96	103.09	36	0.00	80	0.00	95
罗甸县农业科技示范园区	24.16	97	91.74	37	0.00	80	0.00	95
贵州织金经济开发区	23.97	98	0.00	112	2.08	54	2.08	75
织金县产业园	23.97	98	0.00	112	2.08	54	2.08	75
贵州都匀毛尖茶农业科技示范园区	23.79	100	42.11	59	0.00	80	0.00	95
贵州正安经济开发区	23.70	101	17.47	84	0.73	69	0.00	95
贵州独山经济开发区	23.63	102	3.15	100	0.33	77	0.00	95
贵州贵阳国家农业科技示范园区	23.63	103	0.08	111	0.61	72	1.69	78
独山麻尾工业园区	23.57	104	8.36	90	0.40	75	0.00	95
贵州兴义铁皮石斛原生态种植农业科技示范园区	23.50	105	76.92	41	0.00	80	0.00	95
贵州思南生态茶旅农业科技示范园区	23.07	106	65.57	44	0.00	80	0.00	95
贵州黎平紫苏农业科技示范园区	23.06	107	61.54	47	0.00	80	25.00	16
贵州习水经济开发区	22.99	108	5.09	96	0.78	68	0.78	85
雷山生态茶园农业科技示范园区	22.95	109	62.70	46	0.00	80	26.09	15
贵州毕节国家农业科技园区	22.91	110	6.06	93	0.00	80	7.18	47
贵州册亨灵芝农业科技示范园区	22.73	111	59.52	48	0.00	80	40.00	9
贵州正安方竹笋农业科技示范园区	22.71	112	57.47	49	0.00	80	25.00	16
石阡县工业园区	22.66	113	45.48	56	0.00	80	4.26	63
紫云自治县产业园区	22.64	114	0.00	112	1.25	63	0.00	95
贵州威宁蚕桑生态农业科技示范园区	22.58	115	54.35	52	0.00	80	0.00	95
镇宁产业园区	22.57	116	0.00	112	1.20	64	0.00	95
六盘水市水城区发耳产业园区	21.85	117	19.95	80	0.00	80	0.00	95
贵州凯里云谷田园农业科技示范园区	21.49	118	31.65	67	0.00	80	0.00	95
贵州江口猕猴桃农业科技示范园区	21.35	119	28.57	71	0.00	80	0.00	95
惠水县好花红花卉农业科技示范园区	21.31	120	27.62	73	0.00	80	0.00	95
三都交梨工业园区	21.07	121	18.58	83	0.00	80	0.00	95
石阡县苔茶农业科技示范园区	21.05	122	20.00	78	0.00	80	10.00	35
望谟县板栗农业科技示范园区	20.96	123	19.80	81	0.00	80	75.00	4
贵州白云农业科技示范园区	20.92	124	18.94	82	0.00	80	10.00	35
天柱工业园区	20.58	125	7.55	91	0.00	80	0.00	95

续表

产业园区名称	创新产出		万名从业人员发明专利拥有量		高新技术企业数占企业总数比重		拥有省级以上知名品牌或著名商标的企业数占园区总企业数比重	
	指数/%	位次	指标值/项	位次	指标值/%	位次	指标值/%	位次
余庆县现代高效观光农业科技示范园	20.32	126	5.43	95	0.00	80	0.00	95
钟山果蔬农业科技园区	20.30	127	5.00	97	0.00	80	4.55	61
贵州荔波樟江精品水果农业科技示范园区	20.12	128	0.80	109	0.00	80	6.67	50
剑河钩藤农业科技示范园区	20.00	129	0.00	112	0.00	80	0.00	95
安龙县工业园区	20.00	129	0.00	112	0.00	80	8.57	43
贵州赫章幼龄核桃－半夏套种科技示范园区	20.00	129	0.00	112	0.00	80	12.50	32
贞丰县沿江精品水果科技示范园区	20.00	129	0.00	112	0.00	80	0.00	95
平塘县工业园区	20.00	129	0.00	112	0.00	80	0.00	95
贵州省德江县茶叶农业科技示范园区	20.00	129	0.00	112	0.00	80	25.00	16
贵州晴隆优质柑桔及精品水果农业科技示范园区	20.00	129	0.00	112	0.00	80	14.29	27
望谟亚热带水果农业科技示范园	20.00	129	0.00	112	0.00	80	18.18	23
遵义市播州喀斯特山区精品水果科技示范园区	20.00	129	0.00	112	0.00	80	0.00	95
织金县桂花茶旅农业科技示范园区	20.00	129	0.00	112	0.00	80	0.00	95
贵州瓮安茶旅一体化观光农业科技示范园	20.00	129	0.00	112	0.00	80	80.00	3
福泉市金谷福梨农业科技示范园区	20.00	129	0.00	112	0.00	80	0.00	95
贵州雾翠茗香生态农业科技示范园区	20.00	129	0.00	112	0.00	80	300.00	2
贵州榕江农业科技园区	20.00	129	0.00	112	0.00	80	0.00	95
兴义市山地生态茶叶农业科技示范园区	20.00	129	0.00	112	0.00	80	0.00	95
普定县农业示范园区	20.00	129	0.00	112	0.00	80	0.00	95
贵州威宁魔芋农业科技示范园区	20.00	129	0.00	112	0.00	80	0.00	95
贵州长顺葡萄农业科技示范园区	20.00	129	0.00	112	0.00	80	0.00	95
贵州福泉农业科技示范园区	20.00	129	0.00	112	0.00	80	33.33	11
贵州榕江小香鸡农业科技示范园区	20.00	129	0.00	112	0.00	80	50.00	6
贵州锦屏油茶农业科技示范园区	20.00	129	0.00	112	0.00	80	50.00	6
贵州长顺高钙苹果农业科技示范园区	20.00	129	0.00	112	0.00	80	0.00	95
贵州晴隆糯薏仁大数据农业科技示范园区	20.00	129	0.00	112	0.00	80	0.00	95
黄平工业园区	20.00	129	0.00	112	0.00	80	0.00	95
贵州丹寨硒锌米农业科技园区	20.00	129	0.00	112	0.00	80	28.57	14
贵州赫章桑葚农业科技示范园区	20.00	129	0.00	112	0.00	80	50.00	6
贵州省织金蔬菜农业科技示范园区	20.00	129	0.00	112	0.00	80	0.00	95

续表

产业园区名称	创新产出		万名从业人员发明专利拥有量		高新技术企业数占企业总数比重		拥有省级以上知名品牌或著名商标的企业数占园区总企业数比重	
	指数/%	位次	指标值/项	位次	指标值/%	位次	指标值/%	位次
贵州惠水中药材农业科技示范园	20.00	129	0.00	112	0.00	80	0.00	95
贵州施秉精品水果农业科技示范园区	20.00	129	0.00	112	0.00	80	0.00	95
榕江工业园区	20.00	129	0.00	112	0.00	80	1.04	81
贵州江口果蔬农业科技示范园区	20.00	129	0.00	112	0.00	80	350.00	1
贵州锦屏经济开发区	20.00	129	0.00	112	0.00	80	3.57	64
三穗鸭农业科技示范园区	20.00	129	0.00	112	0.00	80	0.00	95
贵州荔波茂兰桑蚕农业科技示范园区	20.00	129	0.00	112	0.00	80	0.00	95
贵州赫章玫瑰农业科技示范园区	20.00	129	0.00	112	0.00	80	33.33	11
贵州省锦屏县多彩田园精品水果农业科技示范园区	20.00	129	0.00	112	0.00	80	0.00	95
正安县白茶园区	20.00	129	0.00	112	0.00	80	0.00	95
德江县堰塘天麻产业科技示范园区	20.00	129	0.00	112	0.00	80	0.00	95
贵州惠水茶叶农业科技示范园区	20.00	129	0.00	112	0.00	80	0.00	95
荔波工业园区	20.00	129	0.00	112	0.00	80	0.00	95
贞丰县工业园区	20.00	129	0.00	112	0.00	80	0.00	95
贵州纳雍乌蒙土鸡生态养殖农业科技示范园	20.00	129	0.00	112	0.00	80	0.00	95
贵州丹寨硒锌茶农业科技园区	20.00	129	0.00	112	0.00	80	0.00	95
贞丰县丰茂果蔬种植专业合作社	20.00	129	0.00	112	0.00	80	0.00	95
贵州纳雍玛瑙红樱桃农业科技示范园区	20.00	129	0.00	112	0.00	80	0.00	95
龙里县湾滩河镇高效生态农业示范园	20.00	129	0.00	112	0.00	80	3.13	67
贵州凯里生态禽农业科技示范园区	20.00	129	0.00	112	0.00	80	0.00	95
贵州大方皱椒农业科技园区	20.00	129	0.00	112	0.00	80	0.00	95
贵州三穗精品水果生态循环农业科技园区	20.00	129	0.00	112	0.00	80	0.00	95
贵州晴隆生态绿茶农业科技示范园区	20.00	129	0.00	112	0.00	80	0.00	95
册亨县工业园区	20.00	129	0.00	112	0.00	80	0.00	95
普安县工业园区	20.00	129	0.00	112	0.00	80	0.00	95
贵州普安县茶叶农业科技示范园区	20.00	129	0.00	112	0.00	80	0.00	95
贵州省播州区绿色"稻+"农业科技园区	20.00	129	0.00	112	0.00	80	0.00	95
镇远优质肉牛生态循环农业科技示范园区	20.00	129	0.00	112	0.00	80	25.00	16

表 5-5 产业园区创新绩效指数排位

产业园区名称	创新绩效		高新技术产业产值占园区总产值比重		园区人均工业增加值		园区进出口总额占园区总产值的比重		每平方公里园区产值		园区利税总额占园区总产值的比例	
	指数/%	位次	指标值/%	位次	指标值/万元	位次	指标值/%	位次	指标值/万元	位次	指标值/%	位次
贵阳国家高新技术产业开发区	93.10	1	62.08	8	7.55	70	15.49	6	57 027.18	35	38.65	7
贵州航天高新技术产业园	90.93	2	100.00	1	29.21	22	3.77	16	1 160 791.00	1	8.44	66
黔南高新技术产业开发区	89.68	3	48.56	13	20.20	36	5.05	13	47 318.76	42	6.34	76
安顺国家高新技术产业开发区	88.92	4	40.14	20	32.04	21	1.85	28	38 117.08	47	5.15	83
贵阳经济技术开发区	88.71	5	62.32	7	16.12	44	1.63	32	52 092.98	38	3.43	98
遵义国家经济技术开发区	87.41	6	17.68	39	6.51	73	0.83	39	84 242.80	24	13.84	51
贵州西秀经济开发区	86.88	7	20.87	36	25.17	28	2.04	26	220 167.40	8	2.90	105
黔西南高新技术产业开发区	83.52	8	46.58	14	12.96	55	0.05	65	152 814.60	11	16.15	42
兴义市郑鲁万工业园区	83.02	9	46.58	14	12.96	55	0.05	65	135 959.20	16	16.15	42
贵州苟江经济开发区（贵州和平经济开发区）	82.60	10	31.07	25	53.91	12	0.00	75	44 429.90	44	13.68	52
贵州龙里经济开发区	78.87	11	26.73	30	38.09	17	0.01	72	381.39	136	4.28	93
贵州碧江高新技术产业开发区	72.51	12	42.09	16	14.07	53	0.10	58	24 699.31	60	31.28	13
六盘水高新技术产业开发区	71.95	13	34.32	22	24.05	30	0.04	67	31 367.37	52	2.40	113
贵州仁怀经济开发区	68.95	14	0.12	84	170.48	1	2.12	25	230 224.70	7	37.57	8
贵州惠水经济开发区	65.57	15	14.14	41	22.75	32	0.07	61	32 391.61	51	9.39	63
贵州昌明经济开发区	61.65	16	21.69	35	26.21	27	0.22	49	29 276.35	53	26.39	16
贵州白云经济开发区（白云铝及铝加工基地）	60.86	17	58.16	10	0.00	114	6.68	11	57 561.82	34	3.23	101
贵州开阳经济开发区	60.59	18	72.99	4	11.39	60	1.59	33	18 813.01	67	4.71	89
贵州大龙经济开发区	59.26	19	80.00	3	10.02	62	0.48	43	81 356.27	26	2.60	109
贵州安顺经济技术开发区	58.35	20	40.34	19	0.00	117	0.17	52	40 519.32	46	2.05	118
贵州铜仁高新技术产业开发区	56.32	21	40.05	21	24.67	29	0.30	48	179 642.90	10	5.00	84
贵州湄潭国家农业科技园区	55.92	22	7.91	56	7.47	71	3.36	17	1785.98	98	12.45	57
贵州习水经济开发区	52.32	23	2.61	69	44.57	15	1.43	34	59 823.61	31	57.26	5

续表

产业园区名称	创新绩效		高新技术产业产值占园区总产值比重		园区人均工业增加值		园区进出口总额占园区总产值的比重		每平方公里园区产值		园区利税总额占园区总产值的比例	
	指数/%	位次	指标值/%	位次	指标值/万元	位次	指标值/%	位次	指标值/万元	位次	指标值/%	位次
贵州金沙经济开发区	50.88	24	0.75	78	53.43	13	0.53	40	54 136.82	36	37.39	9
六盘水水月产业园区	49.41	25	0.68	79	166.95	2	4.45	14	0.00	176	1.87	121
贵州印江经济开发区	47.55	26	9.22	51	19.70	37	2.61	20	123 002.50	19	25.83	17
贵州兴仁经济开发区	46.67	27	1.56	75	78.45	10	0.31	47	239 627.70	4	3.35	100
贵州赤水经济开发区	46.08	28	29.62	27	17.54	40	2.92	18	141 450.80	13	4.88	86
贵州黔南国家农业科技园区	45.61	29	8.22	55	15.85	46	0.05	63	23 914.60	63	0.65	134
贵州瓮安经济开发区	44.78	30	12.12	44	22.38	33	0.02	70	24 434.63	61	1.67	125
黔东南高新技术产业开发区	44.32	31	29.00	28	4.17	82	0.08	60	90 320.59	22	9.91	62
贵州织金经济开发区	42.97	32	0.10	85	110.18	4	0.00	75	233 118.00	5	15.03	46
织金县产业园	42.97	32	0.10	85	110.18	4	0.00	75	233 118.00	5	15.03	46
贵州思南经济开发区	42.26	34	10.94	46	15.81	47	0.11	54	65 891.80	29	20.00	27
贞丰县工业园区	41.78	35	0.00	89	93.52	7	0.00	75	140 324.00	14	70.22	2
贵州正安经济开发区	41.36	36	0.00	88	16.30	42	21.39	2	70 717.19	27	22.66	23
遵义高新技术产业开发区	37.80	37	25.15	32	7.59	68	1.17	36	133 133.20	17	1.38	128
贵州台江经济开发区	36.14	38	63.49	5	4.06	84	0.00	75	183 921.90	9	4.65	90
贵州水城经济开发区	32.49	39	2.96	68	9.34	63	0.00	75	130 297.70	18	3.00	103
贵州余庆经济开发区	32.30	40	1.14	77	16.11	45	0.52	41	121 269.80	20	36.65	10
贵州纳雍经济开发区	32.30	41	1.95	74	106.23	6	0.10	56	10 856.53	78	25.00	20
贵州大方经济开发区	32.18	42	8.50	53	2.25	94	0.37	46	47 716.42	41	16.81	37
长顺威远工业园区	31.27	43	8.94	52	32.88	20	2.32	22	14 838.10	69	6.62	74
都匀市绿茵湖产业园区	26.74	44	2.37	71	11.64	59	0.00	75	45 761.53	43	5.60	81
贵州毕节国家农业科技园区	25.59	45	0.00	89	0.20	109	0.05	62	2328.16	94	27.18	15
赫章县产业园区	25.29	46	0.00	89	32.93	19	1.90	27	60 359.03	30	15.26	45

续表

产业园区名称	创新绩效		高新技术产业产值占园区总产值比重		园区人均工业增加值		园区进出口总额占园区总产值比重		每平方公里园区产值		园区利税总额占园区总产值的比例	
	指数/%	位次	指标值/%	位次	指标值/万元	位次	指标值/%	位次	指标值/万元	位次	指标值/%	位次
赤水市国家农业科技园区	25.02	47	0.00	87	26.31	26	1.35	35	33 033.23	50	18.92	30
独山麻尾工业园区	24.37	48	2.51	70	13.99	54	11.28	8	1305.75	108	2.07	117
贵州岑巩经济开发区	24.33	49	10.92	47	19.28	38	9.32	9	41 301.71	45	7.41	70
贵州炉碧经济开发区（麻江碧波工业园区、凯里炉山工业园区、炉山－碧波工业园区）	24.30	50	9.46	50	15.68	48	6.50	12	37 117.32	49	3.73	95
贵州娄山关经济开发区（高新区）	23.09	51	33.64	24	3.12	88	0.00	75	26 000.00	58	25.52	18
贵州黔西经济开发区	21.90	52	2.23	72	54.32	11	0.03	68	59 095.08	32	3.02	102
贵州贵阳国家农业科技示范园区	21.72	53	4.74	64	0.59	101	0.21	50	6569.79	83	1.52	126
六盘水市水城区发耳产业园区	21.45	54	0.00	89	44.83	14	0.00	75	47 733.71	40	4.32	91
贵州万山经济开发区	21.29	55	13.36	43	33.60	18	0.09	59	58 969.70	33	2.36	114
贵州黎平经济开发区	18.86	56	0.52	81	8.20	66	0.10	57	138 710.20	15	7.08	72
安龙县工业园区	18.41	57	0.00	89	38.27	16	1.81	29	13 816.27	71	4.75	87
镇宁产业园区	17.30	58	25.96	31	14.26	52	2.37	21	20 765.92	66	8.40	67
普安县工业园区	16.84	59	0.00	89	121.56	3	3.85	15	142 840.50	12	2.58	110
贵州独山经济开发区	16.82	60	30.51	26	4.83	79	2.15	24	25 516.99	59	0.00	144
贵州三穗经济开发区	16.66	61	3.27	67	2.50	91	16.52	5	26 633.33	56	38.68	6
贵州省仁怀市黔北黑猪生态养殖农业科技示范园区	14.08	62	27.96	29	80.00	9	0.00	75	465 000.00	3	3.44	97
贵州普定经济开发区	12.41	63	4.15	65	14.29	51	0.10	55	92 861.52	21	-0.50	180
贵州玉屏经济开发区	11.06	64	5.10	63	4.14	83	0.47	44	16 705.69	68	10.51	58
石阡县工业园区	10.80	65	0.00	89	23.93	31	0.00	75	50 115.48	39	13.00	54
天柱工业园区	10.58	66	10.05	48	7.57	69	0.01	74	11 808.04	76	19.94	29
道真上玉工业园区	10.40	67	6.99	59	10.78	61	1.80	30	11 100.11	77	17.64	34

续表

产业园区名称	创新绩效		高新技术产业产值占园区总产值比重		园区人均工业增加值		园区进出口总额占园区总产值比重		每平方公里园区产值		园区利税总额占园区总产值的比例	
	指数/%	位次	指标值/%	位次	指标值/万元	位次	指标值/%	位次	指标值/万元	位次	指标值/%	位次
贵州安顺国家农业科技园区	9.81	68	3.99	66	2.35	93	0.00	75	959.05	118	10.37	59
贵州湄潭经济开发区	9.53	69	8.47	54	16.12	43	6.89	10	8956.23	80	0.00	144
黔东南国家农业科技园区岑巩杂交水稻制种产业核心区	9.47	70	58.51	9	0.00	117	0.00	75	208.69	147	18.16	32
贵州仁怀黔北麻羊农业科技示范园区	9.16	71	40.37	18	14.64	49	0.02	69	121.26	154	16.78	38
贵州镇远经济开发区	9.10	72	1.53	76	12.25	58	0.00	75	21540.00	65	6.77	73
贵州省播州区绿色"稻+"农业科技园区	8.92	73	62.92	6	0.00	117	0.00	75	26267.12	57	6.27	77
贵州省金沙农业科技园区	8.79	74	23.45	34	3.07	89	17.88	4	13020.05	74	4.24	94
罗甸工业园区	8.76	75	0.00	89	21.71	34	0.13	53	37773.22	48	1.99	119
施秉工业园区	8.55	76	54.88	11	5.43	76	0.00	75	23622.00	64	3.47	96
三都交梨工业园区	7.87	77	0.00	89	18.64	39	0.00	75	6705.80	82	15.00	48
贵州洛贵经济开发区	7.79	78	5.85	61	5.76	74	0.18	51	8066.10	81	16.65	39
贵定县盘江镇生态高效农业科技示范园区	7.73	79	34.29	23	0.00	117	0.00	75	1695.17	101	0.00	144
平塘县工业园区	7.72	80	0.00	89	20.30	35	0.46	45	13155.42	73	5.70	80
榕江工业园区	7.48	81	0.00	89	5.61	75	0.00	75	81861.47	25	3.40	99
贵州丹寨铁皮石斛农业科技示范园区	6.86	82	50.00	12	2.14	97	0.00	75	186.67	149	4.29	92
毕节高新技术产业开发区	6.82	83	0.00	89	0.00	117	14.40	7	14287.67	70	0.00	144
花溪产业园区	6.75	84	23.68	33	0.00	115	60.71	1	3.22	170	0.00	144
贵州丹寨硒锌米农业科技园区	6.67	85	18.99	37	29.17	23	0.00	75	0.08	174	13.00	53
贵州省绥阳县金银花农业科技示范园区	6.50	86	100.00	1	0.00	117	0.00	75	712.75	126	1.82	122
贵州正安方竹笋农业科技示范园区	6.34	87	41.92	17	0.00	117	0.00	75	511.82	134	0.82	132
七星关果蔬农业科技园区	6.30	88	0.00	89	0.00	117	0.00	75	4107.40	89	22.62	24
贵州晴隆糯薏仁大数据农业科技示范园区	6.13	89	0.00	89	0.00	117	0.00	75	964740.00	2	0.00	144

续表

产业园区名称	创新绩效		高新技术产业产值占园区总产值比重/%		园区人均工业增加值		园区进出口总额占园区总产值比重/%		每平方公里园区产值		园区利税总额占园区总产值的比例	
	指数/%	位次	指标值	位次	指标值/万元	位次	指标值/%	位次	指标值/万元	位次	指标值/%	位次
正安县白茶园区	6.12	90	0.00	89	0.40	106	0.51	42	1042.01	114	25.43	19
贵州省施秉农业科技园区	5.99	91	9.84	49	0.18	111	0.00	75	1190.48	110	17.60	35
黄平工业园区	5.07	92	16.02	40	4.84	78	1.66	31	1040.39	115	2.95	104
贵州锦屏经济开发区	4.91	93	0.00	89	7.74	67	2.16	23	27 982.32	54	7.18	71
紫云自治县产业园区	4.71	94	5.76	62	4.94	77	0.00	75	10 221.30	79	5.60	82
贵州遵义辣椒农业科技园区	4.44	95	0.00	89	0.00	117	0.00	75	90.01	155	73.65	1
龙里县湾滩河镇高效生态农业示范园	4.18	96	0.00	89	2.71	90	0.00	75	454.55	135	33.33	11
贵州普安县茶叶农业科技园区	4.14	97	0.00	89	0.50	103	0.00	75	73.33	157	28.45	14
贵州思南生态茶旅农业科技示范园区	4.12	98	0.00	89	0.00	117	18.29	3	723.10	125	0.24	137
罗甸县农业科技示范园	4.12	99	18.08	38	0.00	117	0.00	75	2127.72	96	0.81	133
贵州江口猕猴桃农业科技示范园区	4.06	100	0.00	89	4.33	81	0.00	75	34.14	163	31.38	12
兴义市山地生态茶叶农业科技示范园区	4.02	101	0.00	89	0.00	117	0.00	75	45.12	158	67.81	3
贵州赫章薏基农业科技示范园区	4.00	102	0.00	89	29.07	24	0.00	75	17.96	168	66.67	4
望谟县板栗农业科技示范园区	3.97	103	0.00	89	0.00	117	0.00	75	590.80	130	24.51	21
贵州黎平茶苏农业科技示范园区	3.83	104	0.00	89	2.17	96	0.00	75	516.67	133	18.42	31
贵州施秉精品水果农业科技示范园区	3.80	105	0.00	89	0.00	116	0.00	75	1714.29	100	20.00	27
贵州锦屏油茶农业科技示范园区	3.78	106	7.14	58	0.00	117	0.00	75	0.07	175	10.21	60
贵州黔西南水西现代农业科技示范园区	3.75	107	0.00	89	0.00	117	0.00	75	6042.86	84	21.91	25
贵州威宁蚕桑生态农业科技示范园区	3.74	108	0.00	89	0.00	117	0.00	75	247.50	143	22.73	22
贵州务川县白山羊产业农业科技示范园区	3.72	109	2.11	73	0.00	96	0.93	38	4770.66	88	16.46	40
贵州德江经济开发区	3.58	110	13.37	42	0.00	116	0.00	75	10.51	169	4.72	88
沿河县沙子空心李农业科技示范园区	3.49	111	0.00	89	0.00	117	0.00	75	4856.18	87	16.41	41
贵州荔波樟江精品水果农业科技示范园区	3.39	112	7.41	57	0.00	117	0.00	75	31.64	164	9.26	64
贵州威宁魔芋农业科技示范园区	3.33	113	0.00	89	0.24	107	0.00	75	0.73	171	20.13	26

第五部分 产业园区科技创新状况评价报告

续表

产业园区名称	创新绩效		高新技术产业产值占园区总产值比重		园区人均工业增加值		园区进出口总额占园区总产值的比重		每平方公里园区产值		园区利税总额占园区总产值的比例	
	指数/%	位次	指标值/%	位次	指标值/万元	位次	指标值/%	位次	指标值/万元	位次	指标值/%	位次
贵州晴隆生态绿茶农业科技示范园区	3.29	114	0.00	89	17.14	41	0.00	75	247.11	144	17.38	36
贵州石阡蛋鸡繁种现代生态循环农业科技示范园区	3.21	115	0.00	89	0.20	108	0.00	75	90 000.00	23	2.22	116
沿河白山羊农业科技示范园区	3.07	116	0.00	89	0.00	117	0.00	75	747.59	123	17.77	33
江口县凯德特色产业园区	3.01	117	0.50	82	3.84	86	2.66	19	5646.02	85	2.82	107
贵州道真务川中药材农业科技示范园区	2.86	118	0.00	89	2.38	92	0.00	75	812.79	121	14.54	49
贵州道真特色中药材农业科技示范园区	2.83	119	0.00	89	0.00	117	0.00	75	54 000.00	37	6.02	78
贵州新蒲辣椒农业科技示范园区	2.82	120	0.00	89	93.28	8	0.00	75	1025.06	116	1.88	120
贵州瓮安茶旅一体化观光农业科技示范园	2.65	121	0.00	89	12.50	57	0.00	75	37.82	162	13.93	50
贵州省习水县蔬菜农业科技示范园区	2.64	122	0.00	89	0.00	117	0.98	37	22.43	167	15.86	44
贵州铜仁国家乌蒙土鸡生态养殖农业科技示范园区	2.40	123	5.87	60	0.19	110	0.00	75	3363.50	90	1.22	130
贵州纳雍普安生猪循环农业科技示范园区	2.29	124	0.00	89	0.00	117	0.01	73	13 708.31	72	9.97	61
贵州道真猕猴桃农业科技示范园区	2.16	125	0.00	89	0.00	117	0.00	75	67 857.14	28	0.00	144
贵州白云农业科技示范园区	2.09	126	0.00	89	0.00	117	0.00	75	1500.00	103	12.50	55
贵州麻江蓝莓农业科技示范园区	2.08	127	0.15	83	0.00	117	0.00	75	11 842.45	75	2.72	108
贵州遵义烟草农业科技示范园区	2.02	128	0.00	89	0.00	117	0.00	75	40.79	159	12.50	55
贵州长顺葡萄农业科技示范园区	1.69	129	0.00	89	0.00	117	0.00	75	533.45	131	0.00	144
钟山果蔬农业科技园区	1.56	130	0.00	89	0.00	100	0.00	75	314.47	140	8.62	65
贵州惠水中药材农业科技示范园区	1.36	131	0.00	89	0.60	117	0.00	75	1665.61	102	2.54	111
贵州都匀毛尖茶叶农业科技示范园区	1.35	132	0.00	89	0.00	117	0.01	71	225.56	145	8.33	68
贵州惠水果蔬农业科技示范园区	1.32	133	0.00	89	0.00	117	0.00	75	1460.00	106	1.68	124
贵州江口果蔬农业科技示范园区	1.30	134	0.00	89	0.00	117	0.00	75	299.40	141	8.00	69
贵州册亨灵芝农业科技示范园区	1.21	135	0.00	89	0.00	117	0.00	75	265.96	142	0.91	131
贵州册亨农业科技示范园区	1.20	136	0.00	89	3.68	87	0.00	75	1153.79	112	6.50	75

续表

产业园区名称	创新绩效		高新技术产业产值占园区总产值比重		园区人均工业增加值		园区进出口总额占园区总产值比重		每平方公里园区产值		园区利税总额占园区总产值的比例	
	指数/%	位次	指标值/%	位次	指标值/万元	位次	指标值/%	位次	指标值/万元	位次	指标值/%	位次
贵州天柱油茶农业科技示范园区	1.19	137	0.00	89	1.11	99	0.00	75	3259.06	91	5.97	79
惠水县好花红花卉农业科技示范园区	1.03	138	0.00	89	0.00	117	0.00	75	27381.15	55	0.20	138
贵州丹寨硒锌茶农业科技示范园区	0.98	139	0.00	89	27.78	25	0.00	75	0.00	176	2.45	112
荔波工业园区	0.86	140	0.00	89	8.48	65	0.00	75	0.00	176	1.37	129
贵州赫章玫瑰农业科技示范园区	0.83	141	0.00	89	0.00	117	0.00	75	746.27	124	5.00	85
石阡县苔茶农业科技示范园区	0.83	142	0.00	89	4.00	85	0.00	75	1500.00	103	2.33	115
贵州省锦屏县多彩田园精品水果农业科技示范园区	0.80	143	0.00	89	0.00	117	0.00	75	875.38	119	0.00	144
普定县农业示范园区	0.68	144	0.00	89	0.00	117	0.00	75	2300.00	95	0.00	144
贵州习水县黔北麻羊农业科技示范园区	0.67	145	0.00	89	0.00	117	0.00	75	182.32	150	1.41	127
册亨县工业园区	0.56	146	0.00	89	8.86	64	0.00	75	1169.43	111	0.44	135
贵州省务川县香榧产业农业科技示范园区	0.48	147	0.00	89	0.00	117	0.00	75	210.00	146	2.86	106
贵州雾翠茗香生态茶园农业科技示范园区	0.34	148	0.00	89	14.50	50	0.00	75	40.48	160	0.20	139
雷山生态茶园农业科技示范园区	0.34	149	0.00	89	0.00	117	0.00	75	1097.37	113	0.00	144
贵州福泉农业科技示范园区	0.29	150	0.00	89	0.00	117	0.00	75	30.33	165	1.76	123
贵州榕江农业科技示范园区	0.27	151	0.00	89	2.18	95	0.00	75	1724.87	99	0.00	144
黎平农业科技示范园区	0.23	152	0.00	89	0.00	117	0.00	75	994.96	117	0.00	144
贵州省织金蔬菜农业科技示范园区	0.19	153	0.00	89	6.79	72	0.00	75	4900.00	86	0.03	142
福泉市金谷福梨农业科技示范园区	0.18	154	0.00	89	0.00	117	0.00	75	358.33	137	0.00	144
贵州凯里生态禽农业科技示范园区	0.17	155	0.63	80	0.43	104	0.00	75	3082.00	92	0.00	144
贵州镇远妩阳红桃农业科技示范园区	0.17	156	0.00	89	0.00	117	0.00	75	800.00	122	0.00	144
沿河县千年古茶农业科技示范园区	0.16	157	0.00	89	0.00	117	0.05	64	2079.82	97	0.00	144
贵州兴义铁皮石斛原生态种植农业科技示范园区	0.14	158	0.00	89	0.00	117	0.00	75	2500.00	93	0.00	144
德江县堰塘天麻产业农业科技示范园区	0.11	159	0.00	89	1.92	98	0.00	75	316.67	138	0.05	141

第五部分 产业园区科技创新状况评价报告

续表

产业园区名称	创新绩效		高新技术产业产值占园区总产值比重 /%		园区人均工业增加值		园区进出口总额占园区总产值的比 /%		每平方公里园区产值		园区利税总额占园区总产值的比例	
	指数 /%	位次	指标值	位次	指标值/万元	位次	指标值	位次	指标值/万元	位次	指标值 /%	位次
贵州长长顺高钙苹果科技示范园区	0.09	160	0.00	89	0.04	113	0.00	75	1216.22	109	0.00	144
剑河钩藤农业科技示范园区	0.09	161	0.00	89	0.00	117	0.00	75	610.61	128	0.26	136
贵州凯里苗侗百草农业科技示范园区	0.07	162	0.00	89	0.00	117	0.00	75	1492.54	105	0.00	144
贵州大方牧椒农业科技园区	0.07	163	0.00	89	0.55	102	0.00	75	1432.91	107	0.00	144
贵州纳雍玛瑙红樱桃农业科技示范园区	0.06	164	0.00	89	0.00	117	0.00	75	192.00	148	0.01	143
贵州凯里云谷田园农业科技示范园区	0.06	165	0.00	89	0.00	117	0.00	75	135.15	153	0.00	144
贵州省德江茶叶农业科技示范园区	0.06	166	0.00	89	0.00	117	0.00	75	0.00	176	0.00	144
织金县桂花茶旅农业科技示范园区	0.06	167	0.00	89	0.41	105	0.00	75	316.15	139	0.07	140
镇远优质肉牛生态循环农业科技示范园区	0.05	168	0.00	89	0.00	117	0.00	75	0.19	172	0.00	144
贞丰县沿江精品水果生态循环农业科技示范园区	0.03	169	0.00	89	0.00	117	0.00	75	600.00	129	0.00	144
贵州罗甸上隆生态循环农业科技示范园区	0.03	170	0.00	89	0.00	117	0.00	75	623.89	127	0.00	144
贵州荔波茂兰桑蚕农业科技示范园区	0.03	171	0.00	89	0.00	117	0.00	75	0.00	176	0.00	144
贵州赫章幼雍核桃-半夏套种科技示范园	0.03	172	0.00	89	0.00	117	0.00	75	820.00	120	0.00	144
望漠亚热带水果农业科技示范园	0.03	173	0.00	89	0.00	117	0.00	75	521.56	132	0.00	144
余庆县现代高效观光农业科技示范园	0.02	174	0.00	89	0.07	112	0.00	75	79.06	156	0.00	144
贵州榕江小香鸡农业科技示范园区	0.02	175	0.00	89	0.00	117	0.00	75	38.24	161	0.00	144
贞丰县丰茂果蔬种植专业合作社	0.01	176	0.00	89	0.00	117	0.00	75	179.10	151	0.00	144
贵州三穗精品水果生态循环农业科技示范园区	0.00	177	0.00	89	0.00	117	0.00	75	0.15	173	0.00	144
遵义市播州喀斯特山区精品水果科技示范园区	0.00	178	0.00	89	0.00	117	0.00	75	0.00	176	0.00	144
三穗鹏农农业科技示范园区	0.00	178	0.00	89	0.00	117	0.00	75	0.00	176	0.00	144
印江新寨茶旅一体化农业科技示范园区	-0.51	181	0.00	89	0.00	117	0.00	75	0.00	176	0.00	144
贵州省习水县红稗产业农业科技示范园区	-2.81	182	0.00	89	0.00	117	0.00	75	166.67	152	-3.36	181
剑河工业园区		182	11.01	45	4.33	80	0.00	75	24 000.00	62	-30.28	182
贵州晴隆优质柑桔及精品水果农业科技示范园区	-26.82	183	0.00	89	0.00	117	0.00	75	26.40	166	-167.42	183

第六部分 重点企业科技创新状况评价报告

2020年,全省1091家重点企业科技创新统计监测评价结果如下。

一、重点企业综合科技创新水平评价

根据综合科技创新水平指数,将1091家重点企业划分为三类(图6-1)。

第一类:综合科技创新水平指数高于30.00%的重点企业有38家,占全部重点企业的3.48%;

第二类:综合科技创新水平指数低于30.00%,但高于平均水平(7.58%)的重点企业有378家,占全部重点企业的34.65%;

第三类:综合科技创新水平指数低于平均水平(7.58%)的重点企业有675家,占全部重点企业的61.87%。

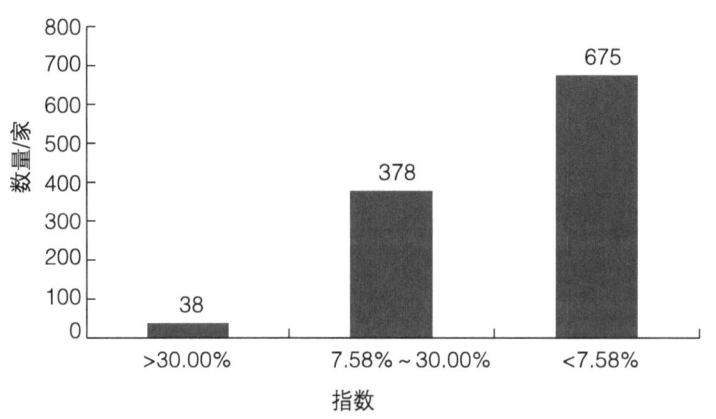

图6-1 重点企业综合科技创新水平指数分布

2020年与2019年监测结果相比,综合科技创新水平指数平均水平比上年降低了2.13个百分点,贵州剑河园方林业投资开发有限公司、贵州黔龙图视科技有限公司、贵州联盛药业有限公司、贵州云峰药业有限公司、贵州火星探索科技有限公司等72家重点企业下降幅度超过这一降幅;贵州赤天化桐梓化工有限公司、贵州贝加尔乐器有限公司、江林(贵州)高科发展股份有限公司、安顺市非凡创新科技有限公司、贵州百胜工程建设咨询有限公司等239家重点企业增幅相对较大。

参照2019年重点企业综合科技创新水平指数排序,贵州赤天化桐梓化工有限公司、贵州贝加尔乐器有限公司、安顺市非凡创新科技有限公司、贵州恒泰祥工程建设有限公司、贵州卓讯软件股份有限公司位次上升较快；贵州剑河园方林业投资开发有限公司、贵州广济堂药业有限公司、贵州力登科技发展有限公司、贵州温商信息技术有限公司、贵州西南制造产业园有限公司位次下降较快。

二、重点企业科技创新一级指标评价

（一）科技创新条件及基础

在科技创新条件及基础指数的分布中，高于 30.00% 的重点企业有 84 家，占全部重点企业的 7.70%；低于 30.00% 但高于平均水平（8.36%）的重点企业有 228 家，占全部重点企业的 20.90%；低于平均水平的重点企业有 779 家，占全部重点企业的 71.40%（图 6-2）。

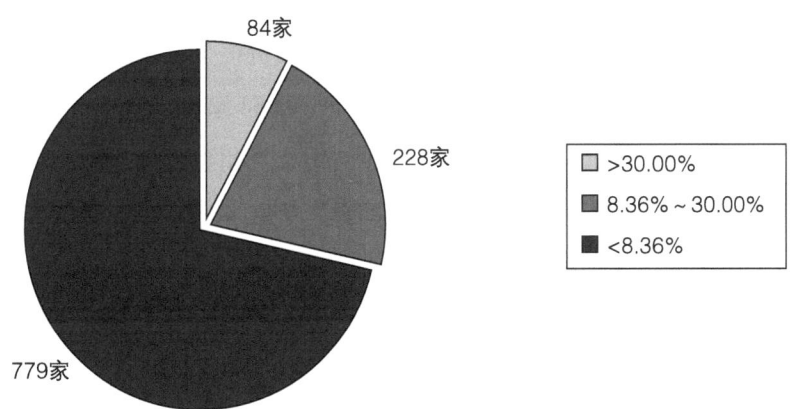

图 6-2　重点企业科技创新条件及基础指数分布

2020 年与 2019 年监测结果相比，重点企业科技创新条件及基础水平指数平均水平比上年降低了 2.58 个百分点，贵州云峰药业有限公司、贵州联盛药业有限公司、贵州火星探索科技有限公司、中联创展信息技术股份有限公司、贵州通祥水务环境工程有限公司等 84 家重点企业下降幅度超过这一降幅；贵州贝加尔乐器有限公司、贵州智诚科技有限公司、贵州东冠科技有限公司、安顺市非凡创新科技有限公司、贵州凯襄新材料有限公司等 130 家重点企业增幅相对较大。

参照 2019 年科技创新条件及基础指数排序，贵州贝加尔乐器有限公司、安顺市非凡创新科技有限公司、贵州鼎立生物科技香料有限公司、贵州源塑实业有限公司、贵州云科教服务有限公司位次上升较快；贵州火星探索科技有限公司、贵州云峰药业有限公司、贵州通祥水务环境工程有限公司、贵州车秘科技有限公司、贵州中科恒运软件科技有限公司位次下降较快。

（二）创新产出

在创新产出指数的分布中，高于 30.00% 的重点企业有 28 家，占全部重点企业的 2.57%；低于 30.00% 但高于平均水平（4.62%）的重点企业有 214 家，占全部重点企业的 19.62%；低于平均水平的重点企业有849家，占全部重点企业的77.82%（图6-3）。

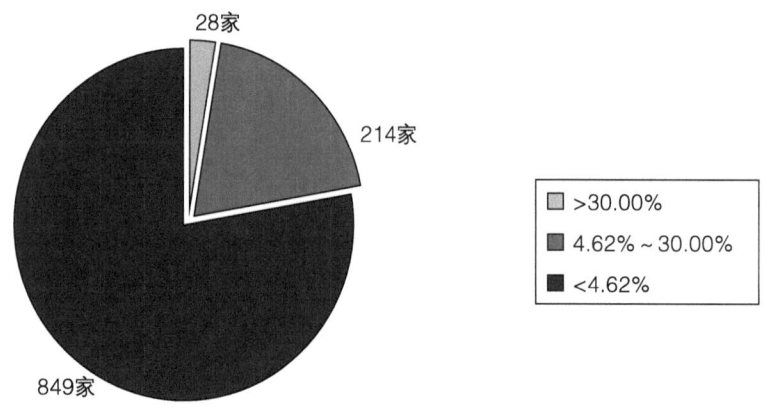

图6-3 重点企业创新产出指数分布

2020年与2019年监测结果相比，重点企业创新产出水平指数平均水平比上年降低了0.92个百分点，贵州威默电气成套设备有限公司、瓮福（集团）有限责任公司、贵州安大航空锻造有限责任公司、贵州百科达科技有限公司、贵州云峰药业有限公司等54家重点企业下降幅度超过这一降幅；贵州贝加尔乐器有限公司、贵州航天特种车有限责任公司、贵州惠康盛电气有限公司、贵州恒泰祥工程建设有限公司、贵州凯襄新材料有限公司等220家重点企业增幅相对较大。

参照2019年创新产出指数排序，贵州贝加尔乐器有限公司、安顺市非凡创新科技有限公司、贵州惠康盛电气有限公司、贵州中孚科技有限公司、贵州迅达信息产业发展有限公司位次上升较快；贵州威默电气成套设备有限公司、贵州西南制造产业园有限公司、贵州通祥水务环境工程有限公司、贵州百灵企业集团和仁堂药业有限公司、贵州剑河园方林业投资开发有限公司位次下降较快。

（三）创新效益

在创新效益指数的分布中，高于30.00%的重点企业有104家，占全部重点企业的9.53%；低于30.00%但高于平均水平（7.91%）的重点企业有550家，占全部重点企业的50.41%；低于平均水平的重点企业有437家，占全部重点企业的40.05%（图6-4）。

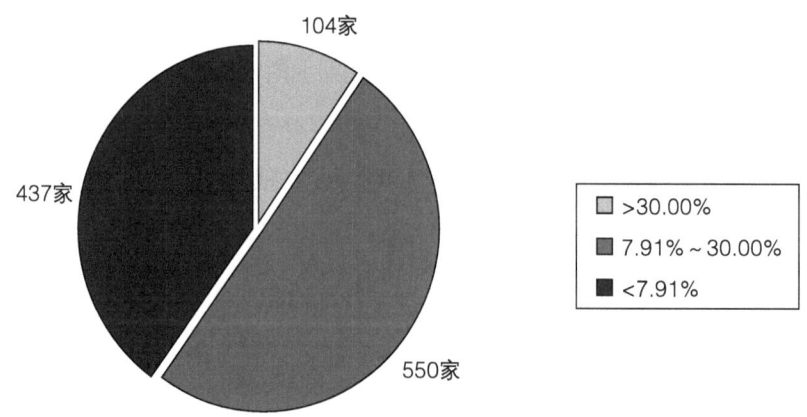

图6-4 重点企业创新效益指数分布

2020年与2019年监测结果相比,重点企业创新效益水平指数平均水平比上年降低了5.98个百分点,贵州剑河园方林业投资开发有限公司、贵州黔龙图视科技有限公司、贵州广济堂药业有限公司、贵州航天特种车有限责任公司、贵州力登科技发展有限公司等45家重点企业下降幅度超过这一降幅;贵州赤天化桐梓化工有限公司、贵州精工利鹏科技有限公司、贵州黔和物流有限公司、贵州卓品汇成套设备工程有限公司、贵州指趣网络科技有限公司等239家重点企业增幅相对较大。

参照2019年创新效益指数排序,贵州赤天化桐梓化工有限公司、贵州顺安机电设备有限公司、贵州云图时代信息技术有限公司、贵州人和信通科技有限公司、贵州数据宝网络科技有限公司位次上升较快;贵州航天特种车有限责任公司、贵州力登科技发展有限公司、贵州神奇药业有限公司、贵州联盛药业有限公司、贵州中孚科技有限公司位次下降较快。

(四)科技投入

在科技投入指数的分布中,高于30.00%的重点企业有122家,占全部重点企业的11.18%;低于30.00%但高于平均水平(10.11%)的重点企业有130家,占全部重点企业的11.92%;低于平均水平的重点企业有839家,占全部重点企业的76.90%(图6-5)。

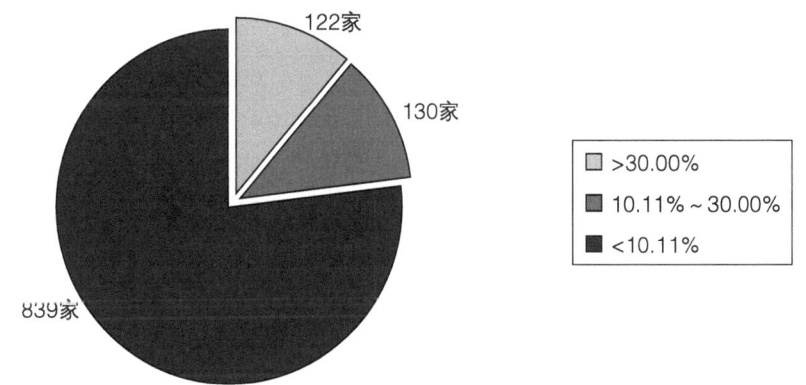

图6-5 重点企业科技投入指数分布

2020年与2019年监测结果相比,重点企业科技投入水平指数平均水平比上年提高了0.86个百分点,贵州卓讯软件股份有限公司、江林(贵州)高科发展股份有限公司、贵州百胜工程建设咨询有限公司、中铁八局集团第三工程有限公司、贵州金鑫博睿科技有限公司等88家重点企业高于这一增幅;贵州剑河园方林业投资开发有限公司、遵义汇航机电有限公司、贵州中联信科技有限公司、贵州温商信息技术有限公司、贵州火星探索科技有限公司等218家重点企业降幅相对较大。

参照2019年科技投入指数排序,安顺市非凡创新科技有限公司、贵州百胜工程建设咨询有限公司、贵州卓讯软件股份有限公司、贵州金鑫博睿科技有限公司、江林(贵州)高科发展股份有限公司位次上升较快;贵州温商信息技术有限公司、贵州飞利博远信息技术有限公司、贵州联盛药业有限公司、贵州房易通网络技术有限公司、贵州森阳科技有限公司位次下降较快。

三、重点企业科技创新统计监测指数排位

（一）重点企业综合科技创新水平指数排位

综合科技创新水平指数是由科技创新条件及基础、创新产出、创新效益和科技投入四个一级指数加权综合而成。重点企业综合科技创新水平指数排位见表 6-1。

表 6-1　重点企业综合科技创新水平指数排位

企业名称	指数 /%	位次	增幅 指数 /%	增幅 位次
中国电建集团贵阳勘测设计研究院有限公司	60.22	1	1.89	2
贵州钢绳股份有限公司	48.44	2	—	—
瓮福（集团）有限责任公司	47.22	3	−11.51	−1
贵州航天控制技术有限公司	46.03	4	6.58	10
贵州梅岭电源有限公司	45.10	5	—	—
贵州益佰制药股份有限公司	44.97	6	0.59	4
贵州百灵企业集团制药股份有限公司	44.08	7	−0.81	2
贵州轮胎股份有限公司	43.90	8	—	—
奇瑞万达贵州客车股份有限公司	43.39	9	—	—
江南机电设计研究所	41.69	10	−0.44	2
贵阳朗玛信息技术股份有限公司	39.41	11	−0.29	2
贵州安大航空锻造有限责任公司	39.35	12	−6.07	−5
贵州省交通规划勘察设计研究院股份有限公司	39.04	13	0.12	2
中航贵州飞机有限责任公司	38.48	14	0.60	2
中国电建集团贵州电力设计研究院有限公司	38.48	15	−5.48	−4
国药集团同济堂贵州（制药）有限公司	38.05	16	1.02	2
中国振华(集团)新云电子元器件有限责任公司（国营第四三二六厂）	37.60	17	10.33	24
保利新联爆破工程集团有限公司	35.66	18	—	—
贵州安吉航空精密铸造有限责任公司	34.95	19	5.14	11
贵州凯星液力传动机械有限公司	34.84	20	0.59	3
中建四局第三建设有限公司	34.58	21	4.89	10
中国水利水电第九工程局有限公司	34.24	22	12.88	54
中国振华集团永光电子有限公司	34.17	23	8.80	28
贵州航宇科技发展股份有限公司	34.06	24	1.00	1
时代沃顿科技有限公司	33.62	25	—	—
遵义钛业股份有限公司	33.42	26	4.05	6
贵州建工集团第一建筑工程有限责任公司	33.18	27	6.77	21
中国电建集团贵州工程有限公司	32.83	28	—	—
贵州航天天马机电科技有限公司	32.81	29	−2.62	−9

续表

企业名称	指数/%	位次	增幅	
			指数/%	位次
贵州天义电器有限责任公司	32.21	30	—	—
贵州航天电子科技有限公司	31.92	31	−3.37	−10
中国振华集团云科电子有限公司	31.83	32	7.19	23
贵州航天南海科技有限责任公司	30.91	33	8.95	35
贵州力创科技发展有限公司	30.75	34	0.28	−5
中铁二局第一工程有限公司	30.44	35	2.92	4
贵州新安航空机械有限责任公司	30.41	36	2.47	2
贵州振华群英电器有限公司（国有第八九一厂）	30.35	37	4.12	12
贵州白山云科技股份有限公司	30.27	38	—	—
贵州成智重工科技有限公司	29.94	39	6.28	21
贵州航天新力铸锻有限责任公司	29.53	40	—	—
首钢水城钢铁（集团）有限责任公司	29.40	41	0.24	−8
贵州詹阳动力重工有限公司	29.25	42	0.47	−7
贵州风雷航空军械有限责任公司	29.13	43	—	—
中国航空工业标准件制造有限责任公司	29.13	44	2.08	0
贵州川恒化工股份有限公司	29.06	45	0.65	−9
贵州省水利水电勘测设计研究院	28.51	46	−4.02	−19
贵州航天风华精密设备有限公司	28.14	47	−4.98	−23
遵义铝业股份有限公司	26.13	48	0.23	2
中伟新材料股份有限公司	25.90	49	—	—
贵州泰永长征技术股份有限公司	25.70	50	2.15	11
贵州高原蓝梦菇业科技有限公司	25.57	51	—	—
世纪恒通科技股份有限公司	24.92	52	5.25	36
江林（贵州）高科发展股份有限公司	24.91	53	16.50	228
贵州石博士科技有限公司	24.78	54	3.41	21
贵阳忆联网络有限公司	24.73	55	—	—
贵州浩博工程质量检测有限公司	24.57	56	−0.01	0
贵州中建建筑科研设计院有限公司	24.50	57	6.30	39
贵州贝加尔乐器有限公司	24.36	58	23.05	652
贵州汉方药业有限公司	24.25	59	—	—
贵州泰邦生物制品有限公司	24.09	60	0.90	3
贵州神奇药业有限公司	23.99	61	−1.01	−7
贵州健兴药业有限公司	23.88	62	−0.59	−5
贵州开磷有限责任公司	23.79	63	—	—
贵州顺安机电设备有限公司	23.71	64	5.73	33
大自然科技股份有限公司	23.50	65	—	—

续表

企业名称	指数 /%	位次	增幅 指数 /%	增幅 位次
联塑科技发展（贵阳）有限公司	23.37	66	—	—
贵州百胜工程建设咨询有限公司	23.29	67	13.21	166
贵州群建精密机械有限公司	22.94	68	4.43	26
贵州威门药业股份有限公司	22.85	69	—	—
中铁八局集团第三工程有限公司	22.71	70	4.32	25
贵州易鲸捷信息技术有限公司	22.25	71	—	—
贵州赤天化桐梓化工有限公司	22.22	72	30.98	676
贵州巨能科技新能源有限公司	22.09	73	—	—
贵州省施秉县万富农业科技发展有限公司	22.01	74	—	—
贵州火焰山电器股份有限公司	21.93	75	−0.92	−10
贵州智诚科技有限公司	21.90	76	9.63	95
贵州柏强制药有限公司	21.65	77	1.35	6
贵州世农肥业有限公司	21.57	78	0.06	−5
贵州中车绿色环保有限公司	21.51	79	—	—
贵州红星发展股份有限公司	21.25	80	−1.24	−14
贵州海悦科技立体停车设备有限公司	21.24	81	—	—
贵州华烽电器有限公司	20.75	82	0.33	−1
贵州矩阵科技有限公司	20.63	83	3.46	20
贵州鸿达立信计量检测有限公司	20.61	84	—	—
贵州赤天化纸业股份有限公司	20.27	85	−3.86	−26
首钢贵阳特殊钢有限责任公司	20.24	86	3.36	19
贵州凯襄新材料有限公司	20.01	87	11.44	190
罗甸县金泰模具机械制造	19.74	88	—	—
贵州开磷集团矿肥有限责任公司	19.66	89	0.34	0
贵州兴国新动力科技有限公司	19.52	90	−0.85	−8
贵州明威环保技术有限公司	19.51	91	—	—
贵州枫阳液压有限责任公司	19.51	92	—	—
贵州旭业光电有限公司	19.48	93	—	—
贵州景诚制药有限公司	19.39	94	—	—
贵州吉利汽车制造有限公司	19.26	95	—	—
贵州航天特种车有限责任公司	19.17	96	−2.67	−27
贵州辰矽电子科技有限公司	19.10	97	—	—
贵阳华恒机械制造有限公司	18.98	98	—	—
贵州高峰石油机械股份有限公司	18.86	99	—	—
贵州长通电气有限公司	18.73	100	—	—

注：增幅栏中"—"表示 2019 年未纳入统计监测的重点企业，2020 年无增降幅数据。

(二)重点企业科技创新统计监测一级指数排位

重点企业科技创新统计监测一级指数排位如表 6-2 至表 6-5 所示。

表 6-2 重点企业科技创新条件及基础指数排位

企业名称	科技创新条件及基础		创新平台系数		人均发明专利申请量	
	指数 /%	位次	指标值	位次	指标值 / 项	位次
中国电建集团贵阳勘测设计研究院有限公司	96.97	1	0.56	3	0.08	86
贵州航天控制技术有限公司	91.95	2	0.39	7	0.05	135
中国电建集团贵州电力设计研究院有限公司	91.30	3	0.32	14	0.04	145
贵阳朗玛信息技术股份有限公司	89.35	4	0.34	11	0.03	175
贵州凯星液力传动机械有限公司	86.96	5	0.34	11	0.08	92
中航贵州飞机有限责任公司	86.02	6	0.37	9	0.01	282
贵州梅岭电源有限公司	83.06	7	0.22	20	0.08	91
贵州力创科技发展有限公司	79.05	8	0.24	18	0.22	26
贵州安吉航空精密铸造有限责任公司	74.21	9	0.41	4	0.01	241
江南机电设计研究所	72.51	10	0.14	38	0.10	69
保利新联爆破工程集团有限公司	71.49	11	0.37	9	0.02	213
奇瑞万达贵州客车股份有限公司	70.46	12	0.14	38	0.09	72
瓮福(集团)有限责任公司	69.40	13	0.73	2	0.00	293
贵州航天天马机电科技有限公司	69.22	14	0.17	26	0.04	150
贵州天义电器有限责任公司	69.17	15	0.22	20	0.02	202
贵州钢绳股份有限公司	68.10	16	0.32	14	0.00	298
贵州航天南海科技有限责任公司	66.82	17	0.17	26	0.05	114
贵州轮胎股份有限公司	66.71	18	0.41	4	0.00	310
贵州航天新力铸锻有限责任公司	64.57	19	0.19	24	0.06	109
贵州振华群英电器有限公司(国有第八九一厂)	63.86	20	0.20	22	0.03	178
贵州安大航空锻造有限责任公司	61.19	21	0.12	53	0.04	144
贵州益佰制药股份有限公司	60.88	22	0.39	7	0.00	310
贵州中建建筑科研设计院有限公司	58.97	23	0.07	84	0.11	60
中国航空工业标准件制造有限责任公司	58.92	24	0.12	53	0.03	182
遵义钛业股份有限公司	58.89	25	0.19	24	0.03	172
贵州世农肥业有限公司	58.59	26	0.31	16	0.04	146
贵州智诚科技有限公司	58.47	27	0.05	151	0.28	16
贵州航天风华精密设备有限公司	58.21	28	0.14	38	0.03	184
贵州航天电子科技有限公司	57.96	29	0.07	84	0.08	90
贵州航宇科技发展股份有限公司	57.74	30	0.34	11	0.01	248
贵州建工集团第一建筑工程有限责任公司	56.88	31	0.07	84	0.07	98

续表

企业名称	科技创新条件及基础		创新平台系数		人均发明专利申请量	
	指数/%	位次	指标值	位次	指标值/项	位次
贵州新安航空机械有限责任公司	56.63	32	0.08	65	0.05	123
贵州百灵企业集团制药股份有限公司	55.06	33	0.41	4	0.00	308
贵州风雷航空军械有限责任公司	54.01	34	0.07	84	0.05	118
罗甸县金泰模具机械制造	52.82	35	0.02	178	0.63	2
中国振华集团永光电子有限公司	51.76	36	0.14	38	0.02	195
贵州群建精密机械有限公司	51.13	37	0.20	22	0.03	174
贵州省交通规划勘察设计研究院股份有限公司	51.00	38	0.14	38	0.02	219
贵州成智重工科技有限公司	50.43	39	0.14	38	0.16	45
中国振华（集团）新云电子元器件有限责任公司（国营第四三二六厂）	50.22	40	0.14	38	0.02	206
贵阳思路由科技开发有限公司	50.00	41	1.14	1	0.00	326
贵州浩博工程质量检测有限公司	50.00	42	0.31	16	0.00	326
贵州汉方药业有限公司	49.93	43	0.05	151	0.08	83
贵州鑫湄纳米科技有限公司	48.77	44	0.12	53	0.12	59
贵州巨能科技新能源有限公司	47.88	45	0.24	18	0.04	149
贵州白山云科技股份有限公司	46.98	46	0.02	178	0.28	15
贵州贝加尔乐器有限公司	46.86	47	0.02	178	0.10	70
贵州务川科华生物科技有限公司	45.77	48	0.14	38	0.17	39
中国水利水电第九工程局有限公司	45.60	49	0.05	151	0.01	239
中建四局第三建设有限公司	45.58	50	0.05	151	0.01	240
贵州詹阳动力重工有限公司	44.85	51	0.15	34	0.01	243
贵州百胜工程建设咨询有限公司	43.48	52	0.02	178	0.14	49
中铁二局第一工程有限公司	43.17	53	0.05	151	0.01	241
贵阳普天物流技术有限公司	42.85	54	0.14	38	0.03	159
贵州石博士科技有限公司	42.63	55	0.07	84	0.13	52
贵州泰永长征技术股份有限公司	42.48	56	0.17	26	0.02	224
贵州航天云网科技有限公司	41.47	57	0.07	84	0.11	64
世纪恒通科技股份有限公司	40.69	58	0.17	26	0.01	243
时代沃顿科技有限公司	40.54	59	0.07	84	0.07	98
贵州东冠科技有限公司	39.32	60	0.03	171	0.21	30
贵州长通电气有限公司	39.13	61	0.07	84	0.11	63
江林（贵州）高科发展股份有限公司	38.82	62	0.02	178	0.56	4
贵州易鲸捷信息技术有限公司	38.82	63	0.02	178	0.26	18
中国振华集团云科电子有限公司	38.81	64	0.07	84	0.04	156
贵州高峰石油机械股份有限公司	38.74	65	0.07	84	0.05	120
中伟新材料股份有限公司	38.18	66	0.17	26	0.00	298

续表

企业名称	科技创新条件及基础		创新平台系数		人均发明专利申请量	
	指数/%	位次	指标值	位次	指标值/项	位次
贵州省水利水电勘测设计研究院	38.16	67	0.17	26	0.01	258
贵州高原蓝梦菇业科技有限公司	35.32	68	0.02	178	0.22	27
贵州西牛王印务有限公司	35.25	69	0.07	84	0.04	143
贵州雅光电子科技股份有限公司	35.23	70	0.08	65	0.05	134
国药集团同济堂贵州（制药）有限公司	35.20	71	0.15	34	0.01	267
贵州川恒化工股份有限公司	35.06	72	0.12	53	0.02	228
毕节远大新型环保建材（集团）有限责任公司	34.68	73	0.07	84	0.08	89
贵州枫阳液压有限责任公司	33.89	74	0.07	84	0.02	217
贵阳明通炉料有限公司	33.67	75	0.00	538	0.53	5
贵州玄德生物科技股份有限公司	33.12	76	0.08	65	0.08	85
贵州华烽电器有限公司	32.67	77	0.07	84	0.02	221
贵州省煤矿设计研究院	31.91	78	0.15	34	0.01	253
贵阳万江航空机电有限公司	31.90	79	0.07	84	0.01	243
康命源（贵州）科技发展有限公司	31.81	80	0.10	60	0.04	137
贵州正和天筑科技有限公司	31.63	81	0.05	151	0.12	56
贵州航太精密制造有限公司	31.33	82	0.12	53	0.04	151
中建西部建设贵州有限公司	31.15	83	0.02	178	0.09	79
大自然科技股份有限公司	30.10	84	0.14	38	0.01	265
贵阳永青仪电科技有限公司	29.81	85	0.17	26	0.00	308
贵州东方世纪科技股份有限公司	29.66	86	0.07	84	0.06	107
贵阳语玩科技有限公司	29.48	87	0.02	178	0.13	50
贵州凯襄新材料有限公司	29.48	88	0.02	178	0.24	25
凯里云瀚智慧城市运营管理有限公司	29.30	89	0.05	151	0.33	12
贵州大龙汇成新材料有限公司	28.63	90	0.07	84	0.02	198
贵州捷盛钻具股份有限公司	28.44	91	0.07	84	0.06	111
贵州兰鑫石墨机电设备制造有限公司	28.32	92	0.02	178	0.21	28
贵州兴国新动力科技有限公司	28.25	93	0.17	26	0.00	326
贵州北斗空间信息技术有限公司	27.83	94	0.00	538	0.25	19
贵州省建筑材料科学研究设计院有限责任公司	27.68	95	0.07	84	0.06	104
贵州金玖生物技术有限公司	27.47	96	0.14	38	0.02	226
贵州赤天化纸业股份有限公司	26.82	97	0.15	34	0.00	319
贵州大隆药业有限责任公司	26.67	98	0.00	538	0.12	57
贵州四季常青药业有限公司	26.67	99	0.00	538	0.14	48
安顺市非凡创新科技有限公司	26.67	100	0.00	538	0.38	11

表 6-3 重点企业创新产出指数排位

企业名称	创新产出		知识产权系数		人均发明专利拥有量		科技成果(奖励)系数		品牌建设系数	
	指数/%	位次	指标值	位次	指标值/项	位次	指标值	位次	指标值/项当量	位次
贵州神奇药业有限公司	60.26	1	7.64	9	0.07	169	0.14	17	0.57	8
贵州火焰山电器股份有限公司	50.91	2	1.01	261	0.05	215	2.14	1	0.57	14
中国电建集团贵阳勘测设计研究院有限公司	50.65	3	46.80	1	0.12	121	0.09	29	0.00	88
贵州百灵企业集团制药股份有限公司	50.18	4	0.83	339	0.05	228	0.09	29	0.58	7
瓮福(集团)有限责任公司	47.25	5	2.57	64	0.09	143	0.00	46	0.57	12
国药集团同济堂贵州(制药)有限公司	46.63	6	0.85	317	0.11	124	0.00	46	1.72	3
贵州益佰制药股份有限公司	46.01	7	0.76	427	0.04	252	0.00	46	1.15	5
贵州成智重工科技有限公司	45.88	8	1.08	235	1.69	7	0.23	11	0.00	139
贵州航天特种车有限责任公司	42.60	9	1.13	222	0.08	147	0.43	5	0.00	205
贵州钢绳股份有限公司	41.42	10	2.31	77	0.01	380	0.00	46	0.57	17
中国振华集团云科电子有限公司	38.23	11	2.99	57	0.09	137	0.17	15	0.00	88
中国电建集团贵州工程有限公司	37.55	12	7.67	8	0.00	422	0.77	3	0.00	205
中国振华(集团)新云电子元器件有限责任公司(国营第四二六厂)	37.24	13	3.67	42	0.08	153	0.14	17	0.00	205
贵州白山云科技股份有限公司	36.31	14	4.29	29	1.25	11	0.00	46	0.00	51
贵州梅岭电源有限公司	36.31	15	6.11	12	0.06	191	0.09	29	0.00	205
贵州航天控制技术有限公司	36.05	16	8.05	7	0.00	425	0.63	4	0.00	205
贵州思恒风机科技有限公司	35.34	17	0.64	461	0.24	65	1.29	2	0.00	205
贵州威门药业股份有限公司	34.41	18	0.31	711	0.15	103	0.14	17	0.00	43
贵州贝加尔乐器有限公司	33.92	19	3.32	49	0.10	133	0.00	46	0.43	29
贵州安大航空锻造有限责任公司	33.91	20	5.13	20	0.08	151	0.06	39	0.00	205
贵州铝城铝业原材料研究发展有限公司	33.20	21	1.20	210	3.00	1	0.00	46	0.00	205
贵州新安航空机械有限公司	32.37	22	4.04	34	0.06	190	0.09	29	0.00	205
贵州奥斯尔科技实业有限公司	32.23	23	0.21	773	2.19	4	0.00	46	0.00	55
贵阳德昌祥药业有限公司	32.09	24	5.77	16	0.05	210	0.00	46	0.57	9
遵义钛业股份有限公司	31.36	25	2.41	72	0.01	359	0.09	29	0.57	12
大自然科技股份有限公司	31.29	26	2.08	89	0.59	25	0.00	46	0.00	34
贵州海悦科技立体停车设备有限公司	31.20	27	2.12	86	0.58	27	0.00	46	0.00	43
贵州风雷航空军械有限责任公司	30.72	28	4.55	24	0.17	92	0.00	46	0.00	205

续表

企业名称	创新产出		知识产权系数		人均发明专利拥有量		科技成果（奖励）系数		品牌建设系数	
	指数 /%	位次	指标值	位次	指标值 / 项	位次	指标值	位次	指标值 / 项当量	位次
中国振华电子集团宇光电工有限公司（国营第七七一厂）	29.87	29	1.31	182	0.02	310	0.00	46	0.57	23
贵阳朗玛信息技术股份有限公司	29.86	30	4.24	31	0.07	164	0.00	46	0.00	33
贵州航天电子科技有限公司	29.67	31	3.72	39	0.13	111	0.00	46	0.00	139
贵州顺安机电设备有限公司	29.48	32	0.20	795	0.61	23	0.00	46	0.00	205
江南机电设计研究所	28.99	33	3.03	55	0.14	109	0.00	46	0.00	205
贵州航天风华精密设备有限公司	28.92	34	3.47	45	0.07	181	0.00	46	0.00	205
时代沃顿科技有限公司	28.60	35	2.05	92	0.22	69	0.00	46	0.00	139
中国水利水电第九工程局有限公司	28.53	36	8.55	5	0.00	406	0.20	13	0.00	139
贵州绿纯环境开发有限公司	28.47	37	0.84	332	1.94	6	0.00	46	0.00	205
贵州凯星液力传动机械有限公司	28.27	38	1.80	118	0.21	70	0.00	46	0.00	88
贵州安吉航空精密铸造有限责任公司	28.00	39	2.79	59	0.03	275	0.00	46	0.00	205
中航贵州飞机有限责任公司	27.95	40	2.40	73	0.01	389	0.14	17	0.00	205
遵义市倍缘化工有限责任公司	27.87	41	1.43	162	1.04	13	0.06	39	0.00	205
贵州贵飞飞机设计研究院有限公司	27.81	42	1.60	133	0.17	91	0.00	46	0.00	205
贵州省创伟道环境科技有限公司	27.32	43	1.47	157	0.30	49	0.00	46	1.29	4
贵州航宇科技发展股份有限公司	27.29	44	1.35	171	0.13	112	0.00	46	0.00	205
贵州泰永长征技术股份有限公司	27.22	45	1.59	139	0.09	142	0.00	46	0.00	88
贵州天地通科技有限公司	27.05	46	2.40	73	0.00	408	0.43	5	0.00	205
贵州天义电器有限责任公司	26.96	47	2.97	58	0.03	264	0.00	46	0.00	205
贵州詹阳动力重工有限公司	26.78	48	2.12	86	0.03	281	0.06	39	0.00	139
中铁二局第一工程有限公司	26.74	49	4.75	23	0.02	331	0.00	46	0.00	205
中航力源液压股份有限公司	26.61	50	1.21	208	0.06	196	0.00	46	0.00	139
贵州省交通规划勘察设计研究院股份有限公司	26.59	51	6.40	11	0.03	289	0.00	46	0.00	205
大方县九龙天麻开发有限公司	26.39	52	0.16	811	0.08	163	0.06	39	5.14	1
贵州川恒化工股份有限公司	26.27	53	0.76	427	0.07	176	0.00	46	0.00	37
贵州省建筑材料科学研究设计院有限责任公司	26.22	54	0.40	648	0.39	37	0.00	46	0.00	205
中国振华集团永光电子有限公司	26.10	55	5.23	18	0.03	258	0.00	46	0.00	88
贵州轮胎股份有限公司	25.67	56	1.60	133	0.00	421	0.00	46	0.57	14
贵州远程制药有限责任公司	25.58	57	0.19	799	0.01	356	0.00	46	0.57	16
贵州红星发展股份有限公司	25.57	58	0.17	803	0.06	195	0.00	46	0.00	205

续表

企业名称	创新产出		知识产权系数		人均发明专利拥有量		科技成果（奖励）系数		品牌建设系数	
	指数/%	位次	指标值	位次	指标值/项	位次	指标值	位次	指标值/项当量	位次
贵阳开磷化肥有限公司	25.53	59	0.39	661	0.02	318	0.00	46	0.00	205
奇瑞万达贵州客车股份有限公司	25.49	60	3.85	36	0.01	350	0.00	46	0.57	17
贵州天地药业有限责任公司	25.23	61	0.28	715	0.08	154	0.00	46	0.00	88
贵州云侠科技有限公司	25.12	62	2.48	70	2.50	3	0.00	46	0.00	69
贵州凯襄新材料有限公司	24.93	63	1.13	222	0.14	106	0.00	46	0.57	17
贵州恒盛丝绸科技有限公司	24.77	64	0.77	423	0.00	425	0.43	5	0.00	205
贵州惠康盛电气有限公司	24.64	65	0.64	461	0.00	425	0.43	5	0.00	205
贵州振华群英电器有限公司（国有第八九一厂）	24.51	66	4.21	32	0.04	235	0.00	46	0.00	205
贵州卓豪农业科技股份有限公司	24.30	67	2.01	95	0.00	425	0.14	17	0.43	28
修文县苏达新型环保材料有限公司	24.13	68	0.13	846	0.00	425	0.43	5	0.00	205
贵州恒泰祥工程建设有限公司	24.00	69	0.00	924	0.00	425	0.43	5	0.00	205
中国航空工业标准件制造有限责任公司	23.93	70	3.72	39	0.03	276	0.00	46	0.00	88
贵州景峰注射剂有限公司	23.57	71	0.08	871	0.05	206	0.00	46	0.00	69
贵州矩阵科技有限公司	23.52	72	1.33	175	0.13	114	0.00	46	2.86	2
贵州宏达环保科技有限公司	23.01	73	0.13	846	0.50	33	0.00	46	0.00	205
赤水市信天中药产业开发有限公司	22.77	74	0.43	625	0.07	177	0.00	46	0.86	6
贵州汉方药业有限公司	22.74	75	11.05	2	0.06	187	0.00	46	0.00	51
贵州高峰石油机械股份有限公司	22.73	76	3.35	48	0.09	141	0.00	46	0.00	69
贵州航天南海科技有限责任公司	22.46	77	3.27	51	0.06	183	0.00	46	0.00	205
贵州赤天化桐梓化工有限公司	22.11	78	0.52	573	0.01	395	0.00	46	0.57	17
贵州中航聚电科技有限公司	21.95	79	0.00	924	0.64	21	0.00	46	0.00	205
保利新联爆破工程集团有限公司	21.72	80	5.52	17	0.02	309	0.09	29	0.00	205
首钢水城钢铁（集团）有限责任公司	21.69	81	2.27	78	0.00	403	0.00	46	0.00	47
贵州彩阳电暖科技有限公司	21.58	82	0.53	531	0.01	348	0.00	46	0.57	11
贵州景诚制药有限公司	21.05	83	0.51	580	0.17	94	0.00	46	0.00	139
贵州浩诚药业有限公司	20.78	84	0.16	811	0.05	225	0.00	46	0.57	23
瓮安县武江隆塑业有限责任公司	20.51	85	1.01	261	1.67	8	0.00	46	0.00	205
安顺市非凡创新科技有限公司	20.08	86	0.40	648	0.85	19	0.00	46	0.00	69
威德环境科技股份有限公司	20.08	87	3.71	41	1.67	8	0.00	46	0.00	205
贵州灵上希科技有限公司	20.07	88	1.55	144	0.95	17	0.00	46	0.00	205

续表

企业名称	创新产出		知识产权系数		人均发明专利拥有量		科技成果（奖励）系数		品牌建设系数	
	指数/%	位次	指标值	位次	指标值/项	位次	指标值	位次	指标值/项当量	位次
贵州万通环保工程有限公司	19.95	89	0.52	573	0.54	31	0.00	46	0.00	205
贵州驰联科技有限公司	19.90	90	0.85	317	0.00	425	0.00	46	0.57	23
中建四局第三建设有限公司	19.72	91	5.92	15	0.01	381	0.00	46	0.00	205
贵州华烽电器有限公司	19.28	92	1.41	164	0.01	376	0.23	11	0.00	205
贵州开磷有限责任公司	19.20	93	1.60	133	0.01	341	0.00	46	0.00	205
贵州省施秉县万富农业科技发展有限公司	19.20	94	0.41	645	0.38	42	0.00	46	0.43	29
贵州航天新力铸锻有限责任公司	19.17	95	1.11	230	0.08	157	0.00	46	0.00	205
贵州玉蝶电工股份有限公司	19.08	96	0.00	924	0.00	425	0.00	46	0.57	10
贵州兴发化工有限公司	19.08	97	0.03	915	0.00	425	0.00	46	0.57	17
安顺市宝林科技中药饮片有限公司	19.05	98	0.00	924	0.00	425	0.00	46	0.57	17
贵州振华华联电子有限公司	19.05	99	3.17	53	0.04	253	0.00	46	0.00	205
贵州同威生物科技有限公司	19.03	100	1.05	253	0.08	159	0.00	46	0.43	26

表6-4 重点企业创新效益指数排位

企业名称	创新效益		利税总额占主营业务收入比重		高新技术产品销售收入占主营业务收入的比重		全员劳动生产率	
	指数/%	位次	指标值/%	位次	指标值/%	位次	指标值/（万元/人）	位次
遵义铝业股份有限公司	91.47	1	13.24	183	64.88	727	177.29	6
贵州泰邦生物制品有限公司	86.37	2	42.25	27	100.00	17	122.19	15
贵州健兴药业有限公司	80.33	3	20.78	120	98.74	254	87.90	19
贵州省交通规划勘察设计研究院股份有限公司	78.00	4	32.34	49	62.45	765	63.57	39
贵州开磷有限责任公司	77.16	5	9.65	263	100.00	17	124.51	13
联塑科技发展（贵阳）有限公司	76.92	6	19.61	128	73.64	603	92.12	18
中国电建集团贵阳勘测设计研究院有限公司	74.93	7	6.47	341	71.78	628	70.35	33
贵州轮胎股份有限公司	74.78	8	22.80	110	100.00	229	43.40	72
国家电投集团贵州金元威宁能源股份有限公司	70.42	9	1.10	610	100.00	231	198.85	5
贵州柏强制药有限公司	69.82	10	32.79	48	100.00	17	135.59	11
国药集团同济堂贵州（制药）有限公司	69.10	11	27.95	76	92.28	328	61.65	42

续表

企业名称	创新效益		利税总额占主营业务收入比重		高新技术产品销售收入占主营业务收入的比重		全员劳动生产率	
	指数/%	位次	指标值/%	位次	指标值/%	位次	指标值/(万元/人)	位次
时代沃顿科技有限公司	63.89	12	23.48	104	100.00	17	79.41	25
贵州益佰制药股份有限公司	61.94	13	24.43	97	80.42	498	32.57	106
贵州百灵企业集团制药股份有限公司	60.62	14	7.09	323	90.00	350	55.39	50
贵州建工集团第一建筑工程有限责任公司	59.65	15	2.03	555	64.58	733	59.98	47
贵州安大航空锻造有限责任公司	59.51	16	15.76	152	63.51	743	44.99	69
贵州省水利水电勘测设计研究院	58.71	17	8.66	278	66.27	700	87.66	20
贵州鸿达立信计量检测有限公司	58.31	18	4.42	436	0.00	915	210 574.20	1
中国振华（集团）新云电子元器件有限责任公司（国营第四三二六厂）	56.36	19	38.27	33	87.14	399	36.99	92
首钢水城钢铁（集团）有限责任公司	56.04	20	6.50	340	5.05	908	19.34	214
中国振华集团永光电子有限公司	55.96	21	35.95	37	99.06	248	48.42	59
贵州赤天化纸业股份有限公司	55.57	22	7.16	320	80.50	494	53.08	52
贵州吉利汽车制造有限公司	55.20	23	5.53	376	99.63	242	19.98	210
贵州开磷集团矿肥有限责任公司	53.83	24	3.15	481	71.20	636	46.63	64
贵州石博士科技有限公司	53.51	25	34.31	43	69.81	664	106.17	16
贵州赤天化桐梓化工有限公司	52.87	26	3.20	477	95.27	296	45.95	66
世纪恒通科技股份有限公司	52.69	27	11.68	209	89.88	360	37.24	91
贵州川恒化工股份有限公司	52.26	28	16.41	144	98.16	261	37.54	89
中建四局第三建设有限公司	52.11	29	2.64	508	65.08	716	28.50	134
贵州永吉印务股份有限公司	51.22	30	45.60	20	87.60	391	64.60	38
贵州黔和物流有限公司	50.43	31	33.02	46	69.74	665	285.07	3
贵州梅岭电源有限公司	50.14	32	0.00	693	79.27	535	48.07	60
瓮福（集团）有限责任公司	50.04	33	0.00	693	66.18	702	49.74	58
贵州航宇科技发展股份有限公司	50.03	34	15.47	157	94.91	300	45.85	68
中国电建集团贵州电力设计研究院有限公司	49.41	35	5.65	372	63.75	741	35.66	93
中伟新材料股份有限公司	48.74	36	6.18	356	65.00	720	18.69	224
贵州飞利达科技股份有限公司	48.66	37	73.41	6	75.71	574	140.56	10
贵州航天控制技术有限公司	48.56	38	0.00	693	100.00	17	38.74	85
保利新联爆破工程集团有限公司	47.52	39	4.96	410	62.06	768	28.64	131

续表

企业名称	创新效益		利税总额占主营业务收入比重		高新技术产品销售收入占主营业务收入的比重		全员劳动生产率	
	指数 /%	位次	指标值 /%	位次	指标值 /%	位次	指标值 /（万元/人）	位次
贵州指趣网络科技有限公司	47.21	40	27.75	78	100.00	17	96.48	17
贵州黔通智联科技股份有限公司	46.32	41	11.73	207	12.18	892	123.79	14
贵阳忆联网络有限公司	45.22	42	17.85	132	100.00	17	134.49	12
江南机电设计研究所	44.94	43	2.20	540	50.09	829	33.60	101
福爱电子（贵州）有限公司	44.76	44	36.94	34	92.32	327	60.56	45
贵州瓮福蓝天氟化工股份有限公司	44.47	45	32.18	51	100.00	17	60.44	46
贵州航天天马机电科技有限公司	44.46	46	4.97	408	80.04	504	24.21	166
贵州三力制药股份有限公司	44.38	47	10.34	242	99.70	238	34.83	97
首钢贵阳特殊钢有限责任公司	44.22	48	3.94	447	88.15	383	20.22	206
贵州力宏钢结构有限公司	44.18	49	3.48	463	100.00	17	144.03	9
贵州森阳科技有限公司	43.95	50	0.00	693	100.00	17	151.25	8
贵州钢绳股份有限公司	43.78	51	5.01	402	667.68	5	12.54	364
贵州百灵企业集团正鑫药业有限公司	43.33	52	33.34	45	69.36	671	81.63	23
贵州劲嘉新型包装材料有限公司	43.12	53	36.56	35	89.68	362	59.66	48
贵州威门药业股份有限公司	42.98	54	21.07	117	85.08	426	63.44	40
贵州詹阳动力重工有限公司	42.61	55	7.75	304	74.85	588	18.49	228
遵义恒佳铝业有限公司	42.22	56	0.23	676	100.00	17	20.07	208
中国振华集团云科电子有限公司	42.14	57	45.76	19	12.05	894	74.55	29
贵州卓品汇成套设备工程有限公司	42.02	58	0.00	693	100.00	17	165.47	7
中国水利水电第九工程局有限公司	41.71	59	0.68	641	60.00	803	21.14	195
贵州科伦药业有限公司	41.40	60	51.15	13	98.91	250	39.04	83
国药集团贵州血液制品有限公司	41.29	61	10.63	233	100.00	17	76.74	27
贵州迦太利华信息科技有限公司	40.93	62	4.29	442	81.56	480	51.99	55
中铁二局第一工程有限公司	40.28	63	0.50	654	71.88	626	17.75	239
贵州天地泰成套电气设备有限公司	40.22	64	1.38	597	71.13	638	19 444.23	2
贵州中铝铝业有限公司	40.21	65	0.36	669	88.30	380	16.61	258
贵阳新希望农业科技有限公司	39.97	66	2.45	521	85.00	431	33.19	103
贵州圣济堂制药有限公司	39.68	67	0.00	693	99.94	234	56.52	49
中国电建集团贵州工程有限公司	39.48	68	0.00	693	69.92	661	18.81	222
贵州天安药业股份有限公司	38.87	69	31.62	53	79.43	531	52.33	54
贵州枫阳液压有限责任公司	38.80	70	10.48	239	100.00	17	26.44	150

续表

企业名称	创新效益		利税总额占主营业务收入比重		高新技术产品销售收入占主营业务收入的比重		全员劳动生产率	
	指数/%	位次	指标值/%	位次	指标值/%	位次	指标值/(万元/人)	位次
贵州贵航汽车零部件股份有限公司	38.80	71	16.64	141	85.10	425	16.07	269
贵阳电气控制设备有限公司	38.33	72	25.11	90	53.17	824	67.43	35
贵阳市政建设有限责任公司	38.03	73	0.00	693	60.00	803	16.66	257
贵州红星发展股份有限公司	37.97	74	31.04	58	92.34	326	20.26	205
贵州君之堂制药有限公司	37.95	75	0.00	693	97.09	276	77.26	26
奇瑞万达贵州客车股份有限公司	37.92	76	0.29	675	100.00	17	7.76	557
贵州金桥药业有限公司	37.22	77	0.00	693	78.92	541	70.73	32
遵义钛业股份有限公司	37.06	78	10.50	238	100.00	17	8.54	521
贵州省瓮安县瓮福黄磷有限公司	36.93	79	0.00	693	44.22	843	52.86	53
贵阳开磷化肥有限公司	36.75	80	-1.17	973	101.23	11	7.87	554
贵州建工集团第五建筑工程有限责任公司	36.64	81	3.02	488	0.00	915	82.36	22
中煤盘江重工有限公司	36.60	82	-8.83	1009	700.00	4	8.62	511
贵阳朗玛通信科技有限公司	36.42	83	38.59	32	96.30	285	65.26	37
贵州易鲸捷信息技术有限公司	36.33	84	23.88	100	60.41	792	69.04	34
贵州众昊麦达科技有限公司	35.55	85	7.14	321	0.00	915	223.66	4
贵州景诚制药有限公司	35.19	86	0.00	693	99.87	236	71.92	31
七冶建设有限责任公司	34.42	87	3.39	469	0.00	915	39.67	81
贵州博锐科技有限公司	34.12	88	32.29	50	77.45	551	72.17	30
中铁八局集团第三工程有限公司	34.07	89	2.25	535	0.00	915	85.19	21
独山金孟锰业有限公司	33.62	90	2.94	492	59.54	813	8.47	525
贵阳顺络迅达电子有限公司	33.18	91	27.26	80	99.41	246	23.40	173
中铁贵州工程有限公司	32.21	92	1.04	614	68.52	679	14.02	326
贵州联韵智能声学科技有限公司	32.15	93	0.00	693	71.49	631	51.49	56
贵州自由客网络技术有限公司	31.87	94	1.04	613	100.00	17	43.04	73
贵阳万江航空机电有限公司	31.81	95	11.43	213	90.00	356	20.85	199
贵阳朗玛信息技术股份有限公司	31.54	96	19.78	127	97.11	275	21.82	188
贵州航天新力铸锻有限责任公司	31.35	97	13.77	171	69.54	668	54.27	51
贵州中航电梯有限责任公司	31.10	98	5.11	395	96.76	281	15.30	290
遵义凯发新泉污水处理有限公司	31.04	99	31.06	57	0.00	915	80.77	24
威宁县科能塑编有限责任公司	30.84	100	100.00	2	0.00	915	61.79	41

表 6-5 科技投入指数排位

企业名称	科技投入		企业 R&D 投入占企业主营业务收入的比重		研发人员占企业年末从业人员数比重		技术成果引进、转化金额占企业主营业务收入比重	
	指数 /%	位次	指标值 /%	位次	指标值 /%	位次	指标值 /%	位次
贵州矩阵科技有限公司	48.13	1	66.67	34	100.00	14	116.67	5
贵州谦诚科技有限公司	48.07	2	95.38	19	80.00	91	169.23	2
贵州绿盾征信大数据有限公司	47.29	3	52.00	54	100.00	14	100.00	9
贵州安达科技能源股份有限公司	46.92	4	61.27	44	12.42	933	100.00	9
贵州卓越天成软件有限公司	46.32	5	41.12	72	86.67	75	100.00	9
年华数据科技有限公司	46.19	6	20.68	159	86.60	77	100.00	9
贵州韶社科技有限公司	46.08	7	40.32	74	57.14	224	100.00	9
贵州三仲信息技术有限公司	45.86	8	125.00	12	100.00	14	93.75	53
贵阳鑫新天晟科技有限公司	45.42	9	33.86	96	60.00	193	100.00	9
贵州省尚层基石管理咨询有限公司	45.39	10	60.29	47	27.27	620	100.00	9
贵州比特软件有限公司	44.99	11	29.08	114	63.64	171	100.00	9
贵州金方象科技有限公司	44.77	12	85.75	24	57.14	224	90.87	58
贵州三山研磨有限公司	44.60	13	3.93	866	644.74	3	100.00	9
贵州汉正云科技有限公司	44.58	14	31.92	100	44.44	362	100.00	9
贵州电品汇科技有限公司	44.25	15	20.00	167	100.00	14	100.00	9
贵阳高新兆诚科技有限公司	43.87	16	41.70	70	71.43	121	92.80	55
贵州硕为信息技术有限公司	43.86	17	17.88	182	62.50	179	108.85	6
黔东南平利照明科技有限公司	43.80	18	17.65	185	50.00	270	100.00	9
贵州黔商互联科技有限公司	43.74	19	17.08	193	57.14	224	100.00	9
贵州图智信息技术有限公司	43.58	20	22.92	147	63.33	175	96.89	47
贵州卓讯软件股份有限公司	43.56	21	12.34	263	87.50	72	139.64	3
贵州腾景科技有限公司	43.40	22	20.22	165	44.44	362	100.00	9
贵州光大远航测绘工程有限公司	43.36	23	21.20	155	41.38	392	100.00	9
贵州旭业光电有限公司	43.34	24	4.12	852	104.08	13	100.00	9
贵州景浩科技有限公司	43.25	25	133.93	8	44.12	368	87.65	68
贵州焱辰信息技术有限公司	43.17	26	11.29	292	80.00	91	100.00	9
江林（贵州）高科发展股份有限公司	42.97	27	7.37	491	53.13	263	100.00	9
贵州省兴仁市荣凯五金搪瓷制品有限公司	42.75	28	35.39	91	40.00	407	95.36	51
贵州众智物联科技有限公司	42.71	29	6.82	532	60.00	193	100.00	9
贵州省天地伟业数码科技有限公司	42.71	30	5.83	635	58.33	219	100.00	9

续表

企业名称	科技投入		企业 R&D 投入占企业主营业务收入的比重		研发人员占企业年末从业人员数比重		技术成果引进、转化金额占企业主营业务收入比重	
	指数 /%	位次	指标值 /%	位次	指标值 /%	位次	指标值 /%	位次
贵阳华恒机械制造有限公司	42.66	31	28.57	117	29.27	593	134.97	4
贵州博奥龙宇科技发展有限公司	42.62	32	5.69	645	62.50	179	100.00	9
贵州高原蓝梦菇业科技有限公司	42.49	33	5.49	672	46.38	342	100.09	8
贵州翔辉科技有限公司	42.44	34	7.79	452	66.67	148	99.00	45
奇瑞万达贵州客车股份有限公司	42.17	35	3.01	933	21.29	736	100.00	9
贵州云科教服务有限公司	41.98	36	11.27	295	40.00	407	100.00	9
贵州普利微科技有限公司	41.81	37	2.90	937	45.45	350	100.00	9
贵阳忆联网络有限公司	41.81	38	5.07	741	42.86	378	100.00	9
贵州先知科技有限公司	41.76	39	57.14	49	0.00	1026	100.00	9
黔西南州锦尚博美文化传播有限公司	41.76	40	12.18	270	37.50	464	100.00	9
贵州艾茗士科技有限公司	41.71	41	37.71	81	200.00	6	88.57	67
贵州誉航测绘地理信息有限公司	41.41	42	8.51	410	37.50	464	100.00	9
贵州浩博工程质量检测有限公司	41.38	43	10.47	319	34.88	508	100.00	9
贵州美瑞特环保科技有限公司	41.34	44	4.11	853	40.00	407	100.00	9
贵州钢绳股份有限公司	40.95	45	45.55	66	19.98	768	0.00	268
贵州兴瑞丰环境保护有限公司	40.92	46	7.71	460	33.33	518	100.00	9
贵州优联博睿科技有限公司	40.86	47	0.00	996	40.00	407	200.00	1
贵阳福汇森科技发展有限公司	40.47	48	31.86	102	57.14	224	86.79	71
贵州睿盟科技有限公司	40.41	49	17.80	183	33.33	518	96.07	49
贵州立科航标科技有限公司	40.00	50	6.79	537	40.00	407	95.71	50
贵州中车绿色环保有限公司	39.94	51	6.31	574	21.43	729	100.00	9
贵州乾竣科技有限公司	39.91	52	8.00	438	60.00	193	91.91	56
贵阳永乐药业有限公司	39.84	53	7.67	463	23.68	686	100.00	9
贵阳红鸟智能技术服务有限公司	39.77	54	56.59	50	100.00	14	77.70	92
贵阳晶利科技有限公司	39.50	55	36.07	87	100.00	14	82.73	78
贵阳惠思诚科技有限公司	39.40	56	11.34	289	100.00	14	89.55	64
贵阳博元兴包装材料有限公司	39.27	57	7.67	462	35.71	496	94.88	52
贵州信鸽科技有限公司	39.27	58	64.17	40	71.43	121	74.42	100
贵州省施秉县万富农业科技发展有限公司	39.23	59	7.94	445	50.00	270	90.00	59
贵州道森集成电路科技有限公司	39.22	60	9.13	371	100.00	14	89.18	65

续表

企业名称	科技投入		企业R&D投入占企业主营业务收入的比重		研发人员占企业年末从业人员数比重		技术成果引进、转化金额占企业主营业务收入比重	
	指数/%	位次	指标值/%	位次	指标值/%	位次	指标值/%	位次
贵州东华高科软件技术有限公司	39.17	61	2.34	953	23.81	683	100.00	9
贵州万顺堂药业有限公司	39.01	62	4.63	797	18.70	795	100.84	7
中铁八局集团第三工程有限公司	38.87	63	3.54	899	23.61	687	66.32	119
贵州久龙科技发展有限公司	38.79	64	3.58	895	85.71	78	89.96	61
贵州拖车侠科技服务有限公司	38.74	65	5.39	686	63.33	175	89.00	66
贵州御琨研成科技有限公司	38.60	66	47.98	63	50.00	270	77.10	93
贵州多维视科技有限公司	38.49	67	1.81	963	83.33	82	89.61	63
贵州地元生态工程有限公司	38.28	68	2.80	942	20.41	753	98.49	46
贵州乾坤腾科技有限公司	38.03	69	31.82	103	100.00	14	80.00	86
贵州云墨科技有限公司	37.89	70	23.02	146	71.43	121	82.04	79
贵州汇诚优品科技有限公司	37.77	71	8.22	425	75.00	105	85.62	72
六盘水康博木塑科技有限公司	37.57	72	7.63	466	17.86	819	96.11	48
贵州鲸品汇电子商务有限公司	37.35	73	28.52	118	100.00	14	79.00	89
贵州金正达工程质量检测咨询有限公司	37.35	74	6.20	589	52.00	267	85.00	73
贵州宝德电子技术有限责任公司	37.29	75	7.61	467	41.67	389	87.43	69
贵州创天科技有限公司	37.24	76	8.18	429	66.67	148	84.42	74
中国电建集团贵州工程有限公司	37.22	77	3.35	908	20.03	756	14.29	175
贵州辰矽电子科技有限公司	37.03	78	16.03	202	100.00	14	81.41	82
赤水市信天中药产业开发有限公司	36.55	79	0.00	996	4.44	1022	100.00	9
贵阳阳光诚锐电子科技有限公司	36.54	80	5.12	728	0.00	1026	100.00	9
贵州科筑创品建筑技术有限公司	36.28	81	3.67	887	27.78	611	89.98	60
贵州誉众亿科技有限公司	36.18	82	9.21	367	83.33	82	80.99	84
贵州多彩宝互联网服务有限公司	36.05	83	8.52	408	68.29	146	75.74	97
贵州能安机电设备制造有限公司	35.96	84	8.00	439	60.00	193	80.46	85
贵州顺安机电设备有限公司	35.89	85	6.26	582	20.90	745	89.81	62
贵州联创管业有限公司	35.36	86	5.51	669	8.33	1001	93.47	54
贵州谦之益智能科技有限公司	35.32	87	27.43	123	37.50	464	77.92	91
贵州泰利美信医疗科技有限公司	35.23	88	47.57	64	37.50	464	72.03	103
贵州英思普瑞信息技术有限公司	35.23	89	5.60	657	38.30	455	82.83	77
贵州百胜工程建设咨询有限公司	35.22	90	10.91	301	29.94	585	82.91	76

续表

企业名称	科技投入		企业R&D投入占企业主营业务收入的比重		研发人员占企业年末从业人员数比重		技术成果引进、转化金额占企业主营业务收入比重	
	指数/%	位次	指标值/%	位次	指标值/%	位次	指标值/%	位次
贵州泽信科技有限公司	35.02	91	1.84	962	85.71	78	79.97	87
贵州兴国新动力科技有限公司	34.97	92	7.71	458	22.86	699	87.15	70
贵州佰博新材料科技有限公司	34.85	93	13.57	231	29.41	588	83.02	75
贵州鸿维京科网络科技有限公司	34.83	94	10.85	302	37.50	464	81.17	83
贵州鑫祥顺科技有限公司	34.36	95	49.07	61	60.00	193	65.03	122
贵州创奇环保科技股份有限公司	33.57	96	35.42	90	11.36	958	78.08	90
贵州祥和远达科技有限公司	33.18	97	37.41	83	80.00	91	64.96	124
贵州海悦科技立体停车设备有限公司	33.09	98	8.65	395	21.05	741	81.65	80
首钢水城钢铁（集团）有限责任公司	33.08	99	2.08	959	19.81	772	3.25	227
贵州恒兴凯新型建材有限公司	33.00	100	6.70	542	40.00	407	76.00	95